After Effects 影视特效与栏目包装案例精解

王　岩
王　青　　编著
史艳艳

图书在版编目（CIP）数据

After Effects 影视特效与栏目包装案例精解 / 王岩，王青，史艳艳编著 .— 北京：机械工业出版社，2022.1（2022.8 重印）
ISBN 978-7-111-69941-5

Ⅰ.①A… Ⅱ.①王… ②王… ③史… Ⅲ.①图像处理软件 – 教材 Ⅳ.① TP391.413

中国版本图书馆 CIP 数据核字（2022）第 002521 号

这是一本教读者如何快速学习和掌握专业的非线性编辑软件 After Effects 的实用教材。书中利用 After Effects 的基本功能和高级制作技巧，制作了 40 个由易到难的专业案例。通过这 40 个专业案例的讲解，读者可以从多个层面掌握软件的使用方法。

本书案例涉及文字特效、关键帧动画、3D 图层、摄像机、灯光系统、父子关系绑定、粒子系统、置换图像、轨道遮罩、多屏空间、外挂插件等上百种特效的使用方法与技巧。案例内容全部经过精心设计，不仅包含大量的知识点，而且具有实战意义。

本书可以作为三维动画设计人员、影视广告设计人员和影视后期制作人员的工具书，并适合使用 After Effects 进行非线性编辑的各类用户阅读。

After Effects 影视特效与栏目包装案例精解

出版发行：机械工业出版社（北京市西城区百万庄大街 22 号　邮政编码：100037）
责任编辑：迟振春　　责任校对：秦山玉
印　　刷：北京宝隆世纪印刷有限公司　　版　　次：2022 年 8 月第 1 版第 2 次印刷
开　　本：188mm × 260mm　1/16　　印　　张：16
书　　号：ISBN 978-7-111-69941-5　　定　　价：99.00 元

凡购本书，如有缺页、倒页、脱页，由本社发行部调换
客服热线：（010）88379426　88361066　　投稿热线：（010）88379604
购书热线：（010）68326294　88379649　68995259　　读者信箱：hzjsj@hzbook.com

PREFACE 前言

After Effects
影视特效与栏目包装案例精解

After Effects是目前主流的影视合成软件之一。它不仅成功地用于数字视频的后期制作及影视广告的高级合成，还可以以多种形式用于多媒体制作和互联网传播。

全书共包含40 个大小不同、难度各异的综合案例。通过这些案例，讲解了After Effects的基本工具的使用方法，并对核心操作步骤进行具体分析。

本书既有面向初级读者的入门案例，又有面向影视制作行业从业人员和高级读者的有一定难度与技巧的案例。这些案例按照难易程度分为五个星级，每增加一个星级，难度就随之增加。

一星级部分（案例1~ 案例9），主要介绍After Effects的一般制作流程，以及关键帧动画、蒙版动画、分形杂色特效等基本动画与特效的使用方法。

二星级部分（案例10~ 案例18），以特效为重点，深入讲解文本特效、转场特效、发光特效等常用特效的制作方法。

三星级部分（案例19~ 案例26），在基础操作的基础上，通过综合性更强的案例，加深读者对After Effects主要功能的理解，使读者掌握更多的实际操作技巧。

四星级部分（案例27~ 案例33），讲解Optical Flares、Deep Glow、Trapcode Particular等After Effects中经典插件的使用方法，以制作出更加精美的效果。

五星级部分（案例34~ 案例40），全面介绍影视剧预告片、回忆电子相册、旅游宣传视频、手机竖屏商品海报等案例的制作方法，让读者了解此类案例的核心操作步骤。

希望通过这些案例的讲解，可以使读者启发想象力并提升对于软件的综合应用能力，从而提高设计质量和工作效率。

本书由王岩、王青和史艳艳编写。编者力图使本书的知识性和实用性相得益彰，但由于水平有限，书中错误、纰漏之处在所难免，欢迎广大读者、同人批评指正。

本书案例素材文件和教学视频可以登录机械工业出版社华章分社的网站（www.hzbook.com）下载，方法是：搜索到本书，然后在页面上的“资源下载”模块下载即可。如果下载有问题，请发送电子邮件至booksaga@126.com，邮件主题为“After Effects影视特效与栏目包装案例精解”。

编 者

2021年11月

CONTENTS 目录

After Effects
影视特效与栏目包装案例精解

前言

1 | 案例 1 制作流程简介

7 | 案例 2 动态镜头光斑

12 | 案例 3 金属标题样式

18 | 案例 4 描边分割过渡

23 | 案例 5 泛黄胶片电影

29 | 案例 6 动态翻滚云雾

34 | 案例 7 运用图层蒙版

场景 1 的合成
场景 2 的合成
完成场景的合成

39 | 案例 8 轨道蒙版的应用

44 | 案例 9 路径运动文字

49 | 案例 10 空间漂浮照片

照片和场景 1 的合成
场景 2 的合成
完成场景的合成

55 | 案例 11 音乐可视化

59 | 案例 12 七彩时光隧道

63 | 案例 13 立体光线空间

光线的合成
完成场景的合成

69 | 案例 14 拍照调焦效果

渲染输出照片
照片场景的合成
完成场景的合成

74 | 案例 15 拖影文字特效

79 | 案例 16 金属扫光标题

标题的合成
制作扫光和过光效果
完成场景的合成

86 | 案例 17 无缝运动转场

92 | 案例 18 字符流星雨

创建粒子场景
完成场景的合成

97 | 案例 19 动态手绘照片

102 | 案例 20 图片拼贴组合

107 | 案例 21 视觉差转场

制作视觉差场景
完成场景的合成

113 | 案例 22 水墨双重曝光

119 | 案例 23 动感电视墙

杂色的合成
电视墙的合成
完成场景的合成

124 | 案例 24 描边勾画标题

128 | 案例 25 粒子爆发转场

133 | 案例 26 玻璃标志演绎

制作反射贴图
完成场景的合成

142 | 案例 27 炫酷镜头光斑
场景 1 的合成
场景 2 和场景 3 的合成
完成场景的合成
148 | 案例 28 霓虹闪烁标题
制作标题动画
制作霓虹效果
完成场景的合成
154 | 案例 29 粒子飘散特效
制作粒子发射器
完成场景的合成
160 | 案例 30 光电描边标志
制作金属标志
制作光电描边效果
165 | 案例 31 逼真三维标题
172 | 案例 32 动态点阵粒子
177 | 案例 33 梦幻生长粒子
182 | 案例 34 影视剧预告片
标题的合成
场景的合成
完成场景的合成
189 | 案例 35 回忆电子相册
照片的合成
场景 1 的合成
场景 2 的合成
完成场景的合成
196 | 案例 36 旅游宣传视频
水墨场景的合成
场景 1 的合成
其他场景的合成
完成场景的合成
桥接输出视频
204 | 案例 37 健身机构广告
过渡场景的合成
场景 1 的合成
场景 2 的合成
完成场景的合成
215 | 案例 38 手机竖屏商品海报
场景 1 的合成
形状动画场景的合成
场景 2 的合成
完成场景的合成
桥接输出视频
227 | 案例 39 自媒体 LOGO 片头
场景 1 的合成
场景 2 的合成
场景 3 的合成
完成场景的合成
236 | 案例 40 快手账号推广视频
场景 1 的合成
场景 2 的合成
场景 3 的合成
场景 4 的合成
完成场景的合成

AFTER EFFECTS

影视特效与栏目包装案例精解

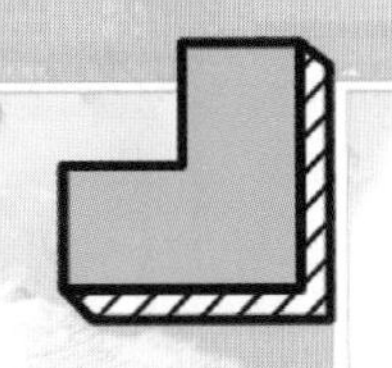

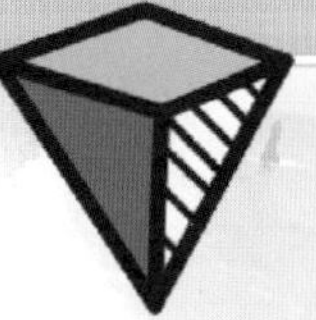

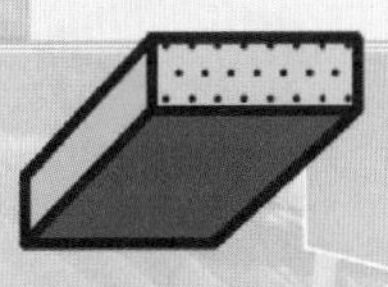

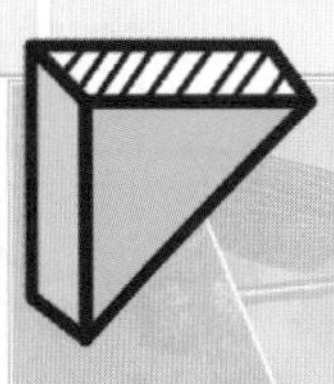

金属图层样式
AFTER EFFECTS
AFTER EFFECTS

案例 1 制作流程简介

本案例通过制作一个比较简单的片头来帮助读者了解 After Effects 的制作流程，其中涉及的知识点有的还没有讲到，可以暂且不去深究，在以后的学习中会逐一讲解。通过本案例的学习，读者可以对 After Effects CC 2020 的界面和功能面板有清晰的了解。最终效果如图 1-1 所示。

图 1-1 最终效果

（1）导入外部素材并通过拖动时间轴来调整素材的入点。

（2）利用关键帧记录素材的“位置”和“不透明度”参数，生成位移和渐变动画。

（3）使用“添加到渲染队列”命令渲染输出视频文件。

素材文件路径：源文件 \ 案例 1 制作流程简介

完成项目文件：源文件 \ 案例 1 制作流程简介 \ 完成项目 \ 完成项目 .aep

完成项目效果：源文件 \ 案例 1 制作流程简介 \ 完成项目 \ 案例效果 .mp4

视频教学文件：演示文件 \ 案例 1 制作流程简介 .mp4

1 运行 After Effects CC 2020，在“主页”窗口中单击“新建项目”按钮进入工作界面，如图 1-2 所示。

2 在“项目”面板的空白处双击，弹出“导入文件”对话框，选择素材文件路径中所有的视频文件，如图 1-3 所示。

图 1-2 “主页”窗口

图 1-3 “导入文件”对话框

3 单击“导入”按钮，将选中的素材文件导入“项目”面板中，如图 1-4 所示。

4 单击“合成”面板中的“新建合成”按钮，或者按 Ctrl+N 组合键，弹出“合成设置”对话框，设置合成尺寸为 1920×1080，“帧速率”为 30，“持续时间”为 5 秒 5 帧，其他沿用系统默认值，单击“确定”按钮生成合成，如图 1-5 所示。

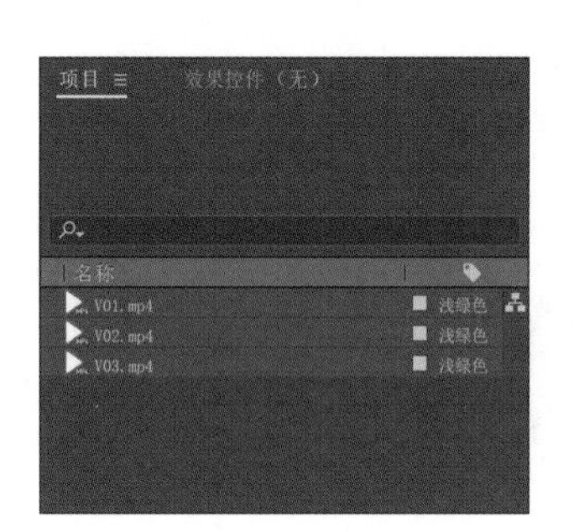

图 1-4 “项目”面板

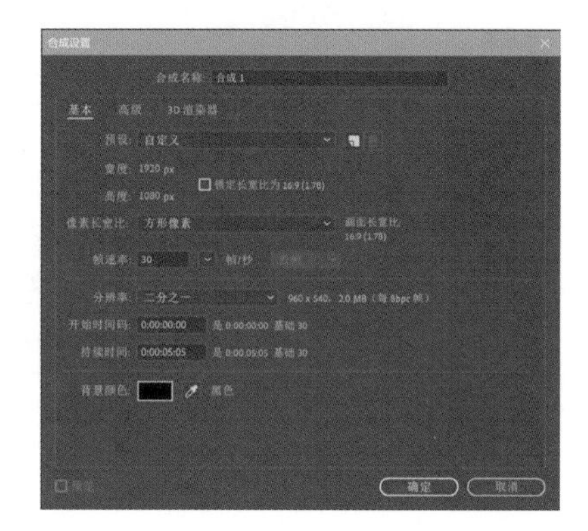

图 1-5 “合成设置”对话框

5 在“项目”面板上选择 3 个视频素材，将选中的素材拖动到“时间轴”面板上。

6 将光标移动到时间轴上，按住鼠标左键将“V02.mp4”图层的入点拖动到 1 秒 15 帧处，将“V03.mp4”图层的入点拖动到 2 秒 5 帧处，如图 1-6 所示。

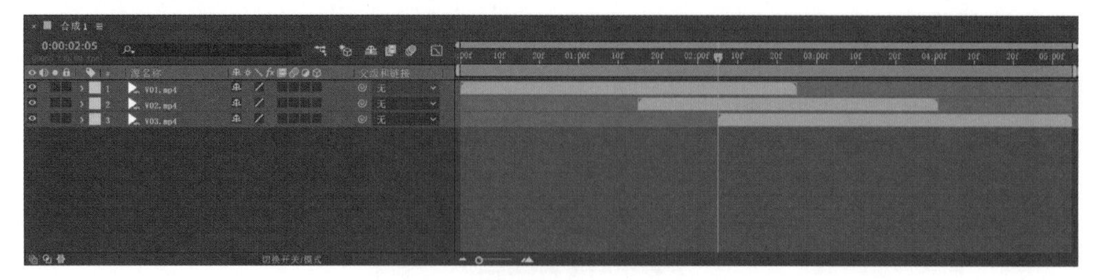

图 1-6 调整图层的时间轴

7 选择“图层→新建→纯色”命令，弹出“纯色设置”对话框，设置“颜色”为白色，单击“确定”按钮生成图层，如图 1-7 所示。

8 在“时间轴”面板中选取纯色图层，按 Ctrl+D 组合键复制图层，将复制的图层拖动到第 5 层，如图 1-8 所示。

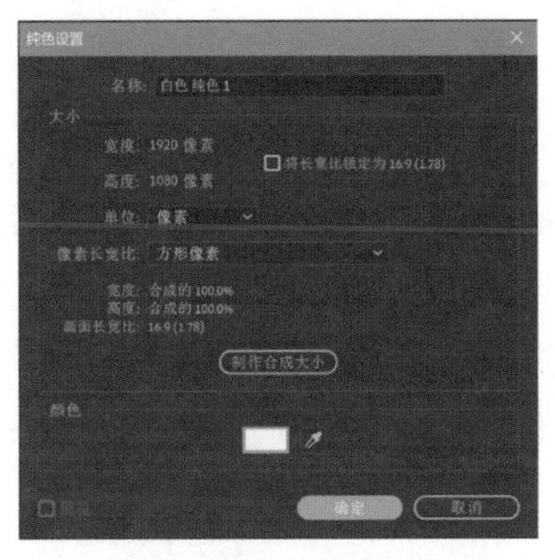
图 1-7 “纯色设置”对话框

图 1-8 复制图层并调整图层顺序

9 选中第 1 层，选择“图层→蒙版→新建蒙版”命令。连按两下 M 键展开“蒙版 1”选项，勾选“反转”复选框，如图 1-9 所示。

10 单击“形状”按钮，弹出“蒙版形状”对话框。设置“顶部”和“左侧”参数为 20，“右侧”参数为 1900，“底部”参数为 1060，单击“确定”按钮完成设置，如图 1-10 所示。

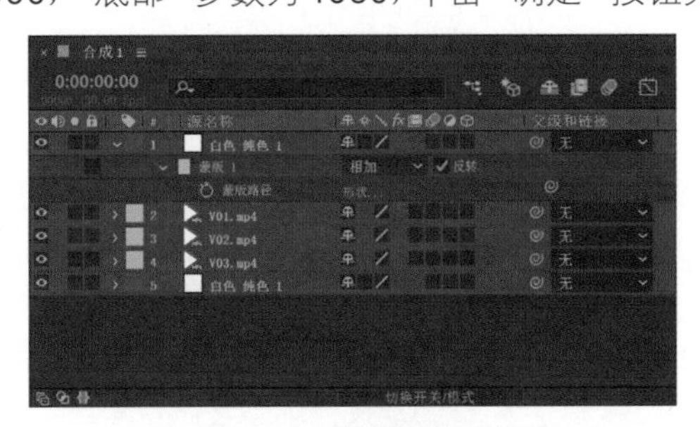
图 1-9 反转图层蒙版

图 1-10 “蒙版形状”对话框

11 选中第 2 层，选择“图层→蒙版→新建蒙版”命令。连按两下 M 键展开“蒙版 1”选项，设置“蒙版扩展”参数为 -540。将时间指示器拖动到 0 帧处，单击“蒙版扩展”参数前面的按钮创建关键帧，按钮变成状态。

12 将时间指示器拖动到 1 秒 15 帧处，设置“蒙版扩展”参数为 -20，如图 1-11 所示。

图 1-11 设置蒙版动画

13 按 S 键显示“缩放”选项，在 1 秒 15 帧处创建关键帧，在 0 帧处设置“缩放”参数为(0, 0)，如图 1-12 所示。

14 按 P 键显示“位置”选项，在 1 秒 15 帧处创建关键帧，在 2 秒 5 帧处设置“位置”参数为（10, 540），在 2 秒 25 帧处设置“位置”参数为（10, 1600），如图 1-13 所示。

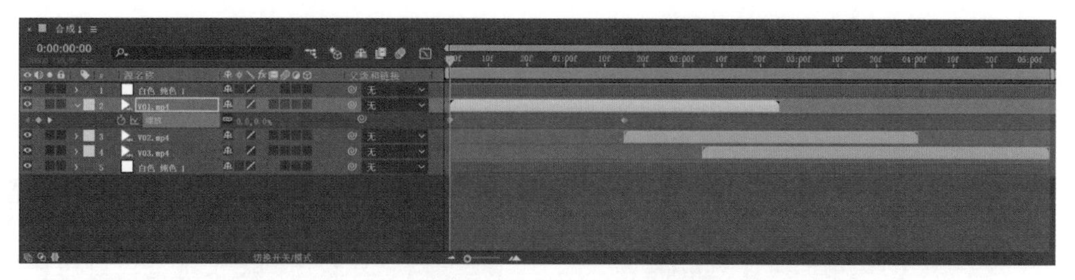

图 1-12 设置缩放动画

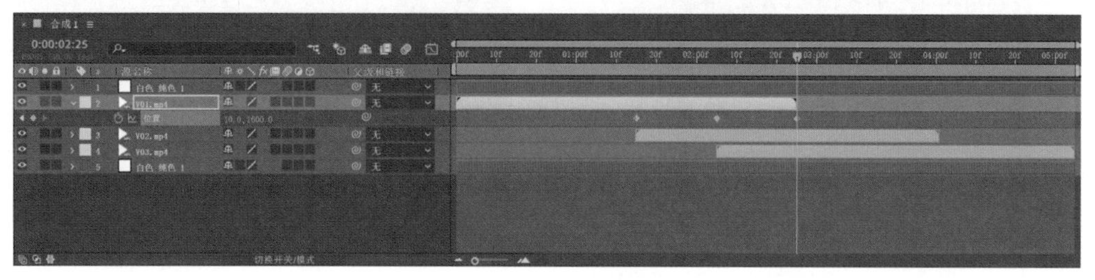

图 1-13 设置位移动画

15 单击“位置”选项选中三个关键帧，选择“动画→关键帧插值”命令，弹出“关键帧插值”对话框。在“空间插值”下拉列表框中选择“线性”，单击“确定”按钮完成设置，如图 1-14 所示。

16 选中第 3 层，选择“图层→蒙版→新建蒙版”命令。连按两下 M 键展开“蒙版 1”选项，设置“蒙版扩展”参数为 -20，如图 1-15 所示。

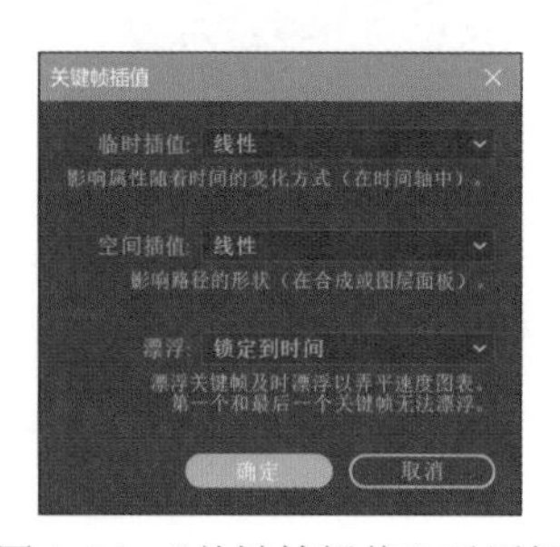

图 1-14 “关键帧插值”对话框

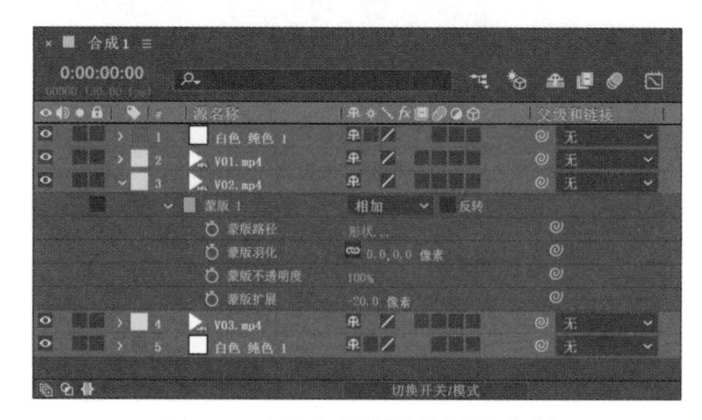

图 1-15 设置“蒙版扩展”参数

17 单击“形状”按钮，弹出“蒙版形状”对话框。设置“左侧”参数为 500，“右侧”参数为 1920，单击“确定”按钮完成设置。

18 按 P 键显示“位置”选项，在 1 秒 15 帧处设置“位置”参数为（2360, 540）后创建关键帧。在 2 秒 5 帧处设置“位置”参数为（1410, 540），在 2 秒 25 帧处单击⏱按钮左侧的◇按钮添加一个关键帧，在 3 秒 15 帧处设置“位置”参数为（2360, 540），如图 1-16 所示。

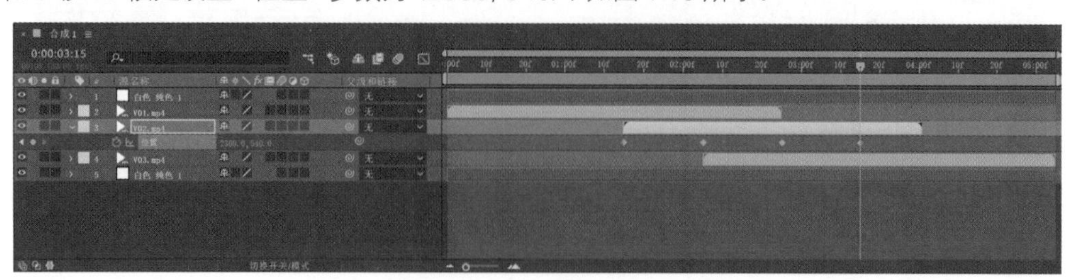

图 1-16 设置位移动画

19 选中第 4 层，选择“图层→蒙版→新建蒙版”命令。连按两下 M 键展开“蒙版 1”选项，设置“蒙版扩展”参数为 -20。

20 按 P 键显示“位置”参数，在 3 秒 15 帧处创建关键帧，在 2 秒 25 帧处设置“位置”参数为 (10, 540)，在 2 秒 5 帧处设置“位置”参数为 (10, -520)，如图 1-17 所示。

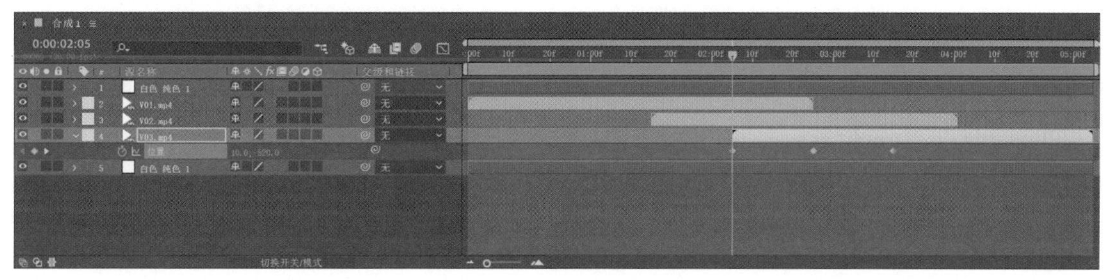

图 1-17 设置位移动画

21 单击“位置”选项选中三个关键帧，选择“动画→关键帧插值”命令，弹出“关键帧插值”对话框。在“空间插值”下拉列表框中选择“线性”，单击“确定”按钮完成设置。

22 在“字符”面板中将字体设置为“Arial Regular”，字体颜色为白色，字体大小为 110，如图 1-18 所示。

23 单击工具栏上的 T 按钮，在“合成”面板上单击后输入文本“AFTER EFFECTS”。在“对齐”面板中单击 和 按钮对齐文本。在“合成”面板的“分辨率”下拉列表框中选择“完整”，当前设置完成后的影片效果如图 1-19 所示。

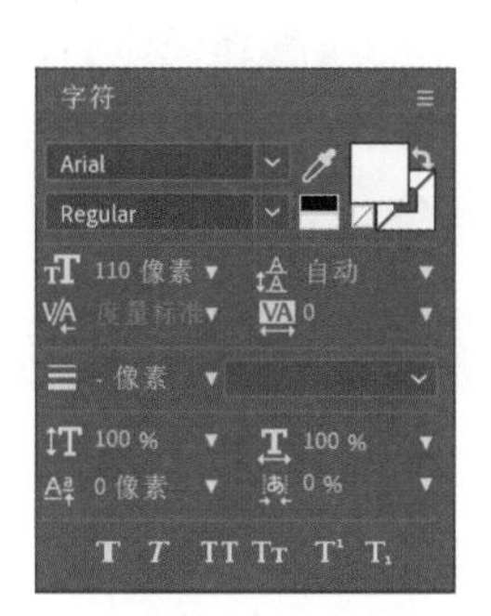

图 1-18 设置“字符”参数

图 1-19 影片效果

24 将光标移动到时间轴的左侧，当光标显示为 ↔ 时按住鼠标左键拖动，将文本图层的入点调整到 3 秒 15 帧处。按 T 键显示“不透明度”选项，在 4 秒 15 帧处创建关键帧，在 3 秒 15 帧处设置“不透明度”参数为 0%，如图 1-20 所示。

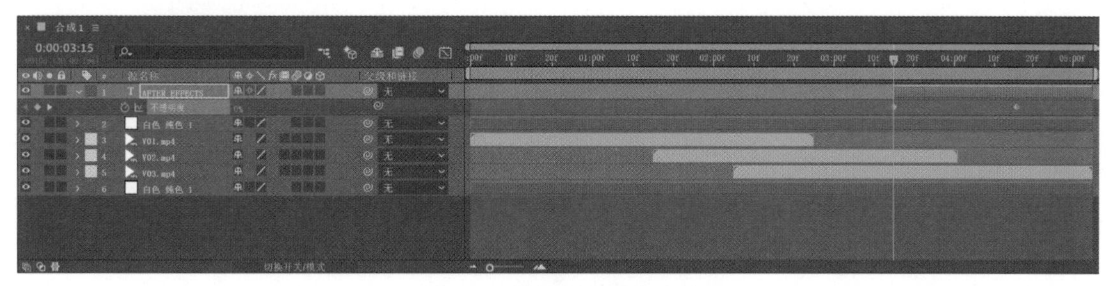

图 1-20 设置不透明度动画

25 按空格键预览影片，查看合成结果是否符合预期。确认满意后选择“合成→添加到渲染队列”命令，弹出“渲染队列”面板，在“输出到”选项中单击“合成 1.avi”，弹出“将影片输出到”对话框，选择影片的名称和保存路径，如图 1-21 所示。

图 1-21 “将影片输出到”对话框

26 单击“保存”按钮返回“渲染队列”面板，单击“渲染”按钮开始输出影片，如图 1-22 所示。

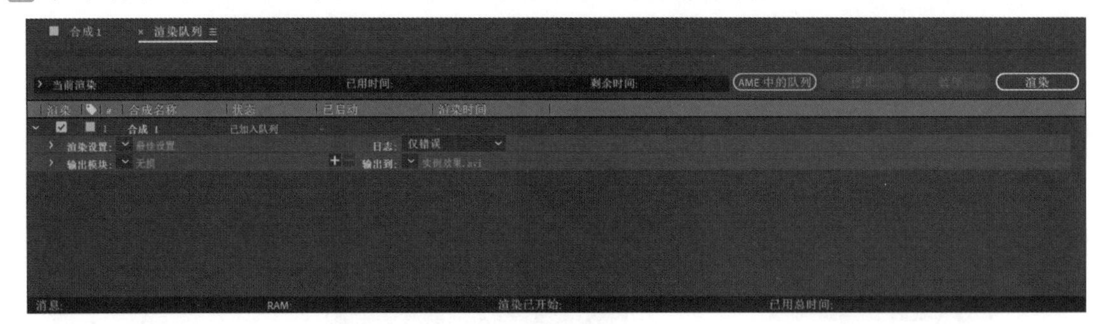

图 1-22 “渲染队列”面板

27 整个案例制作完成，最终效果如图 1-1 所示。

案例 2 动态镜头光斑

After Effects 和 Photoshop 同属于 Adobe 公司，两者有很多相似的功能，图层混合模式就是其中之一。本案例利用图层混合模式为视频素材添加动态镜头光斑和炫光转场，让平淡的视频变得酷炫。最终效果如图 2-1 所示。

图 2-1 最终效果

★

（1）利用“序列图层”功能快速排列图层时间轴。

（2）为视频素材制作缩放和旋转动画。

（3）利用图层混合模式在视频素材上叠加动态镜头光斑和炫光效果。

素材文件路径：源文件＼案例 2 动态镜头光斑

完成项目文件：源文件＼案例 2 动态镜头光斑＼完成项目＼完成项目 .aep

完成项目效果：源文件＼案例 2 动态镜头光斑＼完成项目＼案例效果 .mp4

视频教学文件：演示文件＼案例 2 动态镜头光斑 .mp4

1 运行 After Effects CC 2020，在“主页”窗口中单击“新建项目”按钮进入工作界面。在“项目”面板的空白处双击，弹出“导入文件”对话框，导入素材路径中的所有文件。

2 单击“合成”面板中的“新建合成”按钮，弹出“合成设置”对话框，设置合成尺寸为 1920×1080，“帧速率”为 30，“持续时间”为 12 秒，其他沿用系统默认值，单击“确定”按钮生成合成，如图 2-2 所示。

3 将“项目”面板中的“V01.mp4”拖动到“时间轴”面板上，开启图层的“运动模糊”开关，如图 2-3 所示。

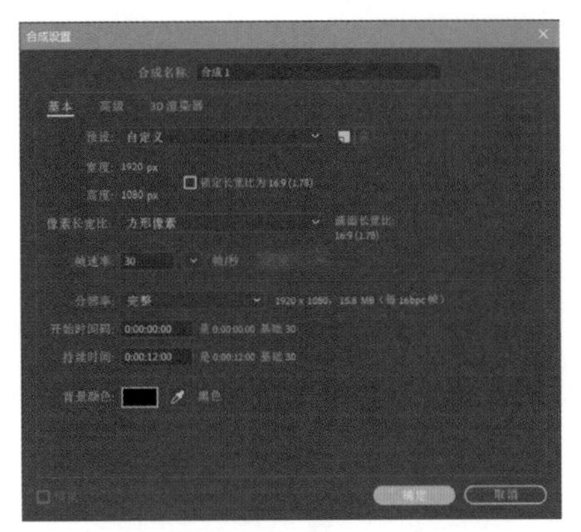

图 2-2 “合成设置”对话框

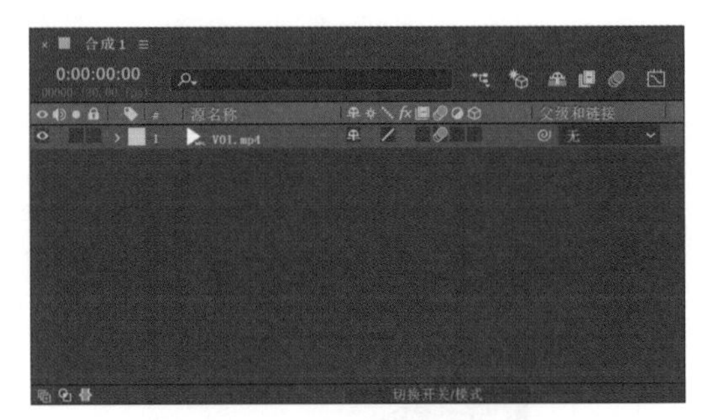

图 2-3 开启“运动模糊”开关

4 选择“效果→风格化→动态拼贴”命令，在“效果控件”面板中设置“输出宽度”和“输出高度”参数均为 200，勾选“镜像边缘”复选框，如图 2-4 所示。

5 在“时间轴”面板上展开“变换”选项，设置“缩放”参数为（185, 185），“旋转”参数为 0x-45°，当前设置完成后的缩放和旋转效果如图 2-5 所示。

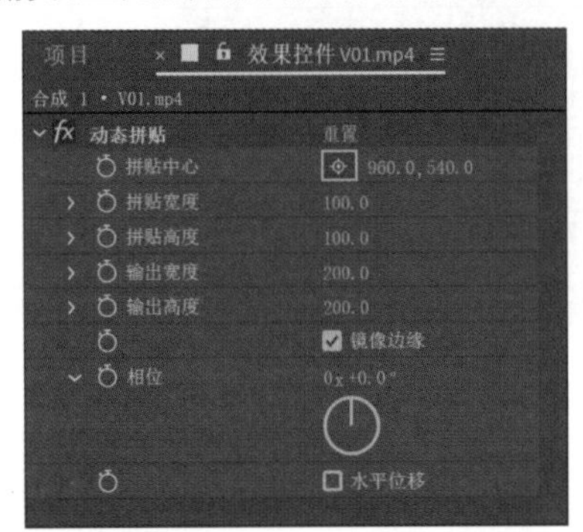

图 2-4 “动态拼贴”对话框

图 2-5 缩放和旋转效果

6 在 0 帧处为“缩放”和“旋转”参数创建关键帧，在 15 帧处设置“缩放”参数为（120, 120），“旋转”参数为 0x-10°，在 4 秒处设置“缩放”参数为（115, 115），“旋转”参数为 0x+10°，如图 2-6 所示。

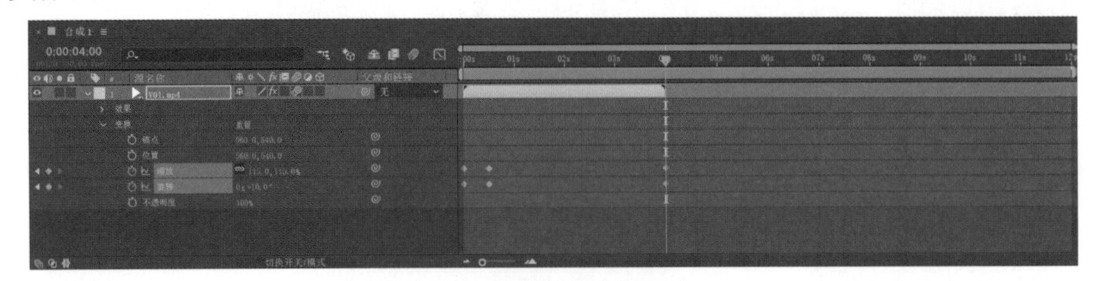

图 2-6 设置缩放和旋转动画

7 按 Ctrl+D 组合键复制“V01.mp4”图层，选中第 2 层，按住 Alt 键将“项目”面板中的“V02.mp4”拖动到选中的图层上进行替换。

8 展开第 2 层的“变换”选项，将“缩放”和“旋转”参数的第二个关键帧删除。将“缩放”参数第一个关键帧的数值设置为(120, 120)，将“旋转”参数第一个关键帧的数值设置为 0x+10°，将“旋转”参数第二个关键帧的数值设置为 0x-10°，如图 2-7 所示。

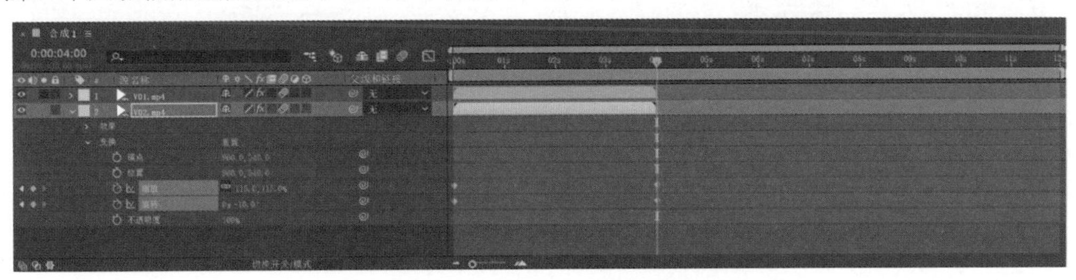

图 2-7 设置第 2 层的缩放和旋转动画

9 按 Ctrl+D 组合键复制第 2 层，选中第 3 层，按住 Alt 键将“项目”面板中的“V03.mp4”拖动到选中的图层上进行替换。

10 展开第 3 层的“变换”选项，将“旋转”参数第一个关键帧的数值设置为 0x-10°，将“旋转”参数第二个关键帧的数值设置为 0x+10°，如图 2-8 所示。

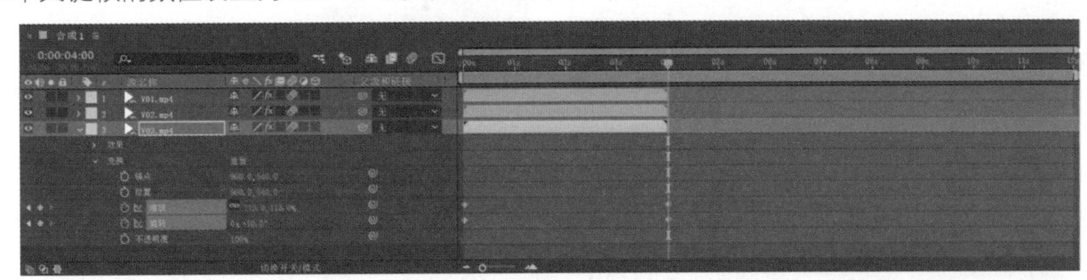

图 2-8 设置第 3 层的缩放和旋转动画

11 在“时间轴”面板上选中所有图层，选择“动画→关键帧辅助→序列图层”命令，弹出“序列图层”对话框，直接单击“确定”按钮排列图层，如图 2-9 所示。排列结果如图 2-10 所示。

图 2-9 “序列图层”对话框

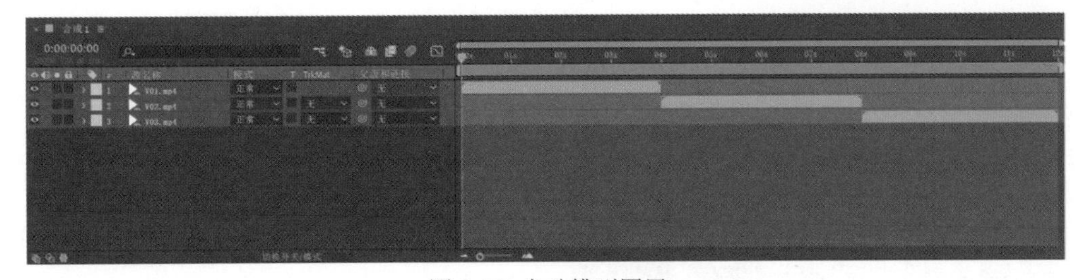

图 2-10 自动排列图层

12 将“项目”面板中的“T01.mp4”拖动到“V01.mp4”图层上方，与“V01.mp4”图层的时间轴对齐；将“T02.mp4”拖动到“V02.mp4”图层上方，与“V02.mp4”图层的时间轴对齐；将“T03.mp4”拖动到“V03.mp4”图层上方，与“V03.mp4”图层的时间轴对齐。如图 2-11 所示。

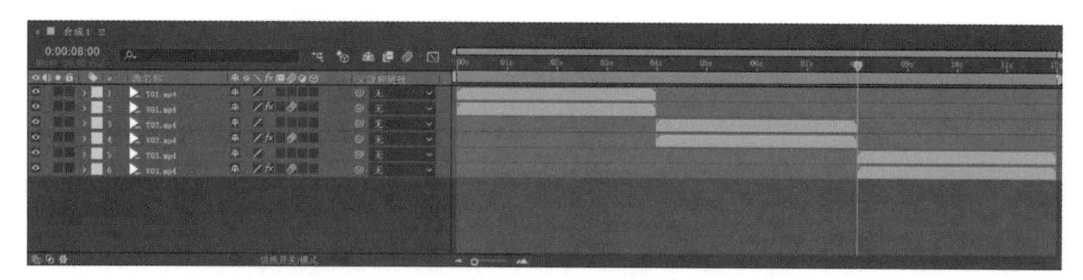

图 2-11 添加素材并对齐时间轴

13 按住 Ctrl 键的同时选中第 1 层、第 3 层和第 5 层，单击“时间轴”面板下方的“切换开关 / 模式”按钮，在“模式”下拉列表框中选择“相加”进行图层混合，如图 2-12 所示。

14 按 T 键显示“不透明度”选项，设置“不透明度”参数为 60%，当前设置完成后的动态镜头光斑效果如图 2-13 所示。

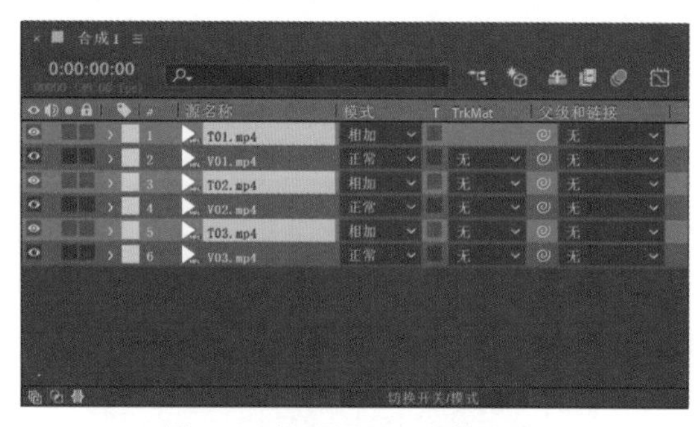

图 2-12 设置图层混合模式

图 2-13 动态镜头光斑效果

15 将“项目”面板中的“T04.mp4”拖动到“T01.mp4”图层上方，将图层的入点拖动到 3 秒 6 帧处；将“T05.mp4”拖动到“T02.mp4”图层上方，将图层的入点拖动到 7 秒 8 帧处。如图 2-14 所示。

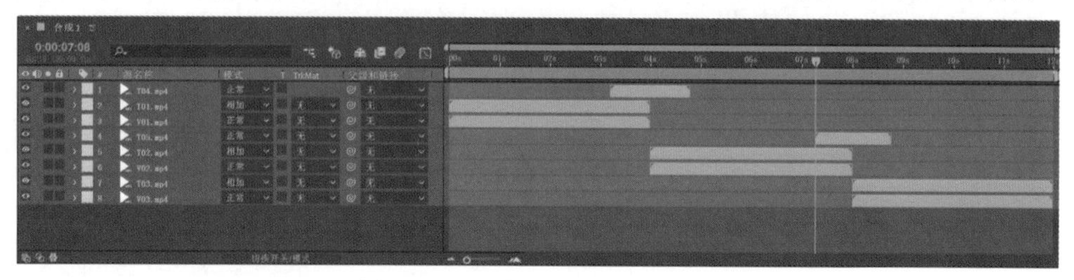

图 2-14 添加素材并调整时间轴

16 按住 Ctrl 键的同时选中第 1 层和第 4 层，在“模式”下拉列表框中选择“屏幕”，如图 2-15 所示。当前设置完成后的炫光转场效果如图 2-16 所示。

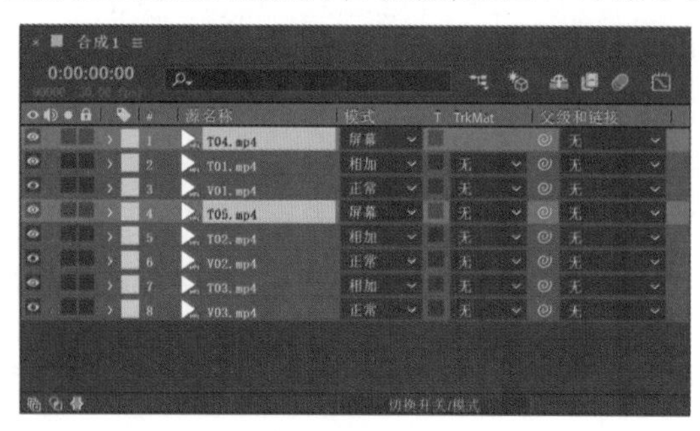

图 2-15 设置图层混合模式

图 2-16 炫光转场效果

17 选择“文件→保存”命令，弹出“另存为”对话框，输入文件名后单击“保存”按钮保存项目文件，如图 2-17 所示。

18 选择“文件→整理工程（文件）→收集文件”命令，弹出“After Effects”对话框，单击“保存”按钮弹出“收集文件”对话框，如图 2-18 所示。

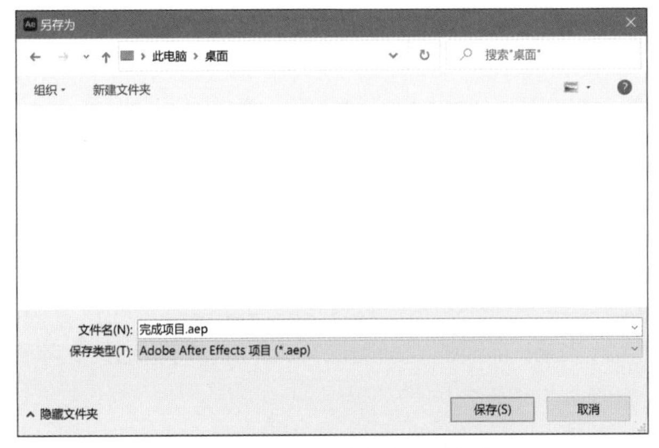

图 2-17 “另存为”对话框

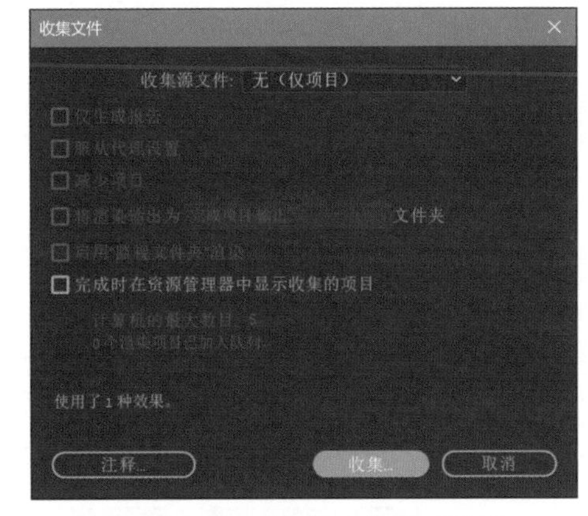

图 2-18 “收集文件”对话框

19 单击“收集”按钮，弹出“将文件收集到文件夹中”对话框，输入文件夹名称后单击“保存”按钮，项目文件连同所有用到的素材文件就被保存到此文件夹中，如图 2-19 所示。

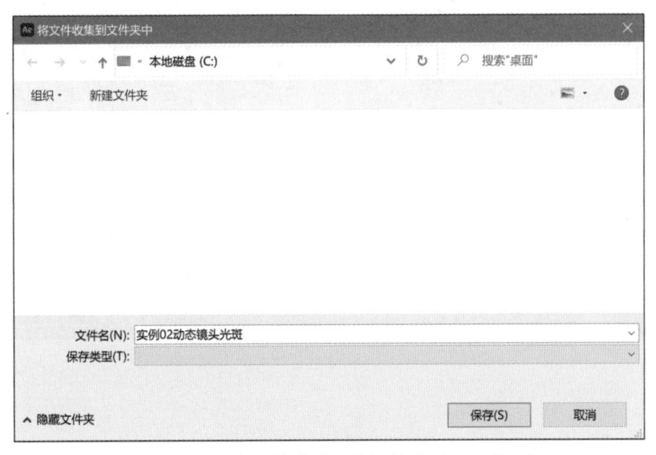

图 2-19 “将文件收集到文件夹中”对话框

20 整个案例制作完成，最终效果如图 2-1 所示。

案例 3　金属标题样式

除了图层混合模式以外，After Effects 还提供了 Photoshop 所具有的图层样式功能，利用图层样式可以快速制作出各种立体投影、质感和光影效果。本案例利用图层样式功能，将普通的文本制作成具有金属质感的三维立体标题，最终效果如图 3-1 所示。

图 3-1　最终效果

★

（1）使用图层样式制作金属质感的标题。
（2）使用图层混合模式加强金属质感的表现。
（3）利用灯光对象和“CC Radial Fast Blur”效果模拟照明与投影。

素材文件路径：源文件 \ 案例 3 金属标题样式
完成项目文件：源文件 \ 案例 3 金属标题样式 \ 完成项目 \ 完成项目 .aep
完成项目效果：源文件 \ 案例 3 金属标题样式 \ 完成项目 \ 案例效果 .bmp
视频教学文件：演示文件 \ 案例 3 金属标题样式 .mp4

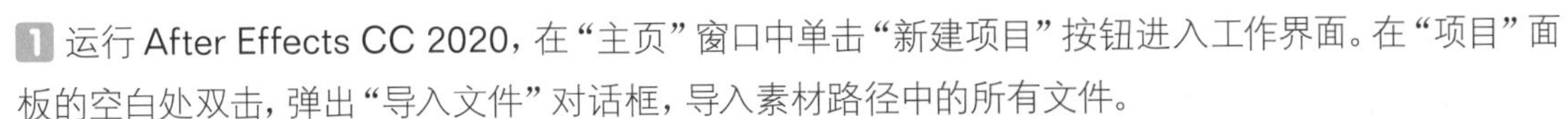

1 运行 After Effects CC 2020，在“主页”窗口中单击“新建项目”按钮进入工作界面。在“项目”面板的空白处双击，弹出“导入文件”对话框，导入素材路径中的所有文件。

2 单击“合成”面板中的“新建合成”按钮，弹出“合成设置”对话框，设置合成尺寸为 1920×1080，“帧速率”为 30，“持续时间”为 10 秒，其他沿用系统默认值，单击“确定”按钮生成合成，如图 3-2 所示。

3 选择“图层→新建→纯色”命令，弹出“纯色设置”对话框，设置“颜色”为 #323232，单击“确定”按钮生成图层。

4 在“字符”面板中将字体设置为“阿里汉仪智能黑体”，字体颜色为 #424242，字体大小为 240，如图 3-3 所示。

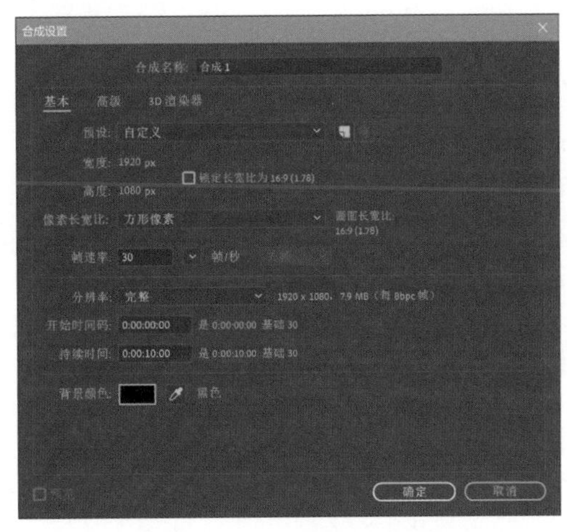

图 3-2 “合成设置”对话框

5 单击工具栏上的 T 按钮，在“合成”面板上输入文本“金属图层样式”，在“对齐”面板中单击和按钮对齐文本，结果如图 3-4 所示。

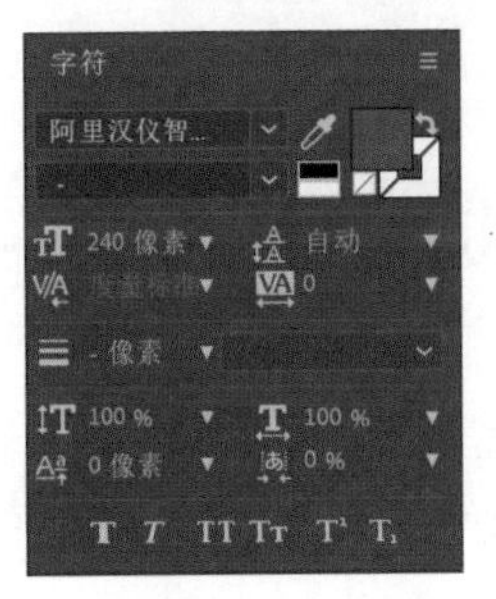

图 3-3 设置“字符”参数

图 3-4 文字效果

6 按 Ctrl+D 组合键复制 3 个文本图层，选中第 3 层后单击按钮将其余的文本图层隐藏。

7 选择“图层→图层样式→斜面和浮雕”命令，展开“斜面和浮雕”选项。在“技术”下拉列表框中选择“雕刻清晰”，设置“深度”参数为 400，“大小”参数为 100，“角度”参数为 0x+70°，“高度”参数为 0x+20°；在“高亮模式”下拉列表框中选择“颜色减淡”，设置“加亮颜色”为 #FFF3BB，“高光不透明度”参数为 50；在“阴影模式”下拉列表框中选择“强光”，“阴影颜色”为 #291212，“阴影不透明度”参数为 90。如图 3-5 所示。当前设置完成后的斜面和浮雕效果如图 3-6 所示。

图 3-5 设置“斜面和浮雕”参数

图 3-6 斜面和浮雕效果

8 选择“图层→图层样式→光泽”命令，展开“光泽”选项，在“混合模式”下拉列表框中选择“颜色减淡”，设置“颜色”为白色，“距离”参数为 9，如图 3-7 所示。当前设置完成后的光泽效果如图 3-8 所示。

图 3-7 设置“光泽”参数

图 3-8 光泽效果

9 选择“图层→图层样式→内阴影”命令，展开“内阴影”选项，在“混合模式”下拉列表框中选择“柔光”，设置“不透明度”参数为 30%，“角度”参数为 0x−40°，“距离”参数为 80，“阻塞”参数为 100%，“大小”参数为 20，“杂色”参数为 75，如图 3-9 所示。当前设置完成后的内阴影效果如图 3-10 所示。

图 3-9 设置“内阴影”参数

图 3-10 内阴影效果

10 选择“图层→图层样式→内发光”命令，展开“内发光”选项，在“混合模式”下拉列表框中选择“颜色减淡”，设置“不透明度”参数为 85%，在“技术”下拉列表框中选择“精细”，在“源”下拉列表框中选择“中心”，设置“大小”参数为 100，如图 3-11 所示。当前设置完成后的内发光效果如图 3-12 所示。

图 3-11 设置“内发光”参数

图 3-12 内发光效果

11 选择“图层→图层样式→颜色叠加”命令，展开“颜色叠加”选项，在“混合模式”下拉列表框中选择“相乘”，设置“颜色”为 #B6A561，“不透明度”参数为 30%，如图 3-13 所示。当前设置完成后的颜色叠加效果如图 3-14 所示。

图 3-13 设置“颜色叠加”参数

图 3-14 颜色叠加效果

⑫ 选择“图层→图层样式→投影”命令，展开“投影”选项，设置“角度”参数为 0x+90°，“大小”参数为 10，如图 3-15 所示。当前设置完成后的投影效果如图 3-16 所示。

图 3-15 设置“投影”参数

图 3-16 投影效果

⑬ 选择“图层→图层样式→外发光”命令，展开“外发光”选项，在“混合模式”下拉列表框中选择“柔光”，设置“不透明度”为 50%，“大小”参数为 85，“范围”参数为 100%，如图 3-17 所示。当前设置完成后的外发光效果如图 3-18 所示。

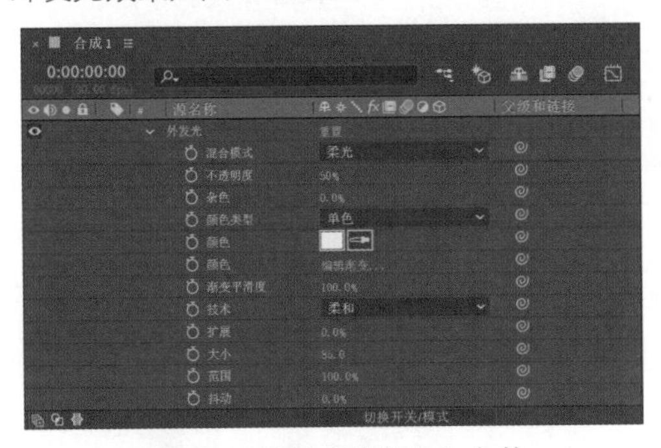

图 3-17 设置“外发光”参数

图 3-18 外发光效果

⑭ 将“项目”面板上的“P01.jpg”拖动到第 3 层，在“模式”下拉列表框中选择“叠加”，在“TrKMat”下拉列表框中选择“Alpha 遮罩”，如图 3-19 所示。

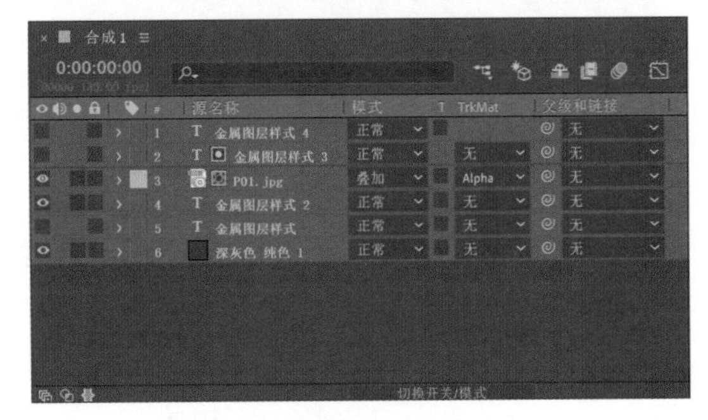

图 3-19 覆叠金属纹理（1）

15 将“项目”面板上的“P01.jpg”拖动到第 2 层，在“模式”下拉列表框中选择“屏幕”，在“TrKMat”下拉列表框中选择“Alpha 遮罩”。按 T 键显示“不透明度”选项，设置“不透明度”参数为 15%，如图 3-20 所示。当前设置完成后的覆盖金属纹理效果如图 3-21 所示。

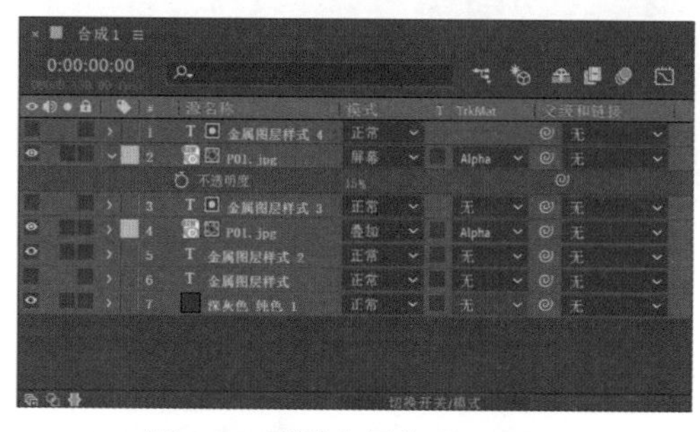

图 3-20 覆叠金属纹理（2）

图 3-21 覆叠金属纹理效果

16 单击👁按钮显示出第 6 层，选中第 6 层后选择“效果→生成→填充”命令，在“效果控件”面板中设置“颜色”为黑色。

17 选择“效果→模糊和锐化→ CC Radial Fast Blur”命令，设置“Center”参数为（960，360），“Amount”参数为 85，如图 3-22 所示。当前设置完成后的模拟投影效果如图 3-23 所示。“CC Radial Fast Blur”效果的各项参数含义参见技术补充 3-1。

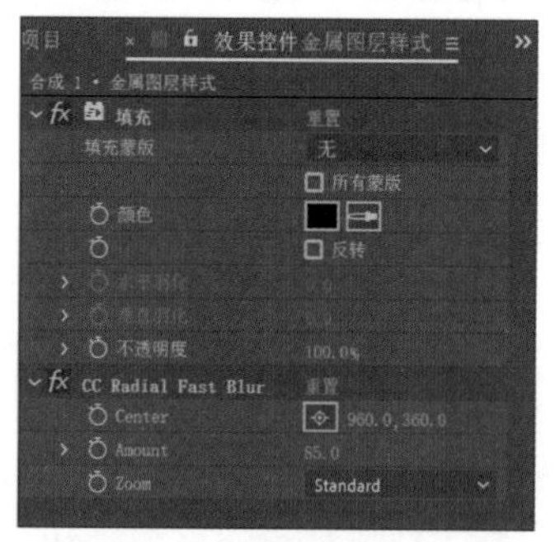

图 3-22 设置“CC Radial Fast Blur”参数

图 3-23 模拟投影效果

技术补充 3-1：“CC Radial Fast Blur”（快速径向模糊效果）参数含义

- Center：设置径向模糊的中心坐标。
- Amount：设置径向模糊的数量，数值越大，径向模糊的范围越大。
- Zoom：选择径向模糊的作用范围。

18 选择“图层→新建→灯光”命令，弹出“灯光设置”对话框，在“灯光类型”下拉列表框中选择“点”。设置“颜色”为 #FEF7E4，“强度”参数为 120%，单击“确定”按钮生成图层，如图 3-24 所示。

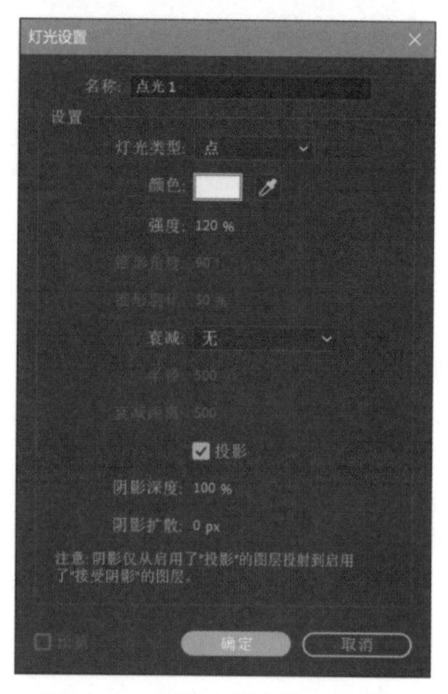

图 3-24 “灯光设置”对话框

19 展开“变换”选项，设置“位置”参数为（960，360，-1300）。开启所有图层的“3D 图层”开关，如图 3-25 所示。当前设置完成后的标题效果如图 3-26 所示。

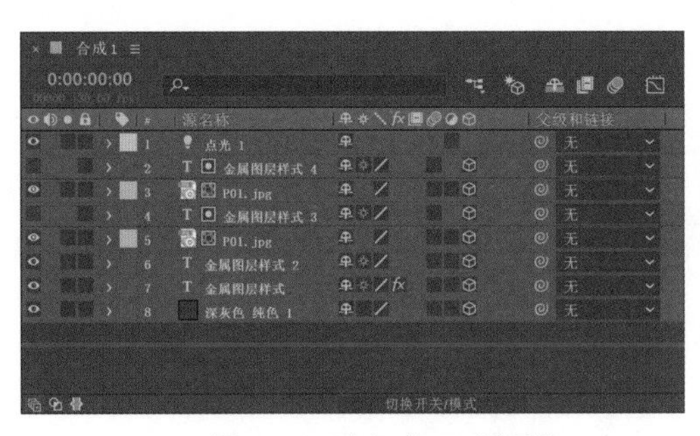

图 3-25 开启“3D 图层”

图 3-26 标题效果

20 选择“图层→新建→调整”命令，继续选择“效果→颜色校正→ CC Color Offset”命令，在“效果控件”面板中设置“Red Phase”参数为 0x-12°，“Green Phase”参数为 0x-5°，如图 3-27 所示。“CC Color Offset”效果的各项参数含义参见技术补充 3-2。

21 选择“效果→颜色校正→亮度和对比度”命令，设置“亮度”参数为 30，“对比度”参数为 20，如图 3-28 所示。

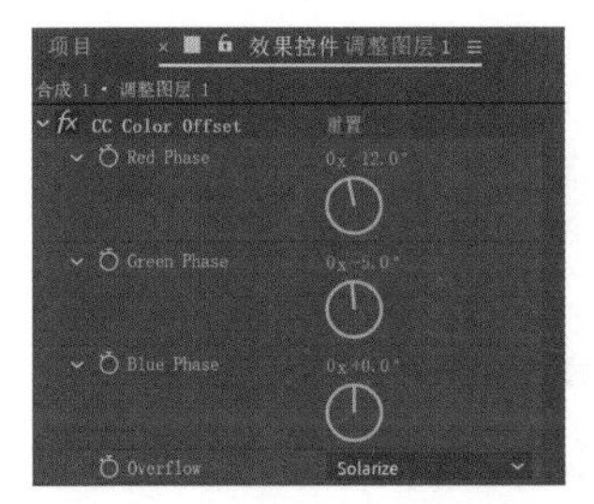

图 3-27 设置“CC Color Offset”参数

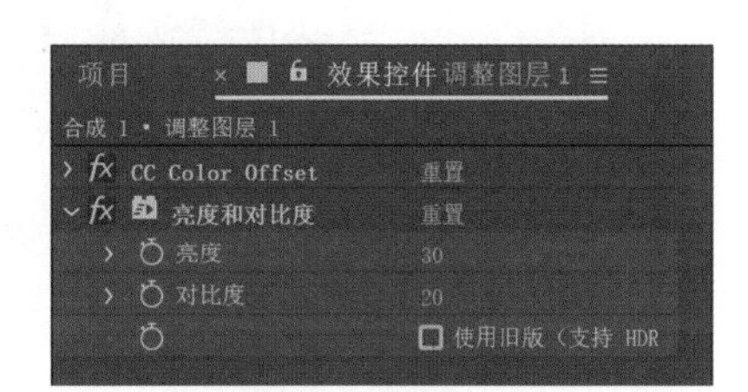

图 3-28 设置“亮度和对比度”参数

技术补充 3-2：“CC Color Offset”（颜色偏移效果）参数含义

- Red Phase：设置红色通道的偏移程度。
- Green Phase：设置绿色通道的偏移程度。
- Blue Phase：设置蓝色通道的偏移程度。
- Overflow：选择颜色溢出方式。

22 选择“效果→模糊和锐化→锐化”命令，设置“锐化量”参数为 15，如图 3-29 所示。

23 选择“效果→风格化→发光”命令，设置“发光阈值”参数为 40%，“发光半径”参数为 50，“发光强度”参数为 0.3，如图 3-30 所示。

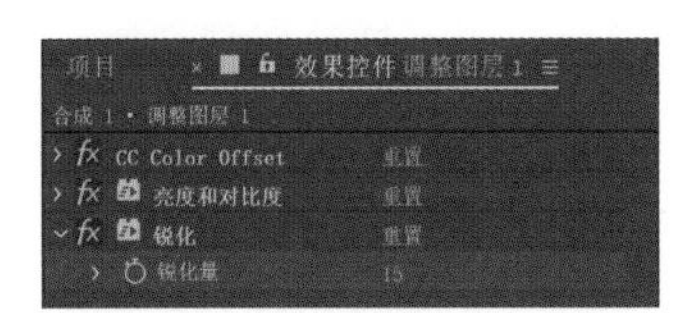

图 3-29 设置“锐化”参数

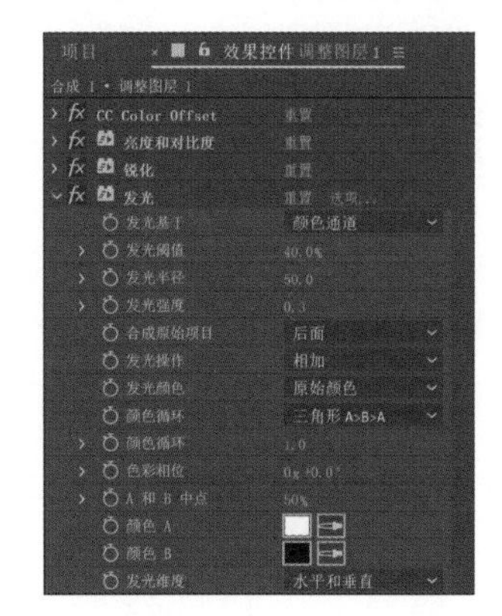

图 3-30 设置“发光”参数

24 整个案例制作完成，最终效果如图 3-1 所示。

案例 4 描边分割过渡

大多数影片都是由很多个相互衔接的场景组成的，场景与场景间的转换就是过渡，也叫作转场。在 After Effects 中制作转场效果的方法有很多，本案例主要利用图层的不透明度变化和内置的“过渡”效果制作几种比较常用的转场特效。最终效果如图 4-1 所示。

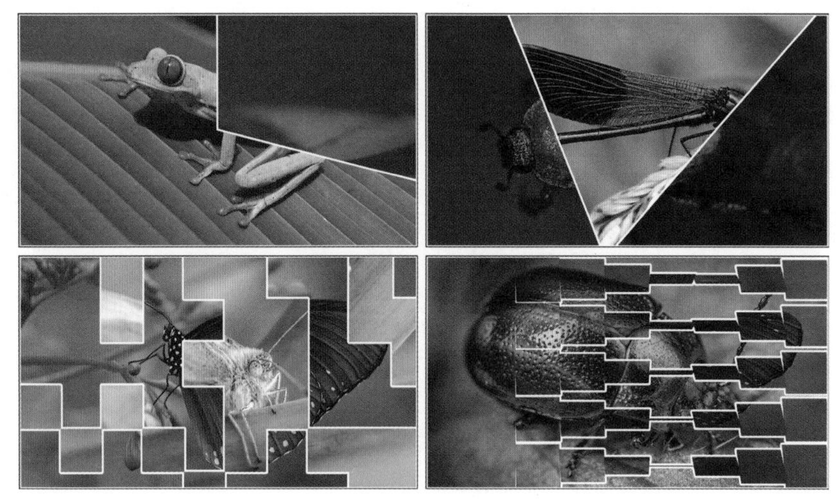

图 4-1 最终效果

★

（1）使用“序列图层”功能，在排列时间轴的同时自动添加过渡。

（2）使用图层样式生成带描边的转场效果。

（3）使用“过渡”和“风格化”效果制作转场。

素材文件路径：源文件 \ 案例 4 描边分割过渡

完成项目文件：源文件 \ 案例 4 描边分割过渡 \ 完成项目 \ 完成项目 .aep

完成项目效果：源文件 \ 案例 4 描边分割过渡 \ 完成项目 \ 案例效果 .mp4

视频教学文件：演示文件 \ 案例 4 描边分割过渡 .mp4

1 运行 After Effects CC 2020，在“主页”窗口中单击“新建项目”按钮进入工作界面。在“项目”面板的空白处双击，弹出“导入文件”对话框，导入素材路径中的所有文件。

2 单击“合成”面板中的“新建合成”按钮，弹出“合成设置”对话框，设置合成尺寸为 1920×1080，“帧速率”为 30，“持续时间”为 16 秒，其他沿用系统默认值，单击“确定”按钮生成合成，如图 4-2 所示。

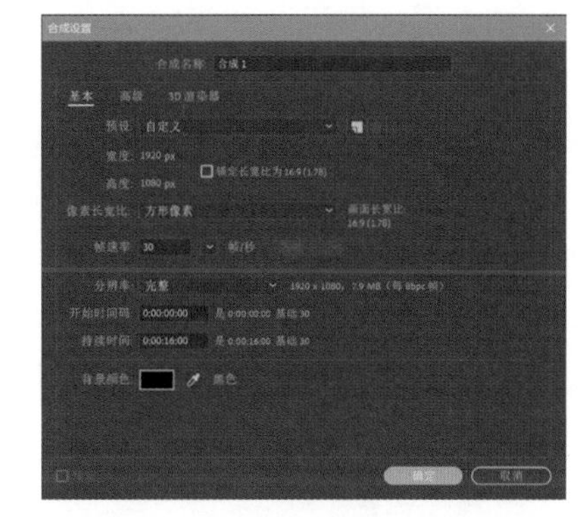
图 4-2 “合成设置”对话框

3 将“项目”面板中的所有图像素材拖动到“时间轴”面板上，将前面 8 层图层的出点均拖动到 3 秒处，将第 9 层的出点拖动到 4 秒处，如图 4-3 所示。

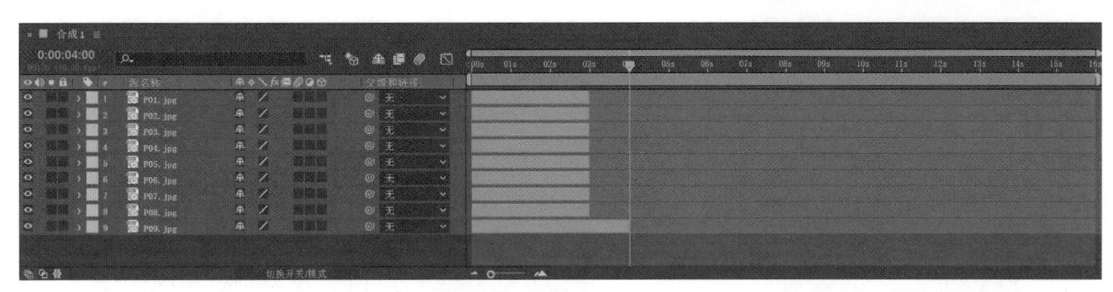
图 4-3 调整图层出点

4 重新选取所有图层，选择“动画→关键帧辅助→序列图层”命令，弹出“序列图层”对话框。勾选“重叠”复选框，设置“持续时间”为 1 秒 15 帧，在“过渡”下拉列表框中选择“交叉溶解前景和背景图层”，如图 4-4 所示。

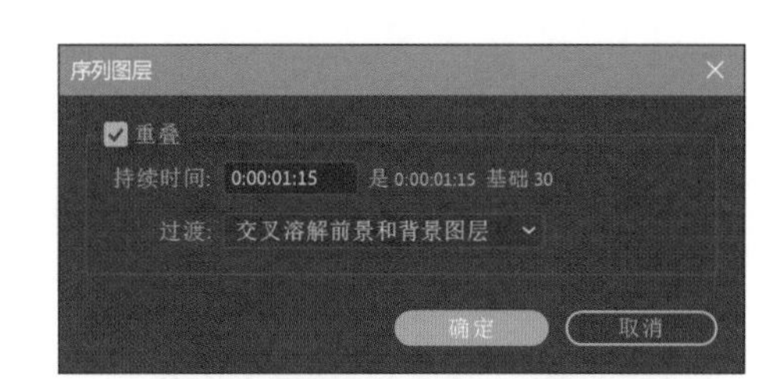

图 4-4 “序列图层”对话框

5 单击“确定”按钮，所有图层不但会自动排列，而且所有上下层的叠加处都会创建“不透明度”关键帧，从而产生淡入淡出转场，如图 4-5 所示。

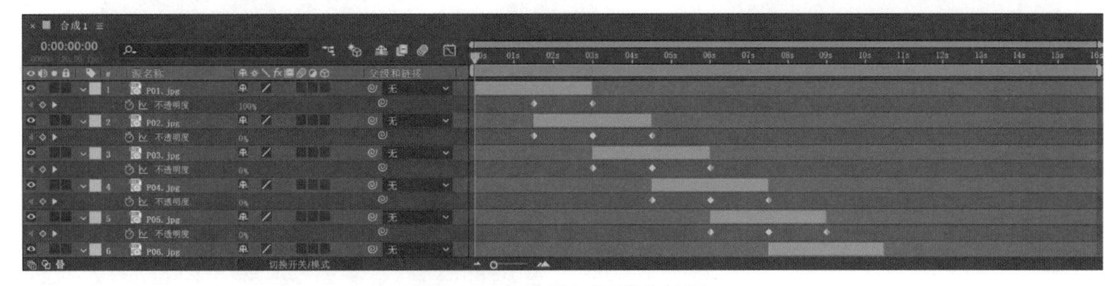
图 4-5 自动添加的淡化转场

6 序列图层功能只能生成两种转场效果，如果素材很多，则会产生单调感。按 Ctrl+Z 组合键撤销操作，再次选择“动画→关键帧辅助→序列图层”命令，在“序列图层”对话框中勾选“重叠”复选框，设置“持续时间”为 1 秒 15 帧，在“过渡”下拉列表框中选择“关”，单击“确定”按钮只排列图层。

7 确认所有图层都处于选取状态，选择“图层→图层样式→描边”命令，展开“描边”选项，设置“颜色”为白色，“大小”参数为 10，如图 4-6 所示。

8 选择“图层→新建→纯色”命令，弹出“纯色设置”对话框，设置“颜色”为白色，单击“确定”按钮生成图层。

9 选择“图层→蒙版→新建蒙版”命令。连按两下 M 键展开“蒙版 1”选项，勾选“反转”复选框。单击“形状”按钮，弹出“蒙版形状”对话框，设置“顶部”和“左侧”参数均为 10，“右侧”参数为 1910，“底部”参数为 1070，单击“确定”按钮完成设置，如图 4-7 所示。

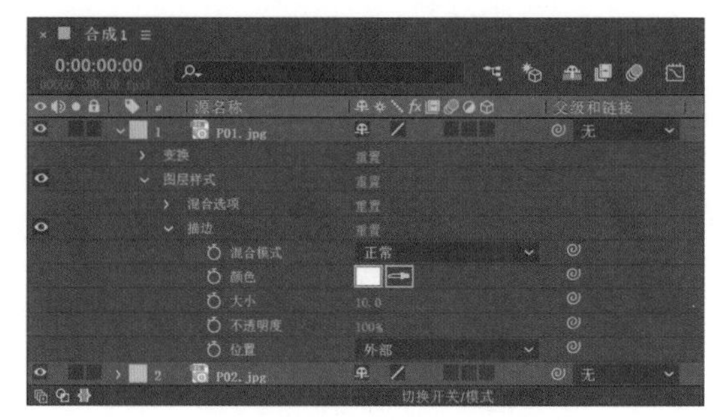

图 4-6 设置“描边”参数

10 选中第 1 层，选择“效果→过渡→径向擦除”命令，在 1 秒 15 帧处为“过渡完成”参数创建关键帧，在 3 秒处设置“过渡完成”参数为 100%，当前设置完成后的径向擦除转场效果如图 4-8 所示。

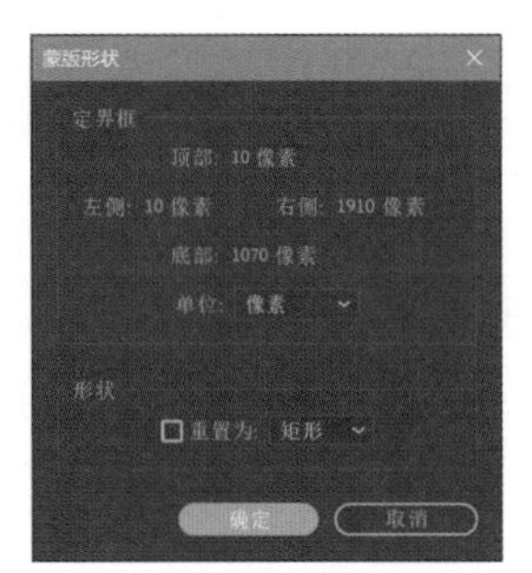

图 4-7 设置“蒙版形状”参数

图 4-8 径向擦除转场效果

11 在“时间轴”面板中选取“效果”选项，按 Ctrl+C 组合键复制效果，选中第 2 层，在 3 秒处按 Ctrl+V 组合键粘贴效果。在“效果控件”面板的“擦除”下拉列表框中选择“两者兼有”，如图 4-9 所示。当前设置完成后的双向径向擦除转场效果如图 4-10 所示。

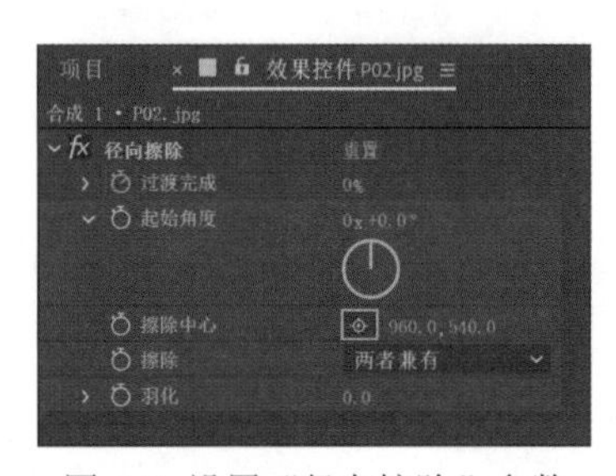

图 4-9 设置“径向擦除”参数

图 4-10 双向径向擦除转场效果

12 选中第 3 层，选择“效果→过渡→线性擦除”命令。在 4 秒 15 帧处为“过渡完成”参数创建关键帧，在 6 秒处设置“过渡完成”参数为 100%，设置“擦除角度”参数为 0x-60°，当前设置完成后的线性擦除转场效果如图 4-11 所示。

图 4-11 线性擦除转场效果

13 选中“效果”选项，按 Ctrl+C 组合键复制效果，选中第 4 层，在 6 秒处按 Ctrl+V 组合键粘贴效果。在“效果控件”面板中设置“擦除角度”参数为 0x-75°。

14 按 Ctrl+D 组合键复制“线性擦除”效果，设置复制效果的“擦除角度”参数为 0x+105°。在 6 秒处为两个线性擦除效果的“擦除角度”参数创建关键帧，在 7 秒 15 帧处设置“擦除角度”参数为 0x+0°，如图 4-12 所示。当前设置完成后的双向线性擦除转场效果如图 4-13 所示。

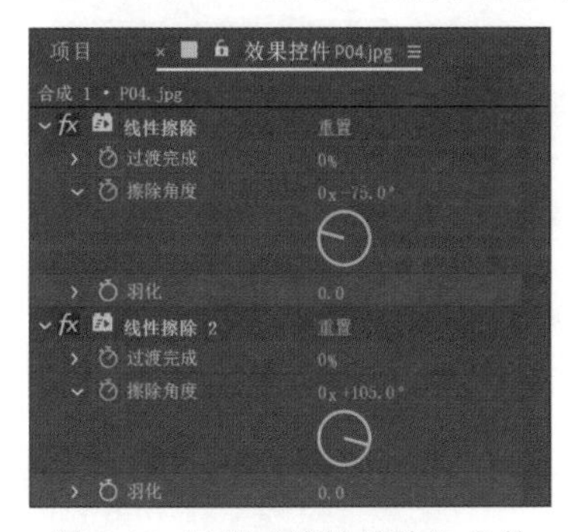

图 4-12 设置“线性擦除”参数

图 4-13 双向线性擦除转场效果

15 选中第 5 层，选择“效果→过渡→百叶窗”命令，在 7 秒 15 帧处为“过渡完成”参数创建关键帧，在 9 秒处设置“过渡完成”参数为 100，设置“方向”参数为 0x-45°，“宽度”参数为 200。

16 按 Ctrl+D 组合键复制“百叶窗”效果，设置复制效果的“方向”参数为 0x+45°，如图 4-14 所示。当前设置完成后的百叶窗转场效果如图 4-15 所示。

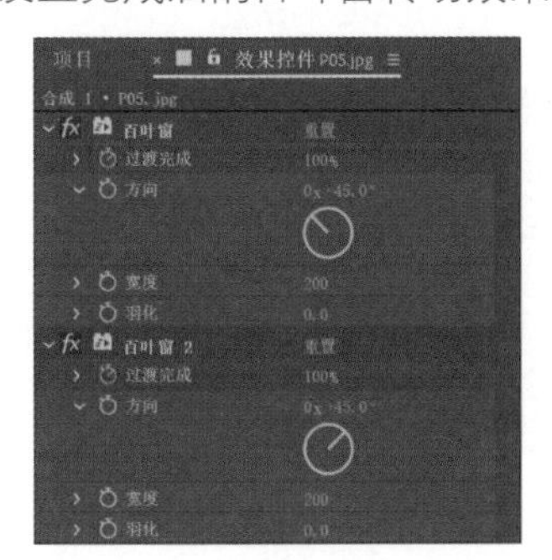

图 4-14 设置“百叶窗”参数

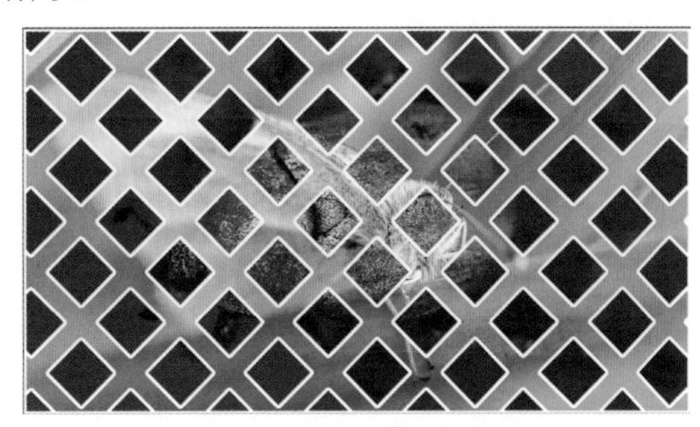

图 4-15 百叶窗转场效果

17 选中第 6 层，选择“效果→过渡→块溶解”命令，在 9 秒处为“过渡完成”参数创建关键帧，在 10 秒 15 帧处设置“过渡完成”参数为 100%。取消“柔化边缘”复选框的勾选，设置“块宽度”和“块高度”参数均为 200，如图 4-16 所示。当前设置完成后的块溶解转场效果如图 4-17 所示。

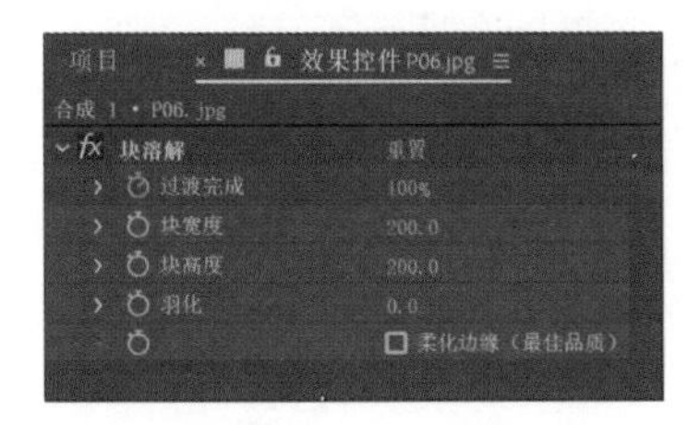

图 4-16 设置“块溶解”参数

图 4-17 块溶解转场效果

18 选中第7层，选择“效果→过渡→卡片擦除”命令，在10秒15帧处为“过渡完成”参数创建关键帧，在12秒处设置“过渡完成”参数为100%。在“背景图层”下拉列表框中选择“9.P08.jpg”，设置“行数”参数为5，“列数”参数为9，如图4-18所示。当前设置完成后的卡片擦除转场效果如图4-19所示。

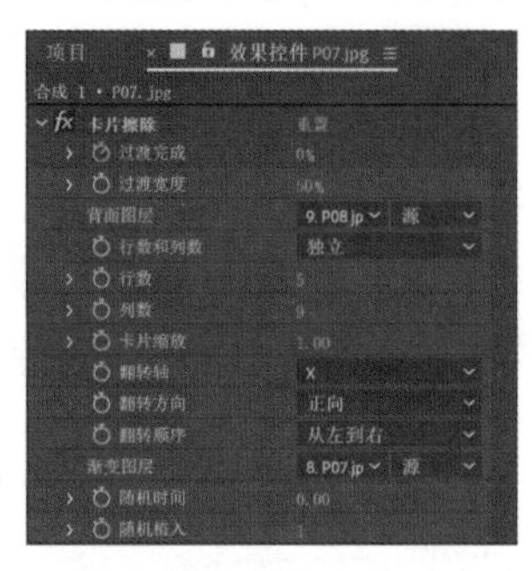

图4-18 设置“卡片擦除”参数

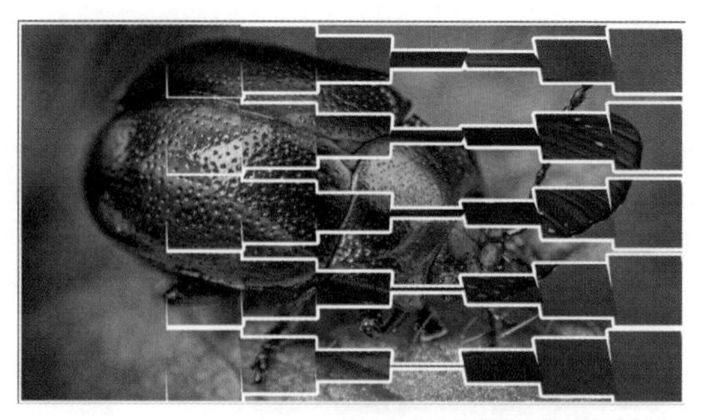

图4-19 卡片擦除转场效果

19 选中第8层，选择“效果→风格化→闪光灯”命令，在12秒24帧处为“与原始图像混合”参数创建关键帧，在12秒处设置“与原始图像混合”参数为100%，在13秒15帧处设置“与原始图像混合”参数为100%，设置“闪光持续时间（秒）”参数为1，“随机闪光概率”参数为100%，如图4-20所示。

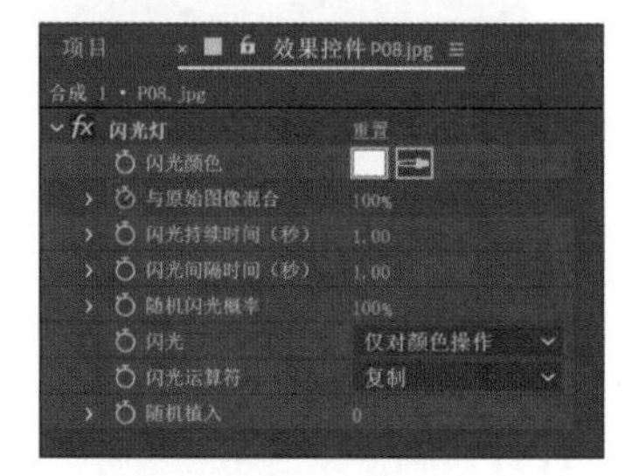

图4-20 设置“闪光灯”参数

20 展开“变换”选项，在12秒24帧处为“不透明度”参数创建关键帧，在13秒15帧处设置“不透明度”参数为0%，如图4-21所示。

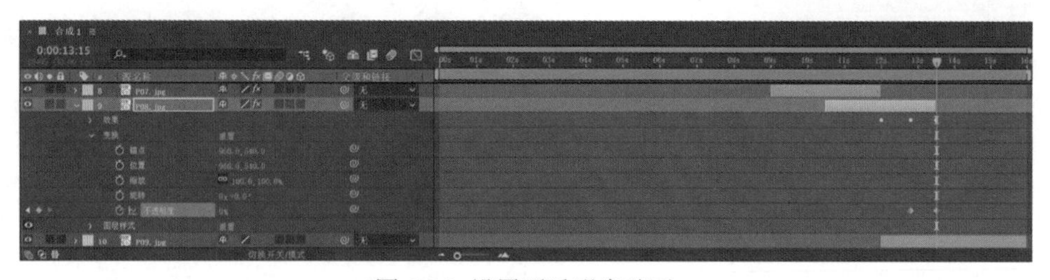

图4-21 设置不透明度动画

21 选择“图层→新建→纯色”命令，弹出“纯色设置”对话框，设置“颜色”为黑色，单击“确定”按钮生成图层。

22 按T键显示“不透明度”选项，在0帧处为“不透明度”参数创建关键帧，在1秒15帧处设置“不透明度”参数为0%，在14秒15帧处添加一个关键帧，在15秒29帧处设置“不透明度”参数为100%，如图4-22所示。

图4-22 制作黑场淡入淡出

23 整个案例制作完成，最终效果如图4-1所示。

案例 5 泛黄胶片电影

除了强大的动画制作功能以外，丰富的效果也是 After Effects 的重要特色。本案例将使用几个比较常用的调色效果，利用色彩和特效营造氛围，模拟出老旧泛黄的胶片电影效果。最终效果如图 5-1 所示。

图 5-1 最终效果

★

（1）使用“Lumetri 颜色”效果调整色调和明暗度。
（2）使用“CC Toner”效果进一步增强泛黄色调。
（3）使用“添加颗粒”效果模拟真实镜头的杂色颗粒感。

素材文件路径：源文件 \ 案例 5 泛黄胶片电影
完成项目文件：源文件 \ 案例 5 泛黄胶片电影 \ 完成项目 \ 完成项目 .aep
完成项目效果：源文件 \ 案例 5 泛黄胶片电影 \ 完成项目 \ 案例效果 .mp4
视频教学文件：演示文件 \ 案例 5 泛黄胶片电影 .mp4

1 运行 After Effects CC 2020，在“主页”窗口中单击“新建项目”按钮进入工作界面。在“项目”面板的空白处双击，弹出“导入文件”对话框，导入素材路径中的所有文件。

2 单击“合成”面板中的“新建合成”按钮，弹出“合成设置”对话框，设置合成尺寸为 1920×1080，“帧速率”为 30，“持续时间”为 11 秒，其他沿用系统默认值，单击“确定”按钮生成合成，如图 5-2 所示。

3 依次将“项目”面板中的“V01.mp4”“V02.mp4”和“V03.mp4”素材拖动到“时间轴”面板上，如图 5-3 所示。

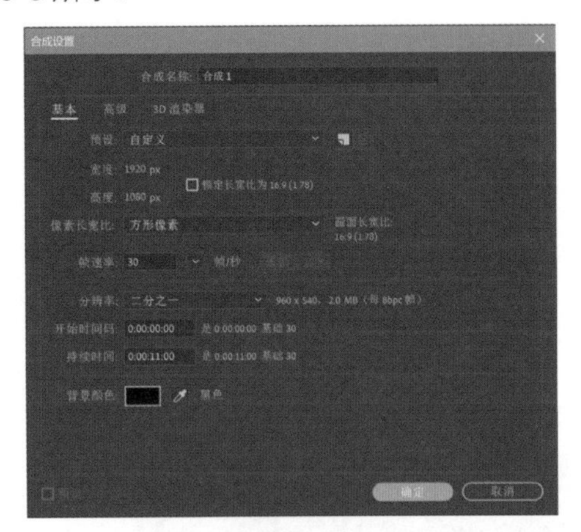

图 5-2 “合成设置”对话框

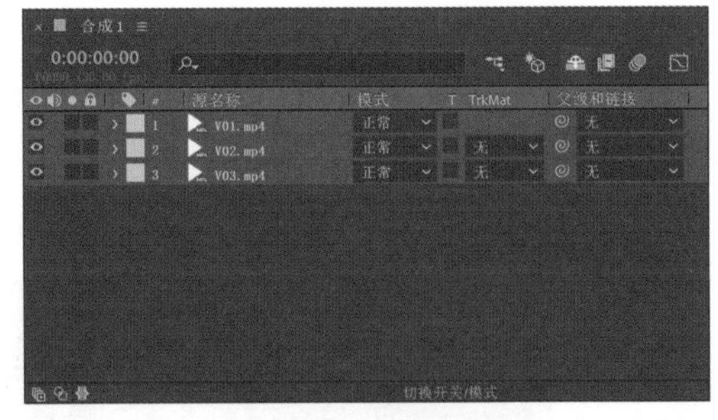

图 5-3 添加视频素材

4 选择“动画→关键帧辅助→序列图层”命令，打开“序列图层”对话框。勾选“重叠”复选框，设置“持续时间”为 15 帧，在“过渡”下拉列表框中选择“交叉溶解前景和背景图层”，单击“确定”按钮完成设置，如图 5-4 所示。

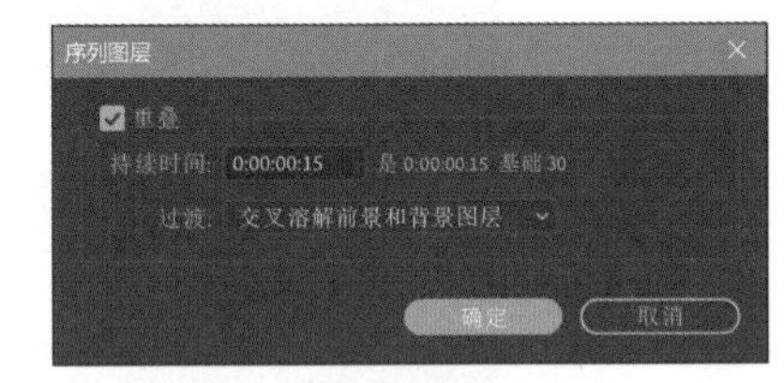

图 5-4 “序列图层”对话框

5 依次将“项目”面板上的“T02.mp4”和“T01.mp4”拖动到“时间轴”面板上。按住 Alt 键将第 1 层和第 2 层的出点均拖动到 10 秒 29 帧处，如图 5-5 所示。

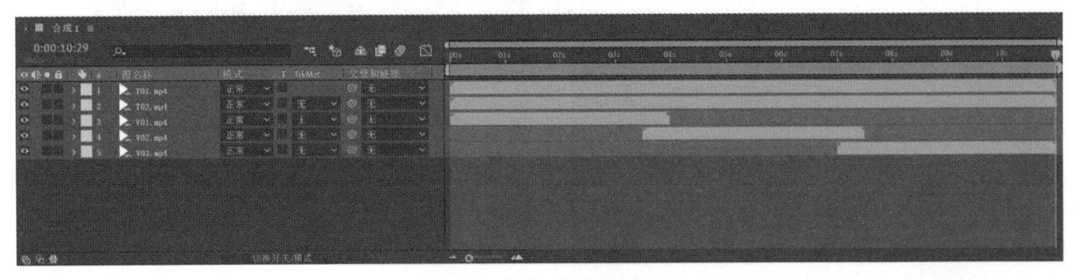

图 5-5 添加视频素材

6 设置第 1 层的混合模式为“变亮”，展开“变换”选项，设置“不透明度”参数为 40%；设置第 2 层的混合模式为“叠加”，展开“变换”选项，设置“不透明度”参数为 25%，如图 5-6 所示。

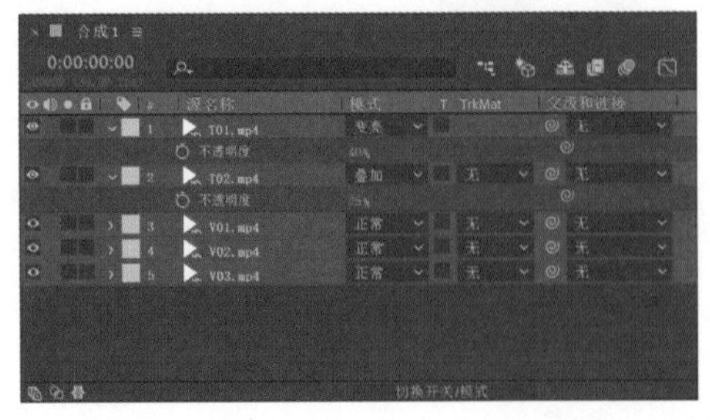

图 5-6 设置“图层混合模式”和“不透明度”参数

7 选择“图层→新建→调整图层”命令，继续选择“效果→颜色校正→ Lumetri 颜色”命令。在“效果控件”面板中展开“基本校正”选项，设置“色温”参数为 50，“色调”参数为 -100，“曝光度”参数为 0.6，“对比度”参数为 10，“白色”参数为 30，“黑色”参数为 20，如图 5-7 所示。

8 展开“创意”选项，在“Look”下拉列表框中选择“Monochrome Kodak5218 Kodak 2395”，设置“强度”参数为 90，如图 5-8 所示。

9 展开“晕影”选项，设置“数量”参数为 -3，“羽化”参数为 75，如图 5-9 所示。当前影片的旧化效果如图 5-10 所示。

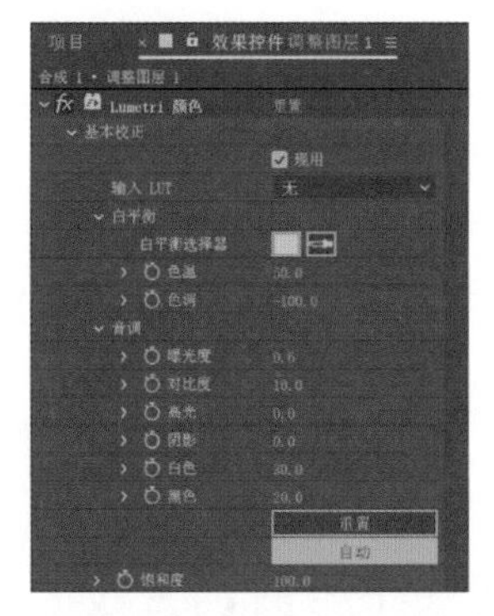

图 5-7 设置“基本校正”参数

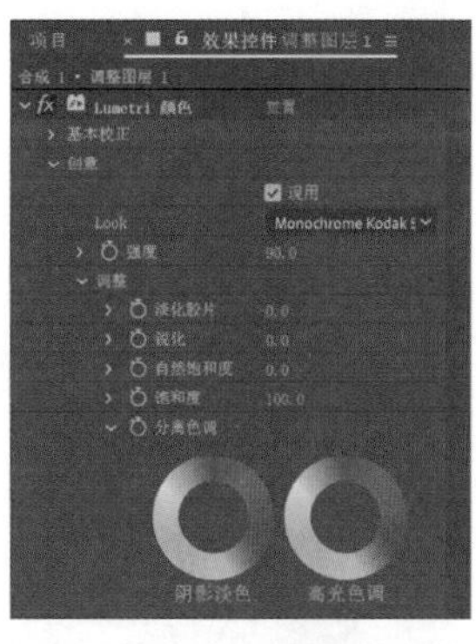

图 5-8 设置“创意”参数

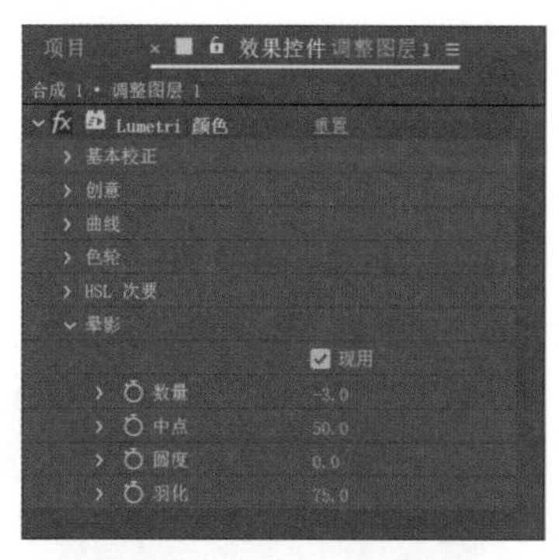

图 5-9 设置“晕影”参数

10 选择“效果→颜色校正→ CC Toner”命令。在“效果控件”面板中设置“Blend w.Original”参数为 12%，如图 5-11 所示。

图 5-10 旧化效果

11 选择“效果→杂色和颗粒→添加颗粒”命令。在“查看模式”下拉列表框中选择“最终输出”，在“预设”下拉列表框中选择“Eastman EXR 50D”，设置“强度”参数为 1.2，“大小”参数为 0.8。展开“与原始图像混合”选项，设置“数量”参数为 50%，如图 5-12 所示。“CC Toner”效果的各项参数含义可参见技术补充 5-1。

图 5-11 设置“CC Toner”参数

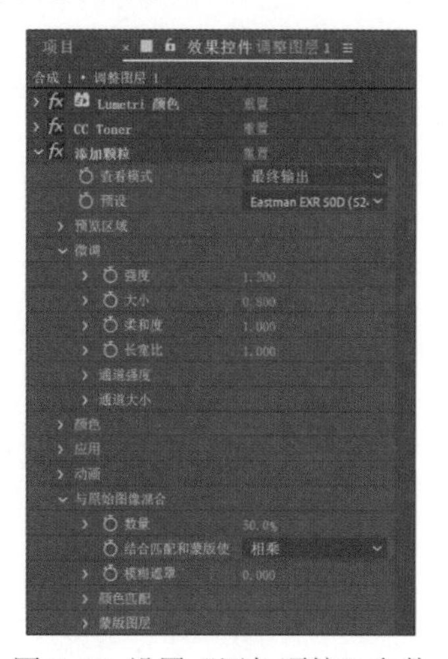

图 5-12 设置“添加颗粒”参数

技术补充 5-1：“CC Toner”（调色器效果）参数含义

- Tones：选择调色器的色调数量。
- Highlights：设置图像高光区域的色调。
- Brights：设置图像明亮区域的色调。
- Midtones：设置图像中间调区域的色调。
- Darktones：设置图像暗部区域的色调。
- Shadows：设置图像阴影区域的色调。
- Blend w. Original：设置效果图像的透明程度。

12 选择“效果→颜色校正→CC Kernel”命令。在“效果控件”面板中展开“Line1”选项，设置“1-L1”参数为 0.5，“2-L1”参数为 -0.2，如图 5-13 所示。当前影片的泛黄效果如图 5-14 所示。“CC Kernel”效果的各项参数含义可参见技术补充 5-2。

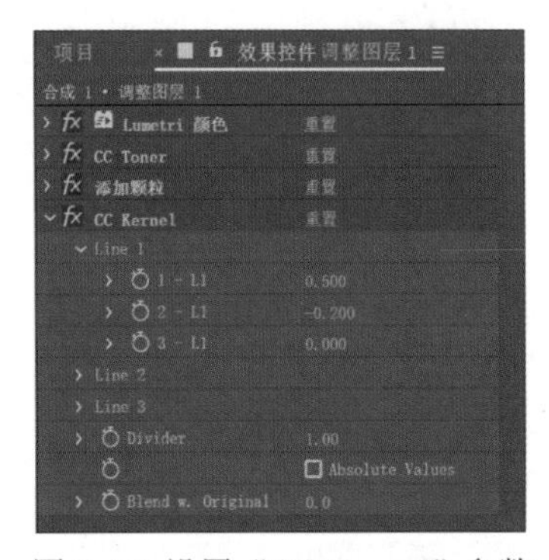

图 5-13 设置“CC Kernel”参数

图 5-14 泛黄胶片效果

技术补充 5-2：“CC Kernel”（颜色内核效果）参数含义

- Line-1：通过调整灰度系数，设置线性色调的亮度。
- Line-2：通过调整灰度系数，设置线性色调的亮度。
- Line-3：通过调整灰度系数，设置线性色调的亮度，这三个线性色调通道会产生叠加效果。
- Divider：设置灰度系数的分界值，数值越小，亮度越大。
- Absolute Values：使用绝对值的方式控制颜色内核效果。
- Blend w. Original：设置效果图像的透明程度。

13 选择“图层→新建→调整图层”命令，继续选择“效果→扭曲→光学补偿”命令。在“效果控件”面板中设置“视场（FOV）”参数为 40，勾选“最佳像素（反转无效）”复选框，如图 5-15 所示。

14 将“项目”面板中的“P01.jpg”素材拖动到“时间轴”面板的最下层，单击 👁 按钮隐藏该图层的显示，如图 5-16 所示。

15 选择“效果→模糊和锐化→摄像机镜头模糊”命令。在“效果控件”面板的“图层”下拉列表框中选择“8.P01.jpg”，在“形状”下拉列表框中选择“九边形”，设置“模糊半径”参数为 60，如图 5-17 所示。当前影片的球面屏幕效果如图 5-18 所示。

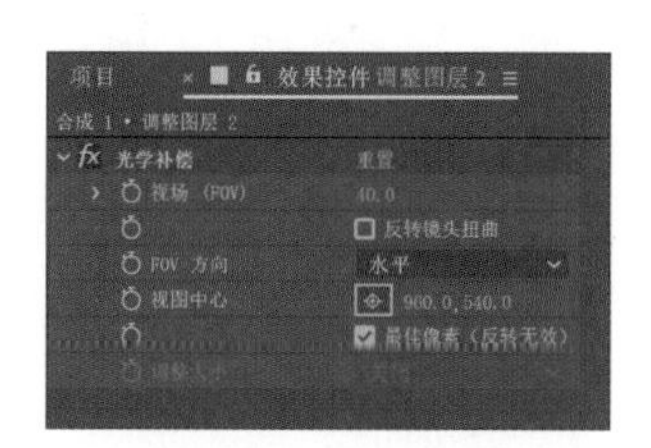

图 5-15 设置“光学补偿”参数

图 5-16 添加并隐藏图层

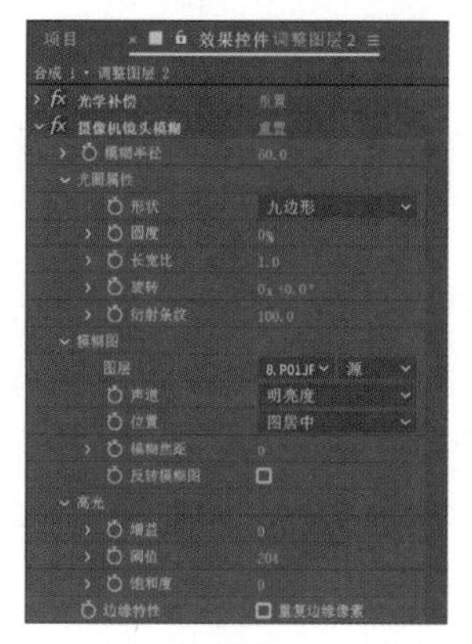

图 5-17 设置“摄像机镜头模糊”参数

图 5-18 球面屏幕效果

16 选择“图层→新建→调整图层”命令，继续选择“效果→过渡→百叶窗”命令。在“效果控件”面板中设置“过度完成”参数为 10%，“方向”参数为 0x+90°，“宽度”参数为 5，“羽化”参数为 2，如图 5-19 所示。

17 选择“效果→沉浸式视频→ VR 色差”命令，设置“色差（红色）”参数为 5，“色彩（蓝色）”参数为 -5，“衰减距离”参数为 0，如图 5-20 所示。当前影片的栅格色差效果如图 5-21 所示。

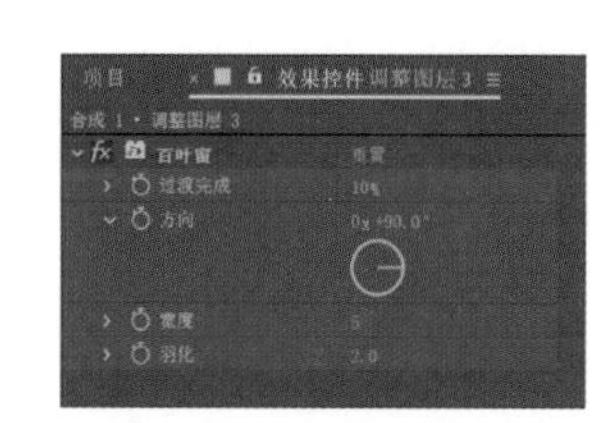

图 5-19 设置“百叶窗”参数

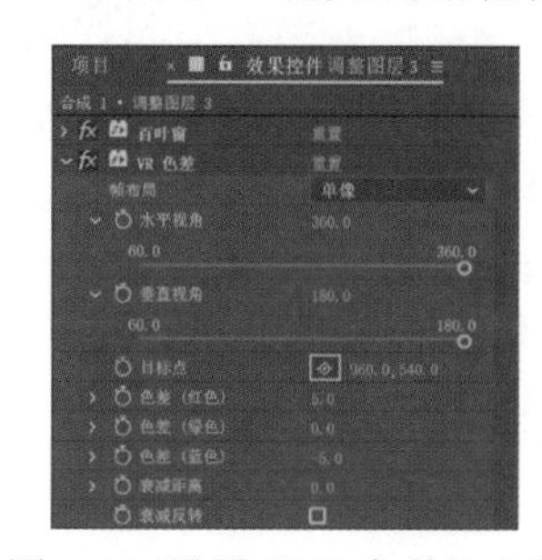

图 5-20 设置“VR 色差”参数

图 5-21 栅格色差效果

18 选择“图层→新建→纯色”命令，打开“纯色设置”对话框，设置“颜色”为黑色，单击“确定”按钮生成图层。

19 展开黑色图层的“变换”选项，在 0 帧处为“不透明度”参数创建关键帧，在 15 帧处设置“不透明度”参数为 0%，在 10 秒 15 帧处添加一个关键帧，在 10 秒 29 帧处设置“不透明度”参数为 100%，如图 5-22 所示。

20 选择“图层→新建→摄像机”命令，弹出“摄像机设置”对话框，在“预设”下拉列表框中选择“50 毫米”，单击“确定”按钮生成图层。

图 5-22 制作黑场淡入淡出效果

21 开启第 3 层 ～ 第 10 层的“3D 图层”的开关。展开摄像机图层的“变换”选项，在 15 帧处为“位置”参数创建关键帧，在 10 秒 15 帧处添加一个关键帧，如图 5-23 所示。

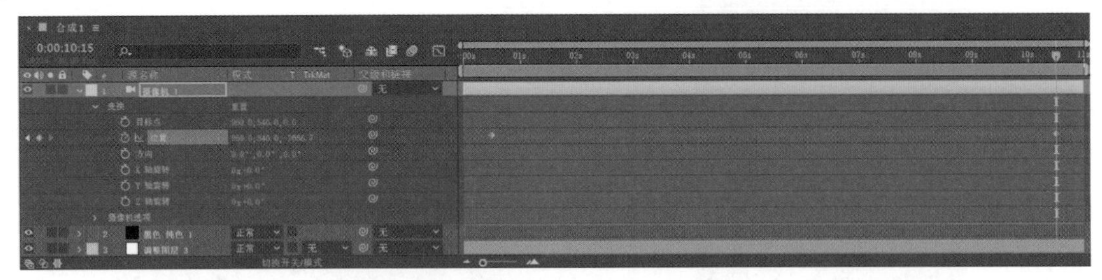

图 5-23 创建“位置”参数关键帧

22 选中“位置”参数的两个关键帧，选择“窗口→摇摆器”命令，在“摇摆器”面板中设置“数量级”参数为 30，单击“应用”按钮，结果如图 5-24 所示。

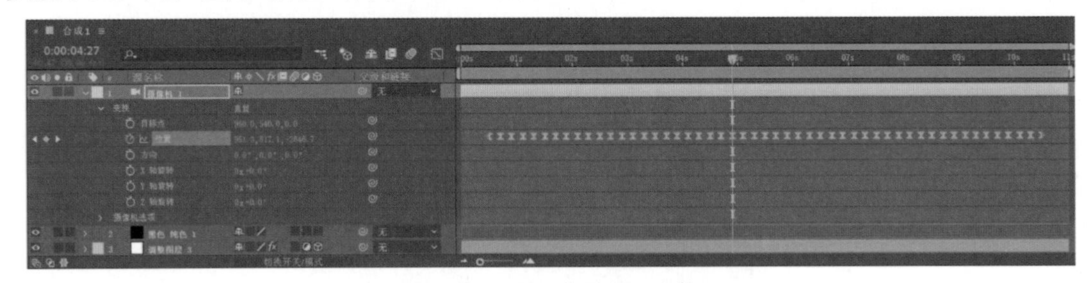

图 5-24 设置“数量级”参数

23 整个案例制作完成，最终效果如图 5-1 所示。

案例 6　动态翻滚云雾

After Effects 提供了上百种效果，不同类型的效果相互配合使用可以制作出很多原本需要使用素材才能实现的特效。本案例主要使用“分形杂色”“CC Vector Blur”和“灯光”制作云雾的效果，同时利用“Lumetri 颜色”“亮度和对比度”“杂色”等效果模拟出油画般的质感。最终效果如图 6-1 所示。

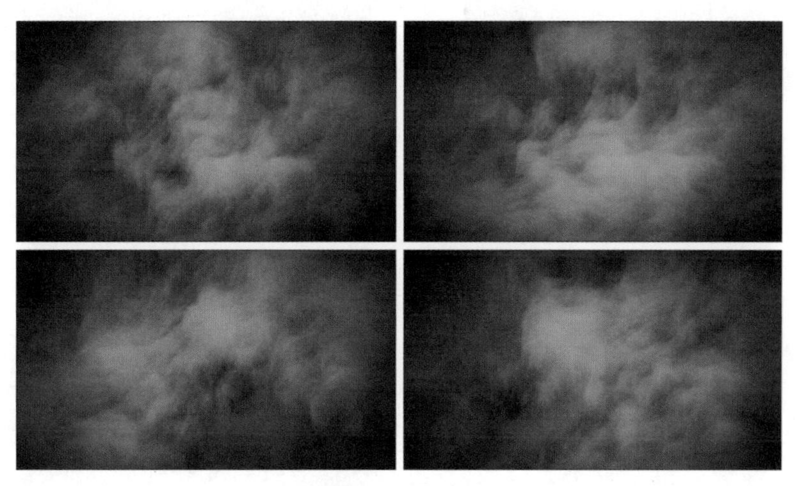

图 6-1　最终效果

★

（1）使用“分形杂色”效果制作运动的云雾。
（2）使用“CC Vector Blur”效果增强云雾的质感。
（3）使用“灯光”效果照明云雾并为云雾染色。
（4）使用“Lumetri 颜色”“亮度和对比度”“杂色”等效果加强质感。

完成项目文件：源文件 \ 案例 6 动态翻滚云雾 \ 完成项目 \ 完成项目 .aep
完成项目效果：源文件 \ 案例 6 动态翻滚云雾 \ 完成项目 \ 案例效果 .mp4
视频教学文件：演示文件 \ 案例 6 动态翻滚云雾 .mp4

1 运行 After Effects CC 2020，在“主页”窗口中单击“新建项目”按钮进入工作界面。

2 单击“合成”面板中的“新建合成”按钮，弹出“合成设置”对话框，设置合成尺寸为 1920×1080，“帧速率”为 30，“持续时间”为 12 秒，其他沿用系统默认值，单击“确定”按钮生成合成，如图 6-2 所示。

3 选择“图层→新建→纯色”命令，弹出“纯色设置”对话框，设置“颜色”为 #2A3640，单击“确定”按钮生成图层。

4 再次选择“图层→新建→纯色”命令，设置“颜色”为黑色。展开“变换”选项，设置“缩放”参数为（150,150），“不透明度”参数为 75%，如图 6-3 所示。

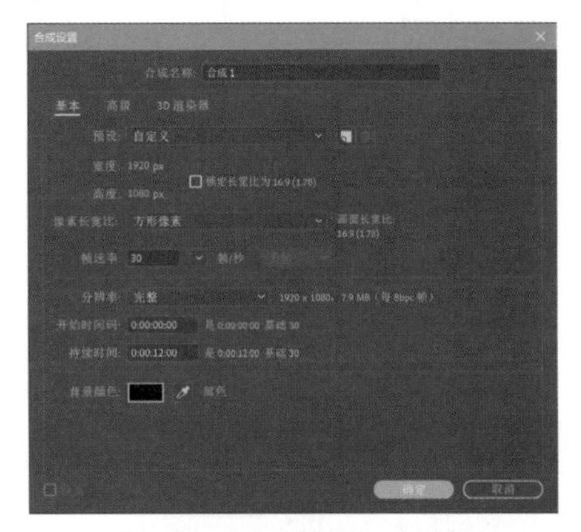

图 6-2 “合成设置”对话框

图 6-3 设置“缩放”和“不透明度”参数

5 选中黑色图层，选择“效果→杂色和颗粒→分形杂色”命令，在“效果控件”面板中设置“对比度”参数为 120，“亮度”参数为 -40，“复杂度”参数为 20，“演化”参数为 0x+80°，如图 6-4 所示。当前的分形杂色效果如图 6-5 所示。

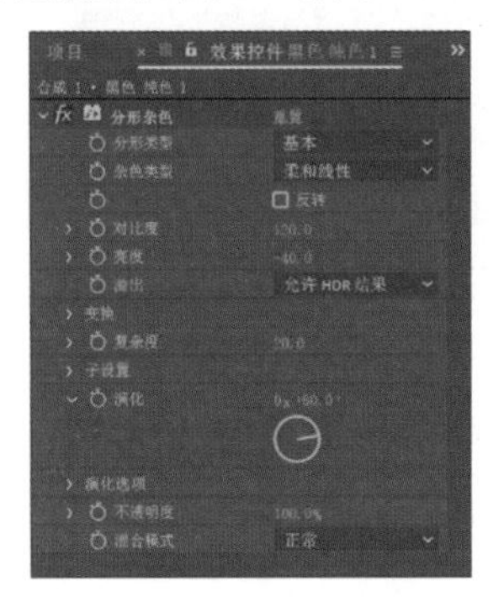

图 6-4 设置“分形杂色”参数

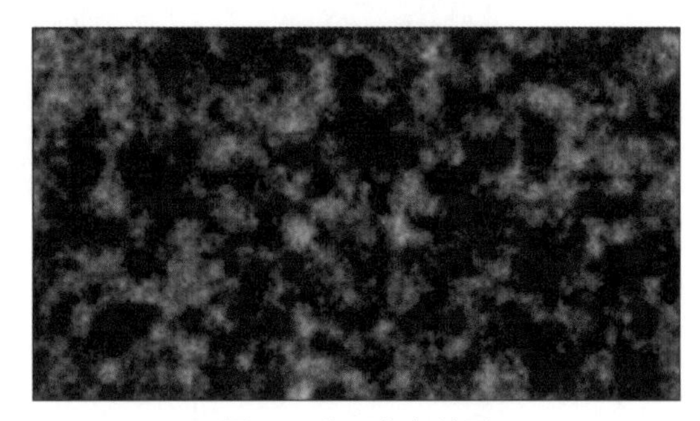

图 6-5 分形杂色效果

6 展开“效果控件”面板上的“变换”选项，设置“缩放”参数为 900，“偏移（湍流）”参数为（-490，1570）。展开“子设置”选项，设置“子影响”参数为 80，展开“演化选项”，设置“随机植入”参数为 200，如图 6-6 所示。

7 在 0 帧处为“偏移（湍流）”和“演化”参数创建关键帧，在 11 秒 29 帧处设置“偏移（湍流）”参数为（100，1570），设置“演化”参数为 2x+0°，如图 6-7 所示。当前的分形杂色效果如图 6-8 所示。

8 选择“效果→模糊和锐化→ CC Vector Blur”命令，在“效果控件”面板的“Type”下拉列表框中选择“Direction Fading”，设置“Amount”参数为 75，如图 6-9 所示。当前的分形云雾效果如图 6-10 所示。

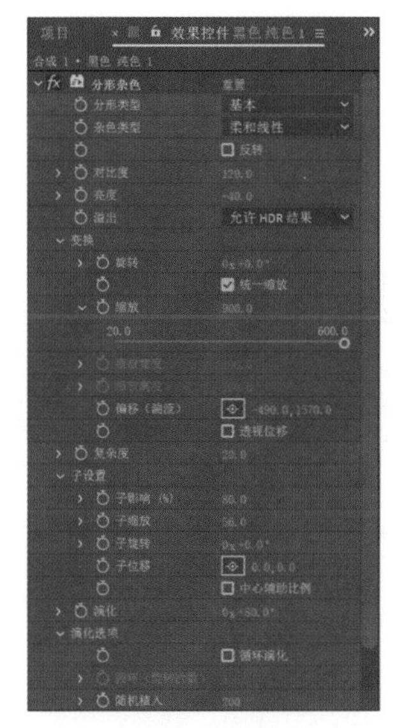

图 6-6 设置“分形杂色”参数

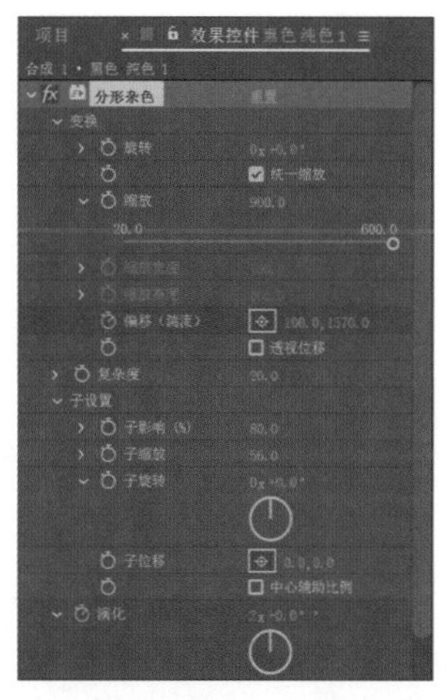

图 6-7 设置“偏移（湍流）”和“演化”参数

图 6-8 分形杂色效果

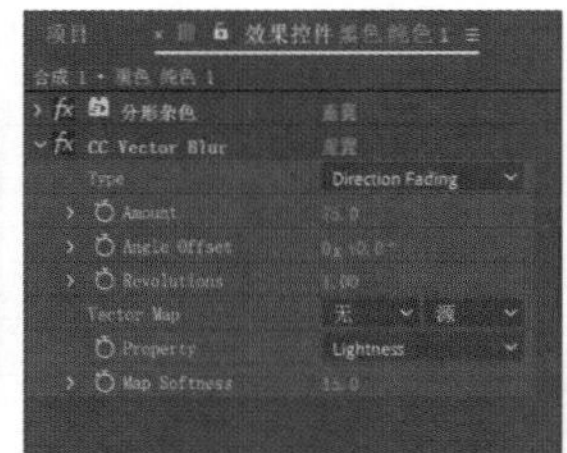

图 6-9 设置“CC Vector Blur”参数

图 6-10 分形云雾效果

9 按 Ctrl+D 组合键复制黑色图层，设置图层混合模式为“屏幕”。展开“变换”选项，设置“缩放”参数为（100, 100），“不透明度”参数为 20%，如图 6-11 所示。“CC Vector Blur”效果的各项参数含义可参见技术补充 6-1。

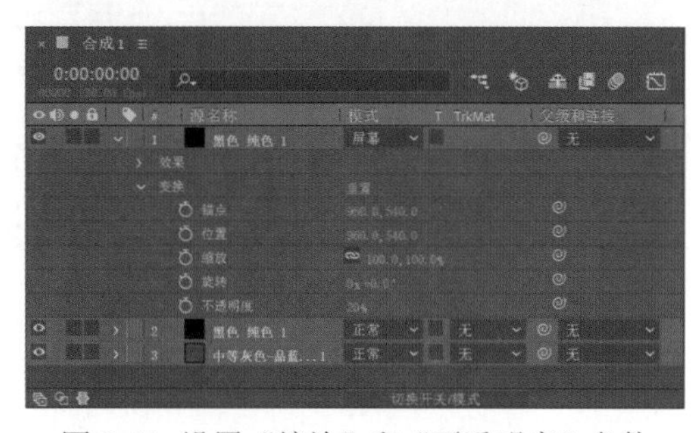

图 6-11 设置“缩放”和“不透明度”参数

技术补充 6-1：“CC Vector Blur”（矢量模糊效果）参数含义

- Type：选择矢量模糊的类型。
- Amount：设置模糊程度。
- Angle Offset：设置矢量模糊的旋转角度。
- Revolution：设置皱褶的演化次数。
- Vector Map：选择矢量贴图的来源。
- Property：选择一种颜色或亮度作为矢量模糊的依据。
- Map Softness：设置矢量模糊的平滑程度。

10 设置“分形杂色”效果的“亮度”参数为 -40，“缩放”参数为 400，如图 6-12 所示。

11 设置“子影响”参数为 70。在 0 帧处设置“演化”参数为 0x+0°，在 11 秒 29 帧处设置“演化”参数为 0x+180°，如图 6-13 所示。当前设置完成后的分层云雾效果如图 6-14 所示。

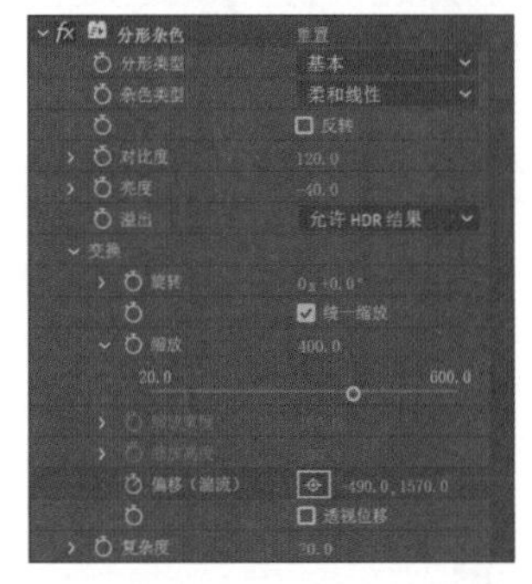

图 6-12 设置“分形杂色”参数

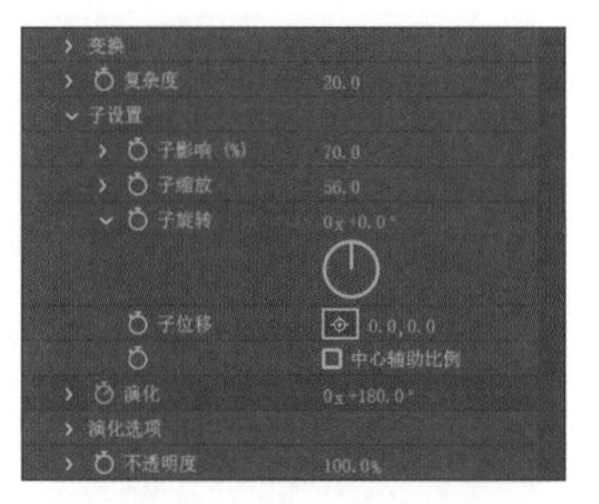

图 6-13 设置“演化”参数

12 选择“图层→新建→灯光”命令，弹出“灯光”设置话框，在“灯光类型”下拉列表框中选择“点”，设置“颜色”为 #FFE7A7，“强度”参数为 100%；在“衰减”下拉列表框中选择“平滑”，设置“半径”参数为 500，“衰减距离”参数为 1000，单击“确定”按钮生成图层，如图 6-15 所示。

图 6-14 分层云雾效果

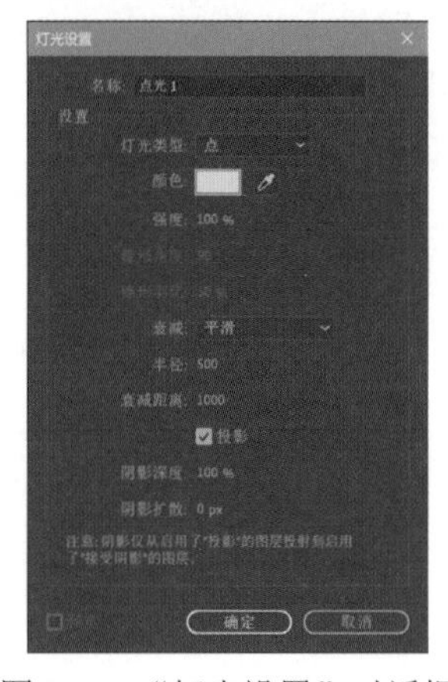

图 6-15 “灯光设置”对话框

13 展开“变换”选项，设置“位置”参数为（960, 540, -666.7），开启两个黑色图层的“3D 图层”开关，如图 6-16 所示。当前设置完成后的灯光照明效果如图 6-17 所示。

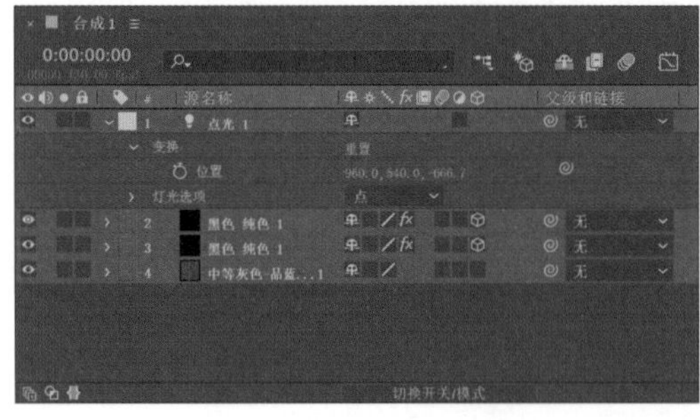

图 6-16 修改灯光位置

图 6-17 灯光照明效果

14 选择“图层→新建→调整”命令，继续选择“效果→扭曲→ CC Lens”命令，在“效果控件”面板中设置“Size”参数为 300，如图 6-18 所示。

15 选择“效果→颜色校正→ Lumetri 颜色”命令。展开“基本校正”选项，设置“色温”参数为 10，“曝光度”参数为 1，“阴影”参数为 50，如图 6-19 所示。

16 展开“创意”选项，在“Look”下拉列表框中选择“SL BIG”，设置“强度”参数为 90，“锐化”参数为 100，如图 6-20 所示。

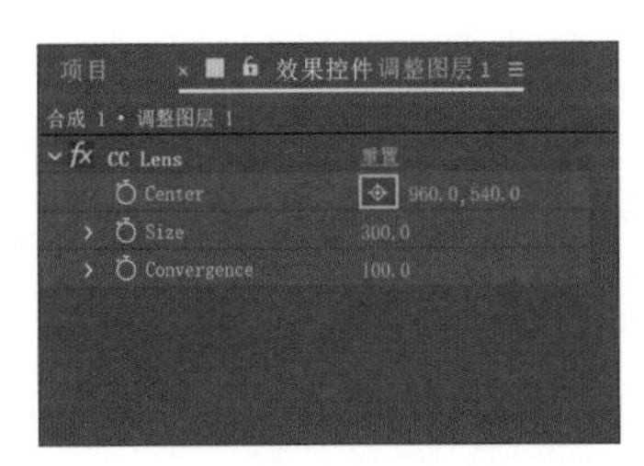

图 6-18 设置“CC Lens”参数

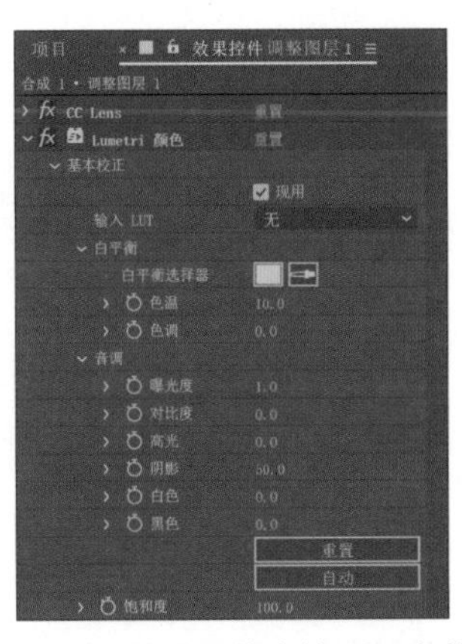

图 6-19 设置“基本校正”参数

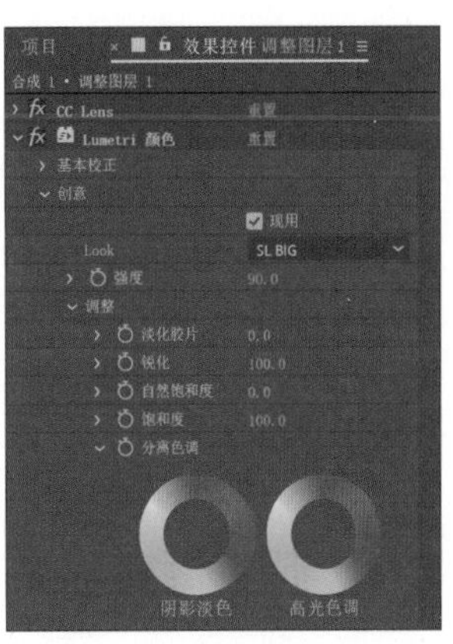

图 6-20 设置“创意”参数

17 展开“晕影”选项，设置“数量”参数为 -3，“羽化”参数为 100，如图 6-21 所示。调整云雾色调后的效果如图 6-22 所示。

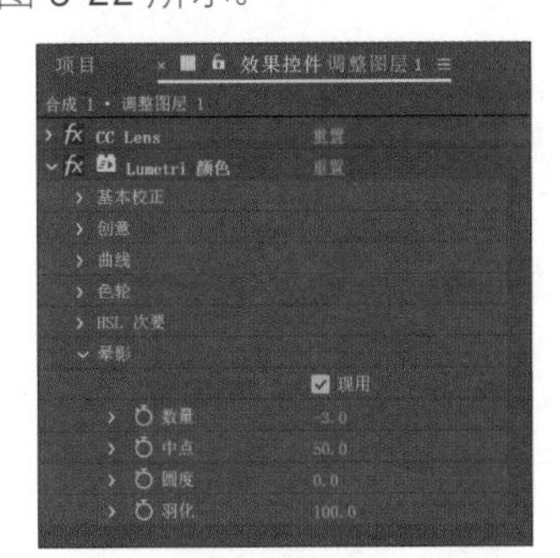

图 6-21 设置“晕影”参数

图 6-22 调整云雾色调效果

18 选择“图层→新建→调整”命令，继续选择“效果→颜色校正→亮度和对比度”命令，设置“亮度”参数为 116，“对比度”参数为 12，如图 6-23 所示。

19 选择“效果→杂色和颗粒→杂色”命令，设置“杂色数量”参数为 6%，如图 6-24 所示。

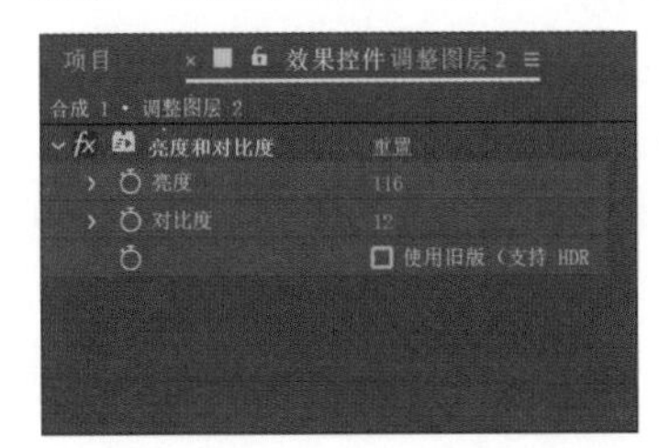

图 6-23 设置“亮度和对比度”参数

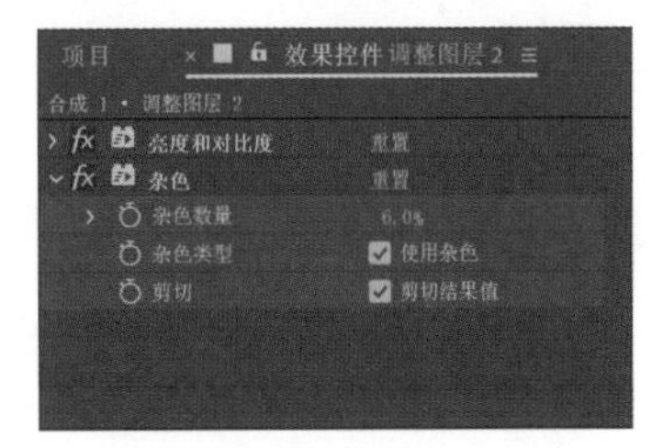

图 6-24 设置“杂色”参数

20 选择“效果→实用工具→ HDR 高光压缩”命令完成案例的制作，最终效果如图 6-1 所示。

案例 7 运用图层蒙版

蒙版和遮罩的作用类似，都是通过带有不透明度信息的图层来控制下方图层的显示区域。本案例使用蒙版功能将背景纹理和视频素材融合到一起，在覆叠的粒子素材配合下，让视频变得更有意境。最终效果如图 7-1 所示。

图 7-1 最终效果

★

（1）修改图层蒙版的形状、尺寸和羽化半径。

（2）设置图层蒙版的不透明度动画。

（3）使用多个合成分别创建场景，最后将场景合并到一起。

素材文件路径：源文件 \ 案例 7 运用图层蒙版

完成项目文件：源文件 \ 案例 7 运用图层蒙版 \ 完成项目 \ 完成项目 .aep

完成项目效果：源文件 \ 案例 7 运用图层蒙版 \ 完成项目 \ 案例效果 .mp4

视频教学文件：演示文件 \ 案例 7 运用图层蒙版 .mp4

场景 1 的合成

1 运行 After Effects CC 2020，在“主页”窗口中单击“新建项目”按钮进入工作界面。在“项目”面板的空白处双击，弹出“导入文件”对话框，导入素材路径中的所有文件。

2 单击“合成”面板中的“新建合成”按钮，弹出“合成设置”对话框。设置“合成名称”为“场景 1”，合成尺寸为 1920×1080，“帧速率”为 30，“持续时间”为 4 秒 15 帧，其他沿用系统默认值，单击“确定”按钮生成合成，如图 7-2 所示。

3 选择“图层→新建→纯色”命令，弹出“纯色设置”对话框，设置“颜色”为白色，单击“确定”按钮生成图层，将“项目”面板中的“P01.jpg”拖动到“时间轴”面板上，如图 7-3 所示。

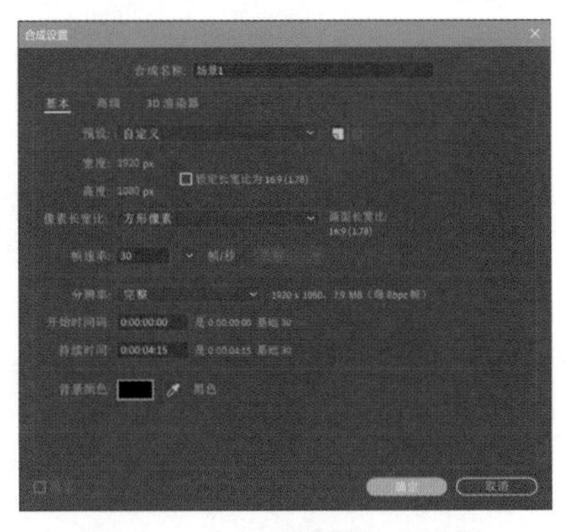

图 7-2 “合成设置”对话框

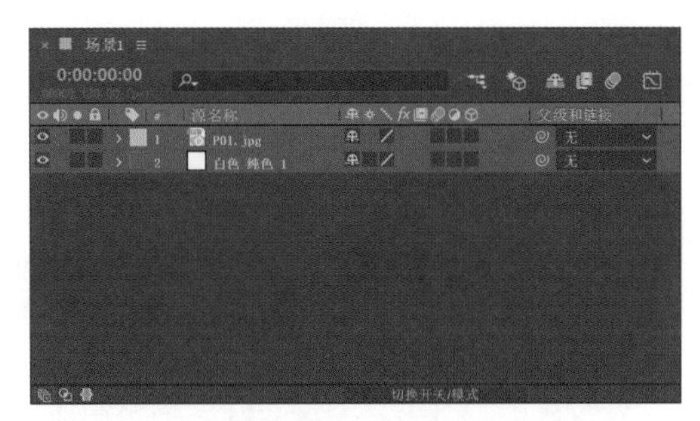

图 7-3 在“时间轴”面板上添加素材

4 选择“图层→蒙版→新建蒙版”命令，展开“蒙版→蒙版 1”选项，单击“形状”按钮，弹出“蒙版形状”对话框。在“蒙版形状”对话框中勾选“重置为”复选框，在下拉列表框中选择“椭圆”后单击“确定”按钮，如图 7-4 所示。

5 在“合成视图”面板中双击蒙版边框进入编辑模式，拖动蒙版边框的四角，调整蒙版的尺寸和位置，结果如图 7-5 所示。

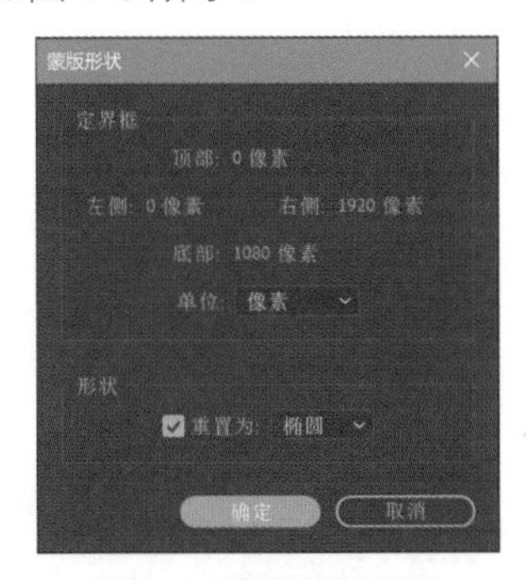

图 7-4 重置蒙版形状

图 7-5 调整蒙版的尺寸和位置

6 设置“蒙版羽化”参数为（500, 500），在 0 帧处设置“蒙版不透明度”参数为 0% 后创建关键帧，在 15 帧处设置“蒙版不透明度”参数为 80%，在 4 秒处添加一个关键帧，在 4 秒 14 帧处设置“蒙版不透明度”参数为 0%。

7 在 15 帧处设置“蒙版扩展”参数为 -200 后创建关键帧，在 4 秒处设置“蒙版扩展”参数为 100，如图 7-6 所示。

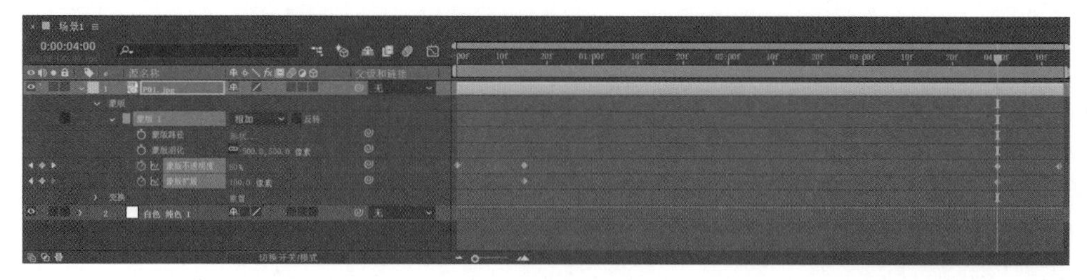

图 7-6 设置蒙版动画

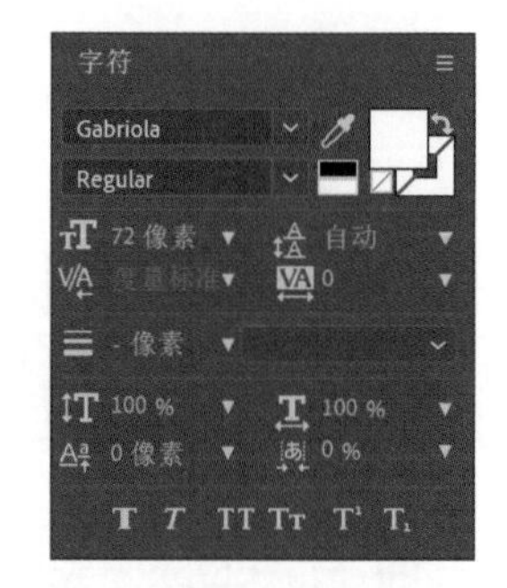

图 7-7 设置“字符”参数

8 选择“图层→新建→文本”命令，输入文本“Mountain range”。在“字符”面板中设置字体为“Gabriola”，字体颜色为白色，字体大小为 72，如图 7-7 所示。

9 在“时间轴”面板中展开文本图层的“变换”选项，设置“位置”参数为（1350, 920）。在 10 帧处为“不透明度”参数创建关键帧，设置数值为 0%，在 1 秒 20 帧处设置“不透明度”参数为 80%，在 3 秒 10 帧处添加一个关键帧，在 4 秒 10 帧处设置“不透明度”参数为 0%，如图 7-8 所示。

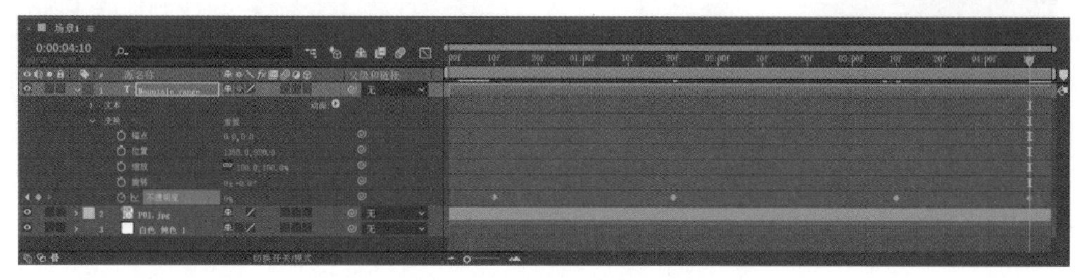

图 7-8 设置不透明度动画

10 依次将“项目”面板上的“P03.jpg”和“T01.mp4”拖动到“时间轴”面板上，按住 Alt 键将“T01.mp4”图层的出点拖动到 4 秒 14 帧处。

11 设置第 1 层的混合模式为“较深的颜色”，展开“变换”选项，设置“不透明度”参数为 20%；设置第 2 层的混合模式为“相乘”，展开“变换”选项，设置“不透明度”参数为 20%，如图 7-9 所示。

12 选择“图层→新建→摄像机”命令，弹出“摄像机设置”对话框。在“预设”下拉列表框中选择“50 毫米”，单击“确定”按钮生成摄像机图层。

13 选择“图层→新建→调整图层”命令，在“摄像机 1”图层的“父级和链接”下拉列表框中选择“1. 调整图层 1”；开启所有图片、视频和文本图层的“运动模糊”和“3D 图层”开关，如图 7-10 所示。

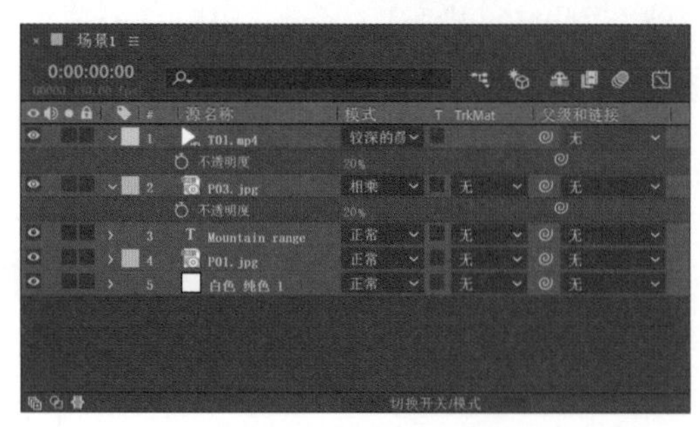

图 7-9 设置图层混合模式

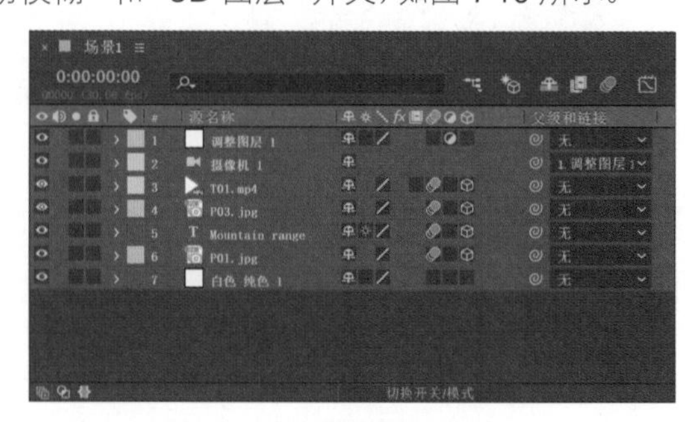

图 7-10 链接摄像机目标图层

14 展开调整图层的“变换”选项，在 0 帧处为“缩放”参数创建关键帧，设置数值为（30, 30）；在 15 帧处设置“缩放”数值为（90, 90），在 4 秒处设置“缩放”数值为（100, 100），如图 7-11 所示。制作完成的场景 1 效果如图 7-12 所示。

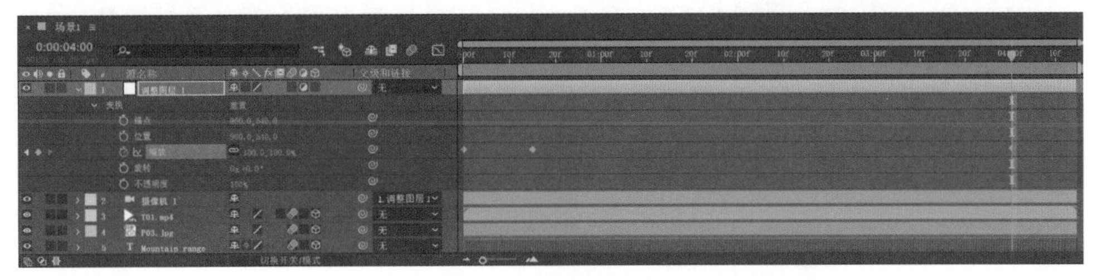

图 7-11 设置摄像机动画

图 7-12 场景 1 效果

场景 2 的合成

1 在“项目”面板中按 Ctrl+D 组合键复制“场景 1”合成，然后双击切换到“场景 2”合成，选中第 6 层，按住 Alt 键将“项目”面板中的“P02.jpg”拖动到选中的图层上进行替换。

2 在“合成视图”面板中双击蒙版边框进入编辑模式，选择“图层→变换→水平翻转”命令，然后参照图 7-13 所示调整蒙版的位置。

3 选中文本图层，将文本修改为“River water”，展开“变换”选项，设置“位置”参数为（220, 920, 0），将“不透明度”参数的后两个关键帧删除，如图 7-14 所示。

图 7-13 调整蒙版的位置

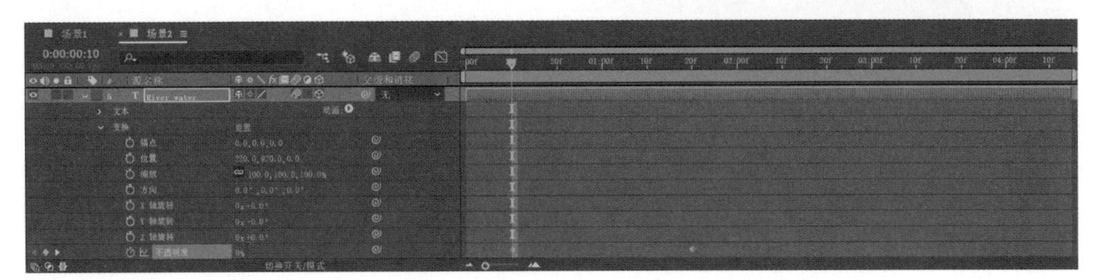

图 7-14 修改“文本”参数

4 展开“调整图层 1”的“变换”选项，设置“缩放”参数第一个关键帧的数值为（100, 100）。将第三个关键帧拖动到 4 秒 14 帧处，修改“缩放”数值为（90, 90），将第二个关键帧删除，如图 7-15 所示。

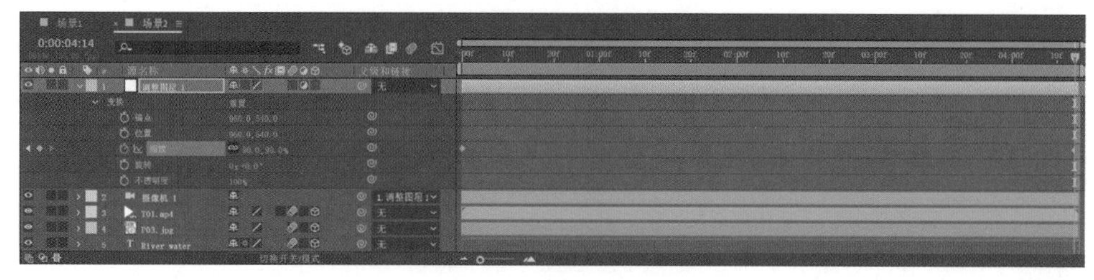

图 7-15 修改摄像机动画

5 展开第 6 层的“蒙版→蒙版 1”选项，选中“蒙版不透明度”参数的后两个关键帧，按 Delete 键删除，如图 7-16 所示。

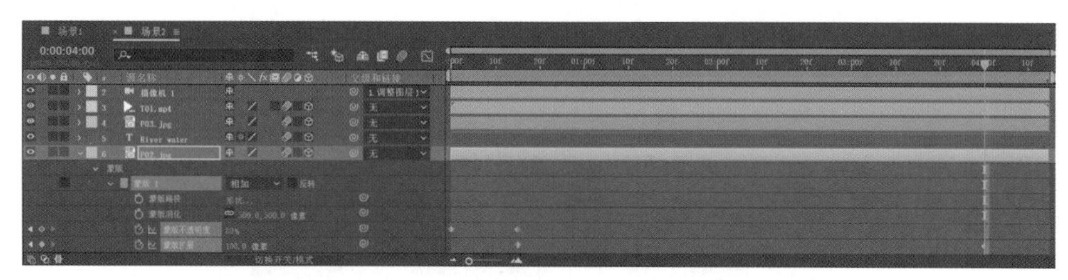

图 7-16 修改蒙版动画

完成场景的合成

1 选择“合成→新建合成”命令，弹出“合成设置”对话框，设置“持续时间”为 8 秒，单击“确定”按钮生成合成。

2 将“项目”面板中的“场景 1”和“场景 2”合成拖动到“时间轴”面板上，如图 7-17 所示。

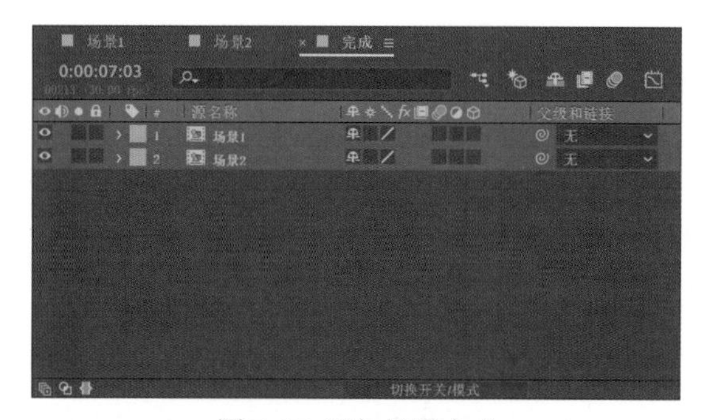

图 7-17 添加场景合成

3 选择“动画→关键帧辅助→序列图层”命令，打开“序列图层”对话框，勾选“重叠”复选框，设置“持续时间”为 1 秒，在“过渡”下拉列表框中选择“交叉溶解前景和背景图层”，单击“确定”按钮完成设置，如图 7-18 所示。

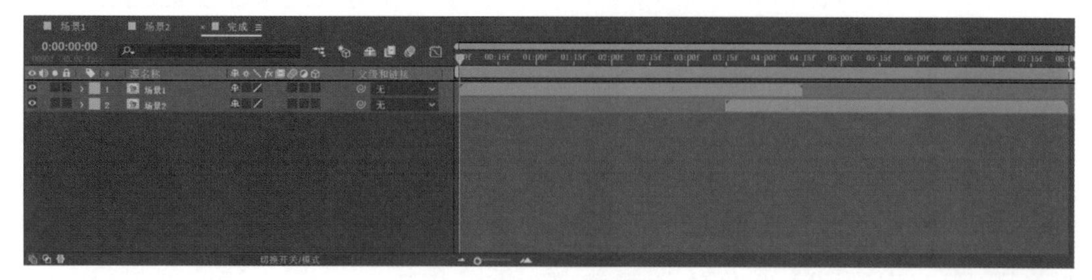

图 7-18 自动排列图层

4 整个案例制作完成，最终效果如图 7-1 所示。

案例 8　轨道蒙版的应用

与使用形状作为遮挡物的蒙版相比，轨道蒙版可以利用图像或视频中的不透明度和亮度信息作为遮挡，从而制作出更加复杂的覆叠特效。本案例使用文本图层和纯色图层共同作为轨道蒙版，制作不同样式的镂空字母效果。最终效果如图 8-1 所示。

图 8-1　最终效果

★

（1）利用关键帧制作字符弹跳动画。

（2）改变图层的“Alpha”模式实现轨道蒙版效果。

（3）利用纯色图层控制蒙版的不透明度。

素材文件路径：源文件 \ 案例 8 轨道蒙版的应用

完成项目文件：源文件 \ 案例 8 轨道蒙版的应用 \ 完成项目 \ 完成项目 .aep

完成项目效果：源文件 \ 案例 8 轨道蒙版的应用 \ 完成项目 \ 案例效果 .mp4

视频教学文件：演示文件 \ 案例 8 轨道蒙版的应用 .mp4

1 运行After Effects CC 2020,在“主页”窗口中单击“新建项目”按钮进入工作界面。在“项目”面板的空白处双击，弹出“导入文件”对话框，导入素材路径中的所有文件。

2 单击“合成”面板中的“新建合成”按钮，弹出“合成设置”对话框，设置合成尺寸为 1920×1080，“帧速率”为 30，“持续时间”为 8 秒，其他沿用系统默认值，单击“确定”按钮生成合成，如图 8-2 所示。

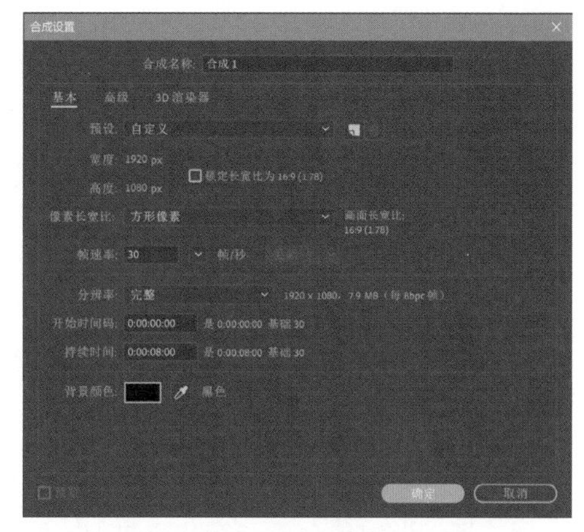

图 8-2 “合成设置”对话框

3 将“项目”面板中所有的视频素材拖动到“时间轴”面板上，选择“动画→关键帧辅助→序列图层”命令，在“序列图层”对话框中单击“确定”按钮，结果如图 8-3 所示。

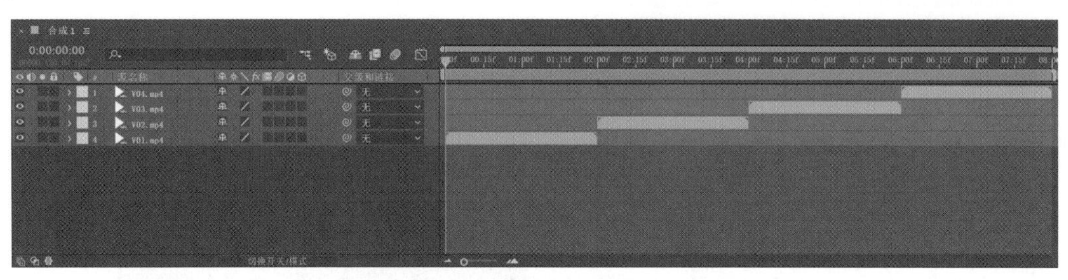

图 8-3 自动排列图层

4 选择“图层→新建→纯色”命令，弹出“纯色设置”对话框，设置“颜色”为白色，单击“确定”按钮生成图层。将纯色图层的出点拖动到 2 秒处，按 Ctrl+D 组合键复制 3 个纯色图层，参照图 8-4 所示调整图层的顺序和位置。

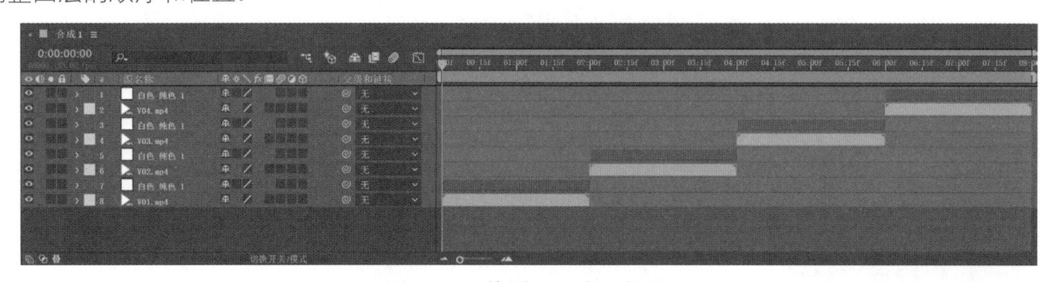

图 8-4 调整图层顺序和位置

5 选择“图层→新建→文本”命令，输入文本“S”。在“字符”面板中设置字体为“Abril Fatface”，字体颜色为黑色，字体大小为 800，如图 8-5 所示。

6 按 Ctrl+Alt+Home 组合键居中放置锚点，单击“对齐”面板中的和按钮对齐文本。

7 展开“变换”选项，在 15 帧处为“位置”参数创建关键帧，在 8 帧处设置“位置”参数为(960, 700)，在 0 帧处设置“位置”参数为(960, 300)。

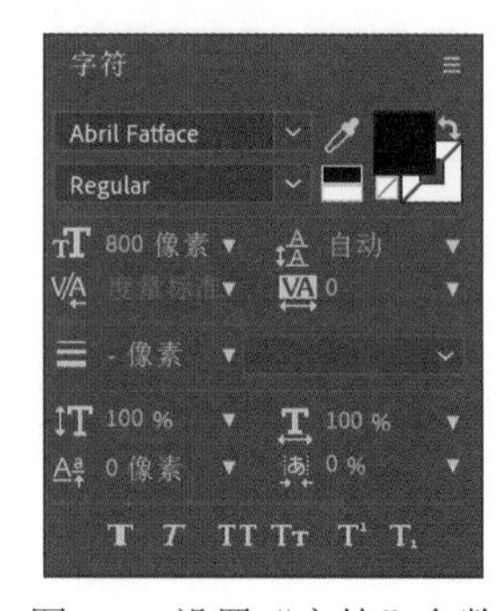

图 8-5 设置“字符”参数

8 在 1 秒处为“缩放”和“旋转”参数创建关键帧，设置“缩放”参数为 90；在 2 秒处设置“缩放”参数为（390, 390），“旋转”参数为 0x+90°。选中所有关键帧，按 F9 键将关键帧插值设置为贝塞尔曲线，如图 8-6 所示。

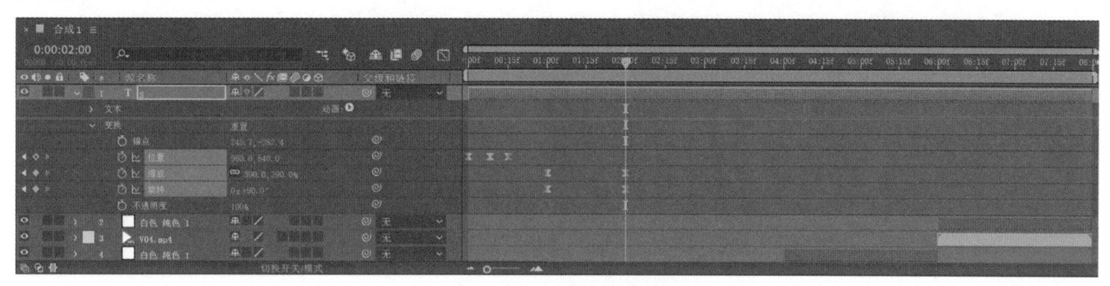

图 8-6 设置文本动画

9 将文本图层的入点拖动到 2 秒处，然后将文本图层拖动到第 7 层，如图 8-7 所示。

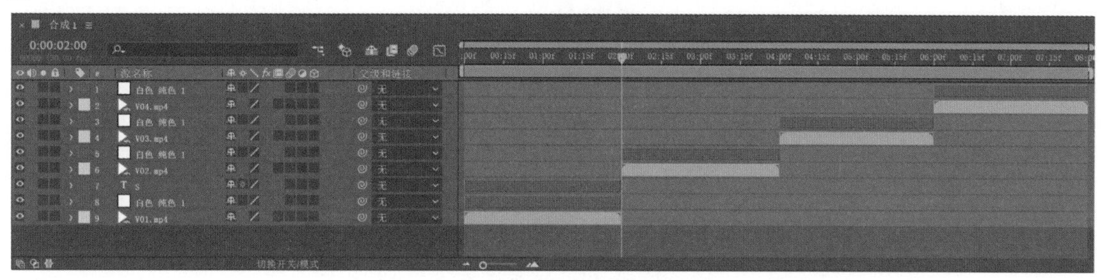

图 8-7 调整图层的时间轴和顺序

10 在第 8 层的“TrkMat”下拉列表框中选择“Alpha 反转遮罩”，设置完成后的轨道遮罩效果如图 8-8 所示。

11 按住 Ctrl 键同时选中第 3 层和第 5 层，按 T 键设置“不透明度”参数为 80%，如图 8-9 所示。

图 8-8 轨道遮罩效果

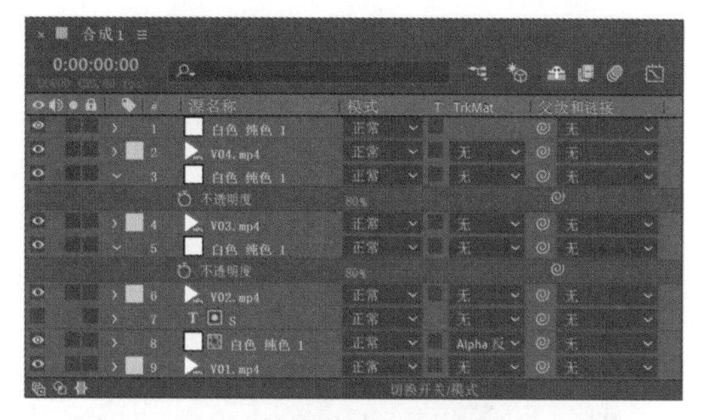

图 8-9 设置纯色图层的“不透明度”参数

12 选择“效果→生成→填充”命令，在“效果控件”面板中设置“颜色”为黑色，如图 8-10 所示。

13 选择“图层→新建→文本”命令，输入文本“A”。按 Ctrl+Alt+Home 组合键居中放置锚点，单击“对齐”面板中的 和 按钮对齐文本。

14 将新建的文本图层拖动到第 5 层，然后将文本图层的入点拖动到 2 秒处，将出点拖动到 4 秒处，如图 8-11 所示。

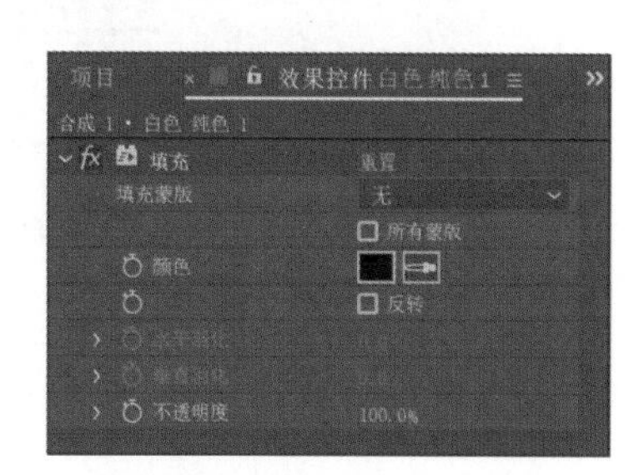

图 8-10 设置“填充”参数

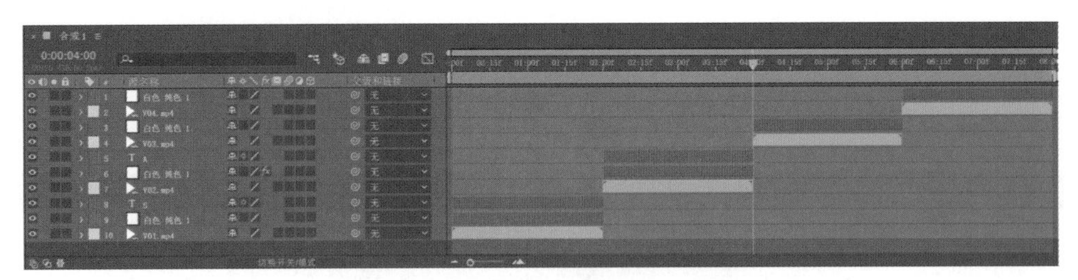

图 8-11 调整图层的顺序和时间轴

15 展开“变换”选项，在 2 秒处设置“缩放”参数为（290, 290）后创建关键帧，在 2 秒 10 帧处设置“缩放”参数为（190, 190），在 2 秒 20 帧处为“位置”参数创建关键帧，在 3 秒 10 帧处设置“位置”参数为（1350, 540）。

16 同时选中“位置”和“缩放”参数的所有关键帧，按住 F9 键将关键帧插值设置为贝塞尔曲线，如图 8-12 所示。

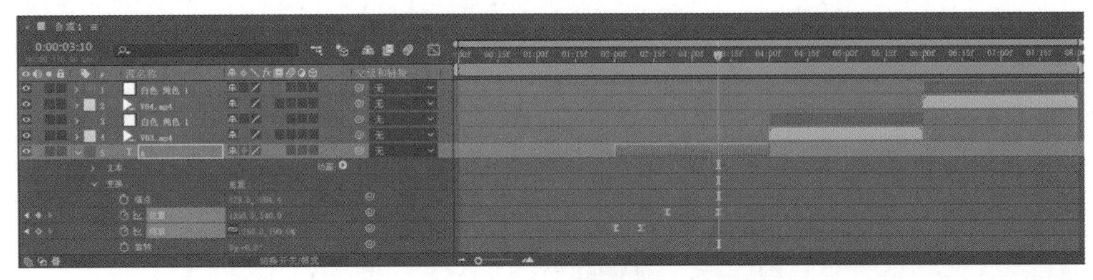

图 8-12 设置文本动画

17 在第 6 层的“TrkMat”下拉列表框中选择“Alpha 反转遮罩”，设置完成的轨道遮罩效果如图 8-13 所示。

图 8-13 轨道遮罩效果

18 选择“图层→新建→文本”命令，输入文本“E”。按 Ctrl+Alt+Home 组合键居中放置锚点，单击“对齐”面板中的和按钮对齐文本。

19 将新建的文本图层拖动到第 3 层，然后将文本图层的入点拖动到 4 秒处，将出点拖动到 6 秒处，如图 8-14 所示。

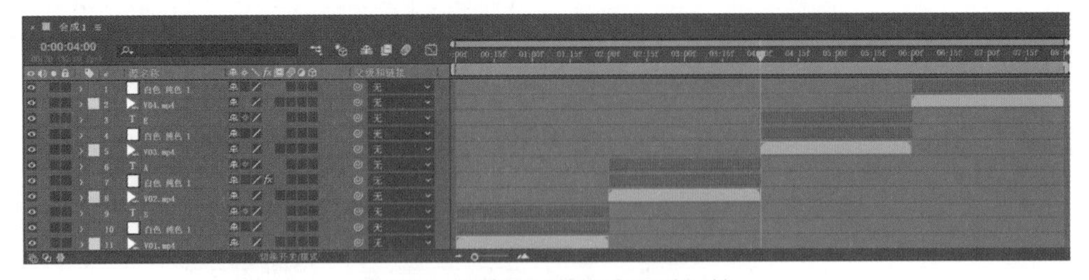

图 8-14 调整图层的顺序和时间轴

20 展开文本图层的“变换”选项，设置“缩放”参数为（195, 195）。在 4 秒处设置“位置”参数为（760, -540）后创建关键帧，在 4 秒 20 帧处设置“位置”参数为（760, 540），在 5 秒处添加一个关键帧，在 5 秒 15 帧处设置“位置”参数为（550, 540）。

21 选中“位置”参数的所有关键帧，按 F9 键将关键帧插值设置为贝塞尔曲线，如图 8-15 所示。

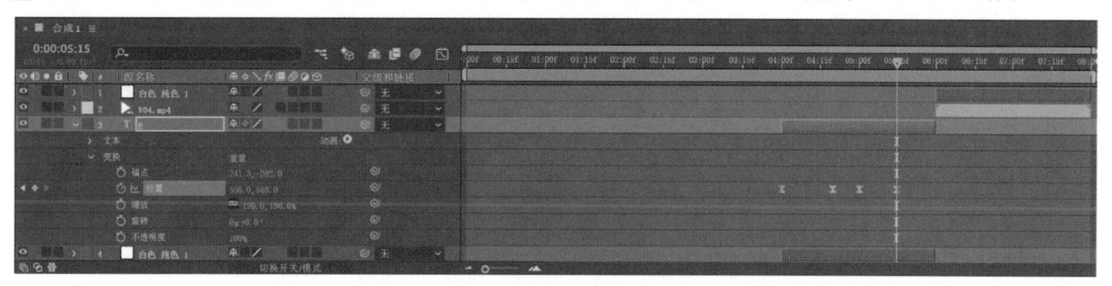

图 8-15 设置文本动画

22 在第 3 层的“TrkMat”下拉列表框中选择“Alpha 反转遮罩”，设置完成的轨道遮罩效果如图 8-16 所示。

23 选择“图层→新建→文本”命令，输入文本“After Effects CC 2020”。在“字符”面板中设置字体为“阿里巴巴普惠体 Heavy”，字体大小为 160。按 Ctrl+Alt+Home 组合键居中放置锚点，单击“对齐”面板中的和按钮对齐文本。

24 将文本图层的入点拖动到 6 秒处，展开“变换”选项，在 6 秒 15 帧处为“缩放”参数创建关键帧，在 6 秒处设置“缩放”参数为（450, 450）。

25 在第 2 层的“TrkMat”下拉列表框中选择“Alpha 反转遮罩”，如图 8-17 所示。

图 8-16 轨道遮罩效果

图 8-17 设置轨道遮罩

26 整个案例制作完成，最终效果如图 8-1 所示。

案例 9 路径运动文字

本案例主要介绍游动文字与波动文字的制作方法，同时用到了“描边”和“投影”图层样式以帮助读者熟悉“路径文本”“色相 / 饱和度”和“四色渐变”效果。最终效果如图 9-1 所示。

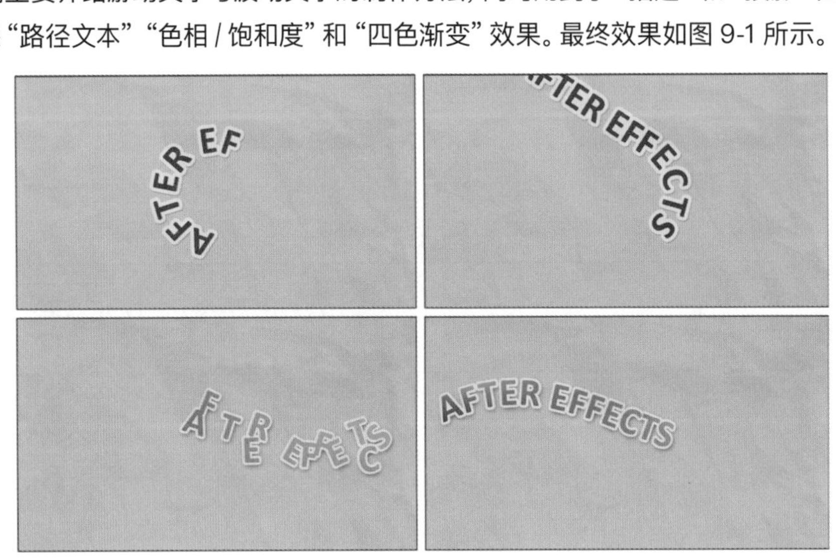

图 9-1 最终效果

★

（1）使用“路径文本”效果为文字制作路径动画。
（2）使用“色相 / 饱和度”和“四色渐变”效果为文字制作变色动画。
（3）使用“描边”和“投影”图层样式为文字增加立体感。

素材文件路径：源文件 \ 案例 9 路径运动文字
完成项目文件：源文件 \ 案例 9 路径运动文字 \ 完成项目 \ 完成项目 .aep
完成项目效果：源文件 \ 案例 9 路径运动文字 \ 完成项目 \ 案例效果 .mp4
视频教学文件：演示文件 \ 案例 9 路径运动文字 .mp4

1 运行 After Effects CC 2020，在“主页”窗口中单击“新建项目”按钮进入工作界面。在“项目”面板的空白处双击，弹出“导入文件”对话框，导入素材路径中的所有文件。

2 单击“合成”面板中的“新建合成”按钮，弹出“合成设置”对话框，设置合成尺寸为 1920×1080，“帧速率”为 30，“持续时间”为 9 秒，其他沿用系统默认值，单击“确定”按钮生成合成，如图 9-2 所示。

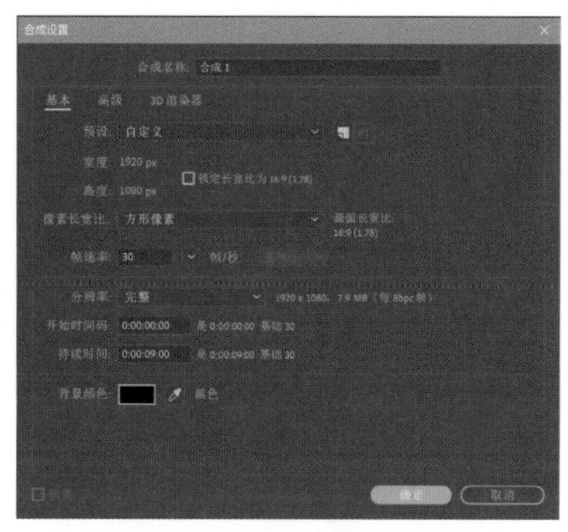

图 9-2 “合成设置”对话框

3 选择“图层→新建→纯色”命令，弹出“纯色设置”对话框，设置“颜色”为 #DCDCDC，单击“确定”按钮生成图层。

4 再次选择“图层→新建→纯色”命令，设置“颜色”为黑色，单击“确定”按钮生成图层，将黑色图层的出点拖动到 6 秒处，如图 9-3 所示。

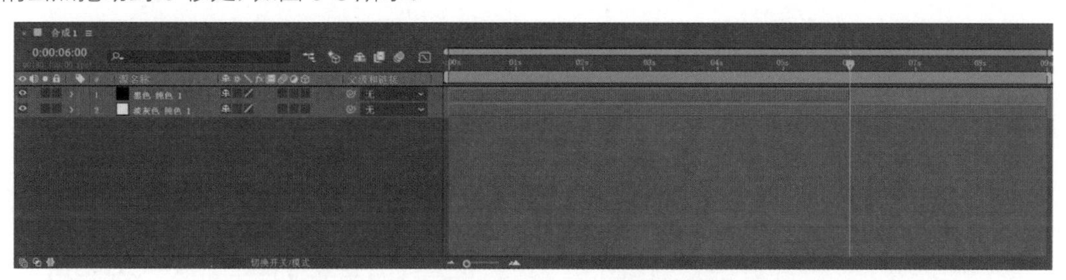

图 9-3 创建纯色图层并调整时间轴

5 选择“效果→过时→路径文本”命令，弹出“路径文字”对话框，在文本框中输入“AFTER EFFECTS”，在“字体”下拉列表框中选择“Calibri”，在“样式”下拉列表框中选择“Bold”，单击“确定”按钮完成设置，如图 9-4 所示。

6 在“效果控件”面板的“形状类型”下拉列表框中选择“循环”，在“选项”下拉列表框中选择“在描边上填充”，设置“填充颜色”为 #00BDCE，“描边宽度”参数为 35，“大小”参数为 180，如图 9-5 所示。

图 9-4 “路径文字”对话框

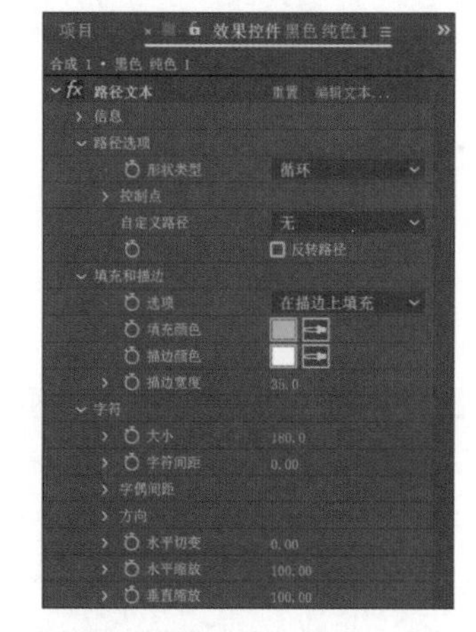

图 9-5 设置“路径文本”参数

7 在“合成”面板中参照图 9-6 所示拖动曲线控制点调整路径的位置和尺寸。

8 展开“段落”选项，设置“左边距”参数为插 1650 后创建关键帧，在 6 秒处设置“左边距”参数为 -1850。选中两个关键帧，按 F9 键将关键帧插值设置为贝塞尔曲线。

图 9-6 调整路径的位置和尺寸

9 展开“高级”选项，在 1 秒 15 帧处设置“可视字符”参数为 1 后创建关键帧，在 3 秒 25 帧处设置“可视字符”参数为 21，如图 9-7 所示。

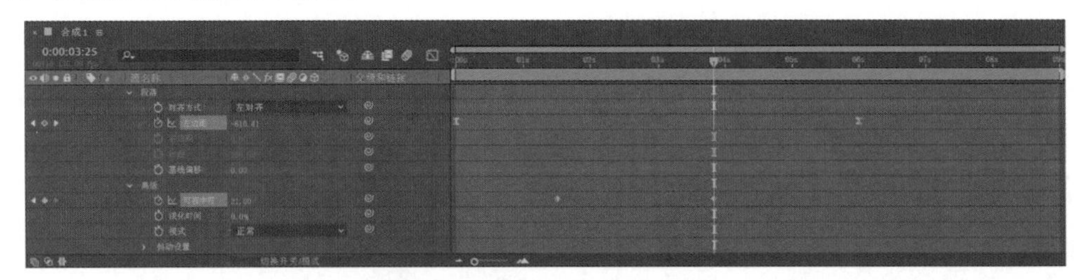

图 9-7 设置路径和文字动画

10 展开黑色纯色图层的“变换”选项，在 1 秒 15 帧处为“不透明度”参数创建关键帧，在 0 帧处设置“不透明度”参数为 0%，如图 9-8 所示。

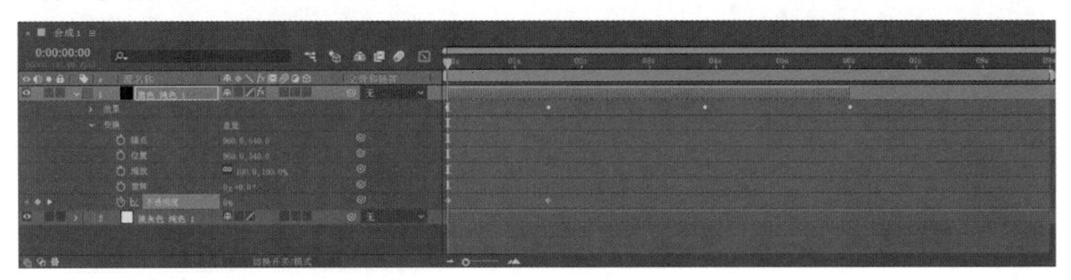

图 9-8 设置不透明度动画

11 选择“图层→图层样式→投影”命令，展开“投影”选项，设置“不透明度”参数为 25%，如图 9-9 所示。

12 选择“效果→颜色校正→色相 / 饱和度”命令，在 1 秒 15 帧处为“通道范围”参数创建关键帧，在 3 秒 25 帧处设置“主色相”参数为 0x+180°，如图 9-10 所示。设置完成的路径文字 效果如图 9-11 所示。

图 9-9 设置“投影”参数

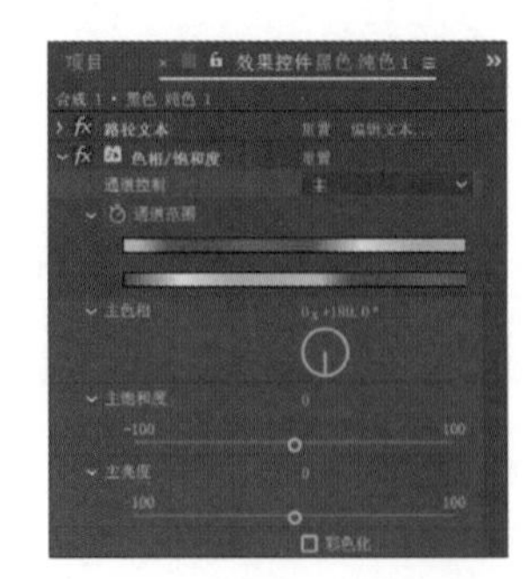

图 9-10 设置“色相 / 饱和度”参数

图 9-11 路径文字效果

13 选择“图层→新建→纯色”命令，设置“颜色”为黑色，单击“确定”按钮生成图层，将图层的入点拖动到 4 秒处，如图 9-12 所示。

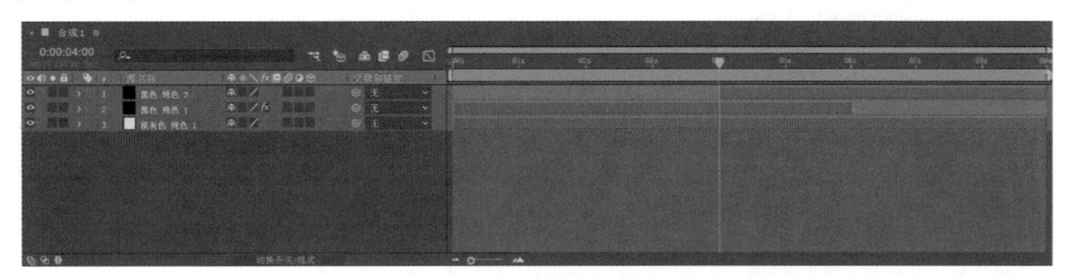

图 9-12 创建纯色图层并调整时间轴

14 选择“效果→过时→路径文本”命令，弹出“路径文字”对话框，输入文本“AFTER EFFECTS”，单击“确定”按钮完成设置。

15 在“效果控件”面板中设置“大小”参数为 180，在“合成”面板中参照图 9-13 所示拖动曲线控制点调整路径的位置和尺寸。

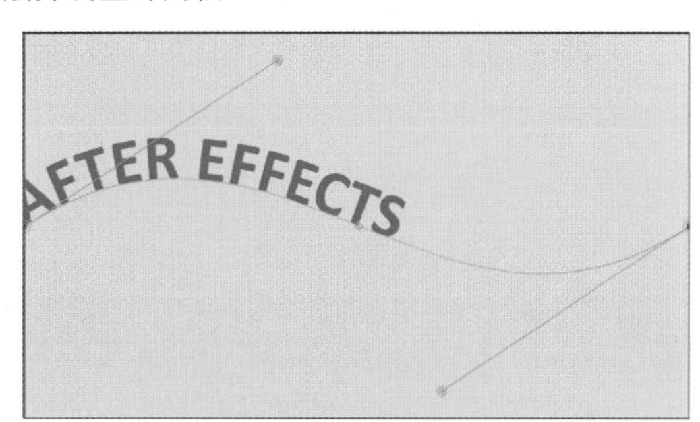

图 9-13 调整路径的位置和尺寸

16 展开“段落”选项，在 4 秒处设置“左边距”参数为 2060 后创建关键帧，在 8 秒 29 帧处设置“左边距”参数为 -1150，如图 9-14 所示。

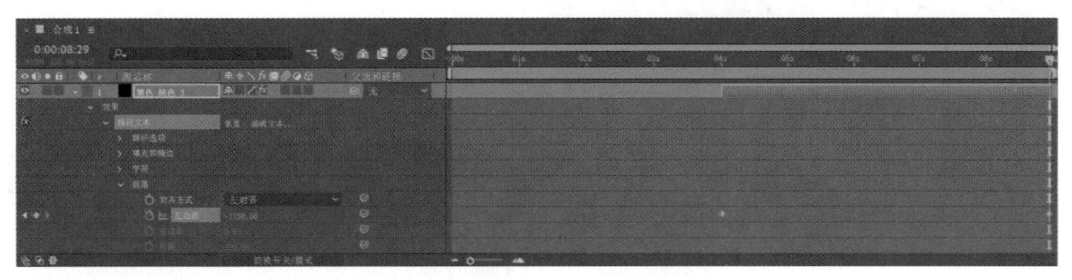

图 9-14 设置路径动画

17 展开“高级→抖动设置”选项，在 4 秒 15 帧处设置“基线抖动最大”参数为 400、“字偶间距抖动”参数为 300、“旋转抖动最大”参数为 150 后为这三个参数创建关键帧，在 7 秒处设置“基线抖动最大”“字偶间距抖动”和“旋转抖动最大”参数均为 0。

18 选中所有关键帧，按 F9 键将关键帧插值设置为贝塞尔曲线，如图 9-15 所示。

图 9-15 设置文字抖动动画

19 选择“效果→生成→四色渐变”命令，在“效果控件”面板中设置“点 1”参数为（190, 250），“点 3”参数为（190, 520），设置“颜色 3”为 #FF0000，“颜色 4”为 #00B7FF，如图 9-16 所示。设置完成的路径文字效果如图 9-17 所示。

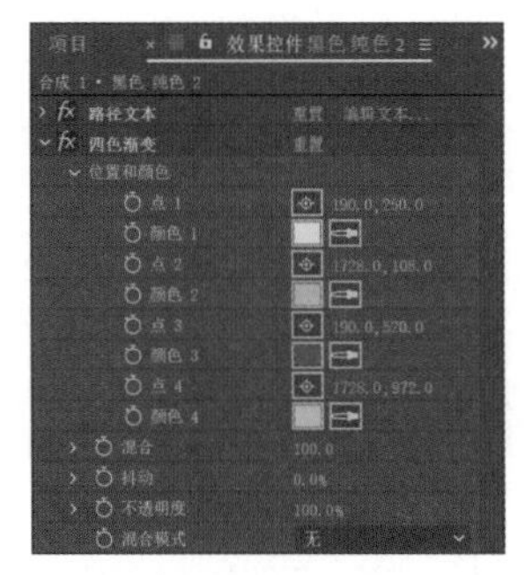

图 9-16 设置“四色渐变”参数

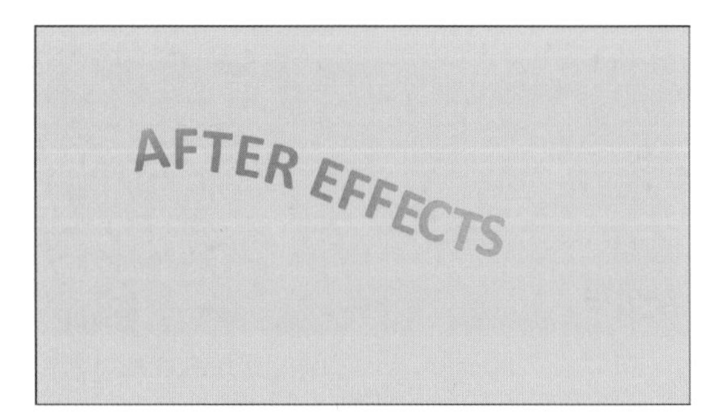

图 9-17 路径文字效果

20 选择“图层→图层样式→投影”命令，展开“投影”选项，设置“不透明度”参数为 100，“距离”参数为 10，“大小”参数为 30。选择“图层→图层样式→描边”命令，展开“描边”选项，设置“颜色”为白色，“大小”参数为 12，如图 9-18 所示。设置完成的文本动画效果如图 9-19 所示。

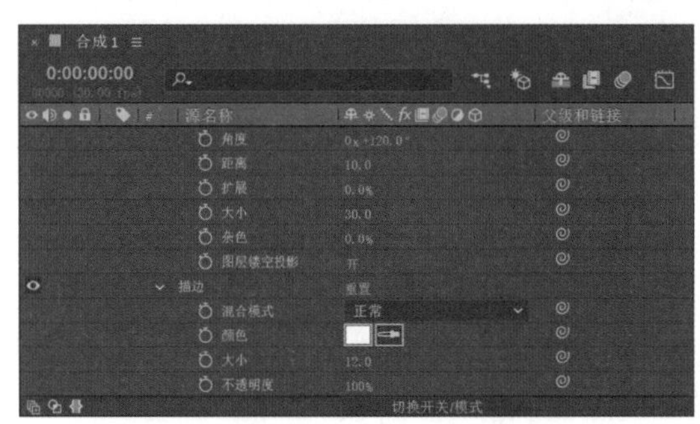

图 9-18 设置“描边”参数

图 9-19 文本动画效果

21 将“项目”面板中的“P01.jpg”拖动到“时间轴”面板上，设置图层混合模式为“相乘”，展开“变换”选项，设置“不透明度”参数为 50%，如图 9-20 所示。

22 整个案例制作完成，最终效果如图 9-1 所示。

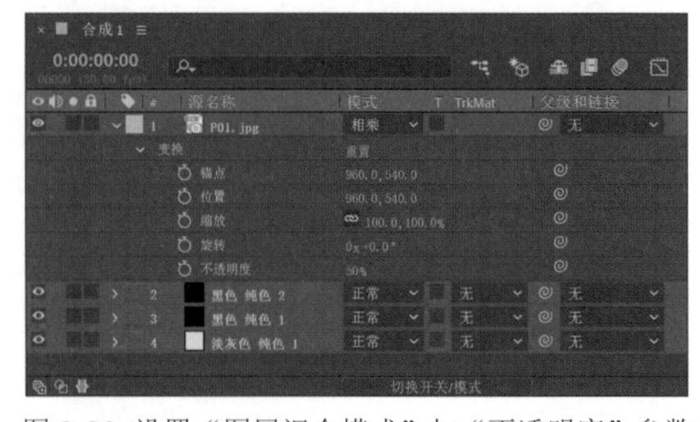

图 9-20 设置“图层混合模式”与“不透明度”参数

案例 10　空间漂浮照片

本案例将制作多张具有在三维空间中漂浮、旋转和运动效果的照片。首先利用“图层样式”将二维图片模拟成三维照片，然后通过“父级和链接”为摄像机捆绑一个虚拟的目标点，这样可以更加方便地控制摄像机的运动。最终效果如图 10-1 所示。

图 10-1 最终效果

★★

（1）利用“图层样式”制作照片的边框和投影。

（2）将摄像机捆绑到调整图层上，利用调整图层控制摄像机的目标。

（3）通过记录“焦距”参数的关键帧制作变焦动画。

素材文件路径：源文件 \ 案例 10 空间漂浮照片

完成项目文件：源文件 \ 案例 10 空间漂浮照片 \ 完成项目 \ 完成项目 .aep

完成项目效果：源文件 \ 案例 10 空间漂浮照片 \ 完成项目 \ 案例效果 .mp4

视频教学文件：演示文件 \ 案例 10 空间漂浮照片 .mp4

照片和场景 1 的合成

1 运行 After Effects CC 2020，在“主页”窗口中单击“新建项目”按钮进入工作界面。在“项目”面板的空白处双击，弹出“导入文件”对话框，导入素材路径中的所有文件。

2 单击“合成”面板中的“新建合成”按钮，弹出“合成设置”对话框，设置“合成名称”为“照片 1”，合成尺寸为 1920×1080，“帧速率”为 30，“持续时间”为 6 秒，其他沿用系统默认值，单击“确定”按钮生成合成，如图 10-2 所示。

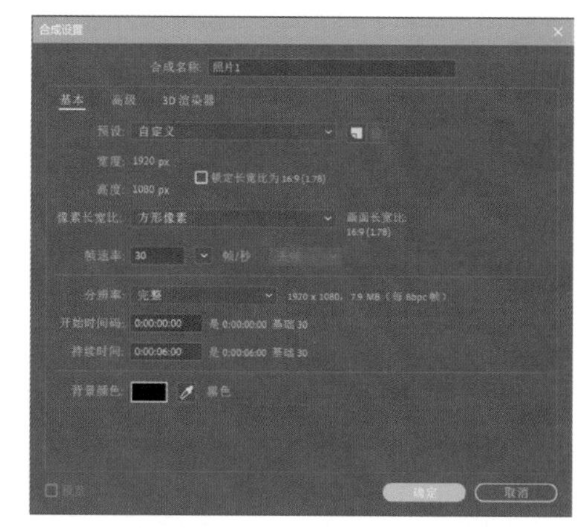

图 10-2 “合成设置”对话框

3 将“项目”面板上的“P01.jpg”拖动到“时间轴”面板上，选择“图层→图层样式→描边”命令。展开“描边”选项，设置“颜色”为白色，“大小”参数为 40，在“位置”下拉列表框中选择“内部”，如图 10-3 所示。照片效果如图 10-4 所示。

图 10-3 设置“描边”参数

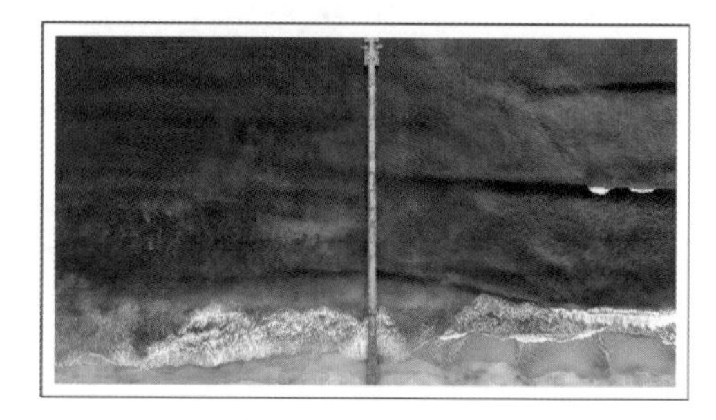

图 10-4 照片效果

4 在“项目”面板上按 Ctrl+D 组合键复制 5 个“照片 1”合成。双击切换到“照片 2”合成，选中“P01.jpg”图层，按住 Alt 键将“项目”面板上的“P02.jpg”拖动到选中的图层上进行替换，如图 10-5 所示。使用相同的方法，依次替换其余照片合成上的图像。

5 选择“合成→新建合成”命令，弹出“合成设置”对话框，设置“合成名称”为“场景 1”，单击“确定”按钮生成合成。

6 依次将“项目”面板上的“照片 1”“照片 2”和“照片 3”合成拖动到“时间轴”面板上，开启所有图层的“运动模糊”和“3D 图层”开关，如图 10-6 所示。

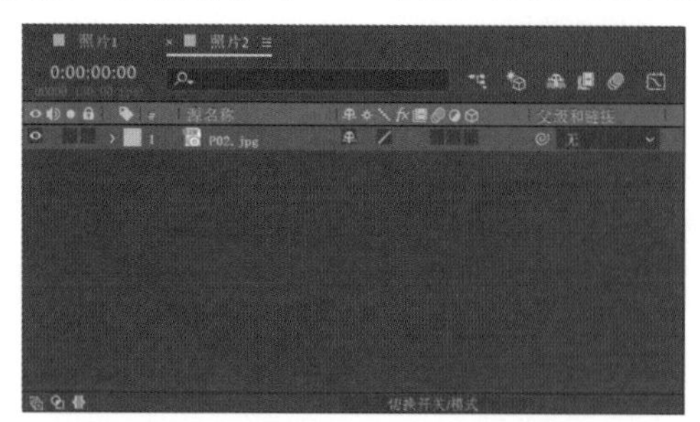

图 10-5 替换照片合成上的图像

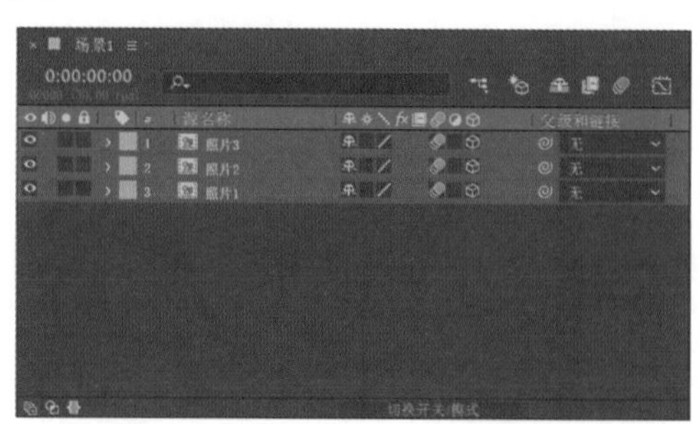

图 10-6 开启“运动模糊”和“3D 图层”开关

7 展开"照片 3"图层的"变换"选项，设置"位置"参数为(1800, 130, -120)，"缩放"参数为(50, 50, 50)，"Z 轴旋转"参数为 0x+10°，如图 10-7 所示。

8 展开"照片 2"图层的"变换"选项，设置"位置"参数为(340, 870, -240)，"缩放"参数为(50, 50, 50)，"Z 轴旋转"参数为 0x-5°，如图 10-8 所示。

图 10-7　设置"照片 3"图层的"变换"参数

图 10-8　设置"照片 2"图层的"变换"参数

9 展开"照片 1"图层的"变换"选项，设置"位置"参数为(980, 570, 0)，"缩放"参数为(70, 70, 70)，"Z 轴旋转"参数为 0x+1°，如图 10-9 所示。当前设置完成后的照片效果如图 10-10 所示。

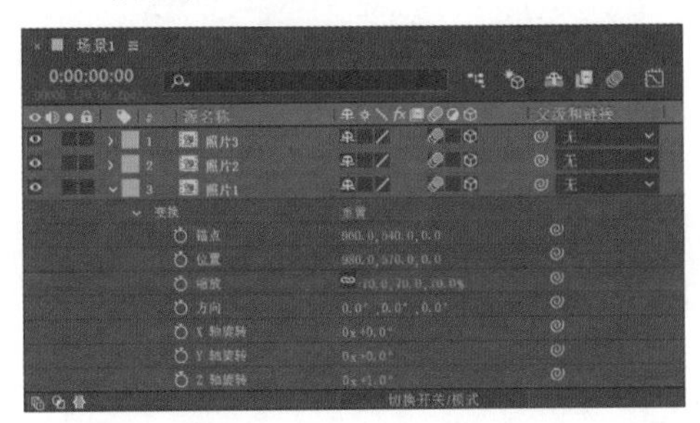

图 10-9　设置"照片 1"图层的"变换"参数

图 10-10　照片效果

10 按住 Ctrl 键的同时选中三个图层，选择"图层→图层样式→投影"命令，展开"投影"选项，设置"不透明度"参数为 25%，"距离"参数为 20，"大小"参数为 40，如图 10-11 所示。

11 选择"图层→新建→摄像机"命令，弹出"摄像机设置"对话框，在"预设"下拉列表框中选择"50 毫米"，单击"确定"按钮生成摄像机图层，如图 10-12 所示。

图 10-11　设置"投影"参数

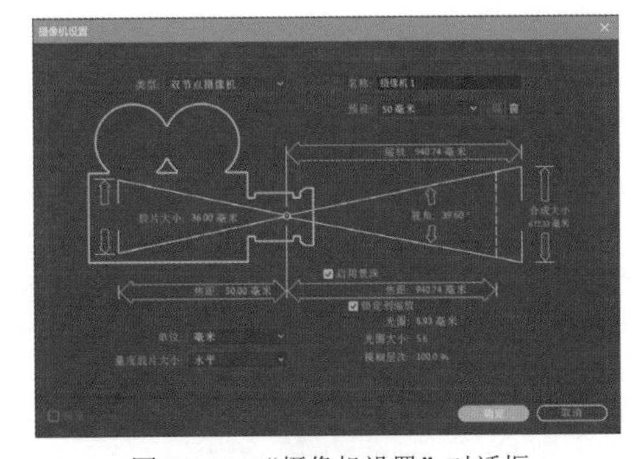

图 10-12　"摄像机设置"对话框

12 展开摄像机图层的"摄像机选项"，将"景深"设置为"开"，设置"焦距"参数为 2680，"光圈"参数为 1500，在"光圈形状"下拉列表框中选择"十边形"；在 20 帧处为"焦距"参数创建关键帧，在 5 秒处设置"焦距"参数为 2600，如图 10-13 所示。

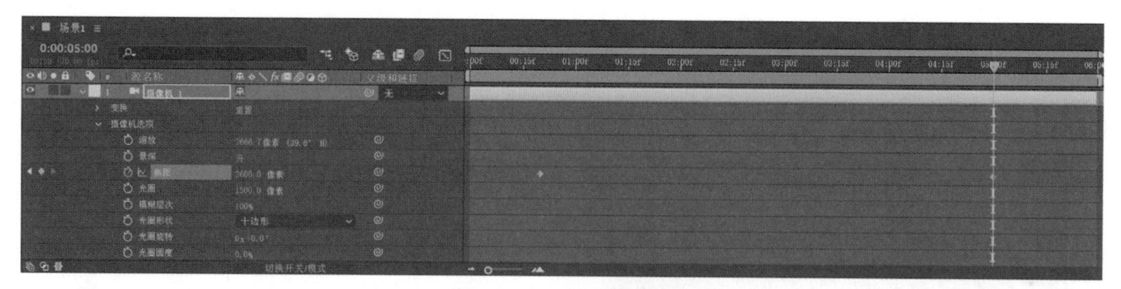

图 10-13 设置变焦动画

13 选择"图层→新建→调整图层"命令，开启调整图层的"3D 图层"开关，在"摄像机 1"图层的"父级和链接"下拉列表框中选择"1. 调整图层 1"，如图 10-14 所示。

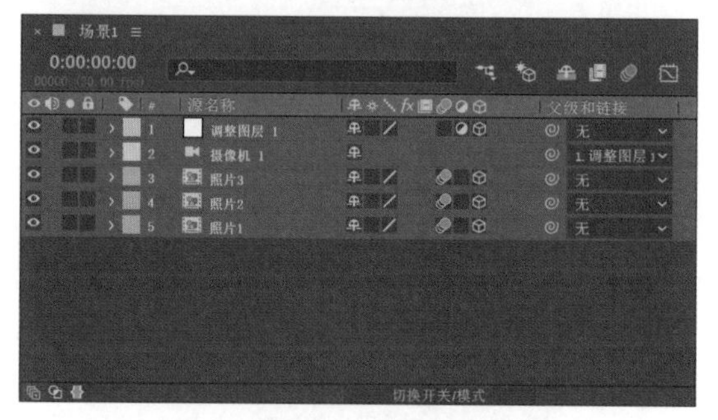

图 10-14 链接摄像机图标图层

14 选中"调整图层 1"，选择"效果→模糊和锐化→高斯模糊"命令。展开"高斯模糊"选项，将"重复边缘像素"选项设置为"开"，在 20 帧处为"模糊度"参数创建关键帧，在 0 帧处设置"模糊度"参数为 100，如图 10-15 所示。

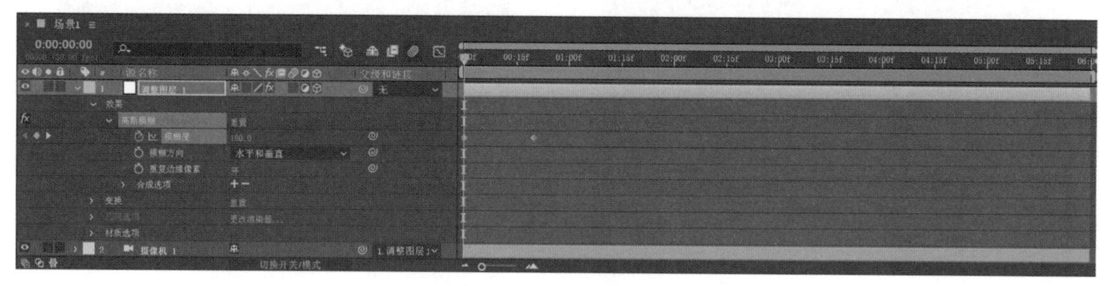

图 10-15 设置模糊动画

15 展开"变换"选项，在 20 帧处为"锚点""位置""Y 轴旋转"和"Z 轴旋转"参数创建关键帧。在 0 帧处设置"位置"参数为（960, 540, 2500），"Z 轴旋转"参数为 0x+45°。在 5 秒处为"位置"参数添加一个关键帧，设置"锚点"参数为（960, 540, 250），"Y 轴旋转"参数为 0x+20°。在 5 秒 29 帧处设置"位置"参数为（960, 1740, 0）。

16 选中所有关键帧，按 F9 键将关键帧插值设置为贝塞尔曲线，结果如图 10-16 所示。制作完成的场景 1 效果如图 10-17 所示。

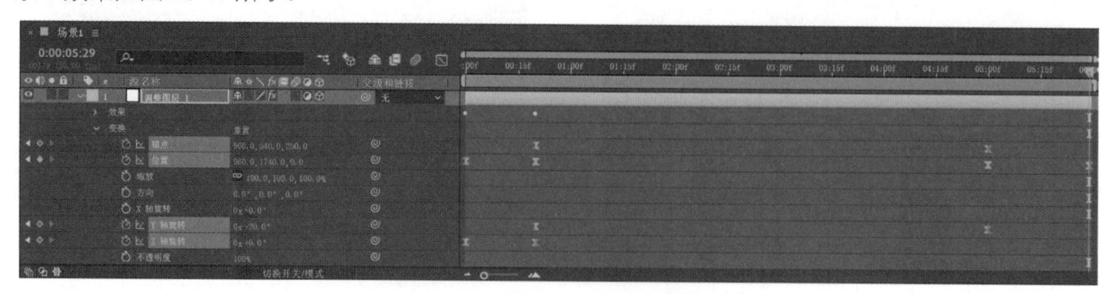

图 10-16 设置位移和旋转动画

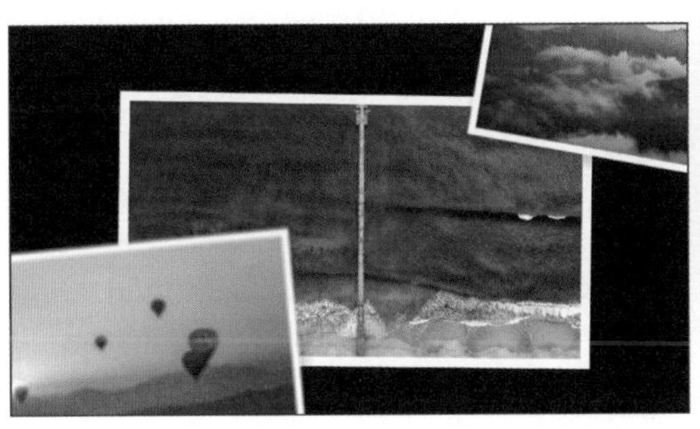
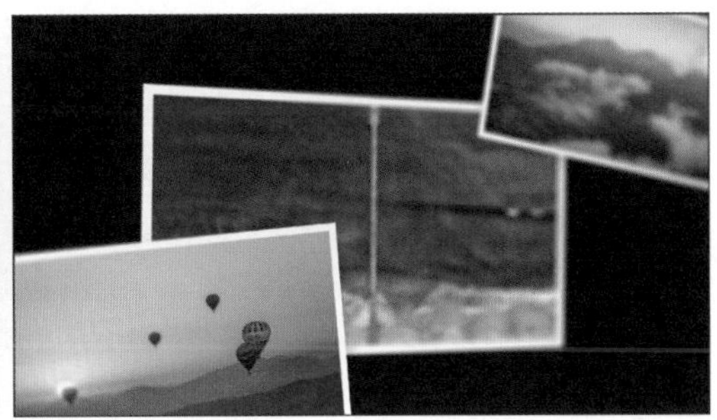

图 10-17　场景 1 效果

场景 2 的合成

1 在“项目”面板上按 Ctrl+D 组合键复制“场景 1”合成。双击切换到“场景 2”合成，按住 Alt 键用“照片 4”合成替换“照片 1”合成，用“照片 5”合成替换“照片 2”合成，用“照片 6”合成替换“照片 3”合成，如图 10-18 所示。

2 展开“照片 4”图层的“变换”选项，设置“位置”参数为（1070, 570, 0），“Z 轴旋转”为 0x−1°，如图 10-19 所示。

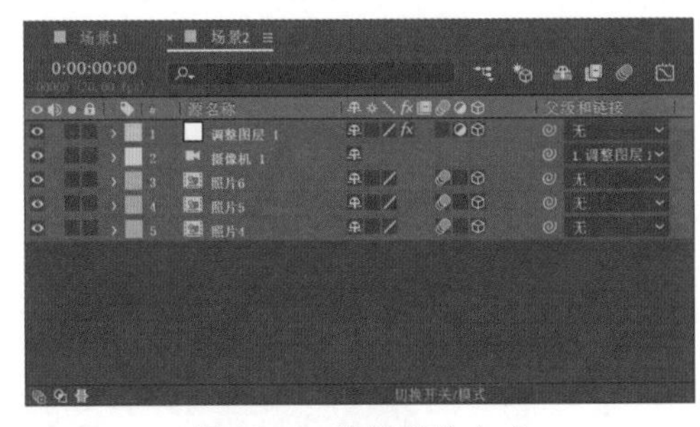

图 10-18　替换照片合成

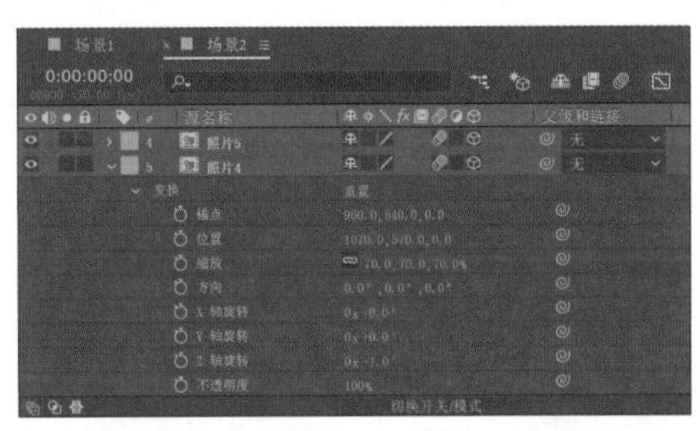

图 10-19　设置“照片 4”图层的“变换”参数

3 展开“照片 5”图层的“变换”选项，设置“位置”参数为（373, 877, −424），如图 10-20 所示。

4 展开“照片 6”图层的“变换”选项，设置“位置”参数为（1740, 190, −159），“Z 轴旋转”为 0x+3°，如图 10-21 所示。

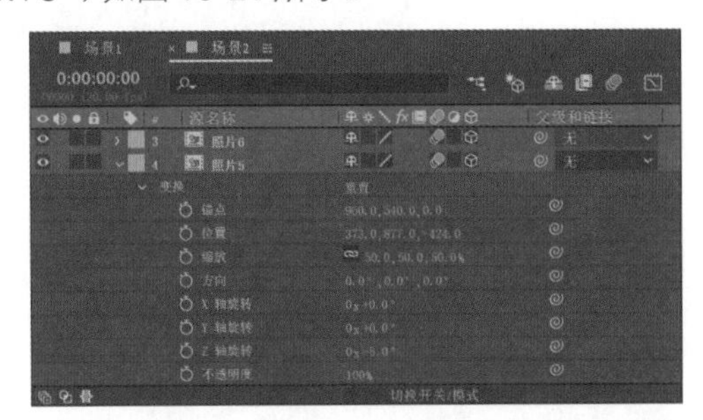

图 10-20　设置“照片 5”图层的“变换”参数

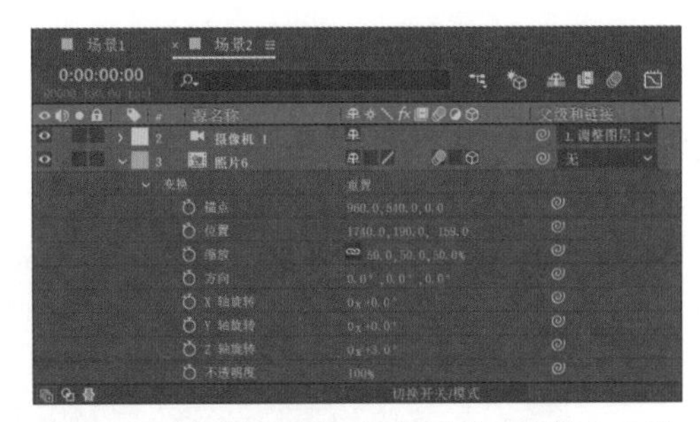

图 10-21　设置“照片 6”图层的“变换”参数

5 展开摄像机图层的“摄像机选项”，将“焦距”参数的第一个关键帧拖动到 1 秒处，设置数值为 2040；将第二个关键帧拖动到 3 秒处，设置数值为 2780。在 5 秒 29 帧处设置“焦距”参数为 2920，如图 10-22 所示。

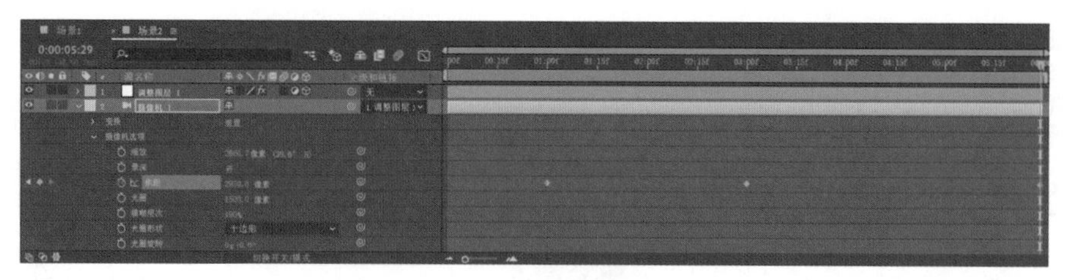

图 10-22 设置“焦距”参数

6 将调整图层的“效果”选项删除，展开“变换”选项，在 20 帧处将“Z 轴旋转”参数的两个关键帧删除，将“位置”参数的两个关键帧删除。

7 在 0 帧处设置“位置”参数为(960, -630, 0)，将“位置”参数的第二个关键帧拖动到 1 秒处。将“锚点”和“Y 轴旋转”参数的第一个关键帧拖动到 1 秒处，设置“Y 轴旋转”参数为 0x+20°。将“锚点”和“Y 轴旋转”参数的第二个关键帧拖动到 5 秒 29 帧处，设置“Y 轴旋转”参数为 0x+0°，如图 10-23 所示。

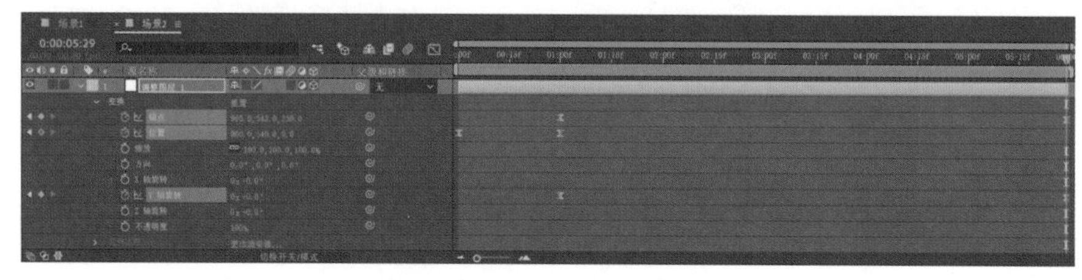

图 10-23 修改位移和旋转动画

完成场景的合成

1 选择“合成→新建合成”命令，弹出“合成设置”对话框，设置“合成名称”为“完成”，“持续时间”为 11 秒，单击“确定”按钮生成合成。

2 选择“图层→新建→纯色”命令，弹出“纯色设置”对话框，设置“颜色”为白色，单击“确定”按钮生成图层。

3 选择“效果→生成→梯度渐变”命令，在“效果控件”面板中单击“交换颜色”按钮，在“渐变形状”下拉列表框中选择“径向渐变”。设置“渐变起点”参数为(960, 540)，“渐变终点”参数为(960, 2000)，“与原始图像混合”参数为 50%，如图 10-24 所示。

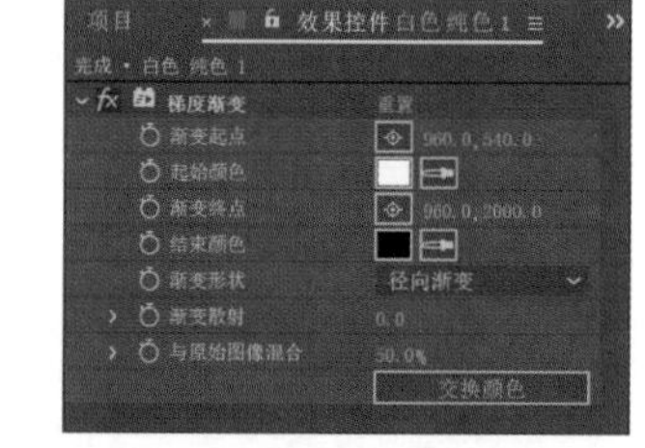

图 10-24 设置“梯度渐变”参数

4 依次将“项目”面板上的“场景 2”和“场景 1”合成拖动到“时间轴”面板上，开启两个图层的“运动模糊”开关，将“场景 2”图层的入点拖动到 5 秒处，如图 10-25 所示。

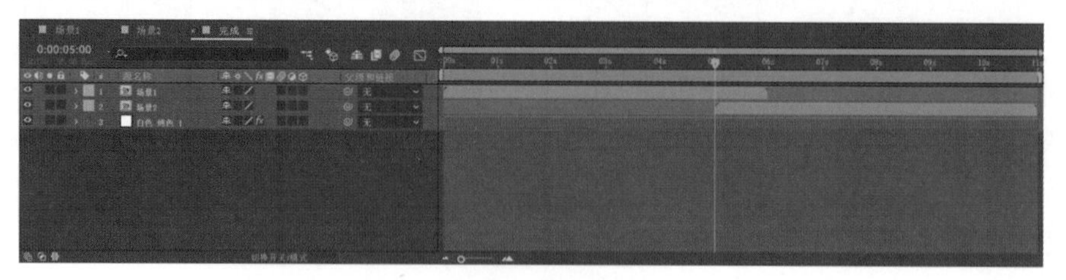

图 10-25 合成影片

5 整个案例制作完成。最终效果如图 10-1 所示。

案例 11 音乐可视化

音乐可视化效果是利用点、线、面等图形将音频的波形动态化地表现出来。本案例主要利用 After Effects 提供的“音频频谱”制作音乐可视化效果，同时利用“发光”“CC Radial Fast Blur”等效果加强图形的表现力。最终效果如图 11-1 所示。

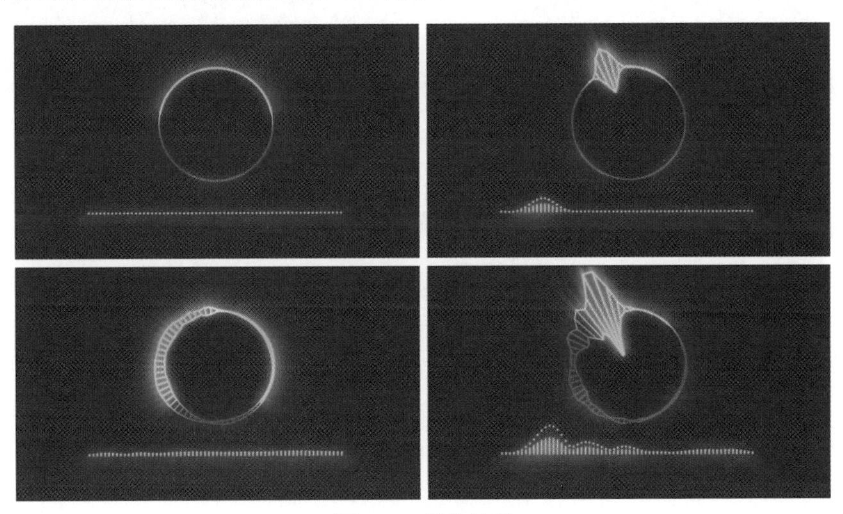

图 11-1 最终效果

难度系数 ★★

技法分析

（1）使用“音频频谱”制作音乐可视化效果。

（2）叠加多个“音频频谱”效果，利用不同的显示选项产生更加丰富的图形。

（3）使用“发光”和“CC Radial Fast Blur”效果制作光晕。

素材文件路径：源文件 \ 案例 11 音乐可视化

完成项目文件：源文件 \ 案例 11 音乐可视化 \ 完成项目 \ 完成项目 .aep

完成项目效果：源文件 \ 案例 11 音乐可视化 \ 完成项目 \ 案例效果 .mp4

视频教学文件：演示文件 \ 案例 11 音乐可视化 .mp4

1 运行 After Effects CC 2020，在“主页”窗口中单击“新建项目”按钮进入工作界面。在“项目”面板的空白处双击，弹出“导入文件”对话框，导入素材路径中的音频文件。

2 单击“合成”面板中的“新建合成”按钮，弹出“合成设置”对话框，设置合成尺寸为 1920×1080，“帧速率”为 30，“持续时间”为 7 秒 22，其他沿用系统默认值，单击“确定”按钮生成合成，如图 11-2 所示。

3 选择“图层→新建→纯色”命令，弹出“纯色设置”对话框，设置“颜色”为 #282828，单击“确定”按钮生成图层。将“项目”面板上的“M01.mp3”拖动到“时间轴”面板上，如图 11-3 所示。

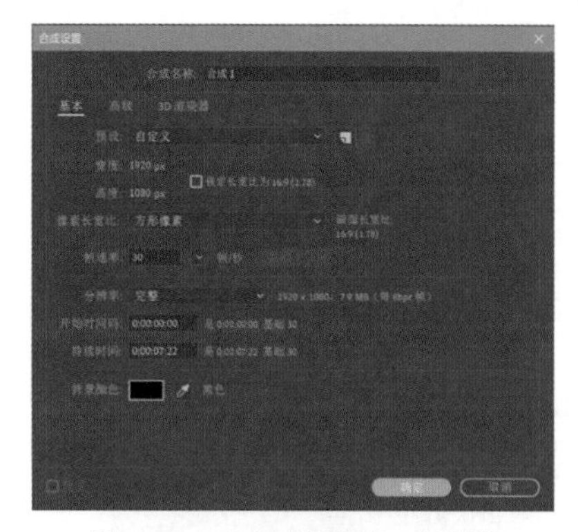

图 11-2 “合成设置”对话框

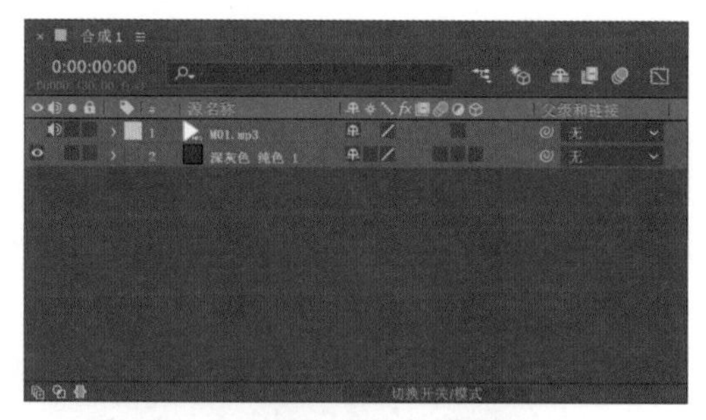

图 11-3 添加背景和音频素材

4 再次选择“图层→新建→纯色”命令，设置“颜色”为黑色，单击“确定”按钮生成图层。

5 选择“图层→生成→音频频谱”命令，在“效果控件”面板的“音频层”下拉列表框中选择“2.M01.mp3”，设置“起始点”参数为（350, 870），“结束点”参数为（1550, 870）；设置“结束频率”和“最大高度”参数均为 200；设置“厚度”参数为 5；设置“柔和度”参数为 30%，“内部颜色”为 #00D5FF，“外部颜色”为 #0081FF，勾选“混合叠加颜色”复选框；在“面选项”下拉列表框中选择“A 面”。如图 11-4 所示。

6 按 Ctrl+D 组合键复制纯色图层，选中第 1 层，在“效果控件”面板中设置“音频频谱”效果的“最大高度”参数为 350，“厚度”参数为 8，在“显示选项”下拉列表框中选择“模拟频点”，如图 11-5 所示。当前设置完成后的音乐可视化效果如图 11-6 所示。

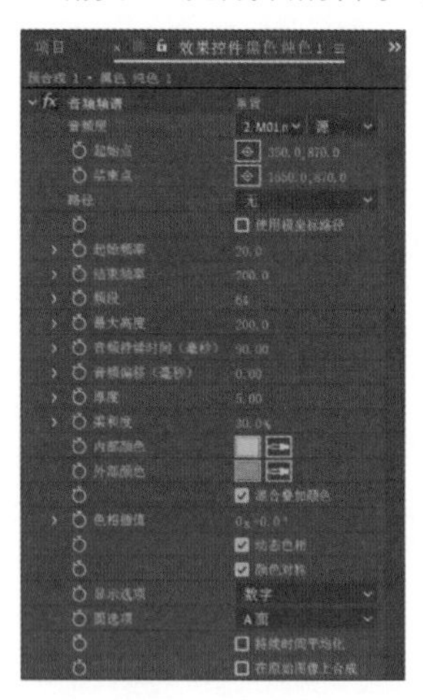

图 11-4 设置“音频频谱”参数

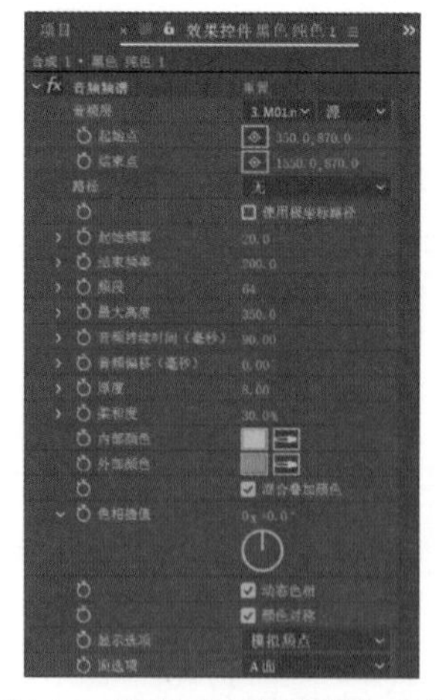

图 11-5 设置“音频频谱”参数

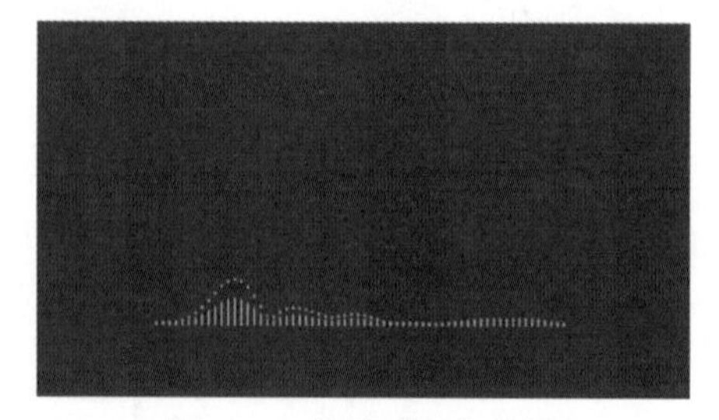

图 11-6 音乐可视化效果

7 按 Ctrl+D 组合键复制纯色图层，选中第 1 层，选择“图层→蒙版→新建蒙版”命令，连按两下 M 键显示“蒙版 1”选项，设置“蒙版扩展”参数为 500，单击“形状”按钮，弹出“蒙版形状”对话框。设置“顶部”参数为 200，“底部”参数为 720，“左侧”参数为 690，“右侧”参数为 1230，勾选“重置为”复选框，在下拉列表框中选择“椭圆”，单击“确定”按钮完成设置，如图 11-7 所示。

8 在“效果控件”面板的“路径”下拉列表框中选择“蒙版 1”，设置“结束频率”参数为 500，“最大高度”参数为 600，“厚度”参数为 5，设置“外部颜色”为 #00D5FF，“色相插值”参数为 0x+180°，在“显示选项”下拉列表框中选择“数字”，在“面选项”下拉列表框中选择“A 和 B 面”，如图 11-8 所示。

9 按 Ctrl+D 组合键复制纯色图层，选中第 1 层，在“效果控件”面板的“显示选项”下拉列表框中选择“模拟频谱”，在“面选项”下拉列表框中选择“A 面”，如图 11-9 所示。

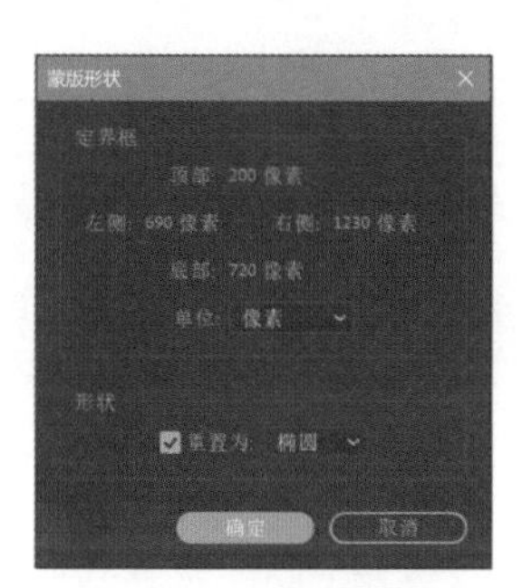

图 11-7 重置蒙版形状

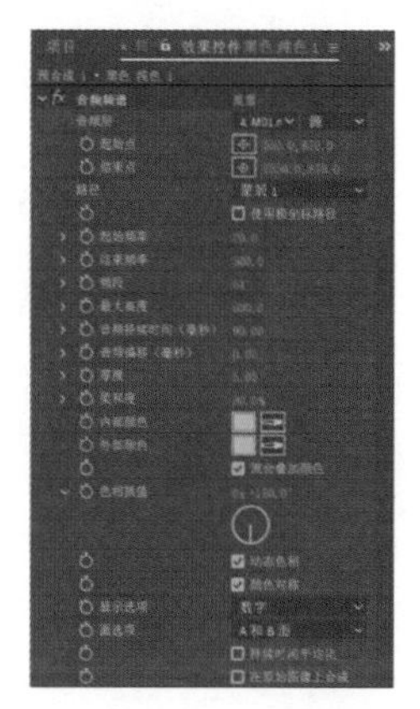
图 11-8 设置“音频频谱”参数

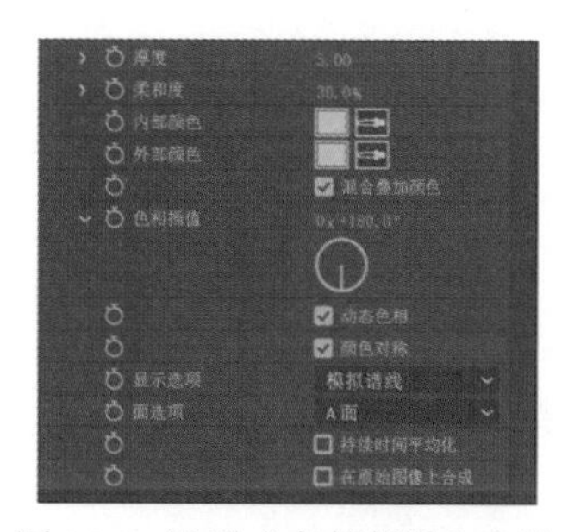

图 11-9 设置“音频频谱”参数

10 按 Ctrl+D 组合键复制纯色图层，选中第 1 层，在“效果控件”面板的“面选项”下拉列表框中选择“B 面”，如图 11-10 所示。当前设置完成后的音乐可视化效果如图 11-11 所示。

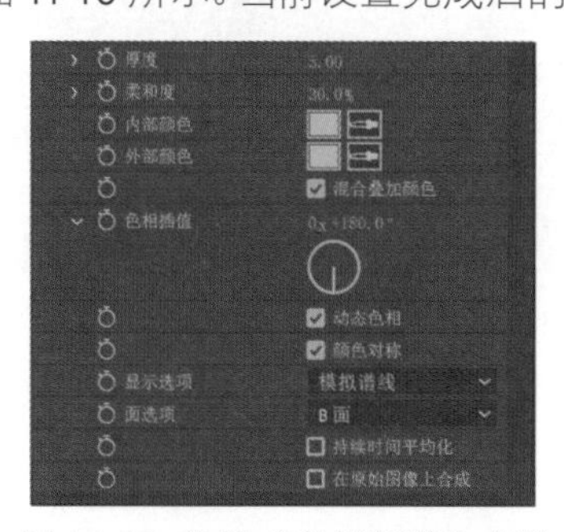

图 11-10 设置“音频频谱”参数

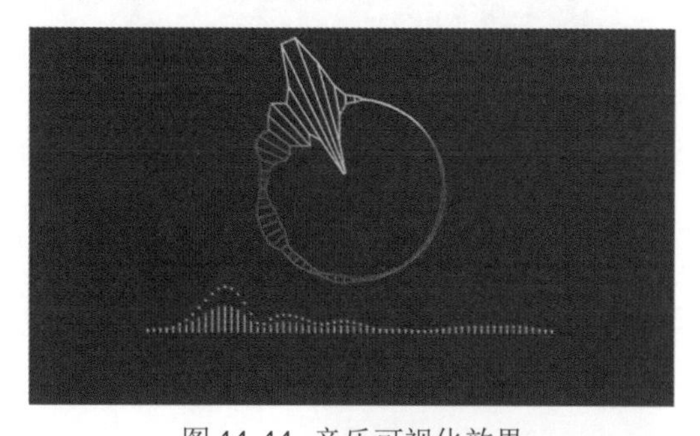
图 11-11 音乐可视化效果

11 选择“图层→新建→调整图层”命令，继续选择“效果→风格化→发光”命令，在“效果控件”面板中设置“发光强度”参数为 0.5，如图 11-12 所示。

12 再次选择“效果→风格化→发光”命令，在“效果控件”面板中设置“发光阈值”参数为 50%，“发光半径”参数为 60，“发光强度”参数为 1，如图 11-13 所示。当前设置完成后的音乐可视化效果如图 11-14 所示。

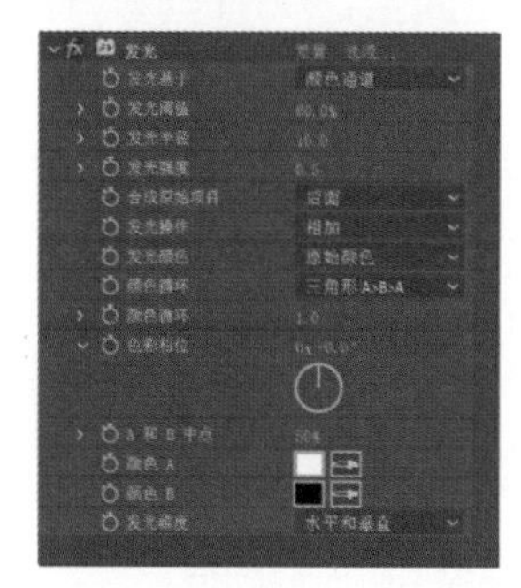
图 11-12 设置“发光强度”参数

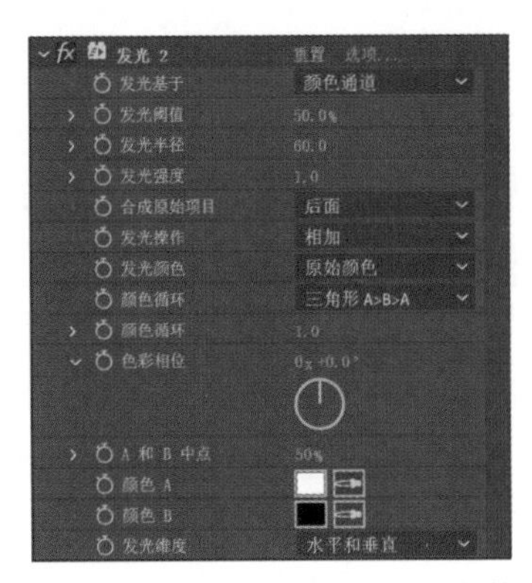

图 11-13 设置“发光强度”参数

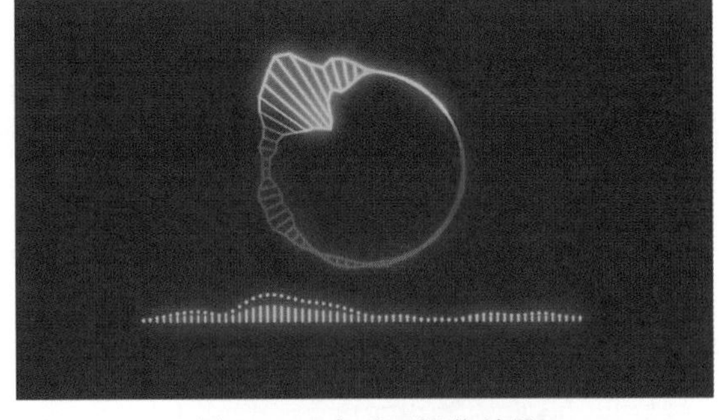

图 11-14 音乐可视化效果

13 按住 Shift 键选中第 1 层和第 7 层，选择“图层→预合成”命令，弹出“预合成”对话框，单击“确定”按钮创建合成，如图 11-15 所示。

14 按 Ctrl+D 组合键复制“预合成 1”图层，展开第 2 层的“变换”选项，设置“不透明度”参数为 50%。

15 选择“效果→模糊和锐化→ CC Radial Fast Blur”命令，在“效果控件”面板中设置“Center”参数为(960, 460)，“Amount”参数为 80，如图 11-16 所示。

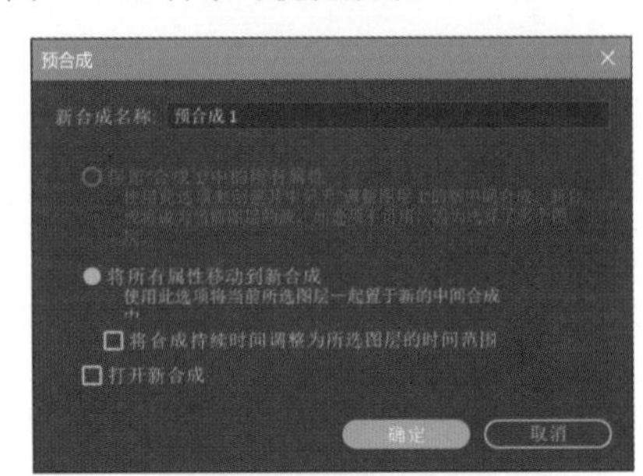

图 11-15 “预合成”对话框

16 选择“效果→模糊和锐化→高斯模糊”命令，在“效果控件”面板中设置“模糊度”参数为 20，如图 11-17 所示。

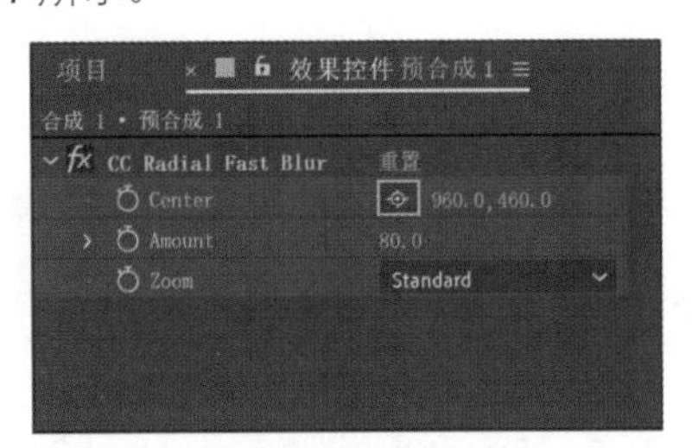

图 11-16 设置“CC Radial Fast Blur”参数

图 11-17 设置“高斯模糊”参数

17 整个案例制作完成，最终效果如图 11-1 所示。

案例 12 七彩时光隧道

本案例制作的七彩时光隧道效果综合运用了“分形杂色”“极坐标”和“光学补偿”效果，同时还使用了外挂插件“Deep Glow”。“分型杂色”是 After Effects 中应用频率非常高的效果之一，利用好它可以制作出很多精彩的特效。最终效果如图 12-1 所示。

图 12-1 最终效果

★★

技法分析

（1）使用“分形杂色”效果模拟不断发射的光线。

（2）使用“极坐标”和“光学补偿”效果将光线调整成环状。

（3）使用“四色渐变”效果产生不同颜色的光线。

完成项目文件：源文件 \ 案例 12 七彩时光隧道 \ 完成项目 \ 完成项目 .aep

完成项目效果：源文件 \ 案例 12 七彩时光隧道 \ 完成项目 \ 案例效果 .mp4

视频教学文件：演示文件 \ 案例 12 七彩时光隧道 .mp4

1 运行 After Effects CC 2020，在“主页”窗口中单击“新建项目”按钮进入工作界面。

2 单击“合成”面板中的“新建合成”按钮，弹出“合成设置”对话框，设置合成尺寸为 1920×1080，“帧速率”为 30，“持续时间”为 10 秒，其他沿用系统默认值，单击“确定”按钮生成合成，如图 12-2 所示。

3 选择“图层→新建→纯色”命令，弹出“纯色设置”对话框，设置“颜色”为黑色，单击“确定”按钮生成图层。开启纯色图层的“3D 图层”开关，如图 12-3 所示。

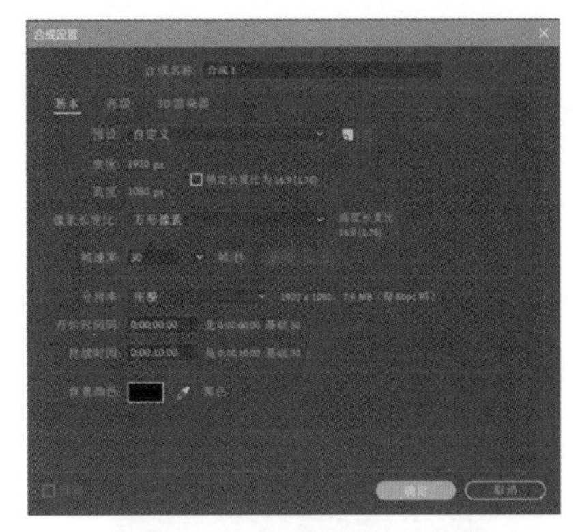

图 12-2 “合成设置”对话框

图 12-3 添加纯色背景

4 选择“效果→杂色和颗粒→分形杂色”命令，在“效果控件”面板中勾选“反转”复选框，设置“对比度”参数为 130，“亮度”参数为 -65，“复杂度”参数为 2，如图 12-4 所示。

5 展开“变换”选项，取消勾选“统一缩放”复选框，设置“缩放宽度”参数为 25，“缩放高度”参数为 2000，如图 12-5 所示。

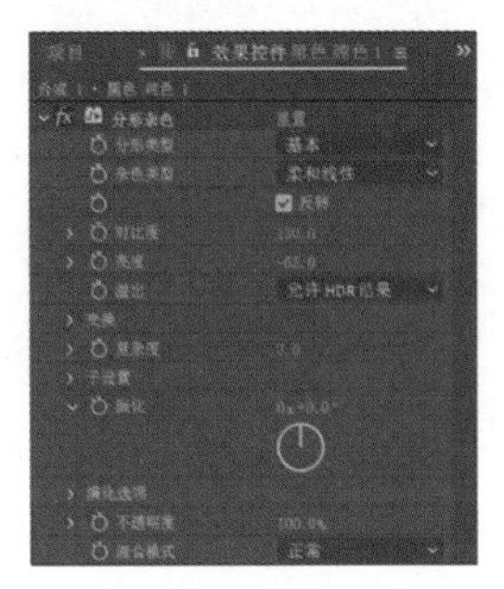

图 12-4 设置“分形杂色”参数

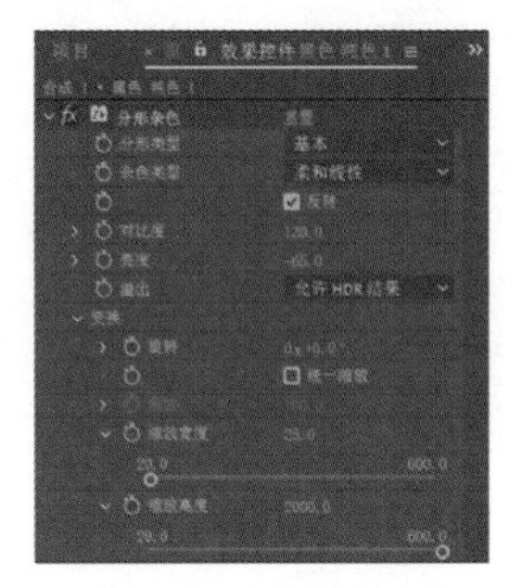

图 12-5 设置“分形杂色”参数

6 在 0 帧处为“偏移（湍流）”和“演化”参数创建关键帧，在 9 秒 29 帧处设置“偏移（湍流）”参数为（960, 8000），“演化”参数为 1x+0，如图 12-6 所示。当前设置完成后的分形杂色效果如图 12-7 所示。

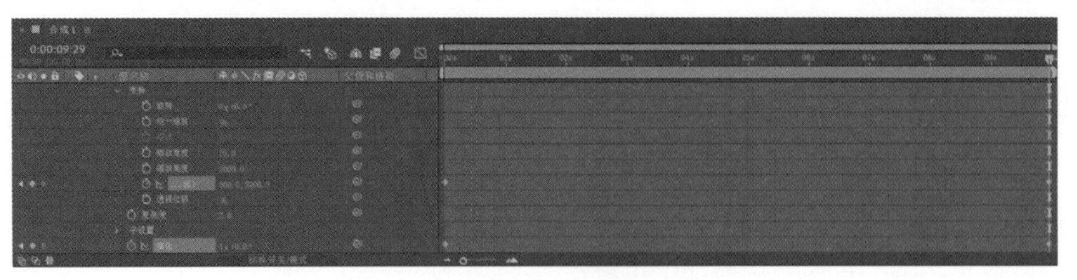

图 12-6 设置光线运动动画

7 选择“效果→扭曲→极坐标”命令，在“效果控件”面板中设置“插值”参数为 100%，在“转换类型”下拉列表框中选择“矩形到极线”，如图 12-8 所示。

8 选择“效果→扭曲→光学补偿”命令，在“效果控件”面板中设置“视场（FOV）”参数为 120，勾选“反转镜头扭曲”复选框，如图 12-9 所示。

图 12-7 分形杂色效果

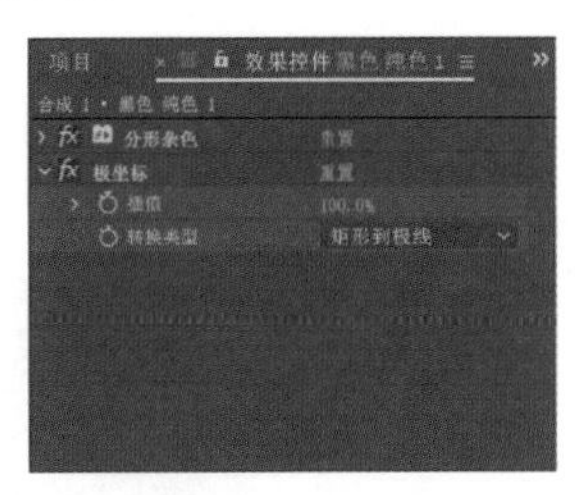

图 12-8 设置“极坐标”参数

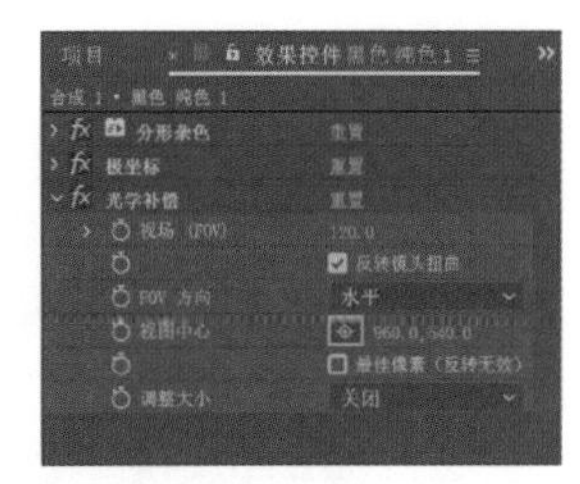

图 12-9 设置“光学补偿”参数

9 选择“效果→ Plugin Everything → Deep Glow”命令，设置“Radius”参数为 600，“Exposure”参数为 5，在“Blend Mode”下拉列表框中选择“Add”。展开“Chromatic Aberration”选项，勾选“Enable”复选框。展开“Tint”选项，勾选“Enable”复选框，设置“Clolr”为 #008AFF，如图 12-10 所示。当前设置完成后的光线效果如图 12-11 所示。

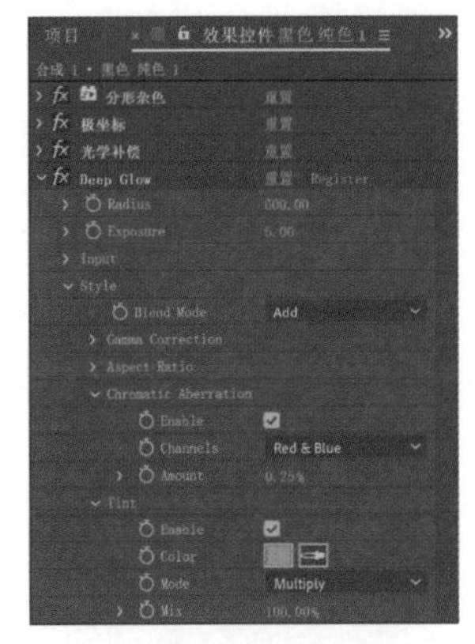

图 12-10 设置“Deep Glow”参数

图 12-11 光线效果

10 按 Ctrl+D 组合键复制纯色图层，设置第 1 层的混合模式为“屏幕”。在“效果控件”面板中展开“分形杂色→演化选项”，设置“随机植入”参数为 110。展开“Deep Glow → Style → Tint”选项，设置“Color”为 #FF5400，当前设置完成后的多彩光线效果如图 12-12 所示。

11 选择“图层→新建→调整图层”命令，继续选择“图层→蒙版→新建蒙版”命令。连按两下 M 键显示“蒙版 1”选项，设置“蒙版羽化”参数为（300, 300），“蒙版扩展”参数为 -300，如图 12-13 所示。

图 12-12 多彩光线效果

图 12-13 设置“蒙版”参数

12 单击“形状”按钮，弹出“蒙版形状”对话框，勾选“重置为”复选框，在下拉列表框中选择“椭圆”，单击“确定”按钮完成设置。

13 选择“效果→模糊和锐化→摄像机镜头模糊”命令，在“效果控件”面板中设置“模糊半径”参数为10，在“形状”下拉列表框中选择“十边形”，设置“增益”参数为50，“阈值”参数为40，“饱和度”参数为100，如图12-14所示。当前设置完成后的光线效果如图12-15所示。

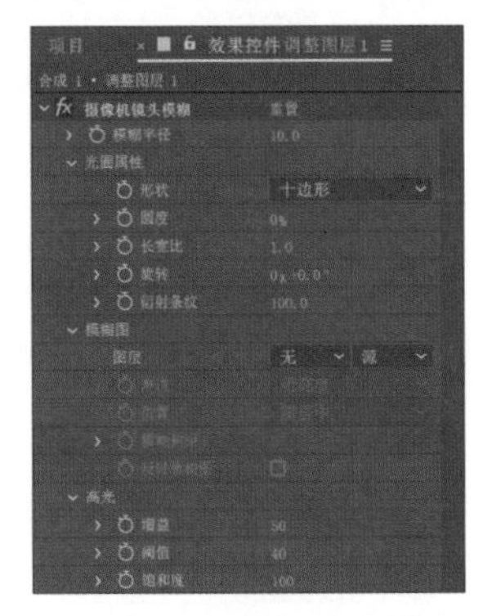

图12-14 设置“摄像机镜头模糊”参数

图12-15 光线效果

14 选择“图层→新建→调整图层”命令，继续选择“效果→颜色校正→Lumetri 颜色”命令。展开“创意”选项，在“Look”下拉列表框中选择“Kodak 5218 Kodak 2395”，如图12-16所示。

15 展开“曲线”选项，参照图12-17所示调整“RGB 曲线”的形状。

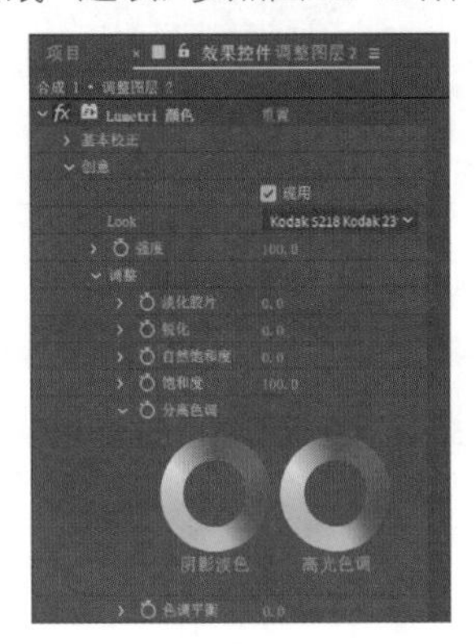

图12-16 设置“创意”参数

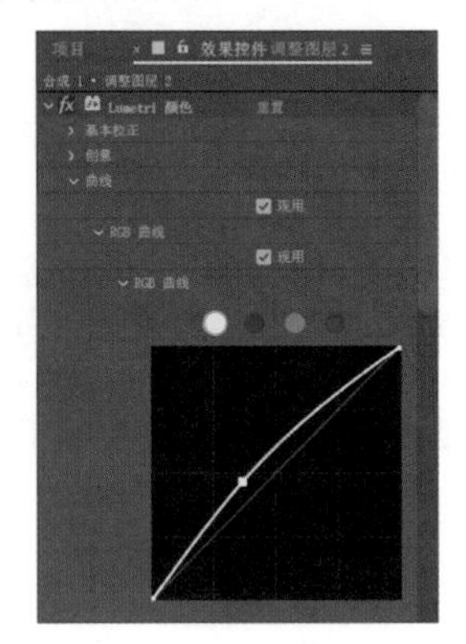

图12-17 设置“曲线”参数

16 展开“晕影”选项，设置“数量”参数为 -5，“中点”参数为25，“羽化”参数为100，如图12-18所示。

17 选择“图层→新建→调整图层”命令，继续选择“效果→生成→四色渐变”命令，在“效果控件”面板的“混合模式”下拉列表框中选择“叠加”，如图12-19所示。

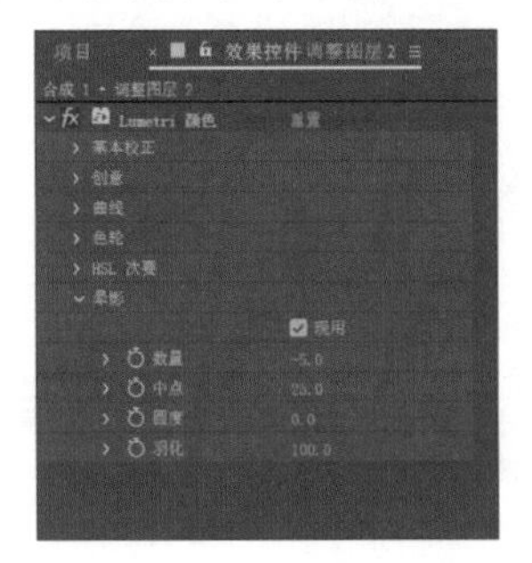

图12-18 设置“晕影”参数

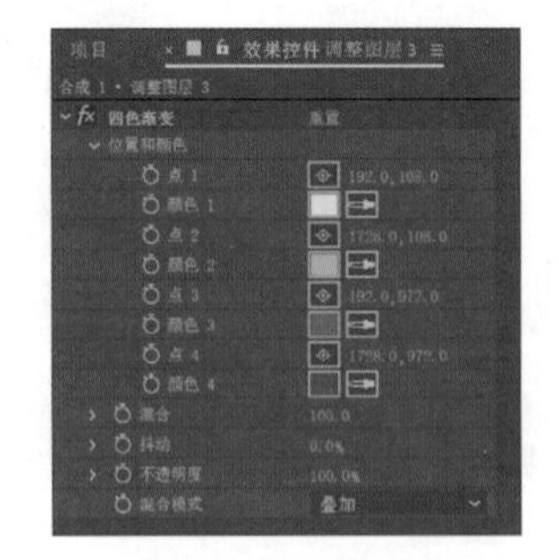

图12-19 设置“四色渐变”参数

18 整个案例制作完成，最终效果如图12-1所示。

案例 13 立体光线空间

本案例将使用“分形杂色”效果模拟光束，同时将 3D 图层和摄像机动画结合到一起，模拟出在立体空间中穿梭的效果。最终效果如图 13-1 所示。

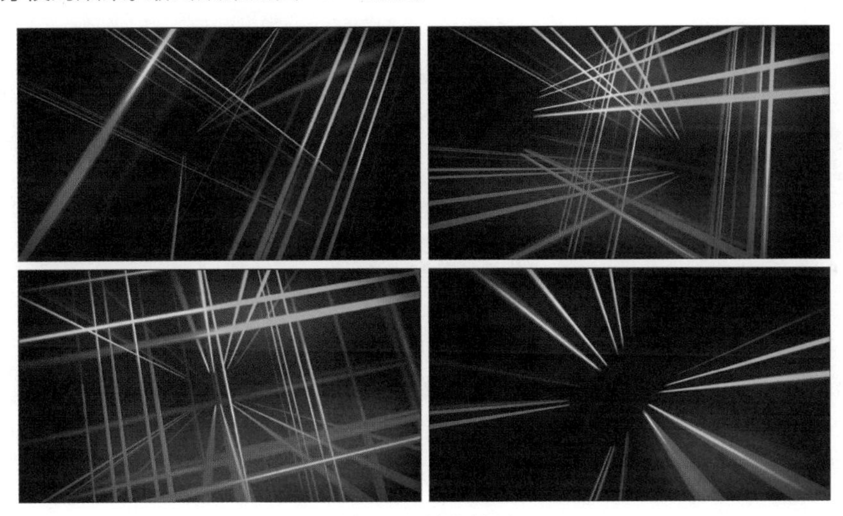

图 13-1 最终效果

★★

（1）使用“分形杂色”效果制作水平的光束。

（2）打开“3D 图层”开关并通过“位置”和“缩放”选项设置图层间的位置关系。

（3）使用“发光”和“四色渐变”效果产生不同颜色的光线。

（4）创建摄像机并让摄像机在立体空间中穿梭运动。

完成项目文件：源文件＼案例 13 立体光线空间＼完成项目＼完成项目 .aep

完成项目效果：源文件＼案例 13 立体光线空间＼完成项目＼案例效果 .mp4

视频教学文件：演示文件＼案例 13 立体光线空间 .mp4

光线的合成

1 运行 After Effects CC 2020，在“主页”窗口中单击“新建项目”按钮进入工作界面。

2 单击“合成”面板中的“新建合成”按钮，弹出“合成设置”对话框，设置“合成名称”为“光线”，合成尺寸为 1920×1080，“帧速率”为 30，“持续时间”为 10 秒，其他沿用系统默认值，单击“确定”按钮生成合成，如图 13-2 所示。

3 选择“图层→新建→纯色”命令，弹出“纯色设置”对话框，设置“颜色”为黑色，单击“确定”按钮生成图层。

4 选择“效果→杂色和颗粒→分形杂色”命令，在“效果控件”面板中设置“复杂度”参数为 2，在“混合模式”下拉列表框中选择“滤色”，如图 13-3 所示。

5 展开“变换”选项，取消“统一缩放”复选框的勾选，设置“缩放宽度”参数为 7500，“缩放高度”参数为 10，如图 13-4 所示。

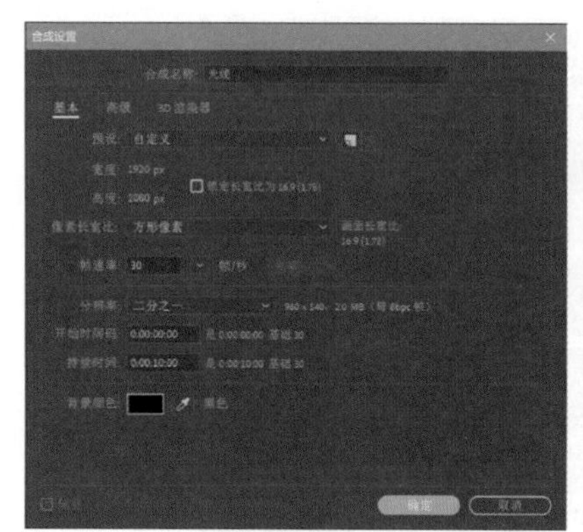

图 13-2 “合成设置”对话框

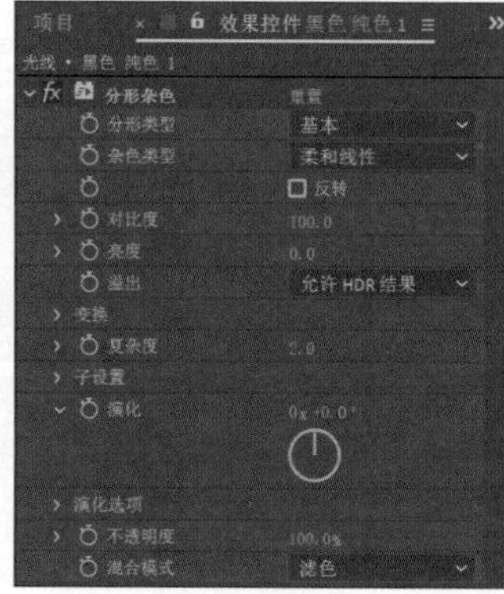

图 13-3 设置“分形杂色”参数

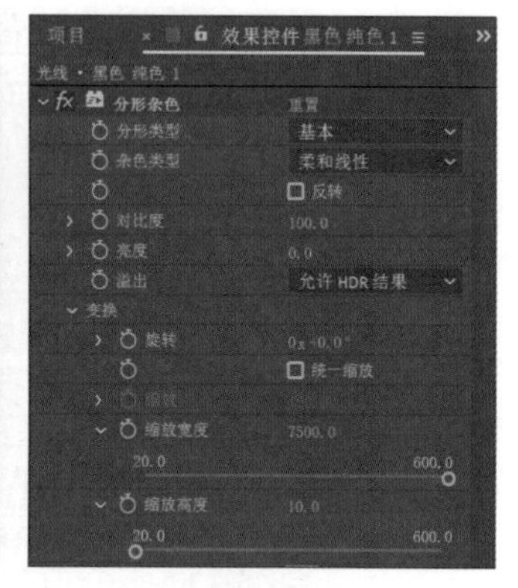

图 13-4 设置“分形杂色”参数

6 在 0 帧处设置“偏移（湍流）”参数为（830, 240）后创建关键帧，在 9 秒 29 帧处设置“偏移（湍流）”参数为（3000, 240）。当前设置完成后的分形杂色效果如图 13-5 所示。

7 选择“效果→颜色校正→色阶”命令，在“效果控件”面板中设置“输入黑色”参数为 190，“输入白色”参数为 218，“输出白色”参数为 150，如图 13-6 所示。

8 选择“效果→模糊和锐化→高斯模糊”命令，在“效果控件”面板中设置“模糊度”参数为 8，勾选“重复边缘像素”复选框，如图 13-7 所示。

图 13-5 分形杂色效果

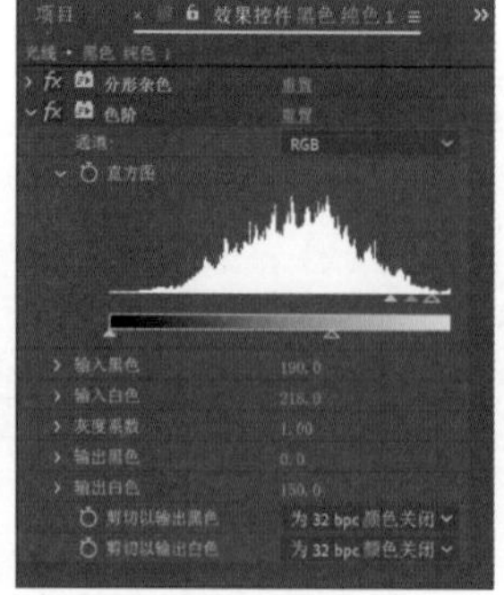

图 13-6 设置“色阶”参数

图 13-7 设置“高斯模糊”参数

9 选择"图层→蒙版→新建蒙版"命令。连按两下 M 键显示"蒙版 1"选项，设置"蒙版羽化"参数为（300, 300），如图 13-8 所示。当前设置完成后的效果如图 13-9 所示。

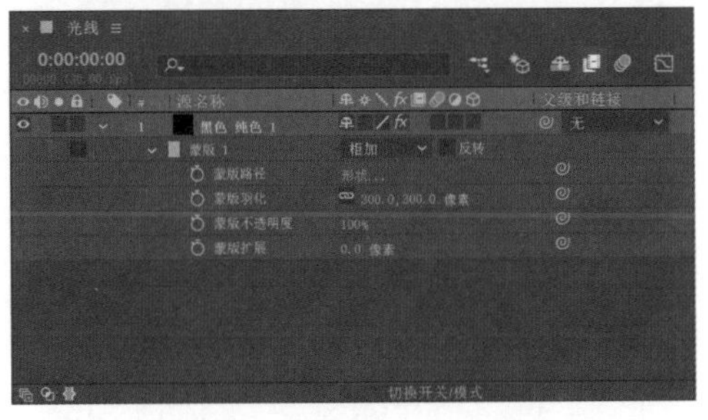

图 13-8 设置"蒙版"参数

图 13-9 光线效果

完成场景的合成

1 选择"合成→新建合成"命令，弹出"合成设置"对话框，设置"合成名称"为"完成"，"持续时间"为 10 秒，单击"确定"按钮生成合成。

2 将"项目"面板中的"光线"合成拖动到"时间轴"面板上，设置图层混合模式为"变亮"，开启"3D 图层"开关，如图 13-10 所示。

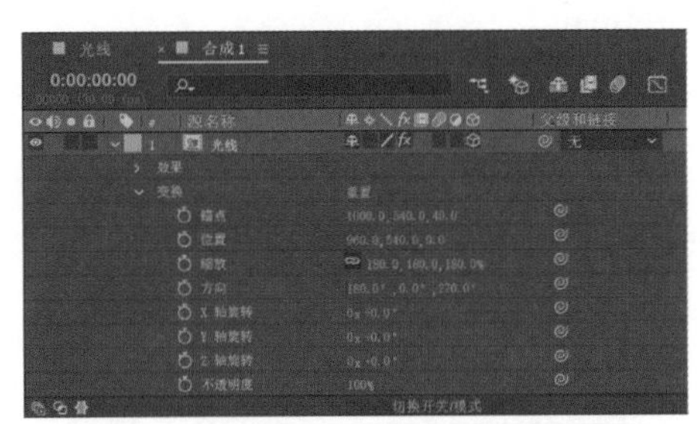

图 13-10 在"时间轴"面板上添加"光线"合成

3 选择"效果→遮罩→简单阻塞工具"命令，在"效果控件"面板中设置"阻塞遮罩"参数为 100，如图 13-11 所示。

4 在"时间轴"面板中按 Ctrl+D 组合键复制四个"光线"图层。展开第 1 层的"变换"选项，设置"位置"参数为（1000, 540, 0），"缩放"参数为（180, 180, 180），"方向"参数为（180°，0°，270°），如图 13-12 所示。

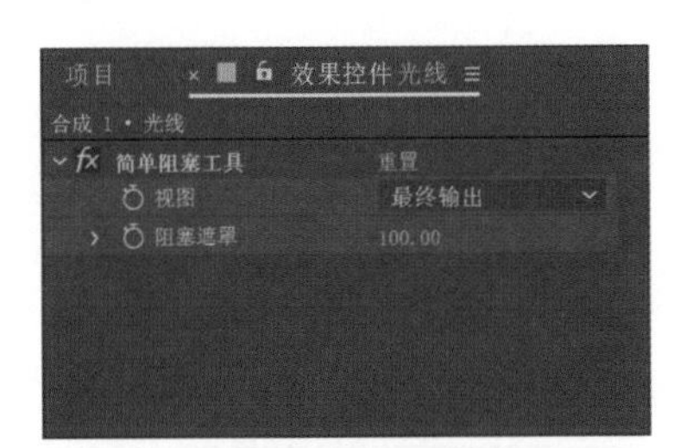

图 13-11 设置"简单阻塞工具"参数

图 13-12 设置第 1 层"变换"参数

5 展开第 2 层的"变换"选项，设置"位置"参数为（2000, 540, −40），"缩放"参数为（180, 180, 180），"方向"参数为（0°，270°，90°），如图 13-13 所示。当前设置完成后的光线效果如图 13-14 所示。

6 展开第 3 层的"变换"选项，设置"位置"参数为（960, 540, −40），"缩放"参数为（320, 320, 320），如图 13-15 所示。

7 展开第 4 层的"变换"选项，设置"位置"参数为（960, 180, 0），"缩放"参数为（180, 180, 180），"方向"参数为（90°，0°，90°），如图 13-16 所示。

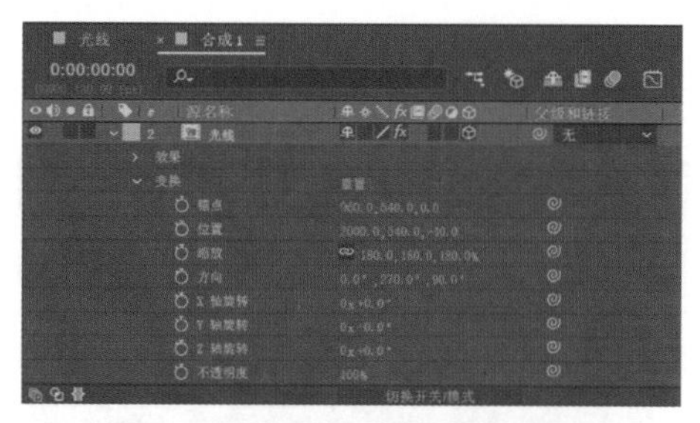

图 13-13 设置第 2 层“变换”参数

图 13-14 光线效果

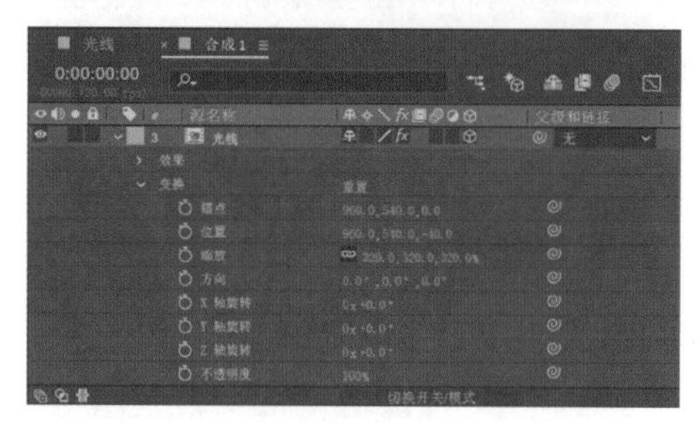

图 13-15 设置第 3 层“变换”参数

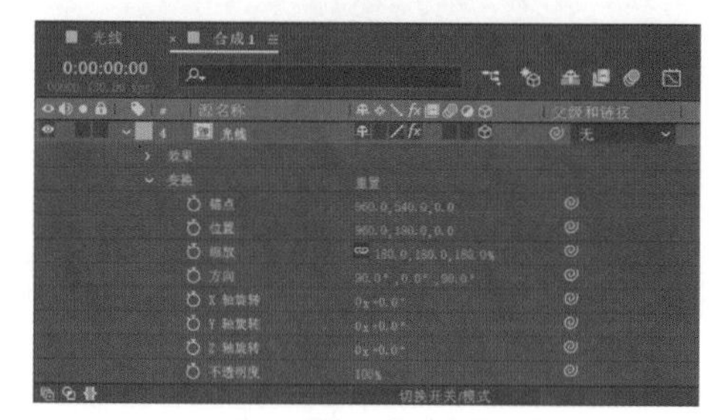

图 13-16 设置第 4 层“变换”参数

8 展开第 5 层的“变换”选项，设置“位置”参数为（960, 820, 0），“缩放”参数为（180, 180, 180），“方向”参数为（90°，0°，90°），如图 13-17 所示。当前设置完成后的光线效果如图 13-18 所示。

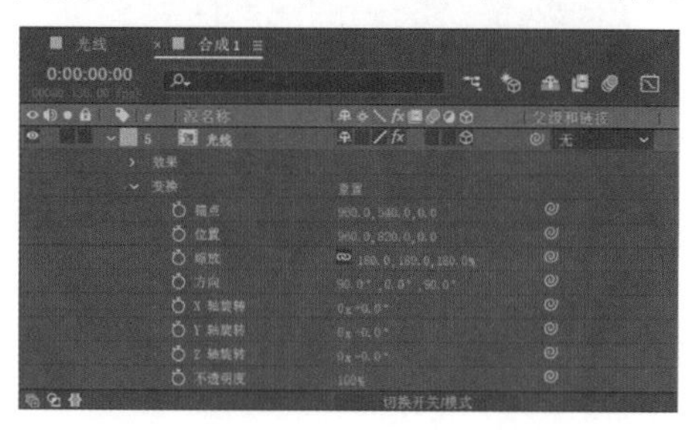

图 13-17 设置第 5 层“变换”参数

图 13-18 光线效果

9 选择“图层→新建→摄像机”命令，弹出“摄像机设置”对话框，单击“确定”按钮生成摄像机图层。展开“摄像机选项”，设置“缩放”参数为 500，将“景深”设置为“关”，如图 13-19 所示。

10 选择“图层→新建→调整图层”命令，开启调整图层的“3D 图层”开关，在“摄像机 1”图层的“父级和链接”下拉列表框中选择“1. 调整图层 1”。

11 展开调整图层的“变换”选项，设置“锚点”参数为（0, 0, 0），“位置”参数为（1250, 540, 70），“X 轴旋转”参数为 0x+5°，“Y 轴旋转”参数为 0x−71°，“Z 轴旋转”参数为 0x−23°，如图 13-20 所示。

图 13-19 设置“摄像机选项”参数

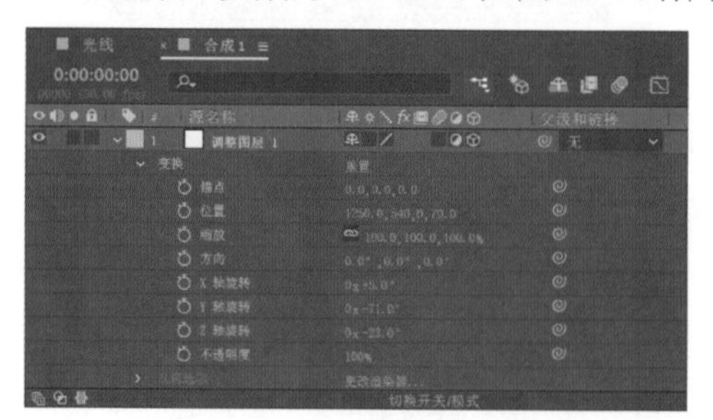

图 13-20 设置“变换”参数

⑫ 继续展开摄像机图层的“变换”选项，设置“目标点”参数为（0, 0, 0），“位置”参数为（0, 107, -1066.7）。

⑬ 展开调整图层的“变换”选项，在 0 帧处为“X 轴旋转”“Y 轴旋转”和“Z 轴旋转”参数创建关键帧。在 6 秒 24 帧处设置“X 轴旋转”参数为 0x-3°，“Y 轴旋转”参数为 0x+2°，“Z 轴旋转”参数为 0x+0°；在 7 秒 15 帧处为“位置”参数创建关键帧，为“X 轴旋转”、“Y 轴旋转”和“Z 轴旋转”参数添加一个关键帧，如图 13-21 所示。

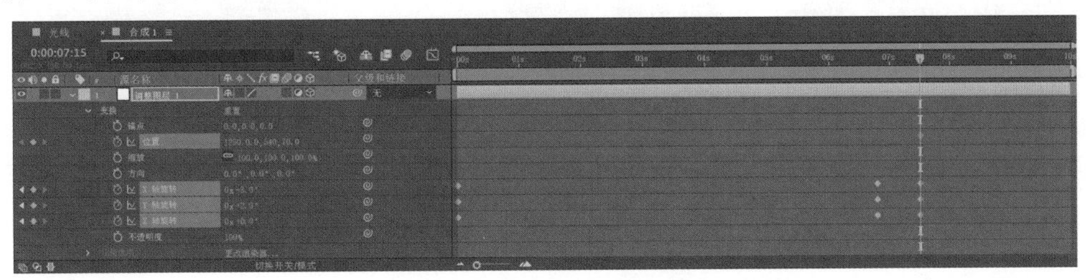

图 13-21 设置摄像机动画

⑭ 在 8 秒 5 帧处设置“X 轴旋转”和“Y 轴旋转”参数为 0x+0°；在 9 秒 20 帧处设置“位置”参数为（1250, 540, 2520），“Z 轴旋转”参数为 0x+90°，如图 13-22 所示。

图 13-22 设置摄像机动画

⑮ 选择“图层→新建→调整图层”命令，继续选择“效果→生成→四色渐变”命令。在“效果控件”面板的“混合模式”下拉列表框中选择“颜色”，如图 13-23 所示。

⑯ 选择“效果→风格化→发光”命令，在“效果控件”面板中设置“发光阈值”参数为 40%，“发光半径”参数为 5，如图 13-24 所示。当前设置完成后的光线效果如图 13-25 所示。

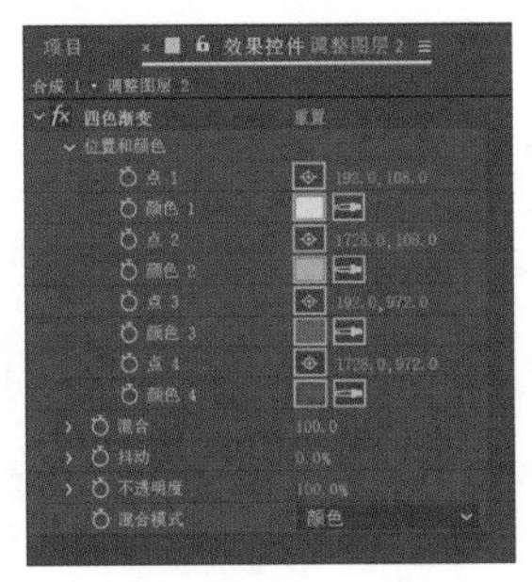

图 13-23 设置“四色渐变”参数

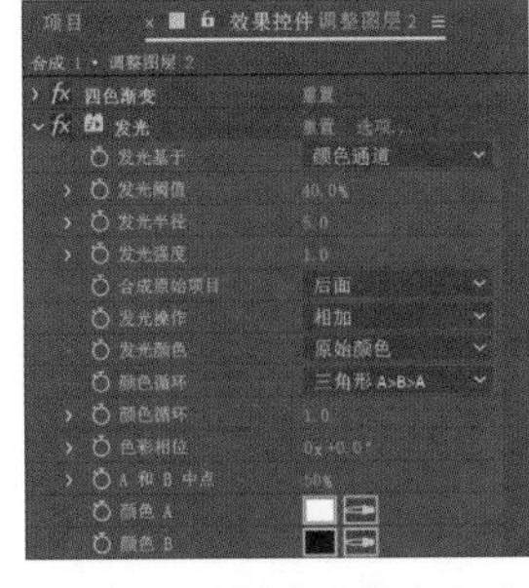

图 13-24 设置“发光”参数

图 13-25 光线效果

⑰ 按 Ctrl+D 组合键复制“发光”效果，设置“发光阈值”参数为 50%，“发光半径”参数为 300，如图 13-26 所示。

⑱ 再次按 Ctrl+D 组合键复制“发光”效果，设置“发光阈值”参数为 30%，“发光半径”参数为 800，“发光强度”参数为 0.5，如图 13-27 所示。

19 选择“图层→新建→调整图层”命令，继续选择“效果→杂色和颗粒→蒙尘与划痕”命令。设置“半径”参数为 2，“阈值”参数为 25，如图 13-28 所示。

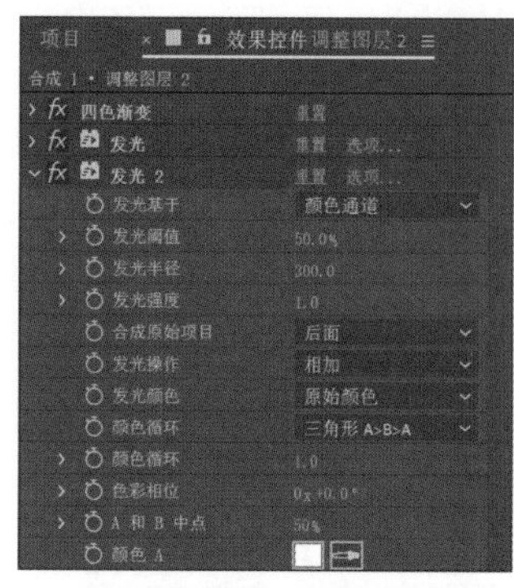

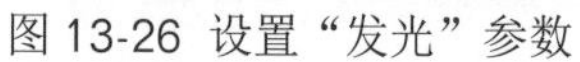
图 13-26 设置“发光”参数

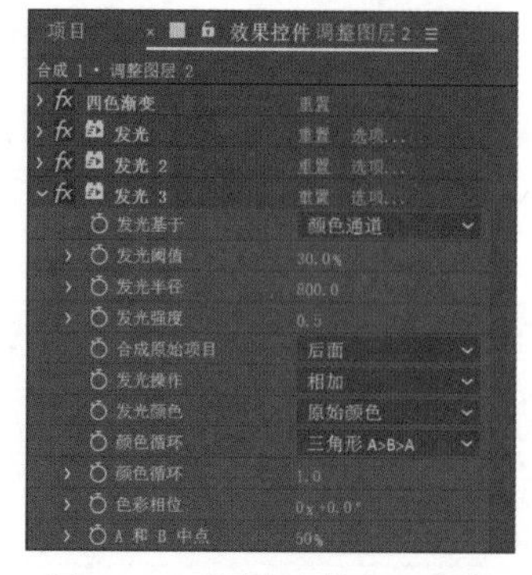

图 13-27 设置“发光”参数

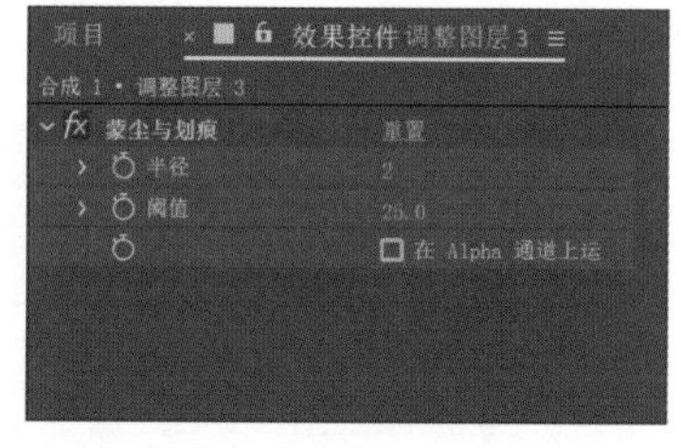

图 13-28 设置“蒙尘与划痕”参数

20 选择“效果→颜色校正→ Lumetri 颜色”命令，展开“基本校正”选项，设置“对比度”参数为 20，“高光”参数为 100，如图 13-29 所示。

21 展开“创意”选项，在“Look”下拉列表框中选择“Fuji ETERNA 250D Fuji 3510”，设置“强度”参数为 60，“自然饱和度”参数为 50，如图 13-30 所示。

22 展开“晕影”选项，设置“数量”参数为 -5，“中点”参数为 20，“羽化”参数为 60，如图 13-31 所示。

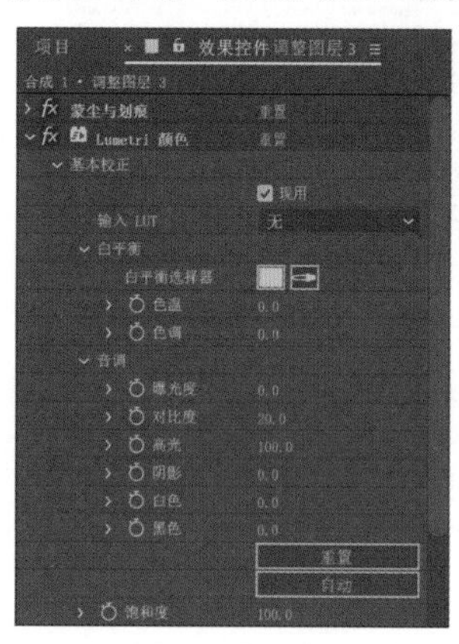

图 13-29 设置“基本校正”参数

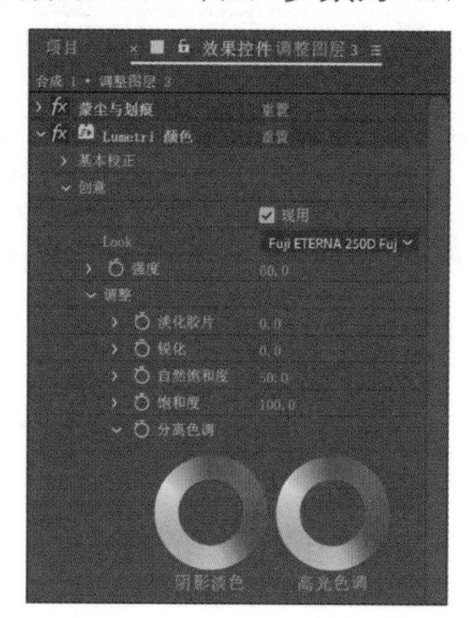

图 13-30 设置“创意”参数

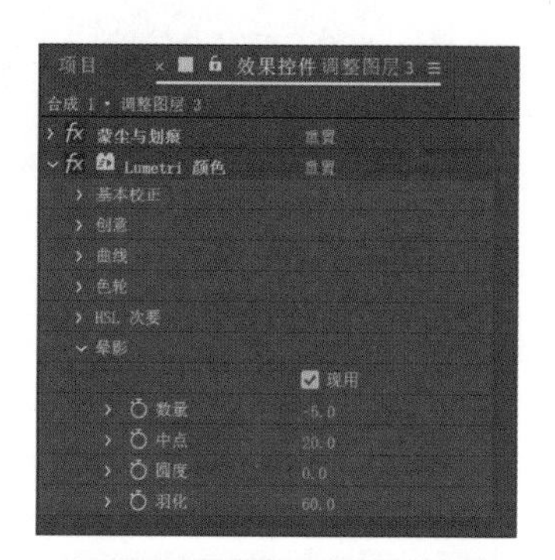

图 13-31 设置“晕影”参数

23 选择“效果→扭曲→ CC Lens”命令，设置“Size”参数为 260，如图 13-32 所示。

24 整个案例制作完成，最终效果如图 13-1 所示。

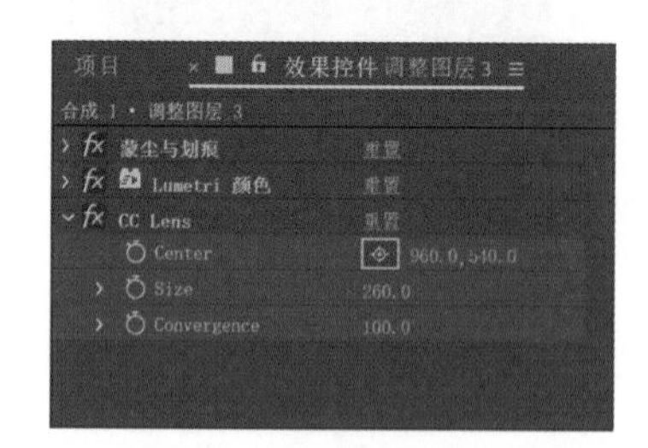

图 13-32 设置“CC Lens”参数

案例 14 拍照调焦效果

本案例将“渲染队列”“高斯模糊”“闪光灯”“Lumetri 颜色”效果和图层样式配合使用，模拟照相机对焦并拍摄照片。本案例的重点内容是使用“渲染队列”功能将视频中的一帧渲染成图像文件，再将图像文件添加到合成中，从而产生画面冻结、定格的效果。最终效果如图 14-1 所示。

图 14-1 最终效果

难度系数  ★★

技法分析

（1）使用“渲染队列”将视频中的一帧渲染成图像文件。

（2）使用“高斯模糊”效果配合视频素材的缩放模拟照相机对焦。

（3）使用“闪光灯”效果模拟照相机拍照时的闪光。

素材文件路径：源文件 \ 案例 14 拍照调焦效果

完成项目文件：源文件 \ 案例 14 拍照调焦效果 \ 完成项目 \ 完成项目 .aep

完成项目效果：源文件 \ 案例 14 拍照调焦效果 \ 完成项目 \ 案例效果 .mp4

视频教学文件：演示文件 \ 案例 14 拍照调焦效果 .mp4

渲染输出照片

1 运行 After Effects CC 2020，在“主页”窗口中单击“新建项目”按钮进入工作界面。在“项目”面板的空白处双击，弹出“导入文件”对话框，导入素材路径中的所有文件。

2 单击“合成”面板中的“新建合成”按钮，弹出“合成设置”对话框，设置“合成名称”为“完成”，合成尺寸为 1920×1080，“帧速率”为 30，设置“持续时间”为 7 秒，其他沿用系统默认值，单击“确定”按钮生成合成，如图 14-2 所示。

3 选择“图层→新建→纯色”命令，弹出“纯色设置”对话框，设置“颜色”为白色，单击“确定”按钮生成图层。

4 将“项目”面板上的“P02.jpg”拖动到“时间轴”面板上，设置图层混合模式为“相乘”，按 T 键显示“不透明度”选项，设置“不透明度”参数为 30%，如图 14-3 所示。

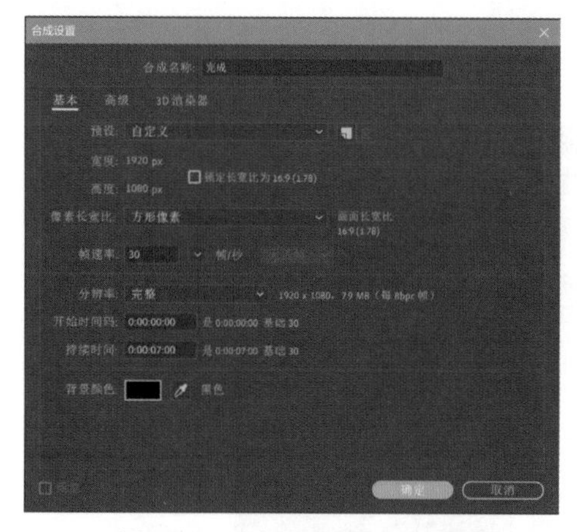

图 14-2 “合成设置”对话框

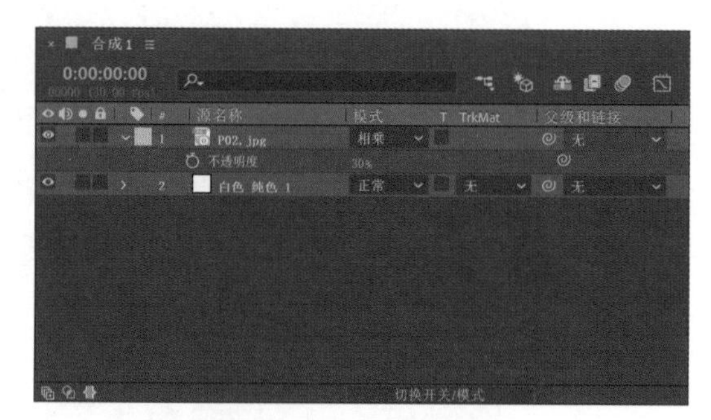

图 14-3 设置背景图像

5 将“项目”面板上的“V01.mp4”拖动到“时间轴”面板上，将时间指示器拖动到 3 秒 29 帧处，选择“合成→帧另存为→文件”命令，弹出“渲染队列”面板，如图 14-4 所示。

图 14-4 “渲染队列”面板

6 单击“渲染设置”，弹出“渲染设置”对话框，在“品质”下拉列表框中选择“最佳”，在“分辨率”下拉列表框中选择“完整”，单击“确定”按钮完成设置，如图 14-5 所示。

7 单击“输出模块”，弹出“输出模块设置”对话框，在“格式”下拉列表框中选择“JPEG 序列”，单击“格式设置”按钮，弹出“JPEG 选项”对话框，在“品质”下拉列表框中选择“最高”，如图 14-6 所示。

8 在“输出模块设置”对话框中单击“确定”按钮返回“渲染队列”面板，单击“渲染”按钮渲染输出图像文件。

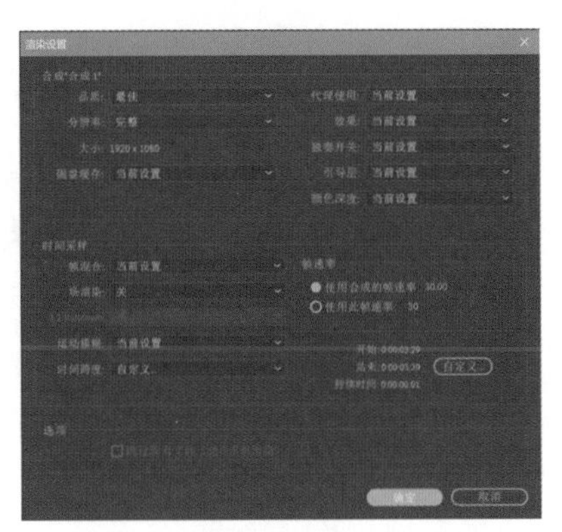

图 14-5 “渲染设置”对话框

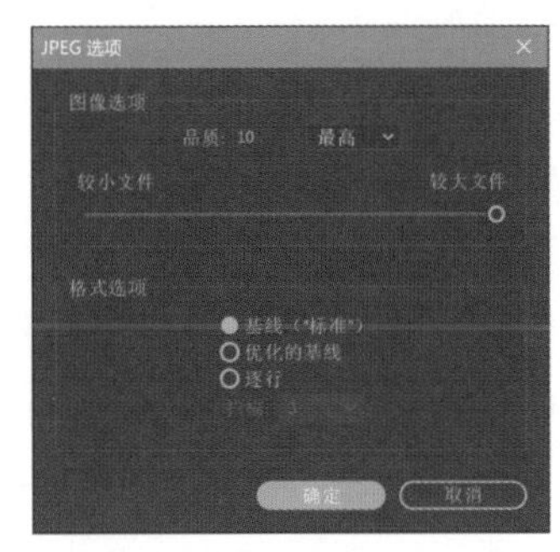

图 14-6 “JPEG 选项”对话框

照片场景的合成

1 选择“合成→新建合成”命令，弹出“合成设置”对话框，设置“合成名称”为“照片”，“持续时间”为 3 秒，单击“确定”按钮生成合成。

2 在“项目”面板的空白处双击，弹出“导入文件”对话框，导入渲染完成的图像文件，然后将图像拖动到“时间轴”面板上。选择“图层→图层样式→描边”命令，展开“描边”选项，设置“颜色”为白色，“大小”参数为 30，在“位置”下拉列表框中选择“内部”，如图 14-7 所示。当前设置完成后的效果如图 14-8 所示。

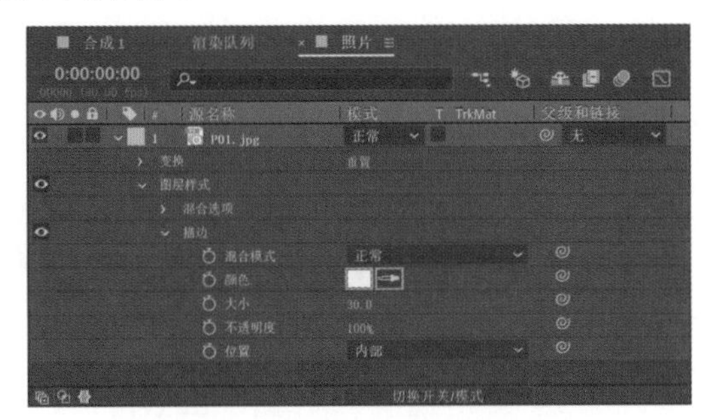

图 14-7 设置“描边”参数

图 14-8 静帧照面效果

完成场景的合成

1 切换到“完成”合成，将“项目”面板上的“照片”合成拖动到“时间轴”面板上，将图层的入点拖动到 4 秒处，如图 14-9 所示。

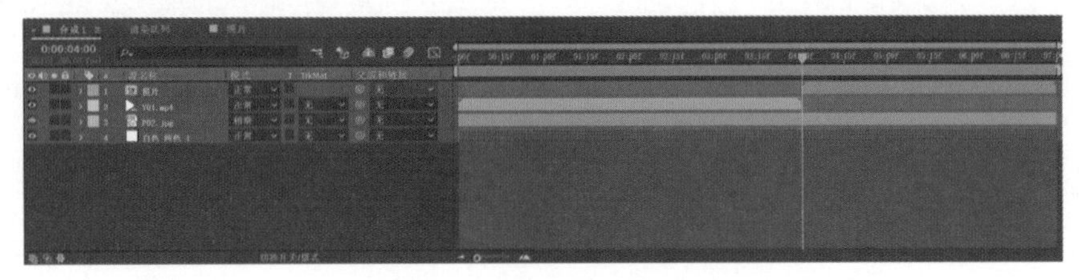

图 14-9 添加照片合成

2 选中第1层，选择“图层→图层样式→投影”命令，展开“投影”选项，设置“不透明度”参数为40%，“距离”参数为10，“大小”参数为50，如图14-10所示。

3 展开“变换”选项，在4秒处为“缩放”和“旋转”参数创建关键帧，在5秒处设置“旋转”参数为0x-5°，在6秒15帧处设置“缩放”参数为(55, 55)。

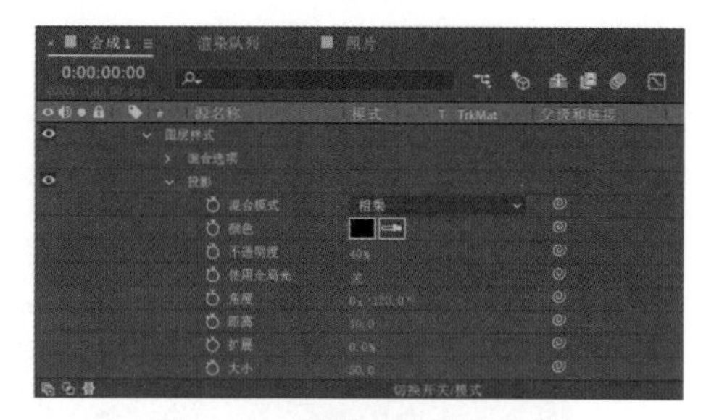

图14-10 设置“投影”参数

4 选中“旋转”参数的两个关键帧，按F9键将关键帧插值设置为贝塞尔曲线。选中“缩放”参数的第一个关键帧，按Ctrl+Shift+F9组合键将关键帧插值设置为缓出；选中“缩放”参数的第二个关键帧，按Shift+F9组合键将关键帧插值设置为缓入，如图14-11所示。当前设置完成后的照片缩小效果如图14-12所示。

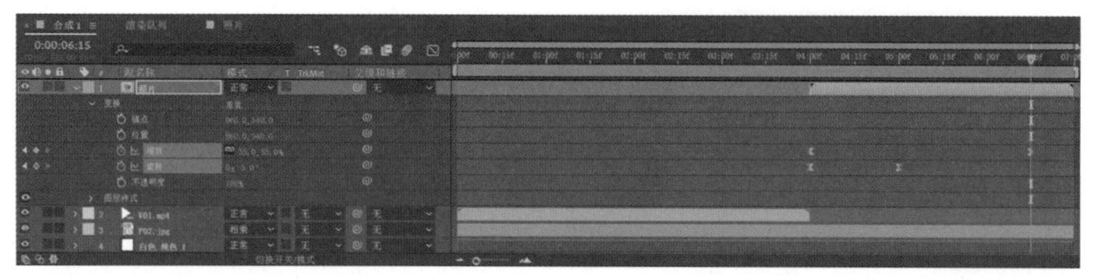

图14-11 设置照片动画

5 选择“图层→新建→调整图层”命令，将调整图层的入点拖动到3秒23帧处，将出点拖动到4秒8帧处。选择“效果→风格化→闪光灯”命令，在“效果控件”面板中设置“与原始图像混合”参数为5%，“随机闪光概率”参数为10%，如图14-13所示。

图14-12 照片缩小效果

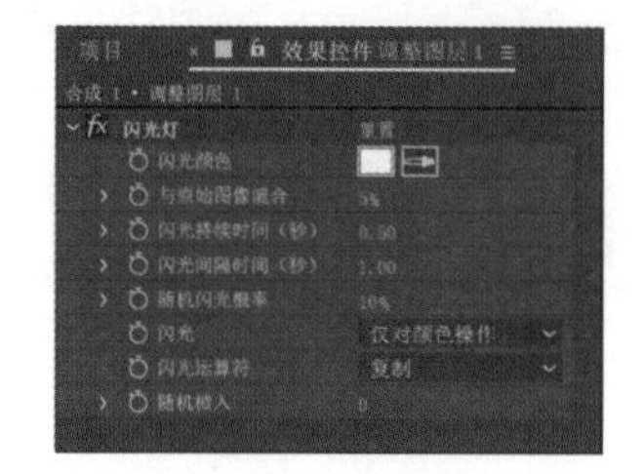

图14-13 设置“闪光灯”参数

6 选择“图层→新建→调整图层”命令，继续选择“效果→模糊和锐化→高斯模糊”命令，在“效果控件”面板中勾选“重复边缘像素”复选框。

7 在25帧处设置“模糊度”参数为5后创建关键帧，在1秒12帧处设置“模糊度”参数为25，在2秒处设置“模糊度”参数为10，在2秒19帧处设置“模糊度”参数为40，在3秒8帧处设置“模糊度”参数为0。选中所有关键帧，按F9键将关键帧插值设置为贝塞尔曲线，如图14-14所示。

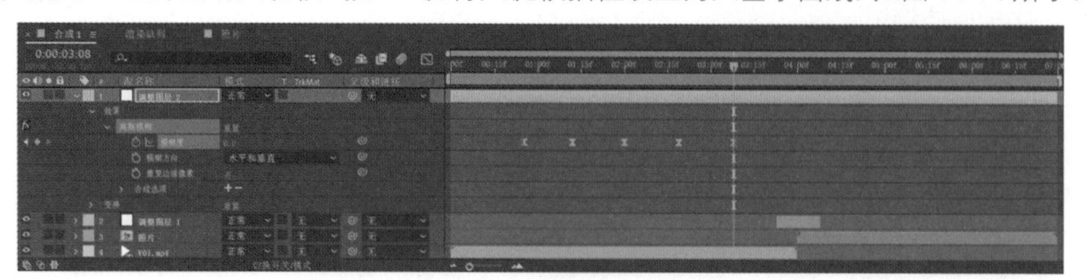

图14-14 设置变焦动画

8 展开“V04.mp4”图层的“变换”选项，在 25 帧处为“缩放”参数创建关键帧，在 1 秒 12 帧处设置“缩放”参数为（110, 110），在 2 秒处设置“缩放”参数为（100, 100），在 2 秒 19 帧处设置“缩放”参数为（125, 125），在 3 秒 8 帧处设置“缩放”参数为（100, 100）。选中所有关键帧，按 F9 键将关键帧插值设置为贝塞尔曲线，如图 14-15 所示。

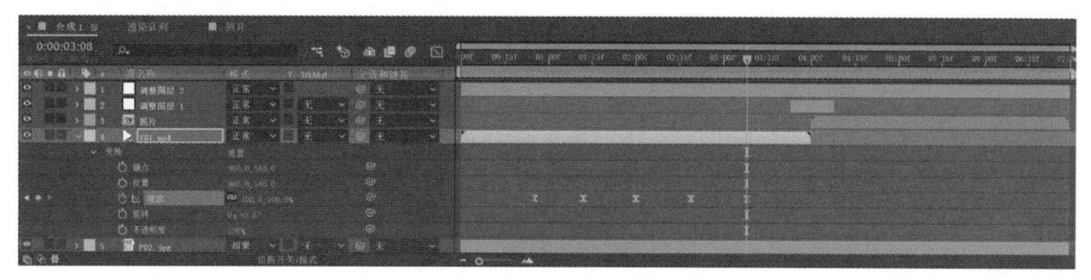

图 14-15 设置视频缩放动画

9 选择“图层→新建→调整图层”命令，继续选择“效果→颜色校正→ Lumetri 颜色”命令。展开“创意”选项，在“Look”下拉列表框中选择“Fuji ETERNA 250D Kodak 2395”，设置“强度”参数为 60，如图 14-16 所示。

10 展开“晕影”选项，设置“数量”参数为 -1.5，如图 14-17 所示。

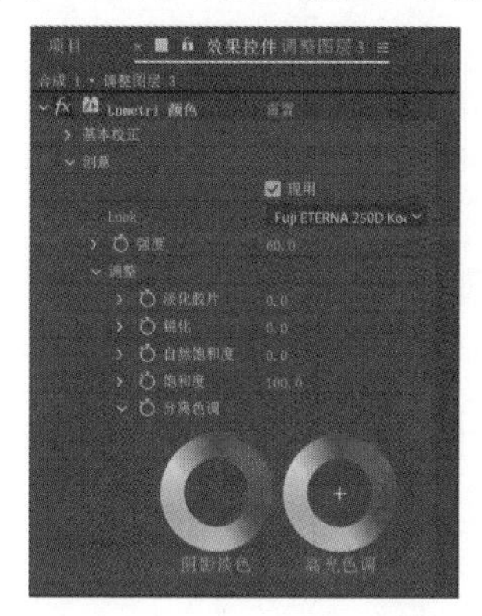

图 14-16 设置“创意”参数

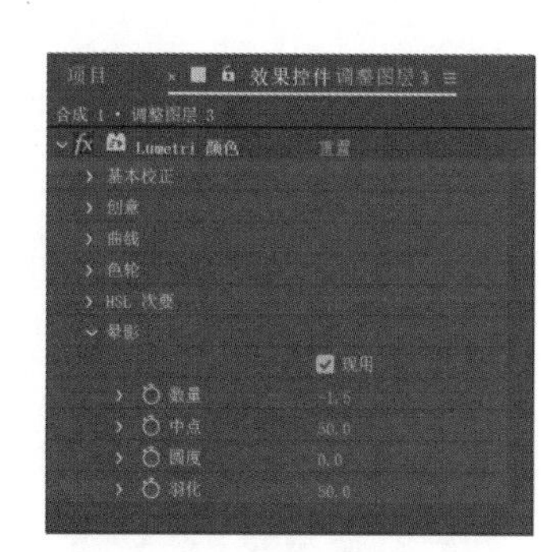

图 14-17 设置“晕影”参数

11 将“项目”面板上的“P03.png”拖动到“时间轴”面板上，将时间轴的出点拖动到 4 秒处。按 T 键显示“不透明度”选项，设置“不透明度”参数为 75%，如图 14-18 所示。

12 选择“效果→颜色校正→色调”命令，在“效果控件”面板中设置“将黑色映射到”为白色，如图 14-19 所示。

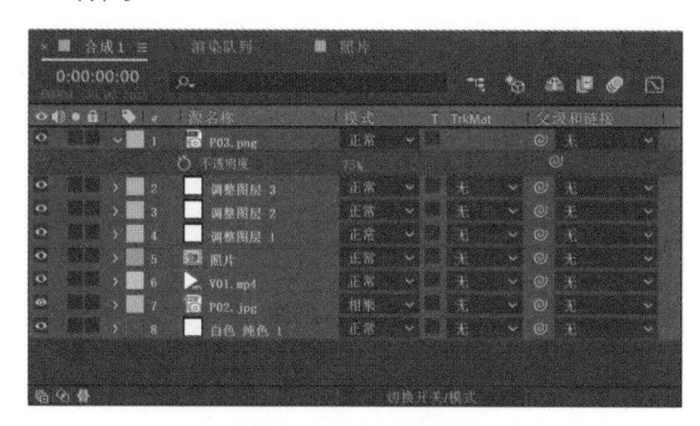

图 14-18 添加对焦框图像

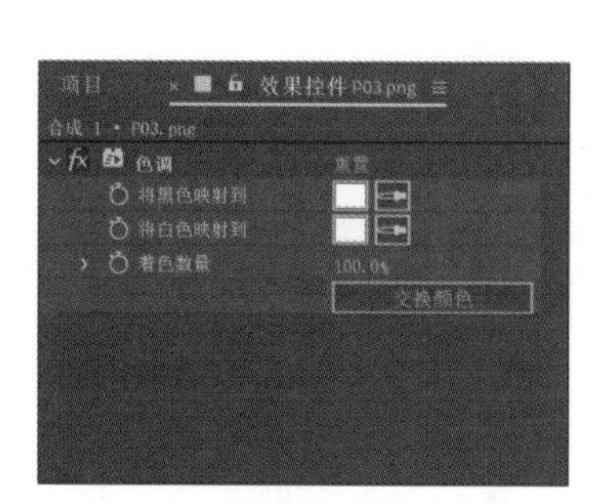

图 14-19 设置“色调”参数

13 整个案例制作完成，最终效果如图 14-1 所示。

案例 15 拖影文字特效

本案例分为两个部分，第一部分使用 Adobe Bridge 制作文本动画，第二部分使用“高斯模糊”“波形变形”等效果模拟文字拖影特效。Adobe Bridge 是一款文件管理软件，它不仅提供了大量的动态背景、文本动画、过渡等预设，而且读者还可以将自己制作的动画保存为预设文件，下次使用时直接在 Adobe Bridge 中套用即可，从而节省大量重复设置的时间。最终效果如图 15-1 所示。

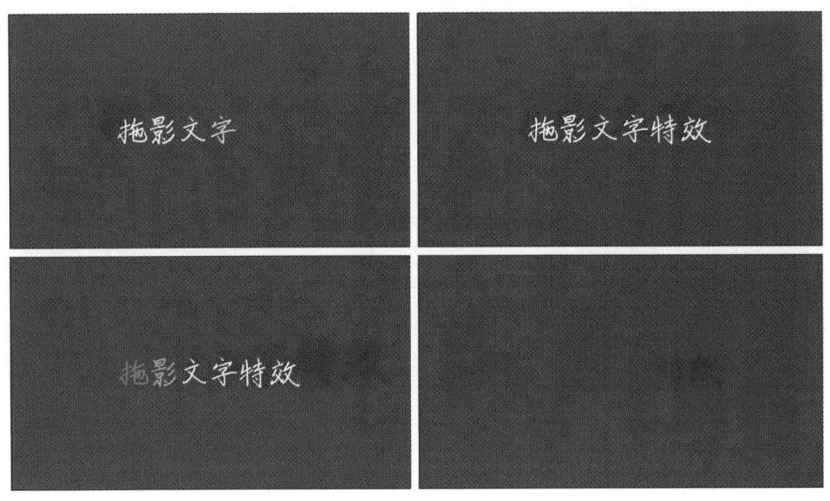

图 15-1 最终效果

技法分析

（1）使用 Adobe Bridge 快速生成文本动画。

（2）使用“高斯模糊”“定向模糊”和“波形变形”效果模拟文字拖影。

（3）使用蒙版控制拖影的范围。

完成项目文件：源文件 \ 案例 15 拖影文字特效 \ 完成项目 \ 完成项目 .aep

完成项目效果：源文件 \ 案例 15 拖影文字特效 \ 完成项目 \ 案例效果 .mp4

视频教学文件：演示文件 \ 案例 15 拖影文字特效 .mp4

1 运行 After Effects CC 2020，在“主页”窗口中单击“新建项目”按钮进入工作界面。

2 单击“合成”面板中的“新建合成”按钮，弹出“合成设置”对话框，设置合成尺寸为 1920×1080，“帧速率”为 30，“持续时间”为 6 秒，其他沿用系统默认值，单击“确定”按钮生成合成，如图 15-2 所示。

3 选择“图层→新建→纯色”命令，弹出“纯色设置”对话框，设置“颜色”为 #414141，单击“确定”按钮生成图层。

4 在“字符”面板中设置字体为“智勇手书体”，字体大小为 160，字符间距为 -100，字体颜色为白色，如图 15-3 所示。

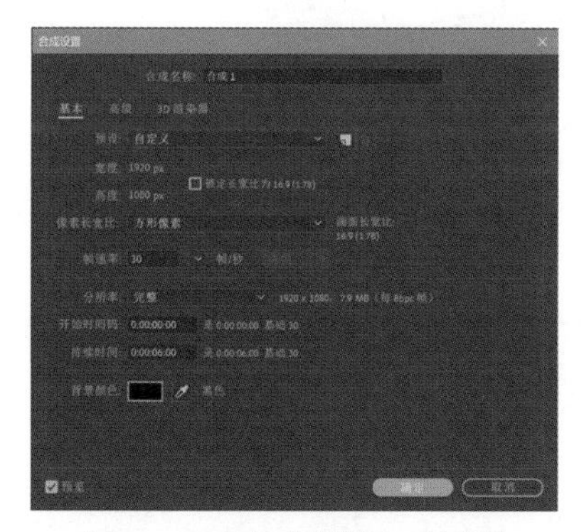

图 15-2 “合成设置”对话框

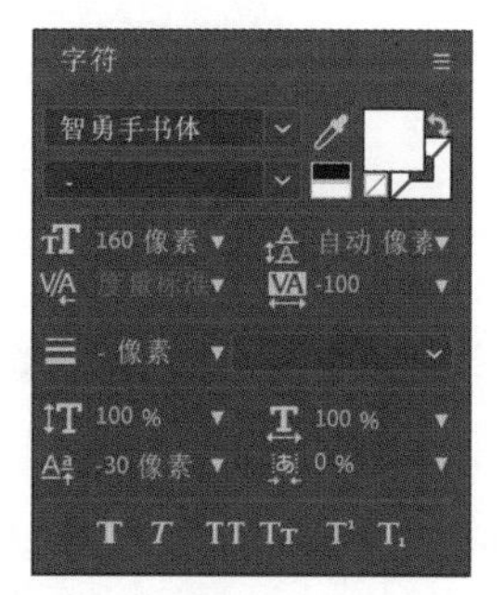

图 15-3 设置“字符”参数

5 单击工具栏上的T按钮，在“合成”面板上单击，输入文本“拖影文字特效”。单击“对齐”面板中的和按钮，按 Ctrl+Alt+Home 组合键居中放置锚点。

6 按 Ctrl+D 组合键复制两个文本图层，将第 1 层的出点拖动到 3 秒处，将第 2 层的入点拖动到 3 秒处，如图 15-4 所示。

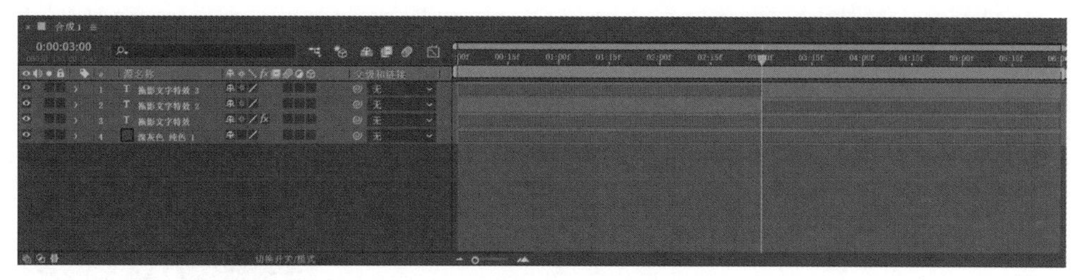

图 15-4 调整图层的出点和入点

7 选中第 1 层，也就是需要应用文本动画预设的图层。将时间指示器拖动到 5 帧处，预设文本动画的第一个关键帧会创建在时间指示器所处的时间点上，如图 15-5 所示。

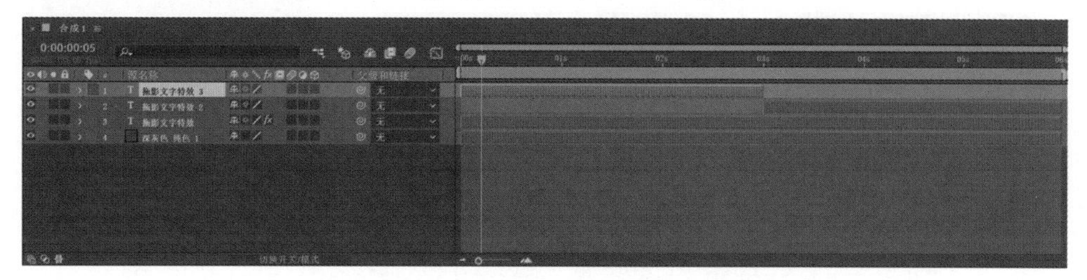

图 15-5 选择应用预设动画的图层和起始点

8 选择“动画→浏览预设”命令，运行 Adobe Bridge 软件。在 Adobe Bridge 的“内容”面板中双击进入“Text → Animate In”文件夹，双击“单词淡化上升”图标即可套用动画，如图 15-6 所示。

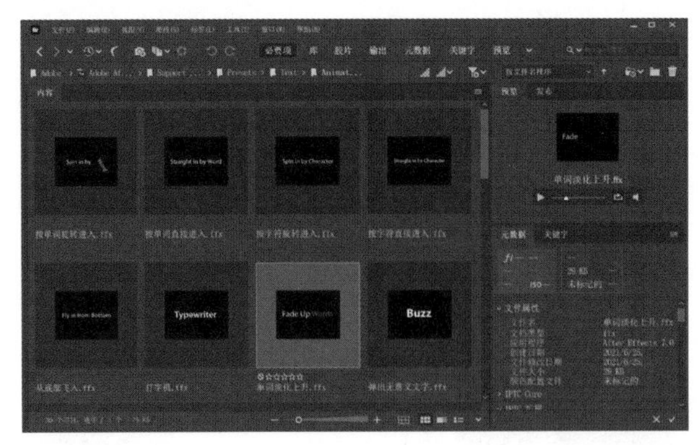

图 15-6 “Adobe Bridge”软件

9 返回到 After Effects，展开第 1 层的“文本→动画 1 →范围选择器 1”选项，将“起始”参数的第二个关键帧拖动到 1 秒 15 帧处。展开“高级”选项，在“依据”下拉列表框中选择“字符”，如图 15-7 所示。

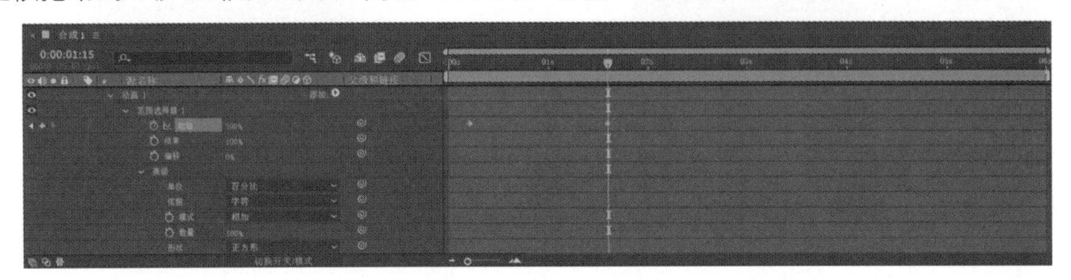

图 15-7 修改文本动画

10 选中第 2 层，将时间指示器拖动到 3 秒 18 帧处，返回 Adobe Bridge，进入“Text → Animate Out”文件夹，双击“淡出缓慢”图标。

11 按 Ctrl+D 组合键复制第 3 层，选中第 3 层，展开“变换”选项，设置“位置”参数为（967, 526），“缩放”参数为（110, 110）。选择“效果→生成→填充”命令，在“效果控件”面板中设置“不透明度”参数为 80%，如图 15-8 所示。

12 选择“效果→模糊和锐化→高斯模糊”命令，在“效果控件”面板中设置“模糊度”参数为 25，如图 15-9 所示。

13 选择“效果→扭曲→波形变形”命令，在“效果控件”面板中设置“波形高度”参数为 2，“波形速度”参数为 0.8，在“消除锯齿（最佳品质）”下拉列表框中选择“高”，如图 15-10 所示。当前设置完成后的文字拖影效果如图 15-11 所示。

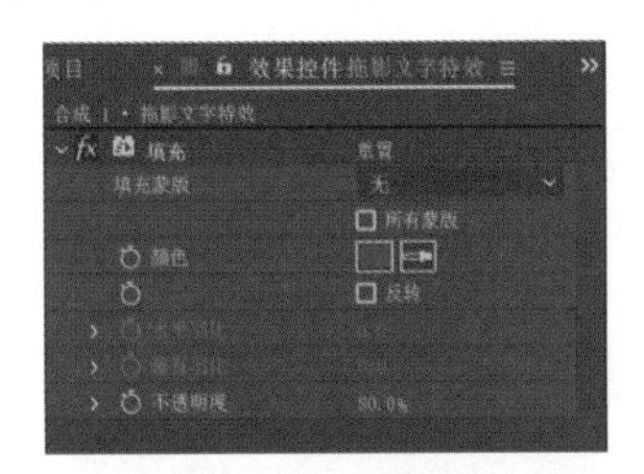

图 15-8 设置“填充”参数

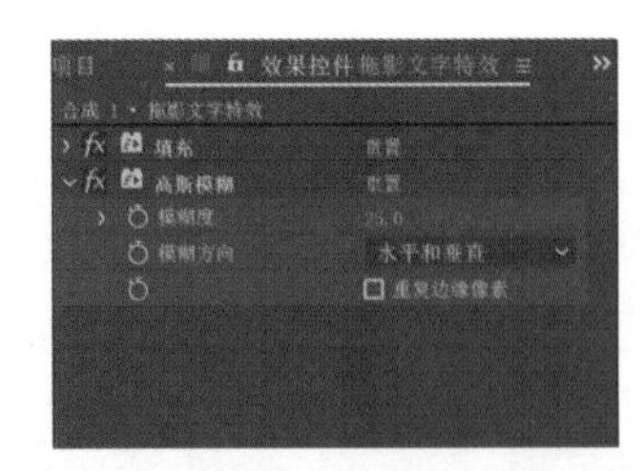

图 15-9 设置“高斯模糊”参数

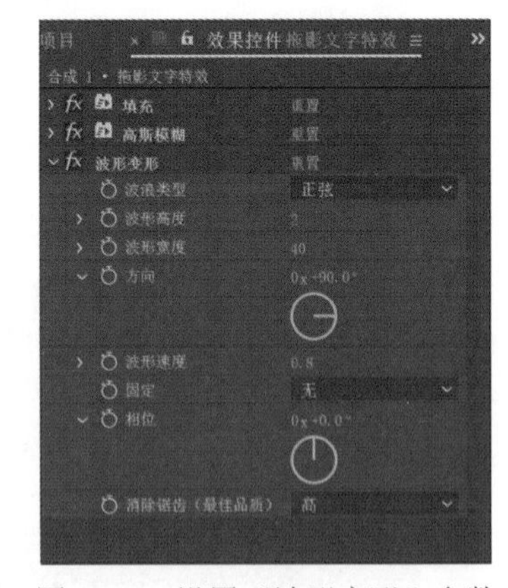

图 15-10 设置“波形变形”参数

14 选择“图层→蒙版→新建蒙版”命令，连按两下 M 键展开“蒙版 1”选项，设置“蒙版羽化”参数为（300, 300），如图 15-12 所示。

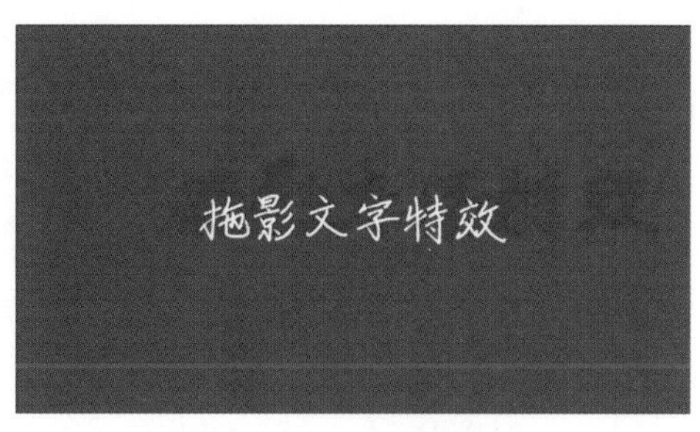

图 15-11 文字拖影效果

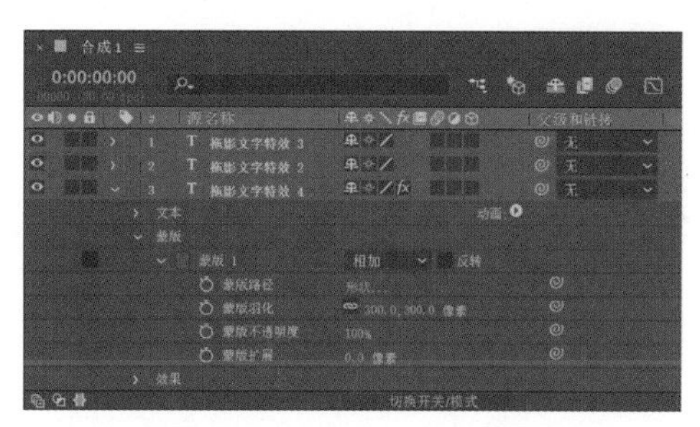

图 15-12 修改“蒙版”参数

15 选中“蒙版 1”选项，在“合成”面板中参照图 15-13 所示调整蒙版的位置和尺寸，在 1 秒 10 帧处为“蒙版路径”参数创建关键帧。

16 在 5 秒 29 帧处按住 Shift 键将蒙版移动到图 15-14 所示的位置。

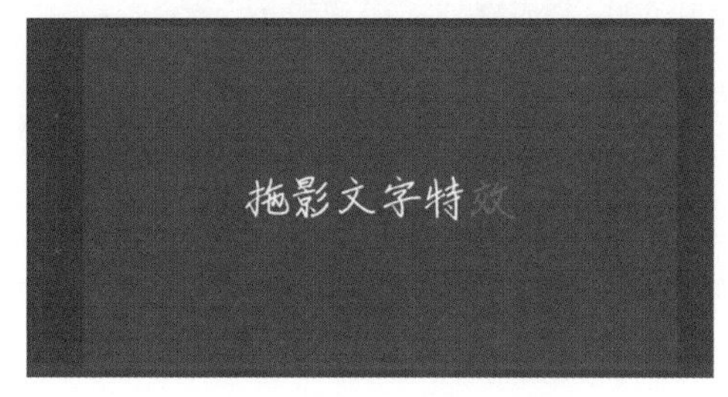

图 15-13 调整蒙版的位置和尺寸

图 15-14 调整蒙版的位置和尺寸

17 在 5 秒 15 帧处为“蒙版不透明度”参数创建关键帧，在 5 秒 29 帧处设置“蒙版不透明度”参数为 0%，选中“蒙版路径”和“蒙版不透明度”参数的第二个关键帧，按 Shift+F9 组合键将关键帧插值设置为缓入，如图 15-15 所示。

图 15-15 设置蒙版动画

18 选中第 4 层，设置“位置”参数为（1133, 485），“缩放”参数为（160, 160）。在“效果控件”面板中设置“填充”效果的“不透明度”参数为 50%，设置“高斯模糊”效果的“模糊度”参数为 30，如图 15-16 所示。设置“波形变形”效果的“波形速度”参数为 1，如图 15-17 所示。

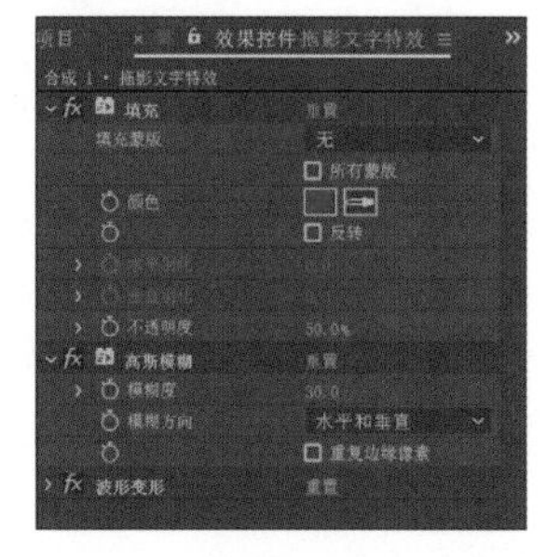

图 15-16 修改“效果”参数

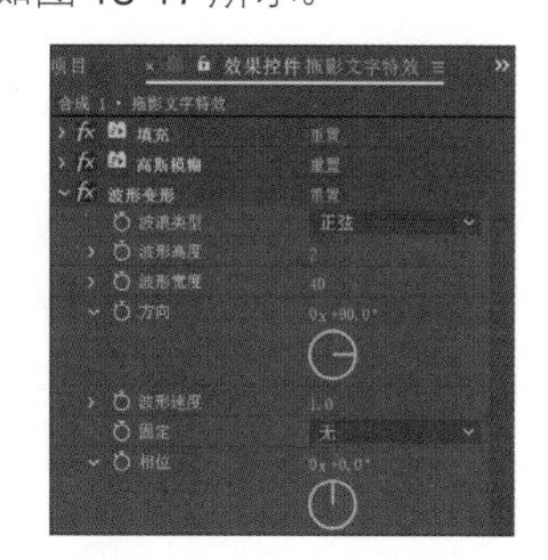

图 15-17 修改“效果”参数

19 选择“效果→模糊和锐化→定向模糊”命令，设置“方向”参数为 0x+90°，“模糊长度”参数为 30，如图 15-18 所示。

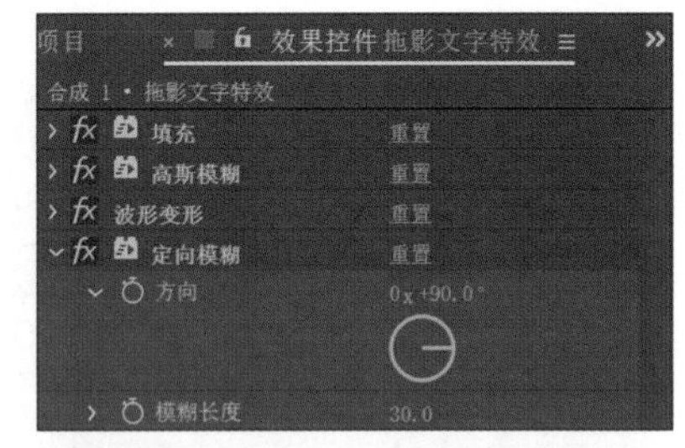

图 15-18 设置“定向模糊”参数

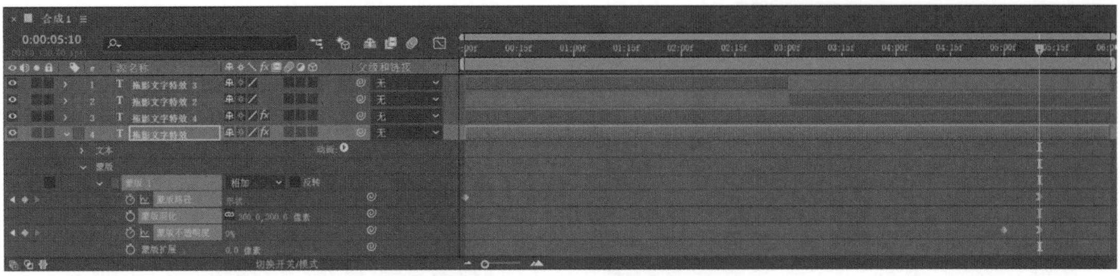

20 展开“蒙版→蒙版 1”选项，将“蒙版路径”参数的第一个关键帧拖动到 0 帧处，将第二个关键帧拖动到 5 秒 10 帧处；将“蒙版不透明度”参数的第一个关键帧拖动到 5 秒处，将第二个关键帧拖动到 5 秒 10 帧处，如图 15-19 所示。

图 15-19 修改蒙版动画

21 按住 Ctrl 键同时选中第 3 层和第 4 层，选择“效果→风格化→发光”命令，在“效果控件”面板中设置“发光半径”参数为 100，如图 15-20 所示。

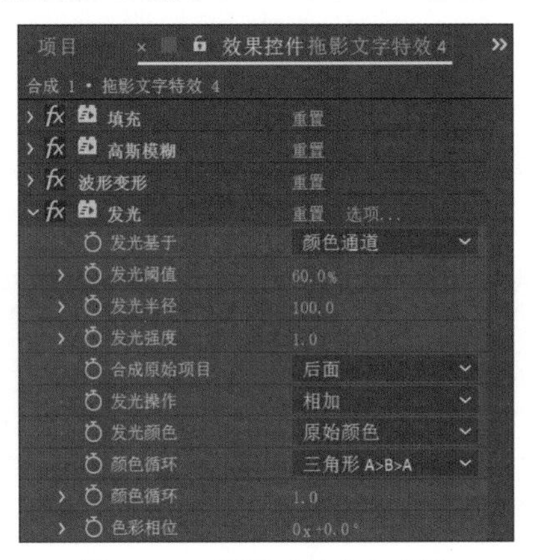

图 15-20 设置“发光”参数

22 整个案例制作完成，最终效果如图 15-1 所示。

案例 16　金属扫光标题

扫光和过光是最常用的两种标题特效。本案例首先利用图层样式制作具有金属质感的标题，然后分别通过内置的“CC Radial Fast Blur”和“CC Light Sweep”效果生成扫光和过光特效。最终效果如图 16-1 所示。

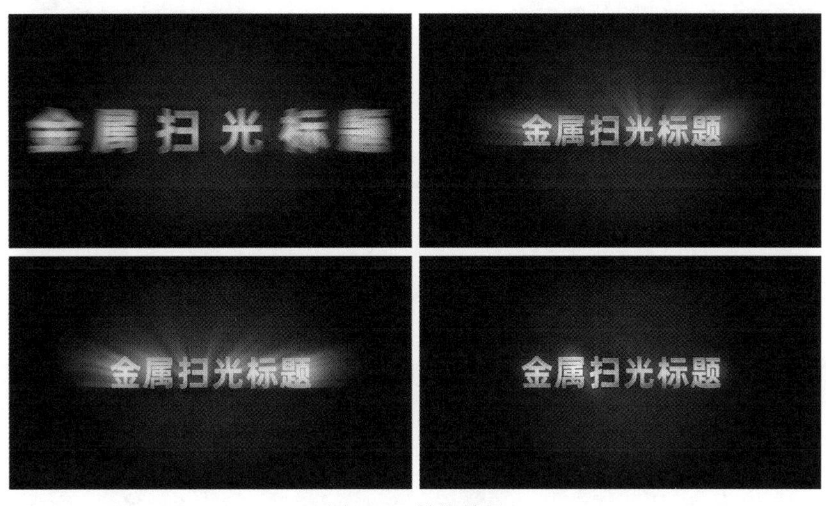

图 16-1　最终效果

（1）利用标题样式制作具有金属质感的标题。

（2）使用“CC Radial Fast Blur”效果模拟标题扫光特效。

（3）使用“CC Light Sweep”效果模拟标题过光特效。

完成项目文件：源文件 \ 案例 16 金属扫光标题 \ 完成项目 \ 完成项目 .aep

完成项目效果：源文件 \ 案例 16 金属扫光标题 \ 完成项目 \ 案例效果 .mp4

视频教学文件：演示文件 \ 案例 16 金属扫光标题 .mp4

标题的合成

1 运行 After Effects CC 2020，在“主页”窗口中单击“新建项目”按钮进入工作界面。

2 单击“合成”面板中的“新建合成”按钮，弹出“合成设置”对话框，设置“合成名称”为“标题”，合成尺寸为 1920×1080，“帧速率”为 30，设置“持续时间”为 5 秒，其他沿用系统默认值，单击“确定”按钮生成合成，如图 16-2 所示。

3 在“字符”面板中设置字体为“阿里巴巴普惠体 Bold”，字体大小为 160，字符间距为 25，字体颜色为白色，如图 16-3 所示。

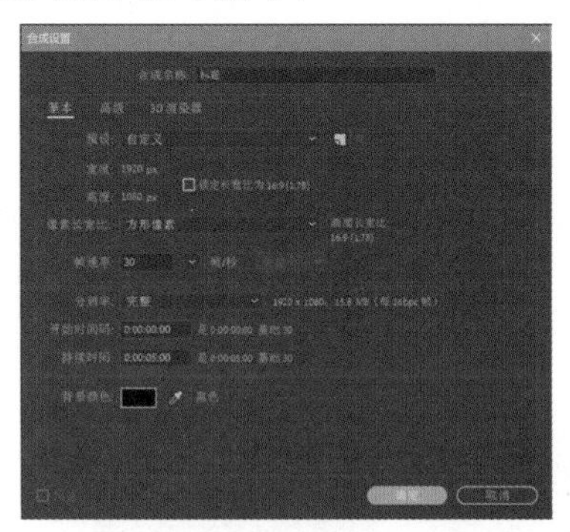

图 16-2 “合成设置”对话框

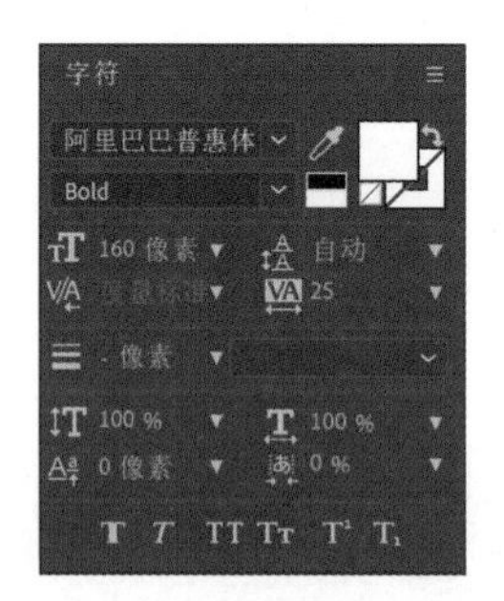

图 16-3 设置“字符”参数

4 单击工具栏上的T按钮，在“合成”面板上单击，输入文本“金属扫光标题”，单击“对齐”面板中的和按钮。

5 展开“文本”选项，单击“动画”右侧的按钮，在弹出的快捷菜单中选择“行锚点”，再次单击按钮，在弹出的快捷菜单中选择“字符间距”。在 5 帧处设置“字符间距大小”参数为 60 后创建关键帧，在 2 秒处设置“字符间距大小”参数为 0，如图 16-4 所示。

图 16-4 设置文字动画

6 选择“效果→杂色和颗粒→分形杂色”命令。在“效果控件”面板中勾选“反转”复选框，设置“对比度”参数为 120，“亮度”参数为 -5；展开分形杂色效果的“变换”选项，设置“缩放”参数为 150，如图 16-5 所示；设置“复杂度”参数为 20，“不透明度”参数为 50%，在“混合模式”下拉列表框中选择“无”，如图 16-6 所示。

7 选择“图层→图层样式→内阴影”命令，展开“内阴影”选项，在“混合模式”下拉列表框中选择“变暗”，如图 16-7 所示。

8 选择“图层→图层样式→渐变叠加”命令，展开“渐变叠加”选项，在“混合模式”下拉列表框中选择“叠加”。单击“编辑渐变”，打开“渐变编辑器”对话框，设置第一个色标的颜色为 #797878，设置第二个色标的颜色为 #5A5A5A，在“位置”50 处添加一个色标，设置色标的颜色为 #C5C5C5，如图 16-8 所示。当前设置完成后的标题效果如图 16-9 所示。

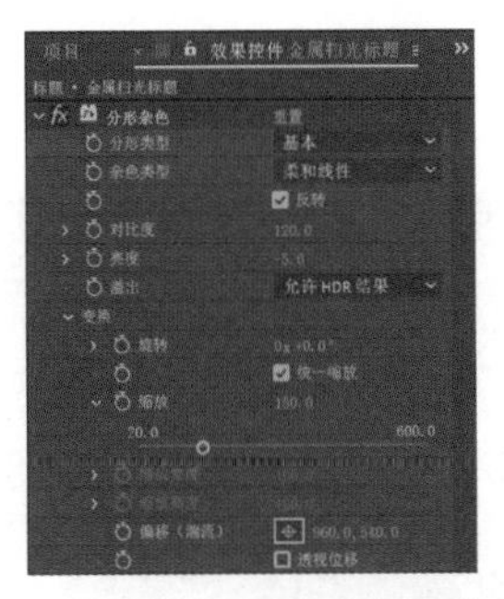

图 16-5 设置“分形杂色”参数

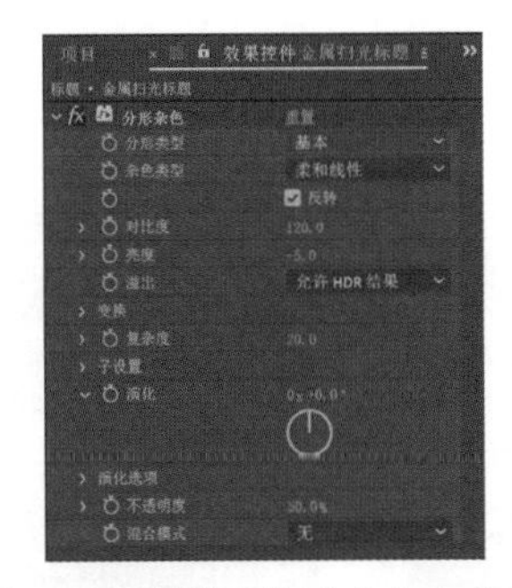

图 16-6 设置“分形杂色”参数

图 16-7 设置“内阴影”参数

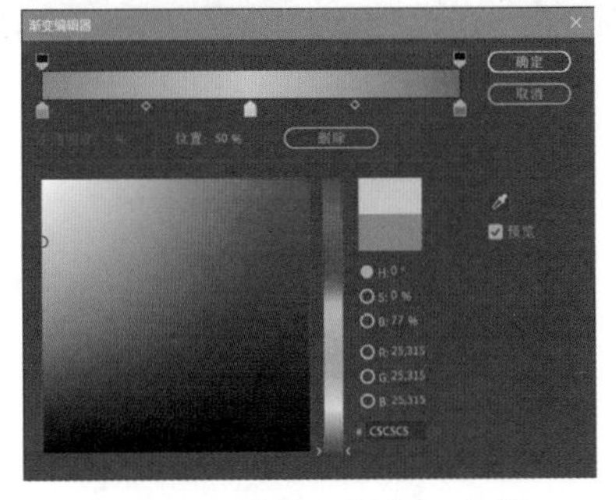

图 16-8 设置“渐变”参数

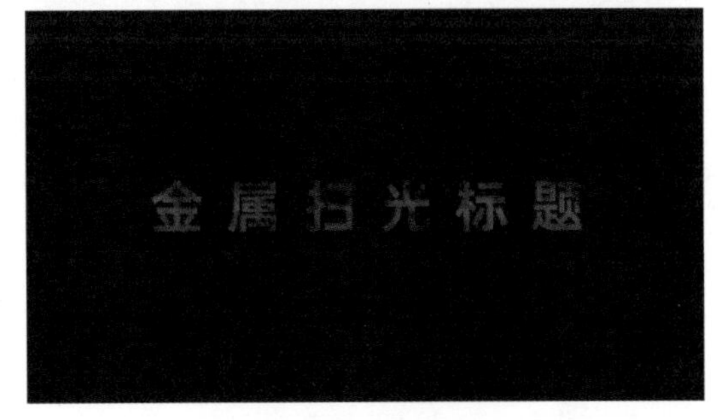

图 16-9 标题效果

9 按 Ctrl+D 组合键复制文本图层，选中第 2 层，将“分形杂色”效果删除。展开“图层样式”选项，将“内阴影”样式删除。选中“渐变叠加”选项，在“混合模式”下拉列表框中选择“正常”。

10 单击“编辑渐变”，打开“渐变编辑器”对话框，设置第一个色标的颜色为 #2D2D2D，设置第二个色标的颜色为 #DBDBDB，设置第三个色标的颜色为 #585858，如图 16-10 所示。

11 选择“图层→图层样式→内发光”命令，展开“内发光”选项，设置“颜色”为白色，如图 16-11 所示。

图 16-10 设置“渐变”参数

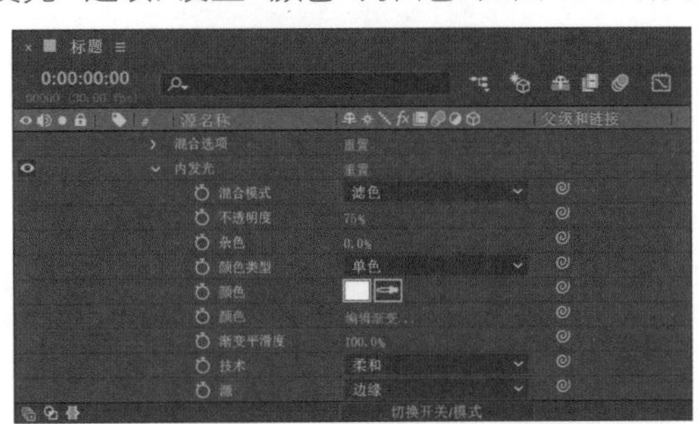

图 16-11 设置“内发光”参数

12 选择“图层→图层样式→斜面和浮雕”命令，展开“斜面和浮雕”选项，在“样式”下拉列表框中选择“外斜面”，在“方向”下拉列表框中选择“向下”，设置“深度”参数为 150%，“大小”参数为 1，设置“加亮颜色”为 #001F47，如图 16-12 所示。

图 16-12 设置“斜面和浮雕”参数

13 展开“变换”选项，取消“缩放”选项的锁定后将数值修改为（99.8, 102），如图 16-13 所示。设置完成后的标题效果如图 16-14 所示。

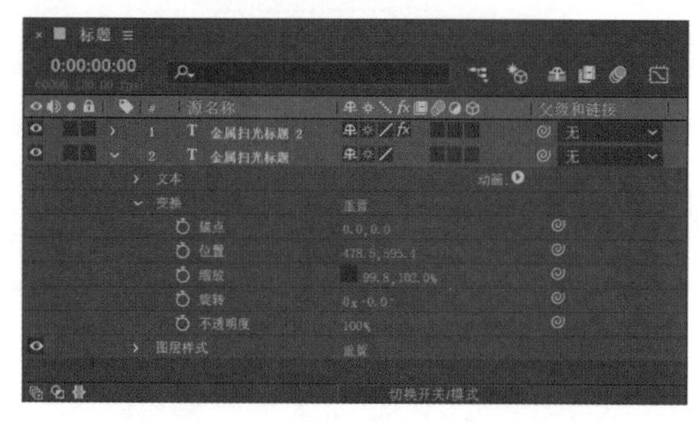

图 16-13 设置文本“缩放”参数

图 16-14 标题效果

制作扫光和过光效果

1 选择“合成→新建合成”命令，弹出“合成设置”对话框，设置“合成名称”为“特效”，单击“确定”按钮生成合成。

2 将“项目”面板上的“标题”合成拖动到“时间轴”面板上，选择“效果→风格化→发光”命令，在“效果控件”面板中设置“发光半径”参数为 100，如图 16-15 所示。

3 按 Ctrl+D 组合键复制标题合成，将第 1 层的“混合模式”设置为“屏幕”。选择第 2 层，选择“效果→颜色校正→曲线”命令，参照图 16-16 所示调整曲线的形状。

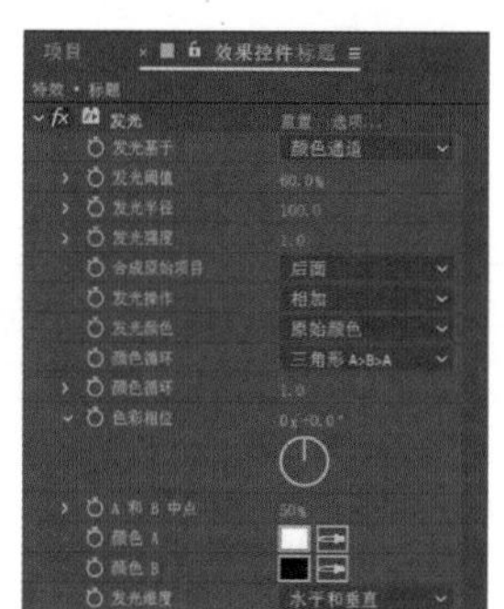

图 16-15 设置“发光”参数

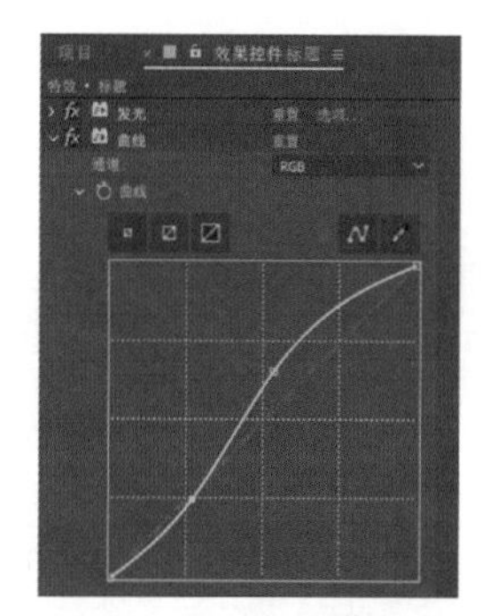

图 16-16 调整曲线形状

4 选择“效果→模糊和锐化→ CC Radial Fast Blur”命令，设置“Amount”参数为 90，在 2 秒处设置“Center”参数为（1160, 620）后创建关键帧，在 3 秒 10 帧处设置“Center”参数为（760, 620），如图 16-17 所示。设置完成后的扫光效果如图 16-18 所示。

图 16-17 设置扫光动画

5 展开“变换”选项，在 2 秒处设置“不透明度”参数为 0% 后创建关键帧，在 3 秒 10 帧处添加一个关键帧，在 2 秒 20 帧处设置“不透明度”参数为 100%，如图 16-19 所示。

图 16-18 扫光效果

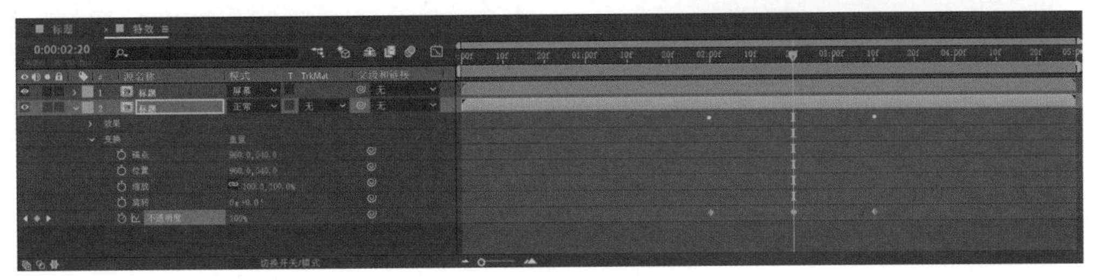

图 16-19 控制扫光时间

6 选择“图层→新建→调整图层”命令，继续选择“效果→生成→ CC Light Sweep”命令。设置“Width”参数为 80，“Sweep Intensity”参数为 40；在 3 秒 20 帧处设置“Center”参数为 (150, 270) 后创建关键帧，在 4 秒 10 帧处设置“Center”参数为 (1500, 270)，如图 16-20 所示。“CC Light Sweep”效果的各项参数含义可参见技术补充 16-1。

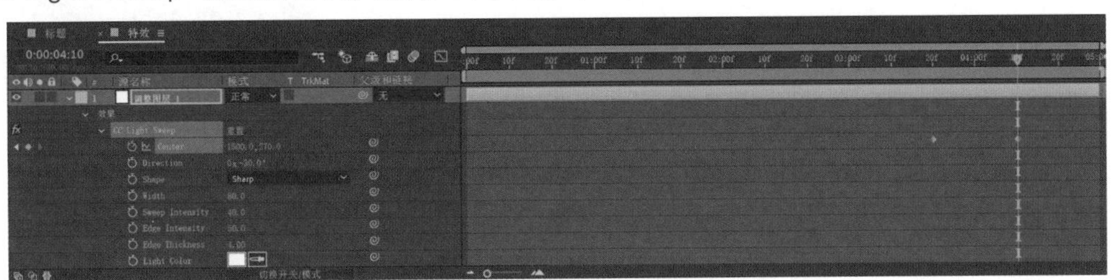

图 16-20 设置过光动画

技术补充 16-1：“CC Light Sweep”（扫光效果）参数含义

- Center：设置光源中心点的位置。
- Direction：设置光线的旋转角度。
- Shape：选择光源的形状。
- Width：设置光源的宽度。
- Sweep Intensity：设置光源的照明强度。
- Edge Intensity：设置光源边缘的亮度。
- Edge Thickness：设置光源边缘的厚度。
- Light Color：设置光源的颜色。
- Light Reception：设置照明效果与底层图像的混合方式。

7 选择“效果→风格化→发光”命令，在“效果控件”面板中设置“发光阈值”参数为100%，“发光半径”参数为200，“发光强度”参数为1.5，如图16-21所示。设置完成后的过光效果如图16-22所示。

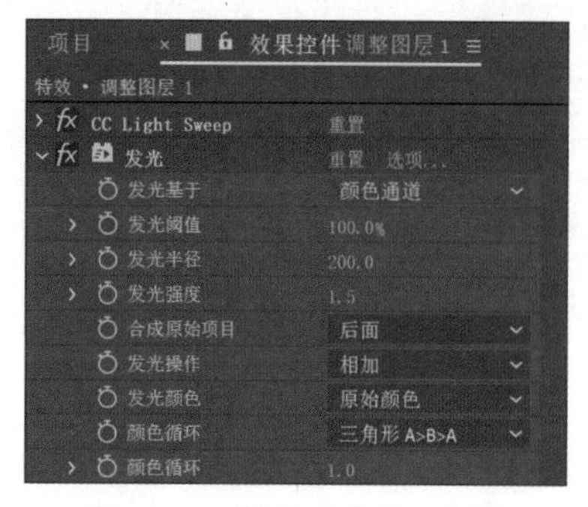

图16-21 设置“发光”参数

图16-22 过光效果

完成场景的合成

1 选择“合成→新建合成”命令，弹出“合成设置”对话框，设置“合成名称”为“完成”，单击“确定”按钮生成合成。

2 选择“图层→新建→纯色”命令，弹出“纯色设置”对话框，设置“颜色”为黑色，单击“确定”按钮生成图层。

3 选择“效果→生成→梯度渐变”命令，在“效果控件”面板中单击“交换颜色”按钮，在“渐变形状”下拉列表框中选择“径向渐变”，设置“起始颜色”为#2D2D2D，“渐变起点”参数为(960, 540)，“渐变终点”参数为(960, 2000)，如图16-23所示。

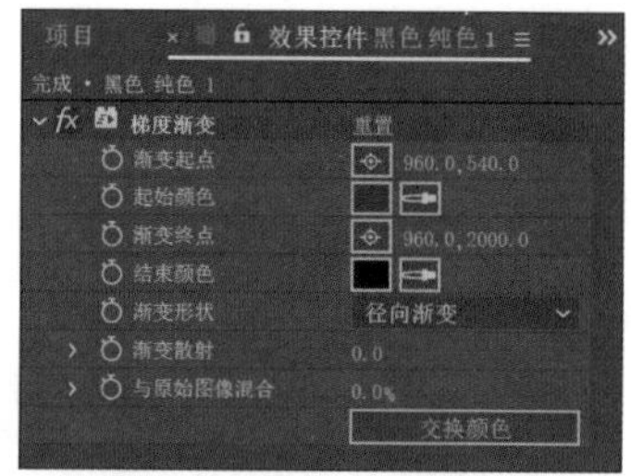

图16-23 设置“梯度渐变”参数

4 将“项目”面板中的“特效”合成拖动到“时间轴”面板上，开启“运动模糊”和“3D图层”开关，如图16-24所示。

5 选择“图层→新建→摄像机”命令，弹出“摄像机设置”对话框。在“预设”下拉列表框中选择“50毫米”，单击“确定”按钮生成摄像机图层。

6 选择“图层→新建→调整图层”命令，在“摄像机1”图层的“父级和链接”下拉列表框中选择“1. 调整图层2”，如图16-25所示。

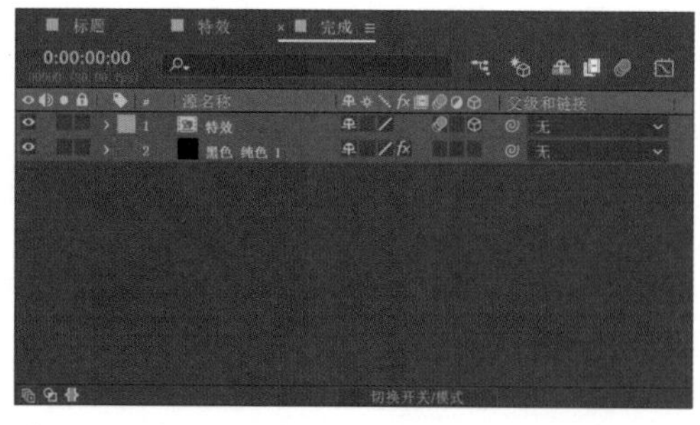

图16-24 在“时间轴”面板上添加“特效”合成

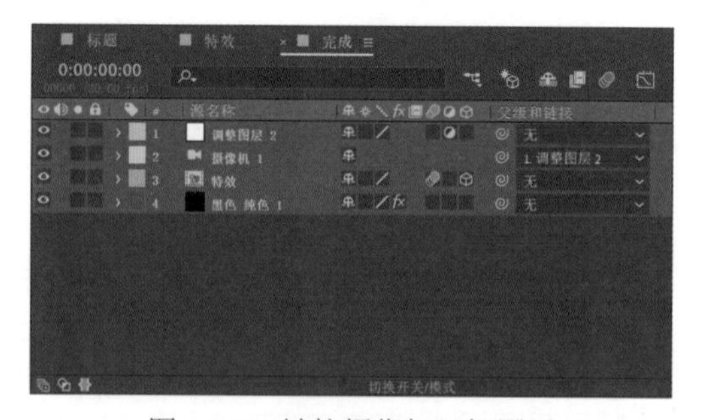

图16-25 链接摄像机目标图层

7 展开调整图层的“变换”选项，在2秒处为“缩放”参数创建关键帧，在20帧处设置“缩放”参数为(90, 90)，在0帧处设置“缩放”参数为(1, 1)，如图16-26所示。

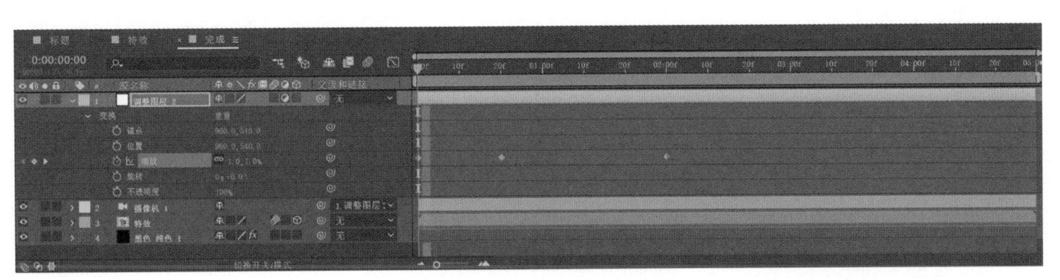

图 16-26 创建摄像机动画

8 选择“图层→新建→调整图层”命令，继续选择“效果→模糊和锐化→高斯模糊”命令，在“效果控件”面板中勾选“重复边缘像素”复选框，在 5 帧处为“模糊度”参数创建关键帧，在 0 帧处设置“模糊度”参数为 500，如图 16-27 所示。

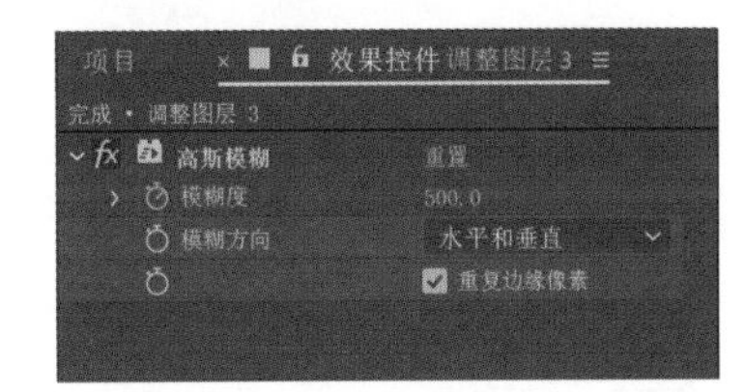

图 16-27 设置“高斯模糊”参数

9 选择“效果→颜色校正→ Lumetri 颜色”命令，在“基本校正”选项中设置“色温”参数为 5，如图 16-28 所示。

10 展开“创意”选项，在“Look”下拉列表框中选择“SL BIG”，设置“强度”参数为 40，“锐化”参数为 10，如图 16-29 所示。

11 展开“晕影”选项，设置“数量”参数为 -5，如图 16-30 所示。

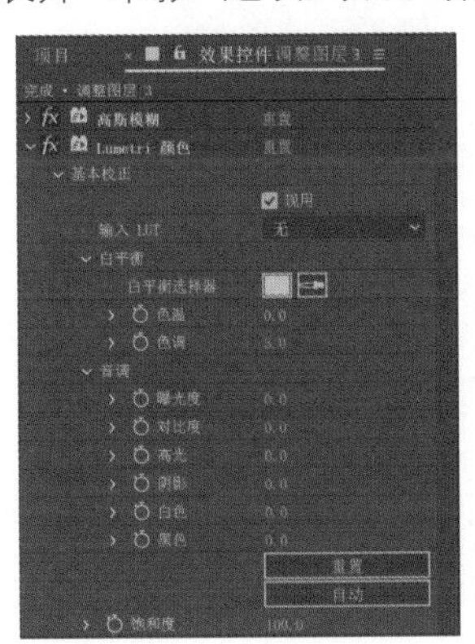

图 16-28 设置“基本校正”参数

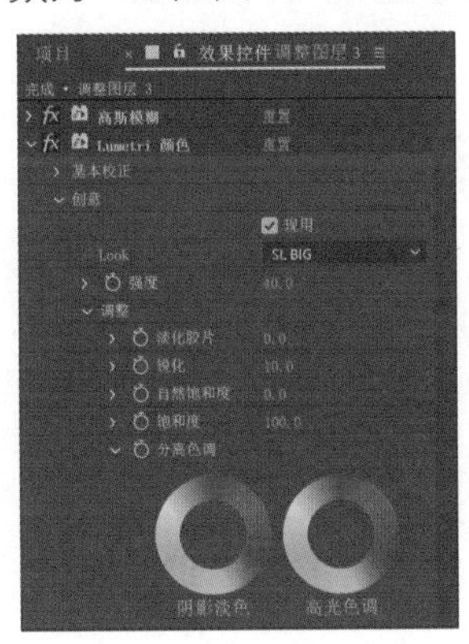

图 16-29 设置“创意”参数

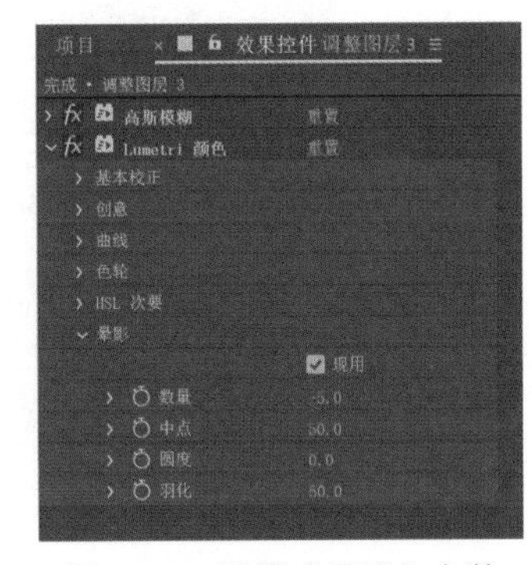

图 16-30 设置“晕影”参数

12 选择“图层→新建→纯色”命令，弹出“纯色设置”对话框，设置“颜色”为黑色。展开“变换”选项，在 0 帧处为“不透明度”参数创建关键帧，在 10 帧处设置“不透明度”参数为 0%，如图 16-31 所示。

图 16-31 制作淡入黑场

13 整个案例制作完成，最终效果如图 16-1 所示。

案例 17　无缝运动转场

本案例将使用一种比较特殊的手段来制作转场效果，即使用“折叠变换”功能将预先创建好的合成叠加到两个图像素材之间，然后通过各种效果在两个图像素材之间产生无缝衔接的转场。最终效果如图 17-1 所示。

图 17-1　最终效果

★★

（1）利用“折叠变换”功能生成无缝衔接转场。

（2）使用“动态拼贴”“偏移”和“定向模糊”效果制作动态模糊转场。

（3）使用“光学补偿”“CC Lens”和“高斯模糊”效果制作旋转模糊转场。

素材文件路径：源文件 \ 案例 17 无缝运动转场

完成项目文件：源文件 \ 案例 17 无缝运动转场 \ 完成项目 \ 完成项目 .aep

完成项目效果：源文件 \ 案例 17 无缝运动转场 \ 完成项目 \ 案例效果 .mp4

视频教学文件：演示文件 \ 案例 17 无缝运动转场 .mp4

1 运行 After Effects CC 2020，在“主页”窗口中单击“新建项目”按钮进入工作界面。在“项目”面板的空白处双击，弹出“导入文件”对话框，导入素材路径中的所有文件。

2 单击“合成”面板中的“新建合成”按钮，弹出“合成设置”对话框，设置合成尺寸为 1920×1080，“帧速率”为 30，“持续时间”为 10 秒，其他沿用系统默认值，单击“确定”按钮生成合成，如图 17-2 所示。

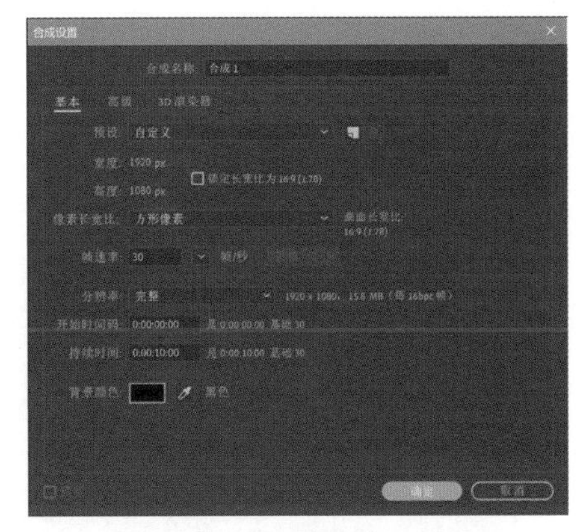

图 17-2 “合成设置”对话框

3 将“项目”面板中的所有图像素材拖动到“时间轴”面板上，开启所有图层的“运动模糊”开关；将第 1 层和第 4 层的出点拖动到 2 秒处，将第 2 层和第 3 层的出点拖动到 3 秒处，如图 17-3 所示。

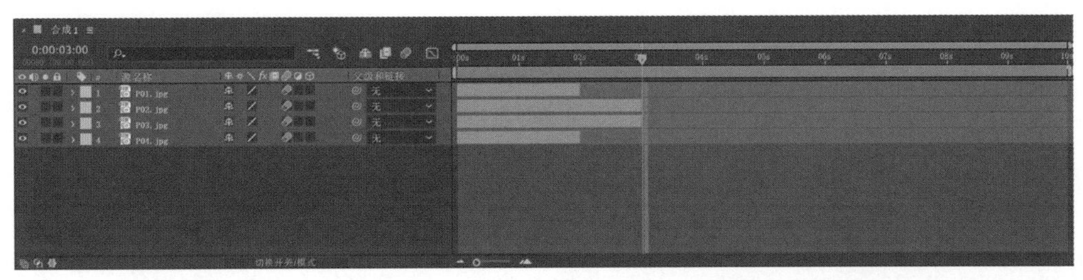

图 17-3 调整图层的出点

4 选取所有图层，选择“动画→关键帧辅助→序列图层”命令，弹出“序列图层”对话框，单击“确定”按钮排列图层。

5 选择“合成→新建合成”命令，弹出“合成设置”对话框，设置“持续时间”为 2 秒，单击“确定”按钮生成合成。

6 选择“图层→新建→纯色”命令，弹出“纯色设置”对话框，设置“颜色”为黑色，单击“确定”按钮生成图层，开启“调整图层”开关，如图 17-4 所示。

图 17-4 创建纯色图层

7 选择“效果→风格化→动态拼贴”命令，在“效果控件”面板中勾选“水平位移”复选框，设置“输出宽度”和“输出高度”参数均为 300，如图 17-5 所示。

8 选择“效果→扭曲→偏移”命令，在 0 帧处为“将中心转换为”参数创建关键帧，在 1 秒 29 帧处设置“将中心转换为”参数为（960, 5940），如图 17-6 所示。

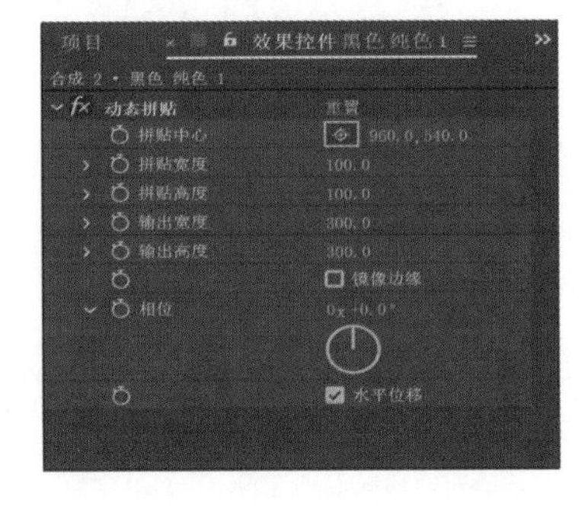

图 17-5 设置“动态拼贴”参数

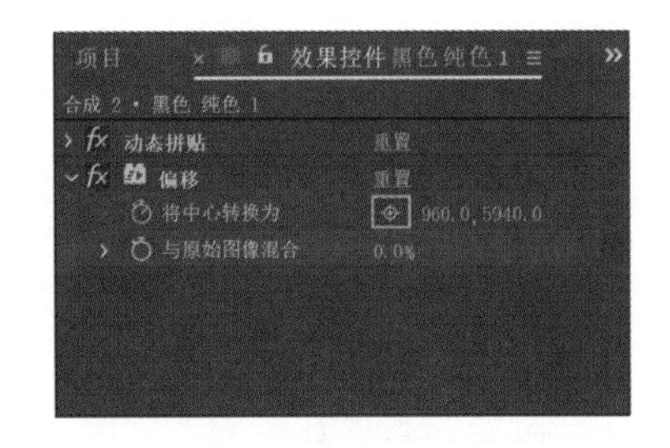

图 17-6 设置“偏移”参数

9 选择“效果→模糊和锐化→定向模糊”命令，在 0 帧处为“模糊长度”参数创建关键帧，在 1 秒处设置“模糊长度”参数为 350，在 1 秒 29 帧处设置“模糊长度”参数为 0。

10 在“时间轴”面板中展开“效果”选项，选中所有关键帧，按 F9 键将关键帧插值类型设置为贝塞尔曲线，如图 17-7 所示。

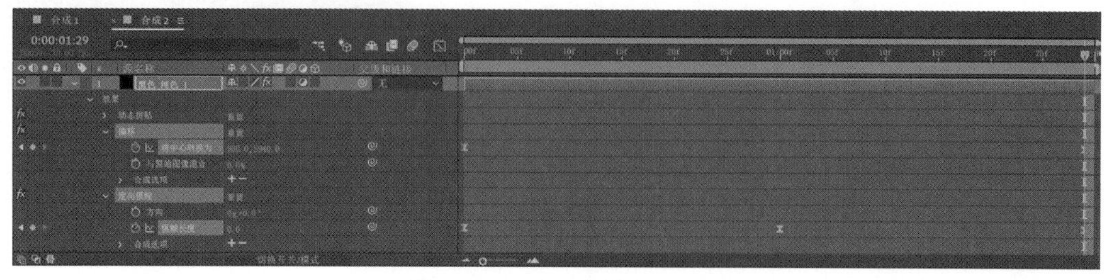

图 17-7 设置定向模糊效果

11 在“项目”面板上按 Ctrl+D 组合键复制“合成 2”，双击切换到“合成 3”。在“时间轴”面板中展开“效果”选项，在 1 秒 29 帧处设置“偏移”效果的“将中心转换为”参数为（18240, 540），设置“定向模糊”效果的“方向”参数为 0x+90°。

12 切换到“合成 1”，将“项目”面板中的“合成 2”拖动到“时间轴”面板上，将入点拖动到 1 秒处，然后开启“折叠变换”开关，如图 17-8 所示。设置完成后的运动模糊转场效果如图 17-9 所示。

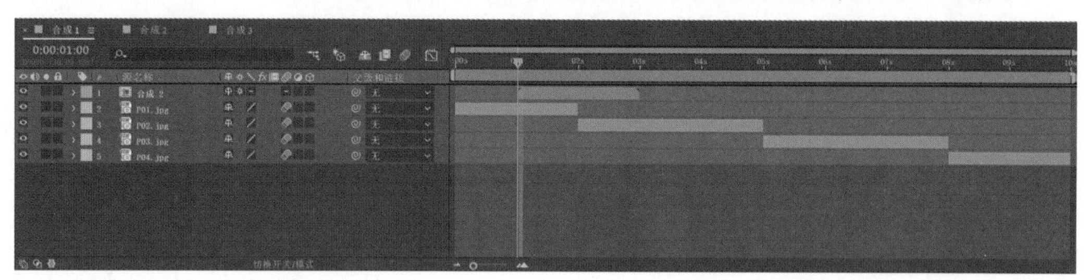

图 17-8 添加转场合成

13 将“项目”面板中的“合成 3”拖动到“时间轴”面板的第 3 层，将入点拖动到 4 秒处，开启“折叠变换”开关，如图 17-10 所示。设置完成后的运动模糊转场效果如图 17-11 所示。

图 17-9 运动模糊转场效果

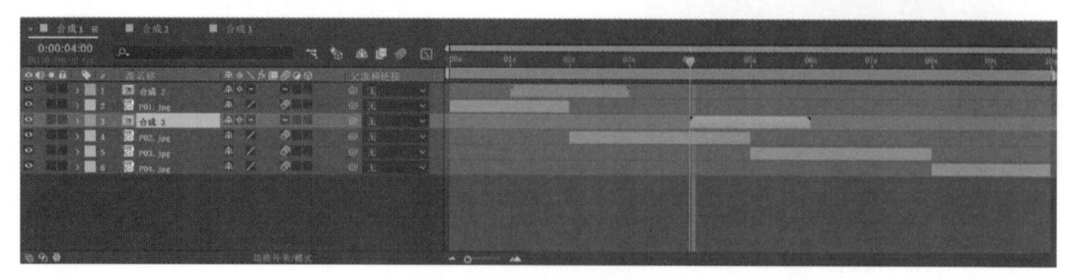

图 17-10 添加转场合成

14 选择“图层→新建→调整图层”命令，将调整图层拖动到第 5 层，将入点拖动到 5 秒处，开启“折叠变换”和“运动模糊”开关，如图 17-12 所示。

15 选中调整图层，选择“效果→扭曲→光学补偿”命令，勾选“反转镜头扭曲”复选框，在“FOV 方向”下拉列表框中选择“对角”。

图 17-11 运动模糊转场效果

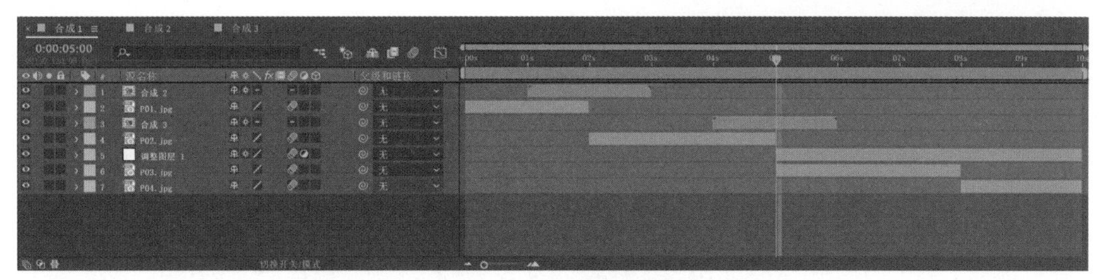

图 17-12 创建调整图层

16 在 7 秒处为“视场”参数创建关键帧，在 9 秒处添加一个关键帧，在 8 秒处设置“视场”参数为 130，如图 17-13 所示。当前设置完成后的旋转转场效果如图 17-14 所示。

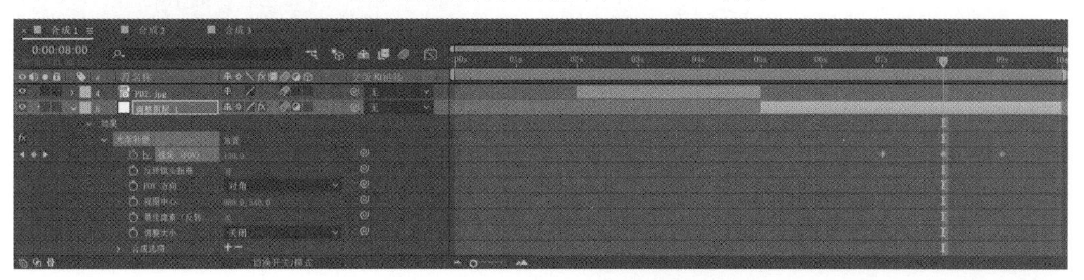

图 17-13 设置“视场”参数

17 选择“效果→扭曲→ CC Lens”命令，在 7 秒处设置“Size”参数为 500，“Convergence”参数为 0 后为这两个参数创建关键帧；在 9 秒处为“Size”和“Convergence”参数添加关键帧；在 8 秒处设置“Size”和“Convergence”参数均为 100，如图 17-15 所示。“CC Lens”效果的各项参数可参见技术补充 17-1。

图 17-14 旋转转场效果

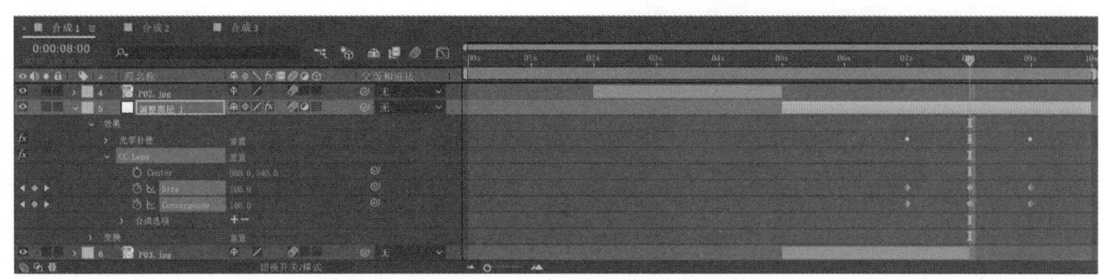

图 17-15 设置“CC Lens”参数

技术补充 17-1："CC Lens"（镜头效果）参数含义

- Center：设置球形镜头的中心位置。
- Size：设置球形镜头的尺寸。
- Convergence：设置球面化的程度，数值越大，镜头越接近球形。

18 选择"效果→模糊和锐化→高斯模糊"命令，勾选"重复边缘像素"复选框，在 7 秒处为"模糊度"参数创建关键帧，在 9 秒处添加一个关键帧，在 8 秒处设置"模糊度"参数为 80，如图 17-16 所示。当前设置完成后的旋转转场效果如图 17-17 所示。

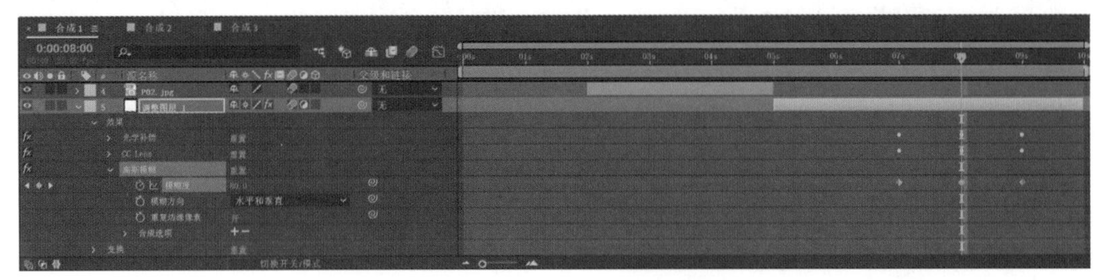

图 17-16 设置"高斯模糊"参数

19 选中第 6 层，选择"效果→风格化→动态拼贴"命令，在"效果控件"面板中勾选"镜像边缘"复选框，设置"输出宽度"和"输出高度"参数均为 200。在 7 秒处为"拼贴中心"创建关键帧，在 8 秒处设置"拼贴中心"参数为（-9600, 5400）。选中第 1 个关键帧，按 Ctrl+Shift+F9 组合键将关键帧插值设置为缓出，如图 17-18 所示。

图 17-17 旋转转场效果

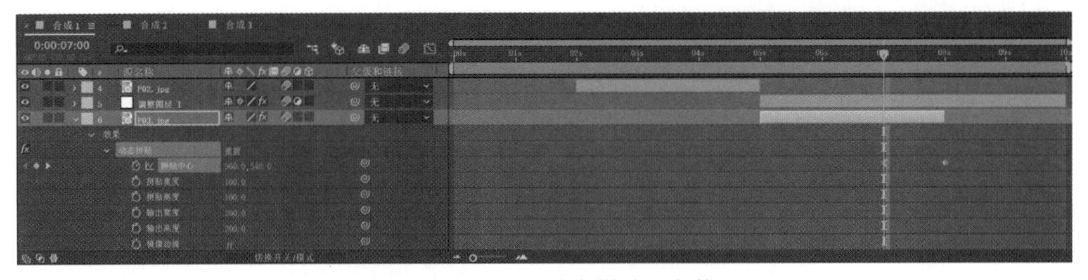

图 17-18 设置"动态拼贴"参数

20 展开"变换"选项，在 6 秒 10 帧处为"位置"参数创建关键帧，在 6 秒处设置"位置"参数为（1060, 540）。选中两个关键帧，按 F9 键将关键帧插值设置为贝塞尔曲线。

21 将第 6 层的"动态拼贴"效果复制到第 7 层上，选中第 7 层，将第 2 个关键帧拖动到 8 秒处，将第 1 个关键帧拖动到 9 秒处，按 Shift+F9 组合键将关键帧插值设置为缓入，如图 17-19 所示。

22 选中第 4 层，选择"效果→风格化→动态拼贴"命令，在"效果控件"面板中勾选"镜像边缘"复选框，设置"输出宽度"和"输出高度"参数均为 200。

23 展开"变换"选项，在 3 秒 10 帧处为"位置"参数创建关键帧，在 3 秒处设置"位置"参数为（960, 640）。选中两个关键帧，按 F9 键将关键帧插值设置为贝塞尔曲线，如图 17-20 所示。

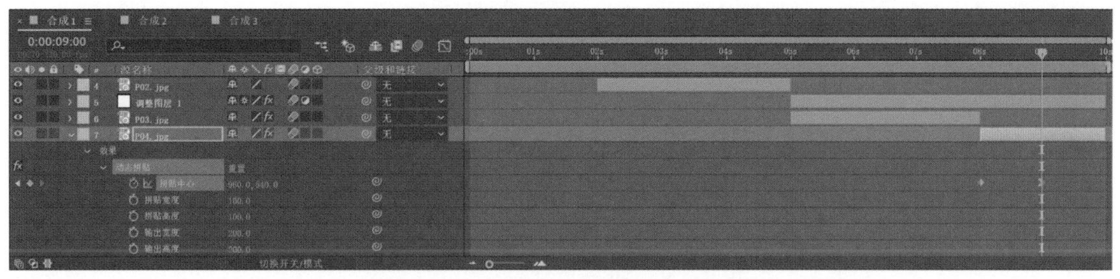

图 17-19 设置“动态拼贴”参数

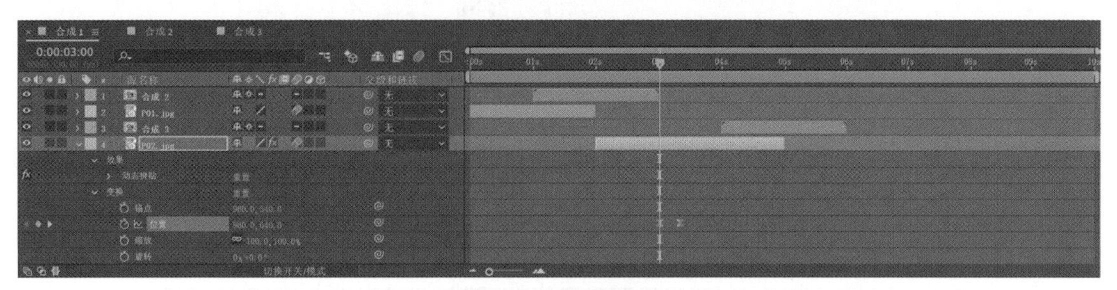

图 17-20 设置“动态拼贴”参数

24 将“项目”面板上的“V01.mp4”拖动到“时间轴”面板上，设置图层混合模式为“屏幕”。展开“变换”选项，设置“不透明度”参数为 70%，如图 17-21 所示。

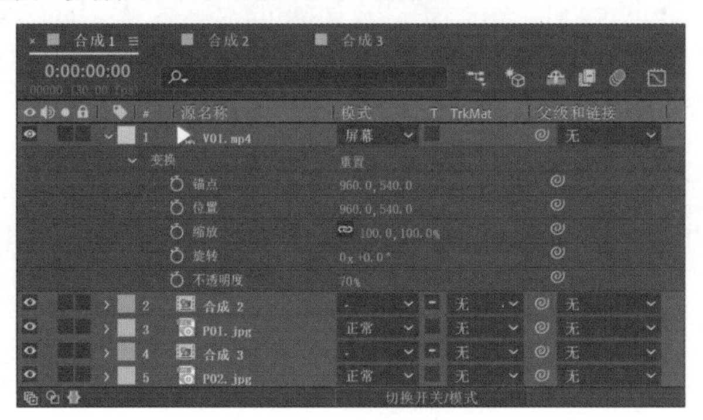

图 17-21 添加覆叠素材

25 整个案例制作完成，最终效果如图 17-1 所示。

案例 18 字符流星雨

本案例主要制作数字流星雨的效果。在制作过程中先用数字取代粒子，然后通过发光等特效处理来制作出数字下雨的动画。本案例主要涉及“粒子运动场”特效、“发光”特效和“残影”特效的使用方法。最终效果如图 18-1 所示。

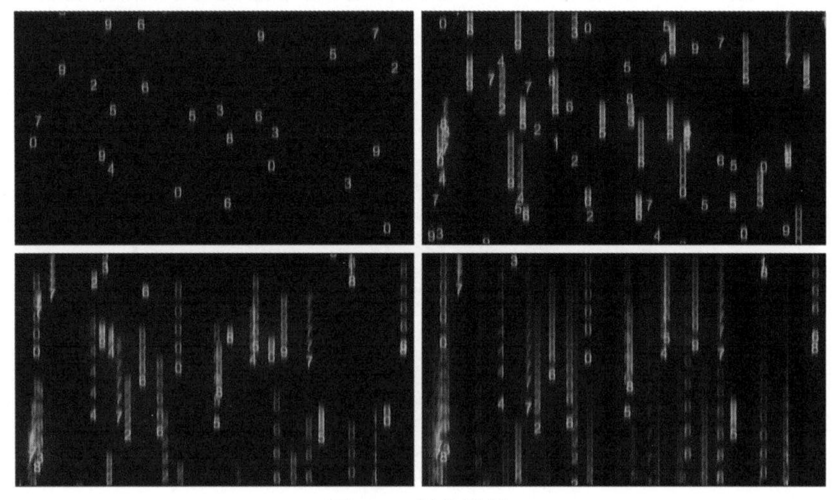

图 18-1 最终效果

★★

技法分析

（1）使用“粒子运动场”特效生成粒子块。

（2）使用数字取代粒子块，初步生成数字雨的效果。

（3）使用“发光”特效为粒子添加光效。

（4）添加“残影”特效产生拖影或动感模糊的效果。

完成项目文件：源文件 \ 案例 18 字符流星雨 \ 完成项目 \ 完成项目 .aep

完成项目效果：源文件 \ 案例 18 字符流星雨 \ 完成项目 \ 案例效果 .mp4

视频教学文件：演示文件 \ 案例 18 字符流星雨 .mp4

创建粒子场景

1 运行 After Effects CC 2020，在“主页”窗口中单击“新建项目”按钮进入工作界面。

2 单击“合成”面板中的“新建合成”按钮，弹出“合成设置”对话框，设置合成尺寸为 1920×1080，“帧速率”为 30，“持续时间”为 10 秒，其他沿用系统默认，单击“确定”按钮生成合成，如图 18-2 所示。

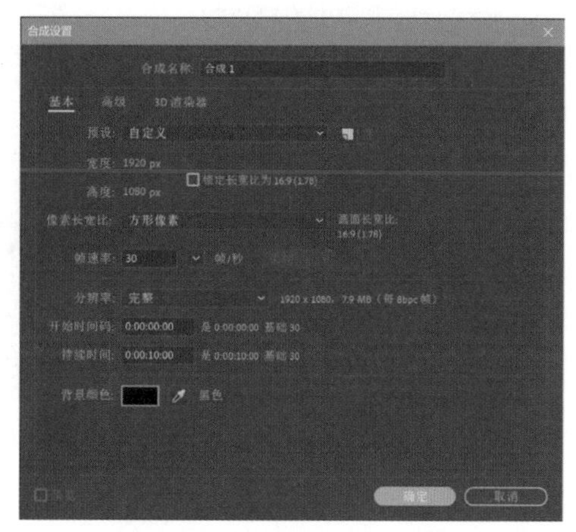

图 18-2 “合成设置”对话框

3 选择“图层→新建→纯色”命令，弹出“纯色设置”对话框，设置“颜色”为黑色，单击“确定”按钮生成图层。选择“效果→模拟→粒子运动场”命令，在“控件面板中”单击“粒子运动场”效果右侧的“选项”按钮，弹出“粒子运动场”对话框，如图 18-3 所示。

4 单击“编辑发射文字”按钮，打开“编辑发射文字”对话框，在文本框中输入数字“1234567890”后单击“确定”按钮，如图 18-4 所示。

5 展开“发射”选项，设置“位置”参数为（960, 0），“圆筒半径”参数为 1200，“方向”参数为 0x+180°，“速率”参数为 150，“随机扩展速率”参数为 15，“字体大小”参数为 65，“颜色”为 #326014；在 1 秒处设置“每秒粒子数”参数为 70 后创建关键帧，在 4 秒处设置“每秒粒子数”参数为 0，如图 18-5 所示。

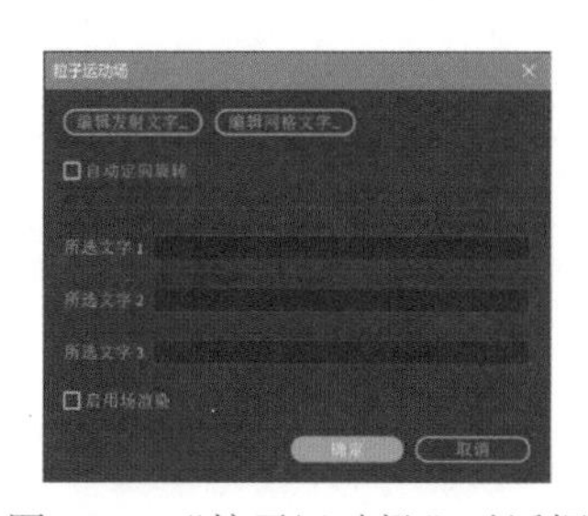

图 18-3 “粒子运动场”对话框

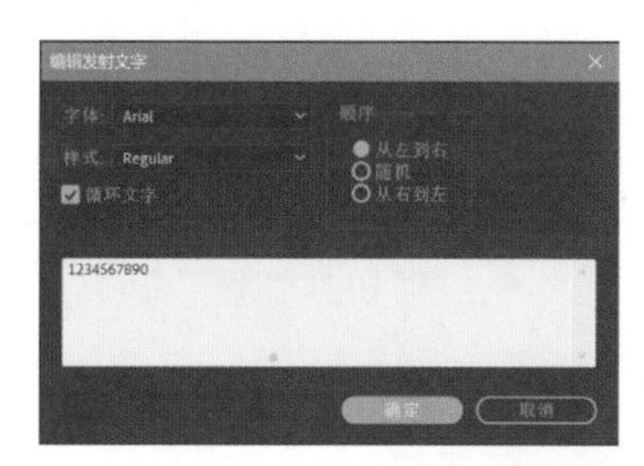

图 18-4 “编辑发射文字”对话框

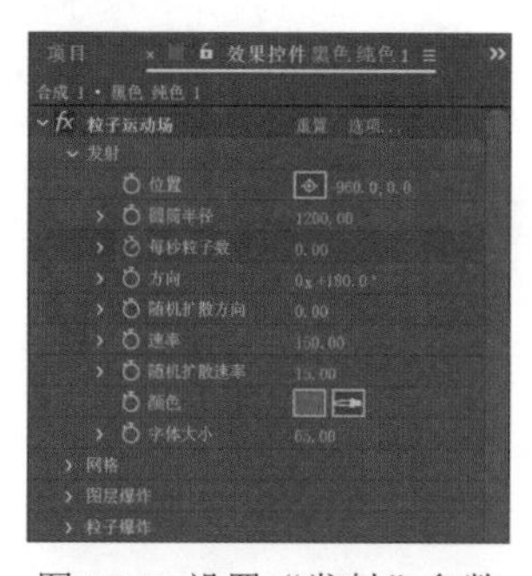

图 18-5 设置“发射”参数

6 展开“重力”选项，设置“力”参数为 700，当前设置完成后的粒子效果如图 18-6 所示。

7 选择“效果→风格化→发光”命令，在“发光基于”下拉列表框中选择“Alpha 通道”，在“发光颜色”下拉列表框中选择“A 和 B 颜色”，在“颜色循环”下拉列表框中选择“三角形 A>B>A”，在“发光维度”下拉列表框中选择“垂直”，如图 18-7 所示。

图 18-6 粒子效果

8 设置“发光阈值”参数为 50%，“发光半径”参数为 40，“发光强度”参数为 2，“颜色 A”为 #2AD364，“颜色 B”为 #025438，如图 18-8 所示。

9 按 Ctrl+D 组合键复制“发光”效果，设置“发光阈值”参数为 10%，“发光半径”参数为 200，“发光强度”参数为 1，在“发光维度”下拉列表框中选择“水平和垂直”，如图 18-9 所示。

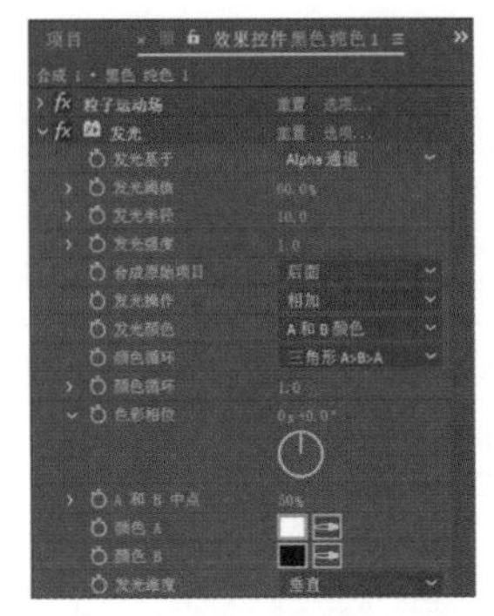
图 18-7 设置“发光”参数

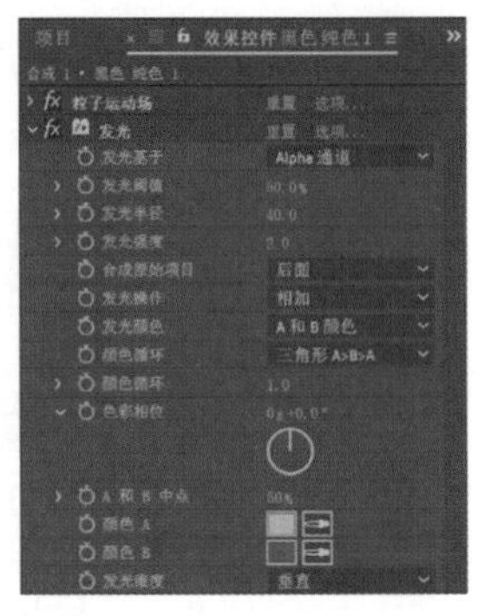
图 18-8 设置“发光”参数

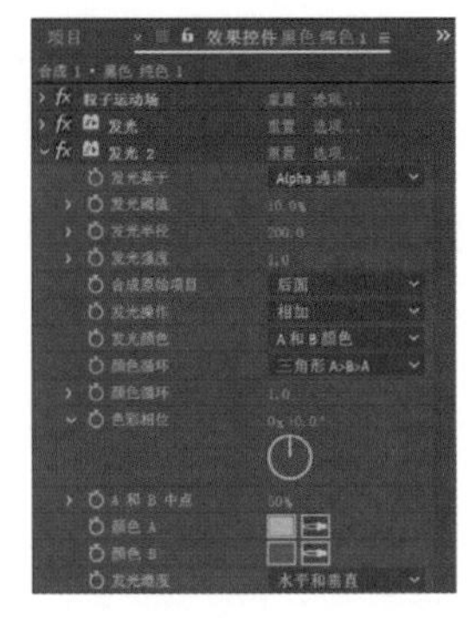
图 18-9 设置“发光”参数

10 选择“效果→模糊和锐化→定向模糊”命令，设置“模糊长度”参数为 5，如图 18-10 所示。

11 在“时间轴”面板上展开“变换”选项，设置“不透明度”参数为 70%，当前设置完成后的粒子效果如图 18-11 所示。

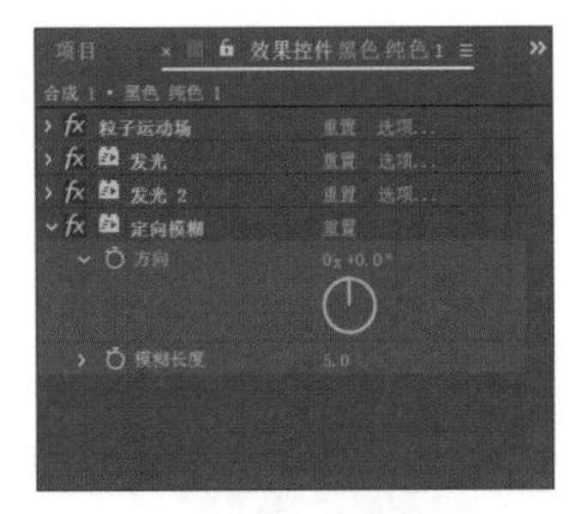
图 18-10 设置“定向模糊”参数

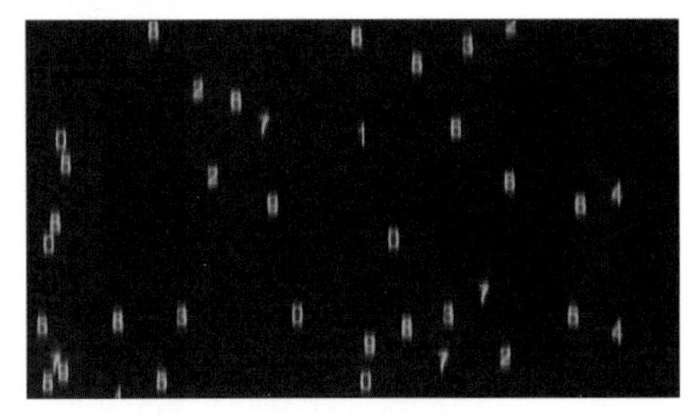
图 18-11 粒子效果

12 选择“合成→新建合成”命令，弹出“合成设置”对话框，单击“确定”按钮生成合成。将“项目”面板上的“合成 1”拖动到“时间轴”面板上，按 Ctrl+D 组合键复制合成图层。

13 选中第 1 层，选择“效果→颜色校正→色相 / 饱和度”命令，设置“主色相”参数为 0x+52°，如图 18-12 所示。

14 选中第 2 层，选择“效果→时间→残影”命令，设置“残影时间（秒）”参数为 -0.06，“残影数量”参数为 5，“衰减”参数为 0.8，如图 18-13 所示。

15 选择“效果→模糊和锐化→定向模糊”命令，设置“模糊长度”参数为 10，如图 18-14 所示。

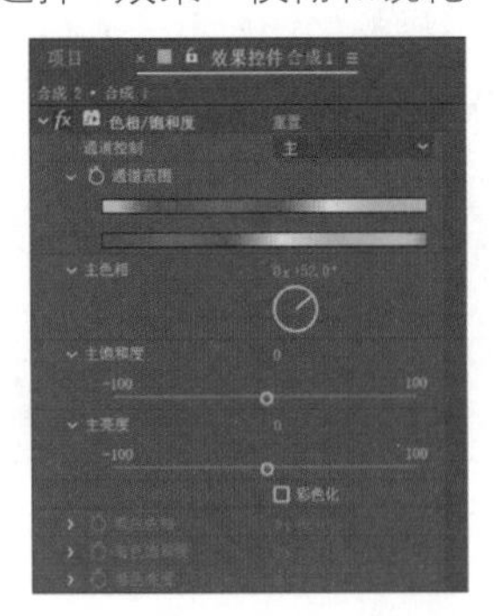
图 18-12 设置“色相 / 饱和度”参数

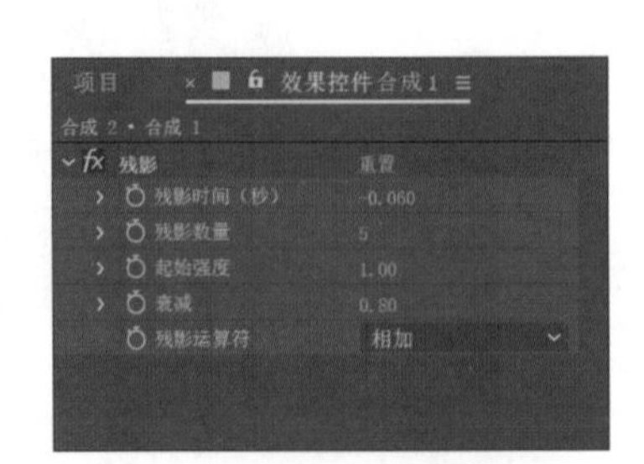
图 18-13 设置“残影”参数

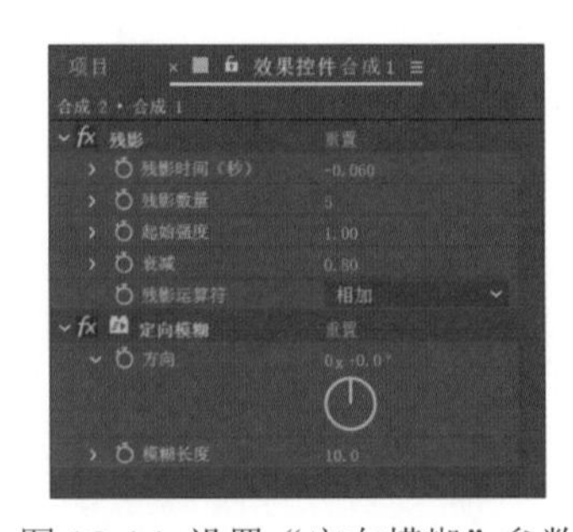
图 18-14 设置“定向模糊”参数

16 在“项目”面板中按 Ctrl+D 组合键复制“合成 2”。双击切换到“合成 3”，选中第 2 层，在“效果控件”面板中设置“残影”效果的“残影时间（秒）”参数为 -0.07，“残影数量”参数为 15；设置“定向模糊”效果的“模糊长度”参数为 15，如图 18-15 所示。当前设置完成后的粒子效果如图 18-16 所示。

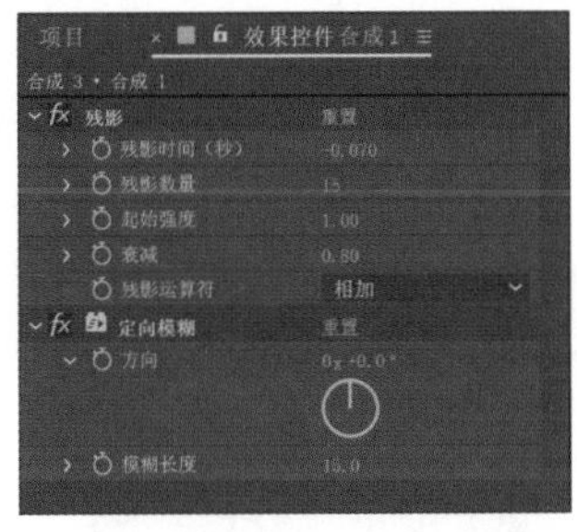

图 18-15 设置“残影”和“定向模糊”参数

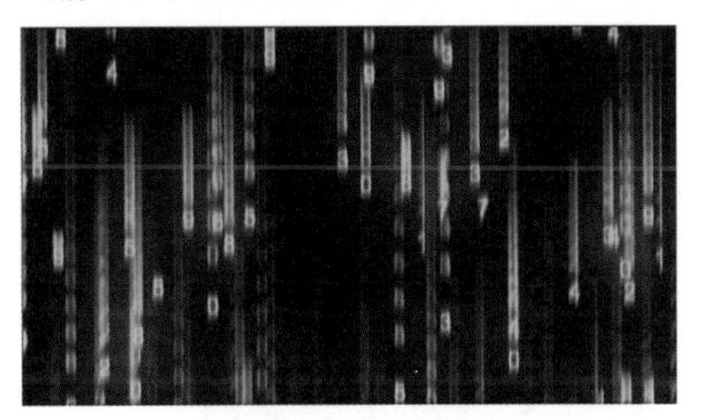

图 18-16 粒子效果

完成场景的合成

1 选择“合成→新建合成”命令，弹出“合成设置”对话框，设置“合成名称”为“完成”，单击“确定”按钮生成合成。

2 依次将“项目”面板上的“合成 1”“合成 2”和“合成 3”拖动到“时间轴”面板上。将“合成 2”图层的入点拖动到 2 秒处，将“合成 3”图层的入点拖动到 5 秒处；设置“合成 2”和“合成 3”的图层混合模式为“屏幕”，如图 18-17 所示。

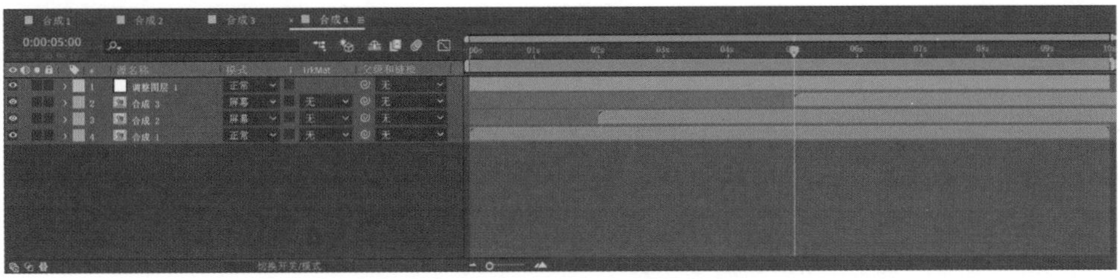

图 18-17 在“时间轴”面板上添加合成并调整入点

3 选中第 1 层，选择“效果→颜色校正→色相 / 饱和度”命令，设置“主色相”参数为 0x+52°，如图 18-18 所示。

4 选择“图层→新建→调整图层”命令，继续选择“效果→过渡→百叶窗”命令。在“效果控件”面板中设置“过渡完成”参数为 13%，“方向”参数为 0x+90°，“宽度”参数为 5，“羽化”参数为 2，如图 18-19 所示。

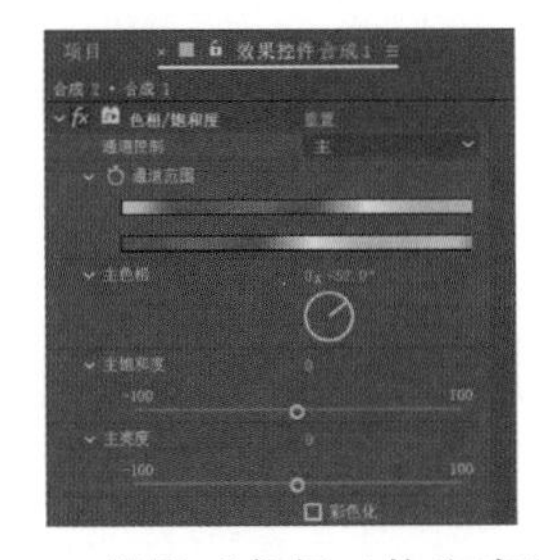

图 18-18 设置“色相 / 饱和度”参数

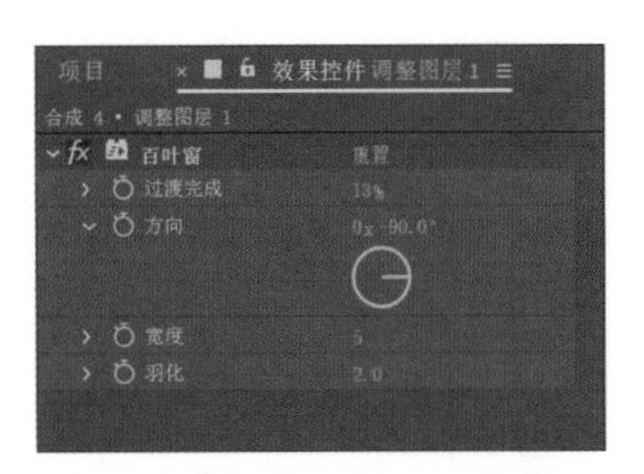

图 18-19 设置“百叶窗”参数

5 选择“效果→沉浸式视频→ VR 数字故障”命令，设置“主振幅”参数为 3；展开“扭曲”选项，设置“颜色扭曲”参数为 100，“几何扭曲 X 轴”参数为 20，如图 18-20 所示。

6 选择“效果→模糊和锐化→锐化”命令，设置“锐化量”参数为 20，如图 18-21 所示。

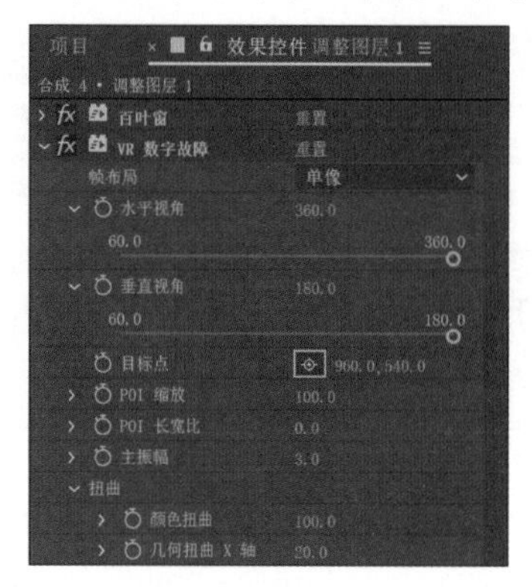

图 18-20 设置“VR 数字故障”参数

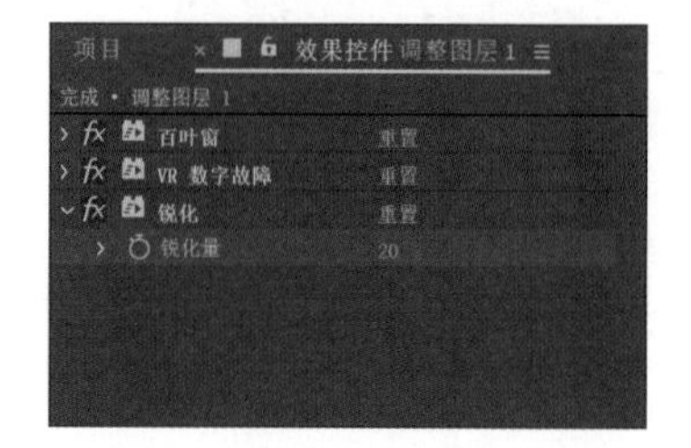

图 18-21 设置“锐化”参数

7 整个案例制作完成，最终效果如图 18-1 所示。

案例 19 动态手绘照片

本案例在制作过程中首先使用“卡通”效果将图片素材转换成手绘风格的图画，然后在摄像机动画和“闪光灯”效果的配合下，制作出素描图画在画布上逐渐浮现并上色，从而被拍摄成照片的效果。最终效果如图 19-1 所示。

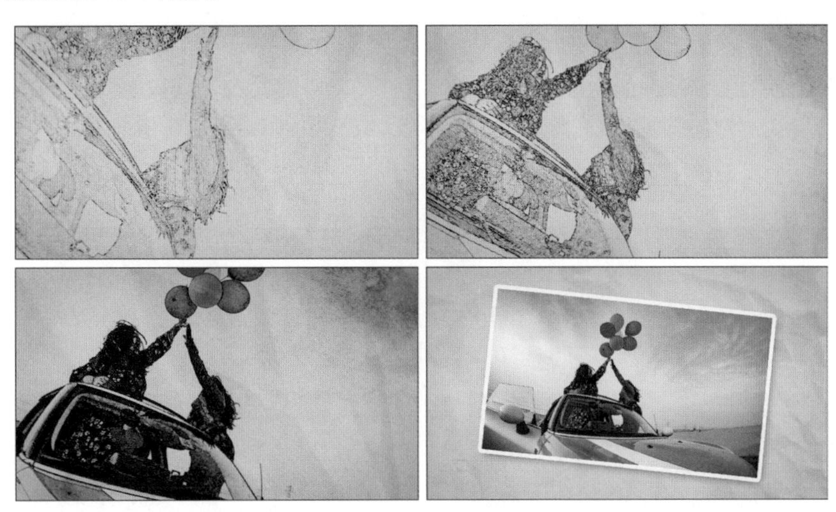

图 19-1 最终效果

★★★

技法分析

（1）使用“卡通”效果将图片模拟成手绘质感的图像。

（2）制作摄像机动画，增强视频的表现力。

（3）使用“闪光灯”效果模拟拍摄照片时的闪光。

素材文件路径：源文件 \ 案例 19 动态手绘照片

完成项目文件：源文件 \ 案例 19 动态手绘照片 \ 完成项目 \ 完成项目 .aep

完成项目效果：源文件 \ 案例 19 动态手绘照片 \ 完成项目 \ 案例效果 .mp4

视频教学文件：演示文件 \ 案例 19 动态手绘照片 .mp4

1 运行 After Effects CC 2020，在“主页”窗口中单击“新建项目”按钮进入工作界面。在“项目”面板的空白处双击，弹出“导入文件”对话框，导入素材路径中的所有文件。

2 单击“合成”面板中的“新建合成”按钮，弹出“合成设置”对话框，设置合成尺寸为 1920×1080，“帧速率”为 30，“持续时间”为 7 秒，其他沿用系统默认值，单击“确定”按钮生成合成，如图 19-2 所示。

3 将“项目”面板上的“P02.jpg”素材拖动到“时间轴”面板上。选择“效果→风格化→动态拼贴”命令，在“效果控件”面板上勾选“镜像边缘”复选框，设置“输出宽度”和“输出高度”参数均为 200，如图 19-3 所示。

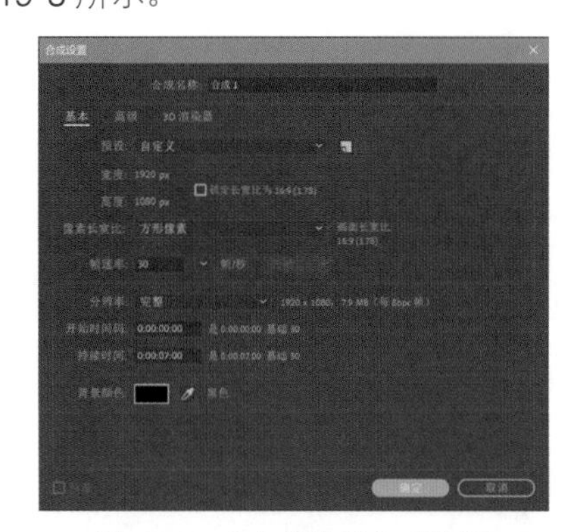

图 19-2 “合成设置”对话框

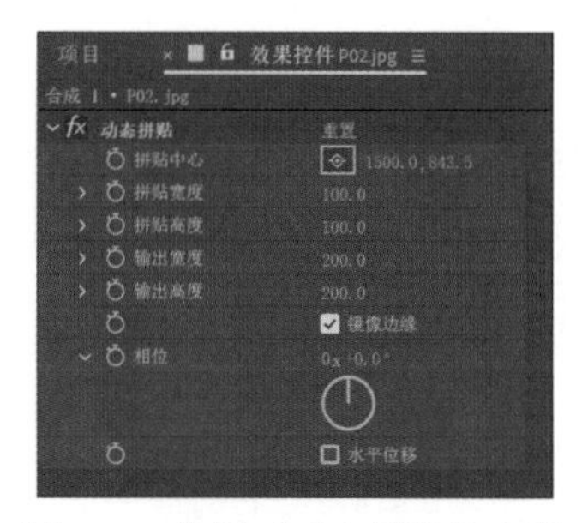

图 19-3 设置“动态拼贴”参数

4 将“项目”面板上的“P01.jpg”素材拖动到“时间轴”面板上，将图层的入点拖动到 5 秒处。选择“图层→图层样式→投影”命令，展开“图层样式→投影”选项，设置“距离”参数为 20，“大小”参数为 50，如图 19-4 所示。

5 选择“图层→图层样式→描边”命令，展开“图层样式→描边”选项，设置“颜色”为白色，“大小”参数为 20，如图 19-5 所示。

图 19-4 设置“投影”参数

图 19-5 设置“描边”参数

6 再次将“项目”面板上的“P01.jpg”素材拖动到“时间轴”面板上，将图层混合模式设置为“颜色加深”，将图层的入点拖动到 2 秒处，出点拖动到 5 秒处，如图 19-6 所示。

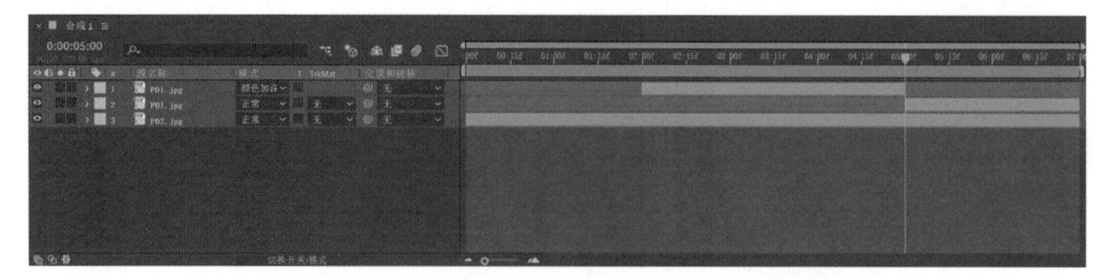

图 19-6 在“时间轴”面板上添加素材并调整图层

7 选择“效果→风格化→卡通”命令，在“渲染”下拉列表框中选择“填充”，设置“阴影步骤”参数为 4，如图 19-7 所示。

8 在“时间轴”面板上展开“变换”选项，在 5 秒处为“不透明度”参数创建关键帧，在 2 秒处设置“不透明度”参数为 0%；选中两个关键帧，按 F9 键将关键帧插值切换为贝塞尔曲线，如图 19-8 所示。当前设置完成后的卡通效果如图 19-9 所示。

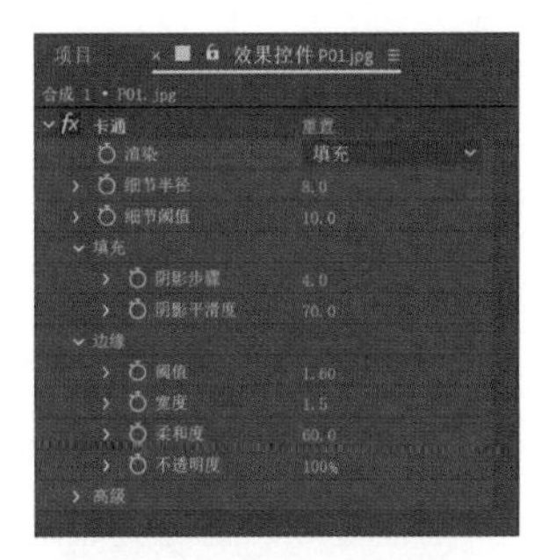

图 19-7 设置“卡通”参数

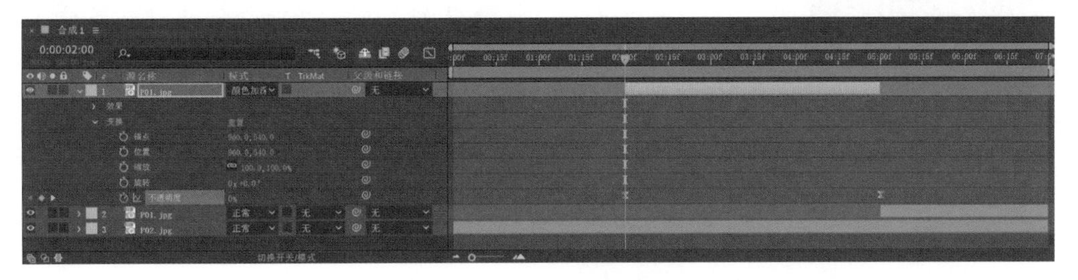

图 19-8 设置不透明度动画

9 按 Ctrl+D 组合键复制“P01.jpg”图层，将第 1 层的入点拖动到 0 帧；开启所有图层的“运动模糊”和“3D 图层”开关，如图 19-10 所示。

10 展开“变换”选项，将“不透明度”参数的第一个关键帧拖动到 0 帧处，将第二个关键帧拖动到 1 秒处。

图 19-9 卡通效果

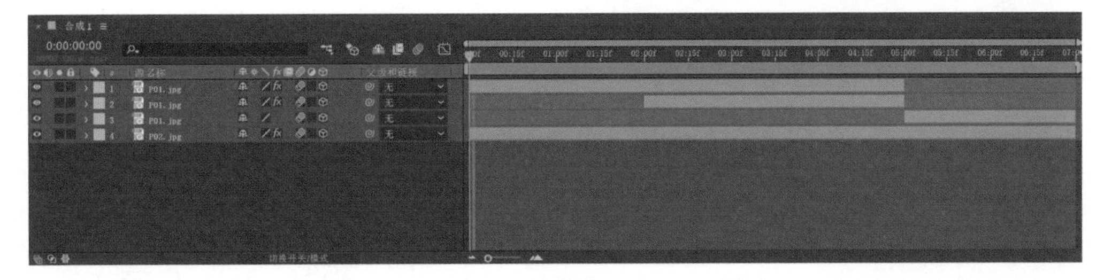

图 19-10 开启“运动模糊”和“3D 图层”

11 在“效果控件”面板的“渲染”下拉列表框中选择“边缘”，设置“宽度”参数为 0.5，“柔和度”参数为 90；展开“高级”选项，设置“边缘增强”参数为 100，“边缘黑色阶”参数为 1，如图 19-11 所示。在 0 帧处设置“阈值”参数为 1 后创建关键帧，在 3 秒处设置“阈值”参数为 2，在 5 秒处设置“阈值”参数为 1，当前设置完成后的卡通勾线效果如图 19-12 所示。

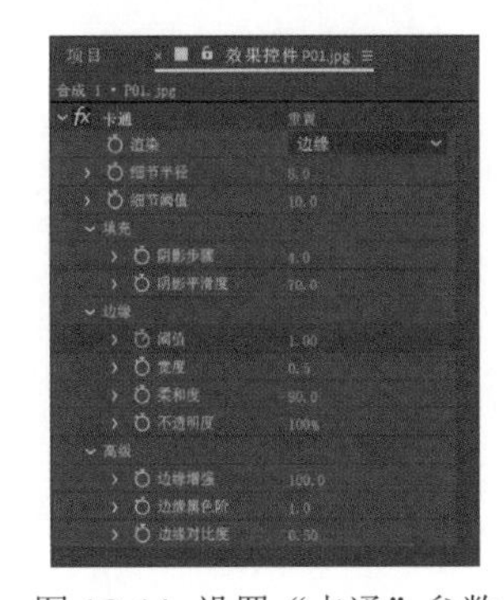

图 19-11 设置“卡通”参数

12 选择“图层→新建→摄像机”命令，弹出“摄像机设置”对话框。在“预设”下拉列表框中选择“50毫米”，单击“确定”按钮生成摄像机图层。

13 选择“图层→新建→调整图层”命令，在“摄像机 1”图层的“父级和链接”下拉列表框中选择“1. 调整图层 1”，如图 19-13 所示。

图 19-12 卡通勾线效果

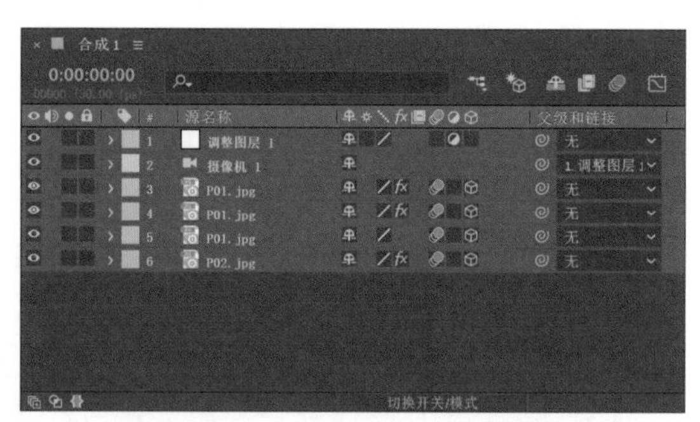

图 19-13 链接摄像机目标图层

14 展开调整图层的“变换”选项，在 0 帧处设置“缩放”参数为（30, 30），“旋转”参数为 0x-50° 后为这两个参数创建关键帧；在 5 秒处设置“缩放”参数为（75, 75），“旋转”参数为 0x-6°，在 6 秒 10 帧处设置“缩放”参数为（145, 145），如图 19-14 所示。

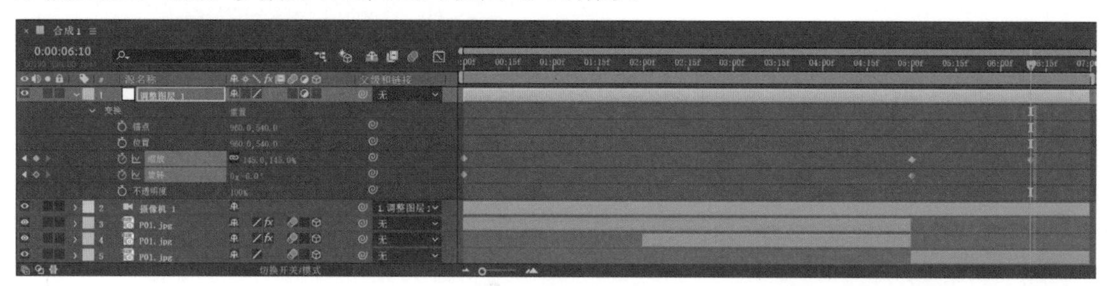

图 19-14 设置摄像机缩放和旋转动画

15 选择“图层→新建→调整图层”命令，继续选择“效果→风格化→闪光灯”命令。在“效果控件”面板中设置“与原始图像混合”参数为 1%，“闪光间隔时间（秒）”参数为 0.8，“随机闪光概率”参数为 3%，如图 19-15 所示。

16 将调整图层的入点拖动到 4 秒 20 帧处，将出点拖动到 5 秒 10 帧处，如图 19-16 所示。

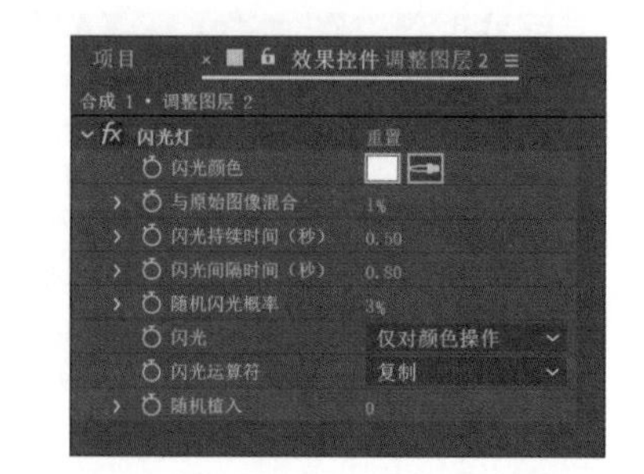

图 19-15 设置“闪光灯”参数

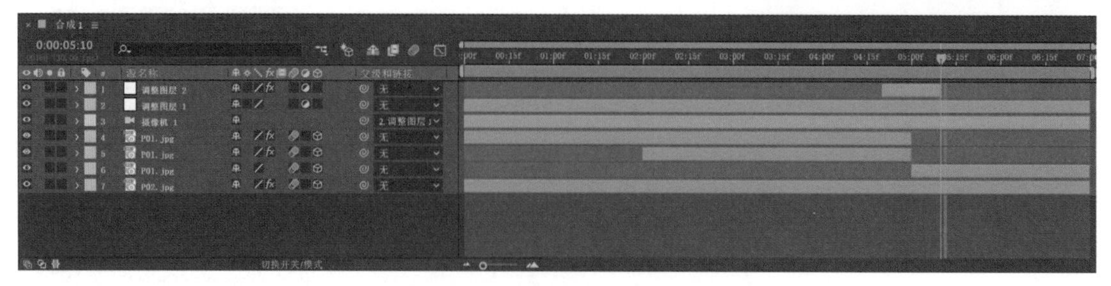

图 19-16 调整图层入点和出点

17 选择“图层→新建→调整图层”命令，继续选择“效果→颜色校正→ Lumetri 颜色”命令。展开“创意”选项，在“Look”下拉列表框中选择“Kodak 5218 Kodak 2383”，设置“锐化”参数为 50，如图 19-17 所示。

18 展开“晕影”选项，设置“数量”参数为 -1，如图 19-18 所示。

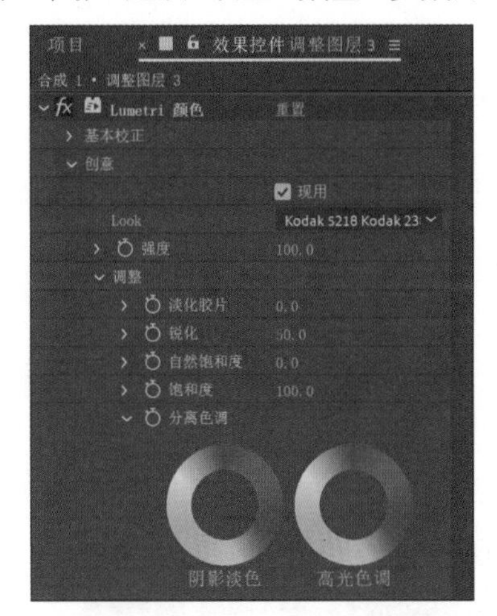

图 19-17 设置“创意”参数

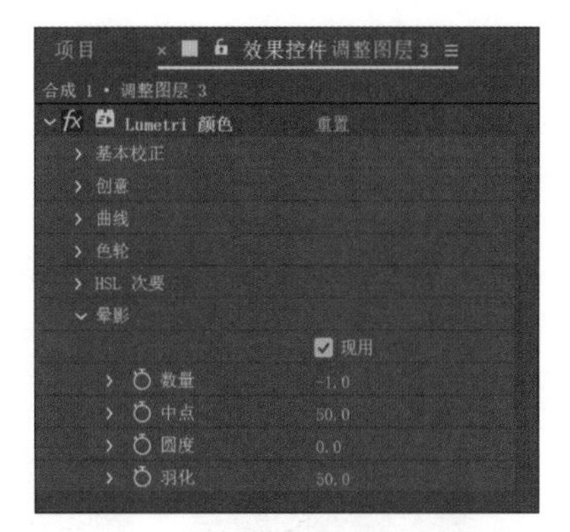

图 19-18 设置“晕影”参数

19 整个案例制作完成，最终效果如图 19-1 所示。

案例 20 图片拼贴组合

本案例主要通过制作蒙版和图像素材的位移动画来产生拼贴和滑动的照片墙效果。这种效果在各种类型的宣传视频中比较常用，只要对图像移动的方向和路径稍加变化，就可以产生千变万化的结果。最终效果如图 20-1 所示。

图 20-1 最终效果

★★★

技法分析

(1) 利用“位置”和“蒙版形状”参数制作图像位移和擦除动画。

(2) 使用“锚点”参数控制图像的缩放中心。

(3) 利用“父级和链接”功能快速设置位移动画。

素材文件路径：源文件 \ 案例 20 图片拼贴组合

完成项目文件：源文件 \ 案例 20 图片拼贴组合 \ 完成项目 \ 完成项目 .aep

完成项目效果：源文件 \ 案例 20 图片拼贴组合 \ 完成项目 \ 案例效果 .mp4

视频教学文件：演示文件 \ 案例 20 图片拼贴组合 .mp4

1 运行 After Effects CC 2020，在“主页”窗口中单击“新建项目”按钮进入工作界面。在“项目”面板的空白处双击，弹出“导入文件”对话框，导入素材路径中的所有文件。

2 单击“合成”面板中的“新建合成”按钮，弹出“合成设置”对话框，设置合成尺寸为 1920×1080，“帧速率”为 30，“持续时间”为 13 秒，其他沿用系统默认值，单击“确定”按钮生成合成，如图 20-2 所示。

3 选择“图层→新建→纯色”命令，弹出“纯色设置”对话框，设置“颜色”为白色，单击“确定”按钮生成图层。

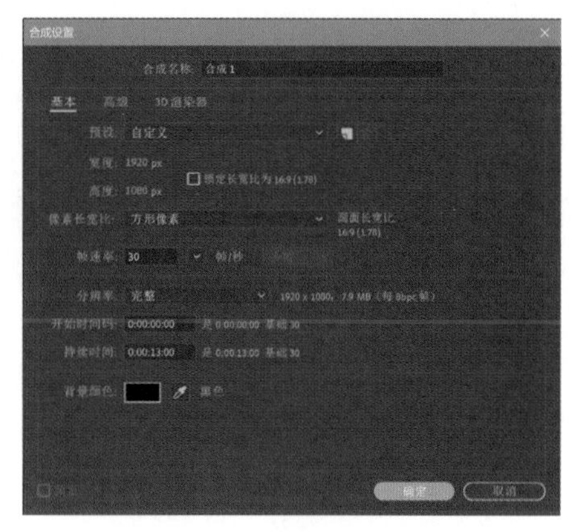

图 20-2 “合成设置”对话框

4 将“项目”面板上的“P01.jpg”拖动到“时间轴”面板上，展开“变换”选项，设置“缩放”参数为（50, 50）。在 0 帧处设置“位置”参数为（480, −270）后创建关键帧，在 2 秒处设置“位置”参数为（480, 810）。按 Ctrl+Shift+F9 组合键将“位置”参数的第一个关键帧插值设置为缓出，按 Shift+F9 组合键将第二个关键帧插值设置为缓入，如图 20-3 所示。

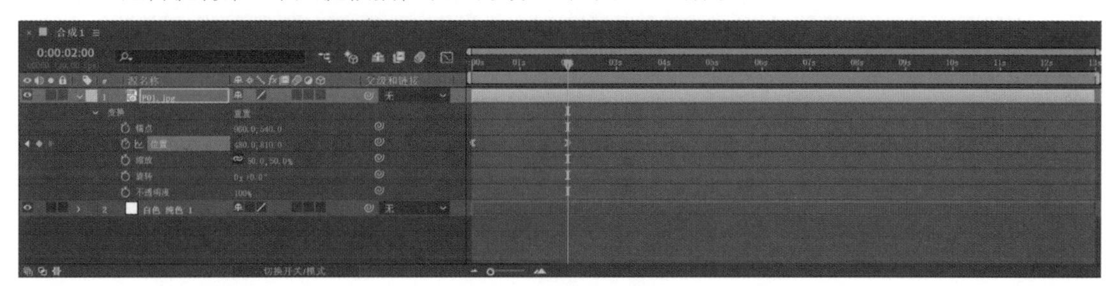

图 20-3 设置位移动画

5 选择“图层→蒙版→新建蒙版”命令，展开“蒙版→蒙版 1”选项，在 2 秒处为“蒙版路径”参数创建关键帧，在 4 秒处单击“形状”按钮，打开“蒙版形状”对话框，设置“顶部”参数为 1080 后单击“确定”按钮。按 Ctrl+Shift+F9 组合键将“蒙版路径”参数的第一个关键帧插值设置为缓出，按 Shift+F9 组合键将第二个关键帧插值设置为缓入，如图 20-4 所示。

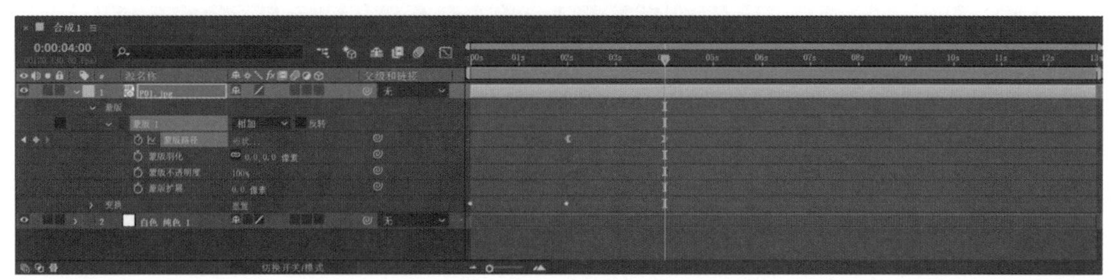

图 20-4 设置蒙版动画

6 按 Ctrl+D 组合键复制“P01.jpg”图层，选中第 1 层，按住 Alt 键将“项目”面板上的“P02.jpg”素材拖动到选中的图层上进行替换。展开“变换”选项，在 0 帧处设置“位置”参数为（2400, 270），在 2 秒处设置“位置”参数为（480, 270），如图 20-5 所示。

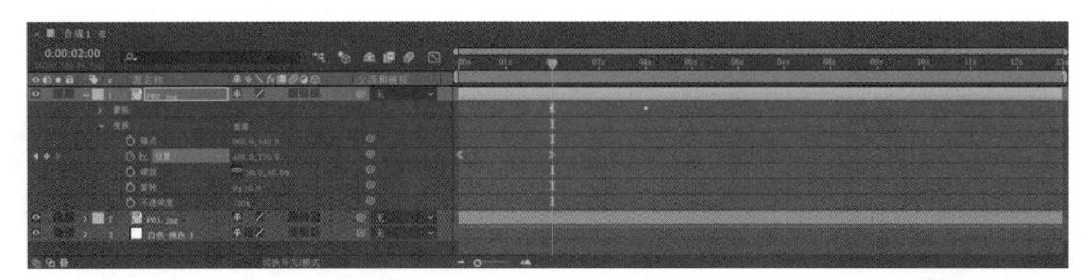

图 20-5 修改位移动画

7 展开“蒙版→蒙版 1”选项，将 4 秒处的关键帧删除，单击“形状”按钮，在“蒙版形状”对话框中设置“右侧”参数为 0，如图 20-6 所示。

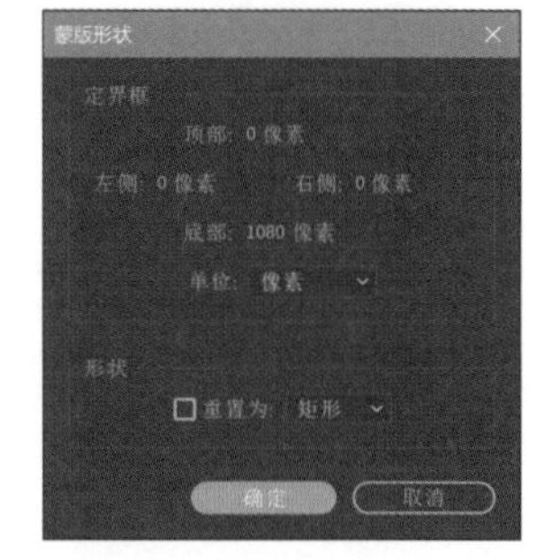

图 20-6 “蒙版形状”对话框

8 按 Ctrl+D 组合键复制“P02.jpg”图层，选中第 3 层，按住 Alt 键将“项目”面板上的“P03.jpg”素材拖动到选中的图层上进行替换。展开“变换”选项，在 0 帧处设置“位置”参数为（-480, 810），在 2 秒处设置“位置”参数为（1440, 810），如图 20-7 所示。

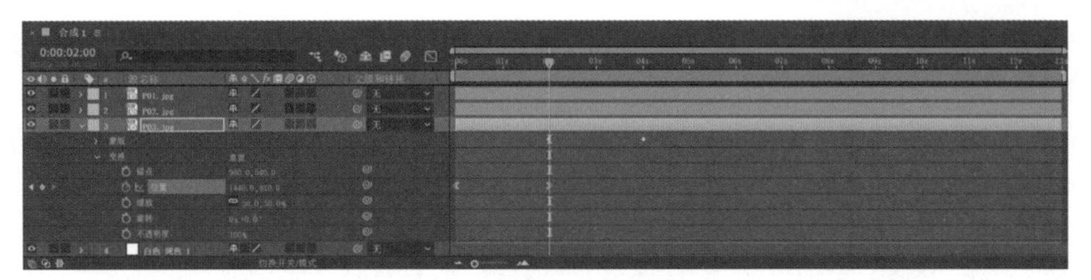

图 20-7 修改位移动画

9 展开“蒙版→蒙版 1”选项，在 4 秒处单击“形状”按钮，打开“蒙版形状”对话框，设置“左侧”和“右侧”参数均为 1920 后单击“确定”按钮。

10 按 Ctrl+D 组合键复制“P03.jpg”图层，选中第 4 层，按住 Alt 键将“项目”面板上的“P04.jpg”素材拖动到选中的图层上进行替换。展开“变换”选项，在 0 帧处设置“位置”参数为（1440, 1350），在 2 秒处设置“位置”参数为（1440, 270），如图 20-8 所示。

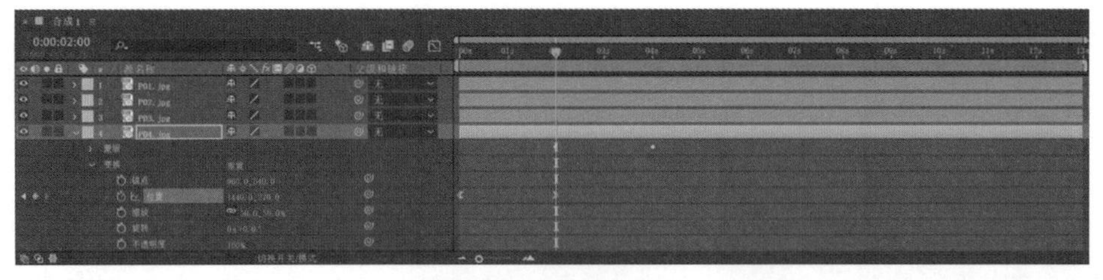

图 20-8 修改位移动画

11 展开“蒙版→蒙版 1”选项，将 4 秒处的关键帧删除，单击“形状”按钮，在“蒙版形状”对话框中设置“底部”参数为 0。当前设置完成后的图像拼贴效果如图 20-9 所示。

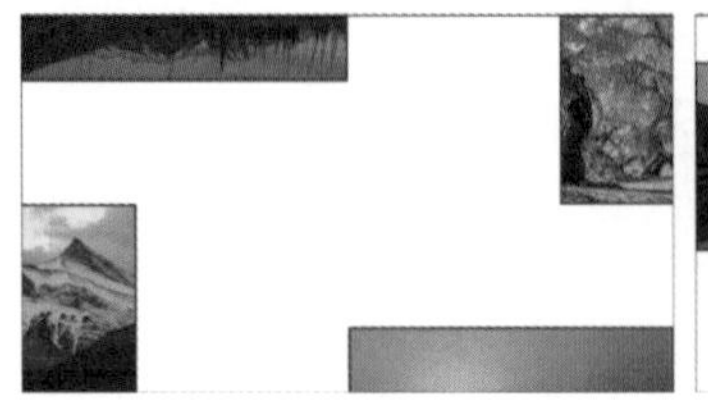

图 20-9 图像拼贴效果

12 将“项目”面板上的“P05.jpg”素材拖动到“时间轴”面板的第 5 层，设置图层的入点为 2 秒，出点为 6 秒 15 帧。展开“变换”选项，设置“锚点”参数为（3840, 2160），在 4 秒 15 帧处设置“缩放”参数为（50, 50）后创建关键帧，在 5 秒 15 帧处设置“缩放”参数为（25, 25）。按 Ctrl+Shift+F9 组合键将“缩放”参数的第一个关键帧插值设置为缓出，按 Shift+F9 组合键将第二个关键帧插值设置为缓入，如图 20-10 所示。

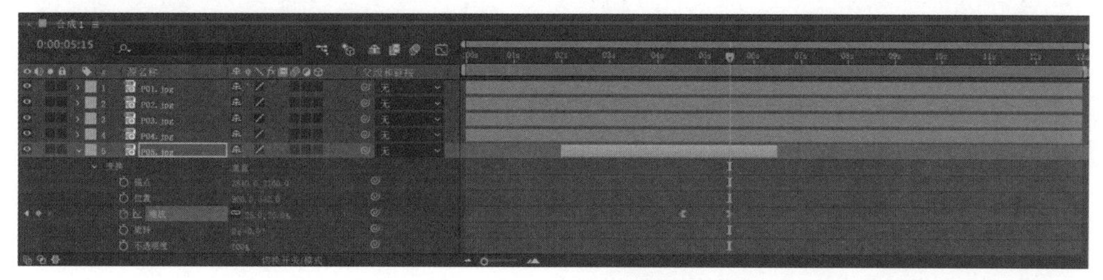

图 20-10 设置缩放动画

13 按 Ctrl+D 组合键复制“P05.jpg”图层，选中第 6 层，按住 Alt 键将“项目”面板上的“P06.jpg”素材拖动到选中的图层上进行替换。展开“变换”选项，设置“锚点”参数为（0, 0），如图 20-11 所示。当前设置完成后的图像拼贴效果如图 20-12 所示。

图 20-11 设置“锚点”参数

图 20-12 图像拼贴效果

14 将“项目”面板上的“P07.jpg”素材拖动到“时间轴”面板的第 7 层，将图层的入点拖动到 2 秒处。展开“变换”选项，设置“锚点”参数为（3484, 540），“缩放”参数为（25, 25）。

15 在 6 秒 15 帧处设置“位置”参数为（-89, 135）后创建关键帧，在 12 秒 15 帧处设置“位置”参数为（870, 135）。按 Ctrl+Shift+F9 组合键将“位置”参数的第一个关键帧插值设置为缓出，按 Shift+F9 组合键将第二个关键帧插值设置为缓入，如图 20-13 所示。

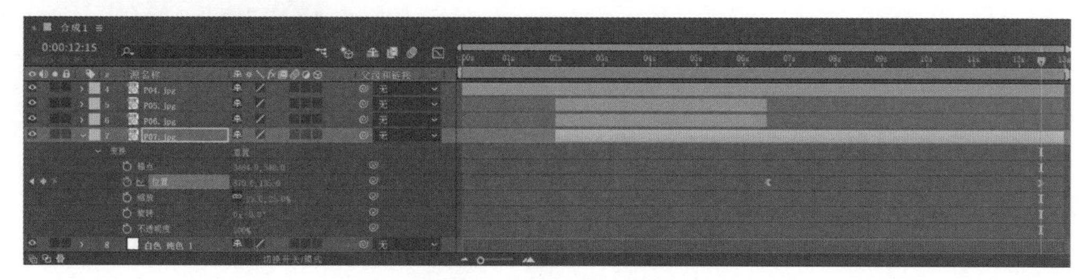

图 20-13 设置位移动画

16 按 Ctrl+D 组合键复制“P07.jpg”图层，选中第 8 层，按住 Alt 键将“项目”面板上的“P08.jpg”素材拖动到选中的图层上进行替换。展开“变换”选项，设置“锚点”参数为（5760, 540）。在 6 秒 15 帧处设置“位置”参数为（1440, 405），在 12 秒 15 帧处设置“位置”参数为（480, 405），如图 20-14 所示。

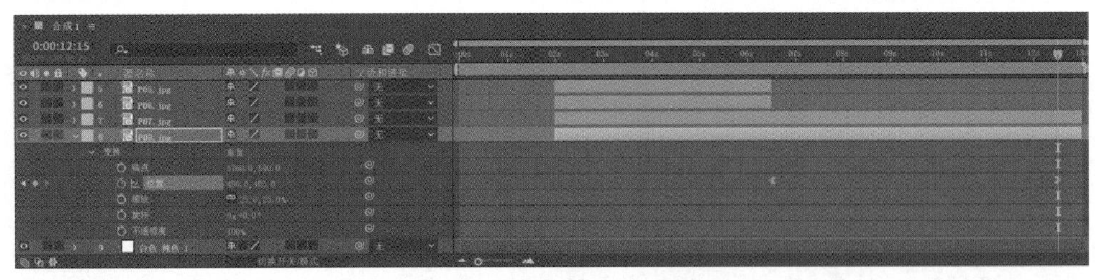

图 20-14 修改位移动画

17 将“项目”面板上的“P09.jpg”素材拖动到“时间轴”面板的第 9 层，将图层的入点拖动到 2 秒处，在“父级和链接”下拉列表框中选择“7.P07.jpg”。展开“变换”选项，设置“位置”参数为（5760, 2700），“缩放”参数为（100, 100），如图 20-15 所示。

18 将“项目”面板上的“P10.jpg”素材拖动到“时间轴”面板的第 10 层，将图层的入点拖动到 2 秒处，在“父级和链接”下拉列表框中选择“8.P08.jpg”。展开“变换”选项，设置“位置”参数为（5760, 2700），“缩放”参数为（100, 100），如图 20-16 所示。

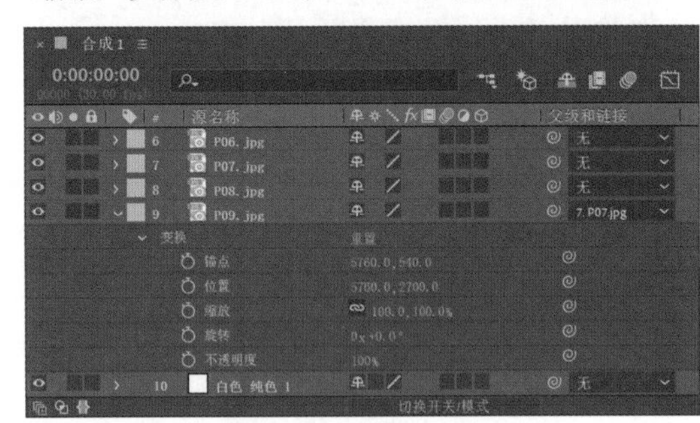

图 20-15 链接目标图层

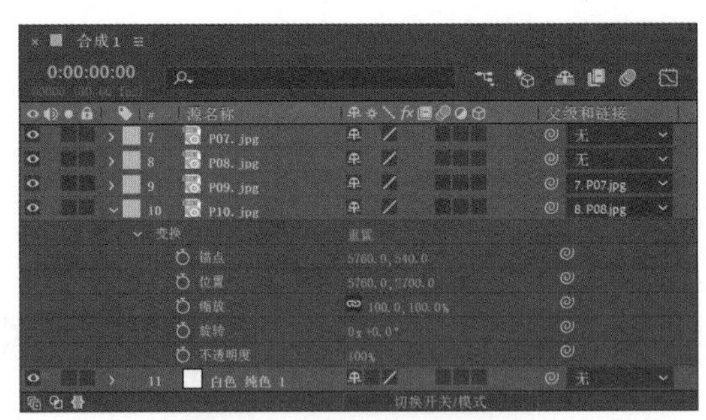

图 20-16 链接目标图层

19 选择“图层→新建→调整图层”命令，选择“效果→风格化→发光”命令，在“效果控件”面板中设置“发光阈值”参数为 55%，“发光半径”参数为 150，“发光强度”参数为 0.1，如图 20-17 所示。

20 整个案例制作完成，最终效果如图 20-1 所示。

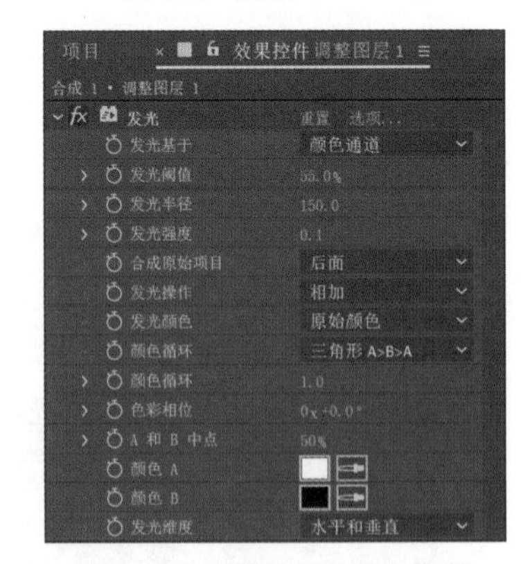

图 20-17 设置“发光”参数

案例 21 视觉差转场

本案例将制作比较复杂的视觉差转场效果，在制作过程中首先利用“棋盘”效果和“置换图”效果让图像产生割裂、错位感，然后利用图层蒙版制作带有箭头的转场，最后利用覆叠视频添加镜头光斑。最终效果如图 21-1 所示。

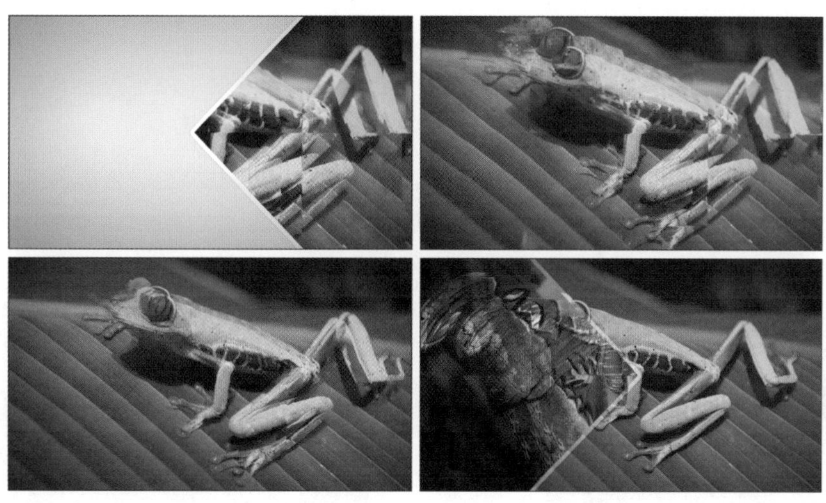

图 21-1 最终效果

★★★

技法分析

(1) 利用“棋盘”和“置换图”效果制作割裂的画面。

(2) 通过图像素材的混合叠加产生重影效果。

(3) 调整图层蒙版的形状，制作箭头状的转场。

素材文件路径：源文件 \ 案例 21 视觉差转场

完成项目文件：源文件 \ 案例 21 视觉差转场 \ 完成项目 \ 完成项目 .aep

完成项目效果：源文件 \ 案例 21 视觉差转场 \ 完成项目 \ 案例效果 .mp4

视频教学文件：演示文件 \ 案例 21 视觉差转场 .mp4

制作视觉差场景

1 运行 After Effects CC 2020，在“主页”窗口中单击“新建项目”按钮进入工作界面。在“项目”面板的空白处双击，弹出“导入文件”对话框，导入素材路径中的所有文件。

2 单击“合成”面板中的“新建合成”按钮，弹出“合成设置”对话框，设置“合成名称”为“棋盘”，合成尺寸为1920×1080，“帧速率”为 30，“持续时间”为 8 秒，其他沿用系统默认值，单击“确定”按钮生成合成，如图 21-2 所示。

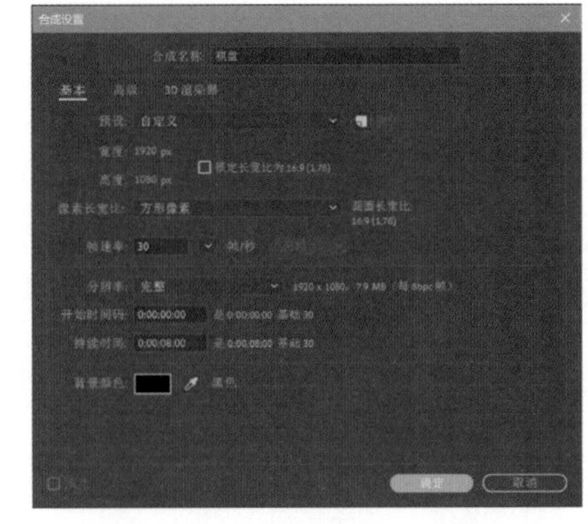

图 21-2 “合成设置”对话框

3 选择“图层→新建→纯色”命令，弹出“纯色设置”对话框，设置“颜色”为黑色，单击“确定”按钮生成图层。选择“效果→生成→棋盘”命令，在“效果控件”面板中设置“宽度”参数为 320，如图 21-3 所示。

4 选择“合成→新建合成”命令，弹出“合成设置”对话框，设置“合成名称”为“场景 1”，单击“确定”按钮生成合成。

5 将“项目”面板上的“棋盘”合成拖动到时间轴面板上，单击 按钮隐藏该图层的显示。将“项目”面板上的“P01.jpg”拖动到时间轴面板上，展开“变换”选项，设置“缩放”参数为（120, 120），如图 21-4 所示。

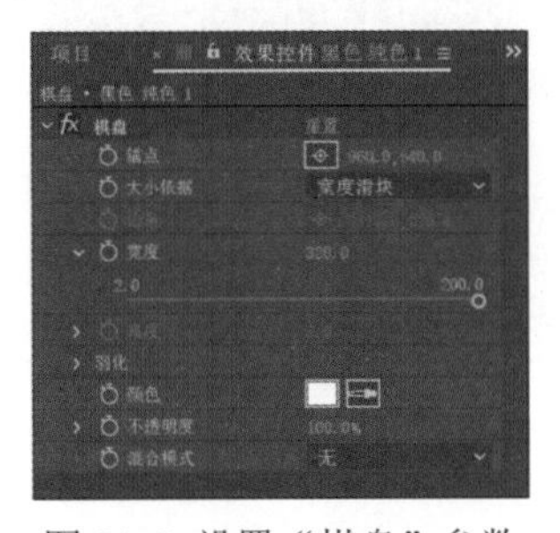

图 21-3 设置“棋盘”参数

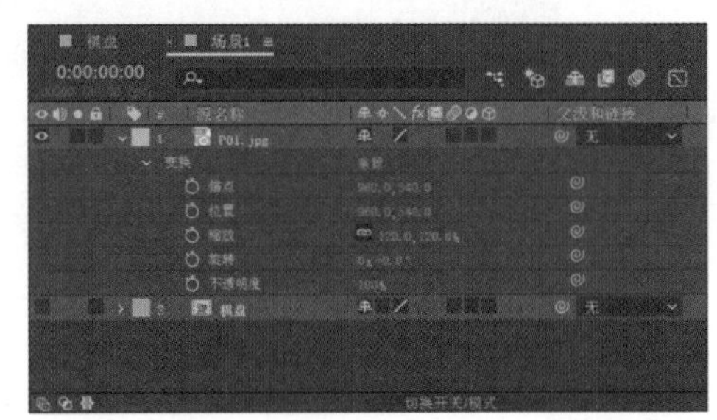

图 21-4 在“时间轴”面板上添加素材

6 选择“效果→扭曲→置换图”命令，在“置换图层”下拉列表框中选择“2. 棋盘”。在 0 帧处设置“最大水平置换”和“最大垂直置换”参数为 20 后创建关键帧，在 4 秒 15 帧处设置“最大水平置换”和“最大垂直置换”参数为 0；选中所有关键帧，按 F9 键将关键帧插值设置为贝塞尔曲线，如图 21-5 所示。当前设置完成后的棋盘置换图效果如图 21-6 所示。

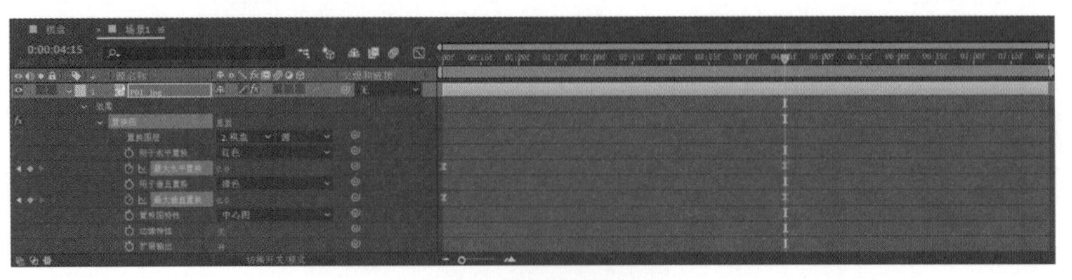

图 21-5 设置置换动画

7 按 Ctrl+D 组合键复制“P01.jpg”图层，选中第 1 层，将图层混合模式设置为“点光”。在 0 帧处设置“置换图”效果的“最大水平置换”和“最大垂直置换”参数为 40。

8 展开“变换”选项，在 5 秒处为“缩放”参数创建关键帧，在 0 帧处设置“缩放”参数为（160，160）；选中第二个关键帧，按 Shift+F9 组合键将关键帧插值设置为缓入，如图 21-7 所示。当前设置完成后的双重置换图效果如图 21-8 所示。

图 21-6 棋盘置换图效果

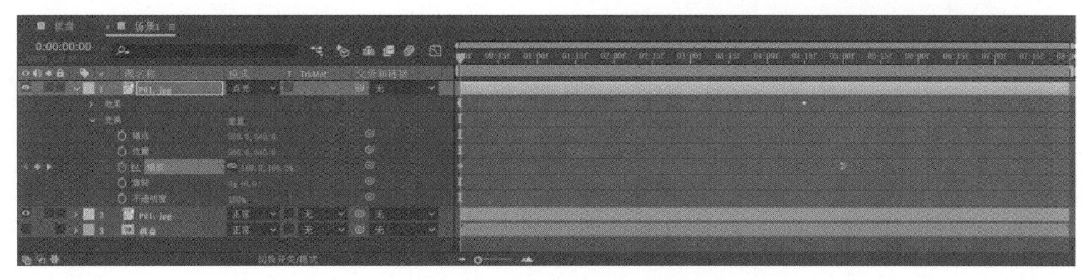

图 21-7 设置图像缩小动画

9 选择“图层→新建→摄像机”命令，弹出“摄像机设置”对话框。在“预设”下拉列表框中选择“50 毫米”，单击“确定”按钮生成摄像机图层。

10 选择“图层→新建→调整图层”命令，在“摄像机 1”图层的“父级和链接”下拉列表框中选择“1. 调整图层 1”；开启所有图层的“3D 图层”开关，如图 21-9 所示。

图 21-8 双重置换图效果

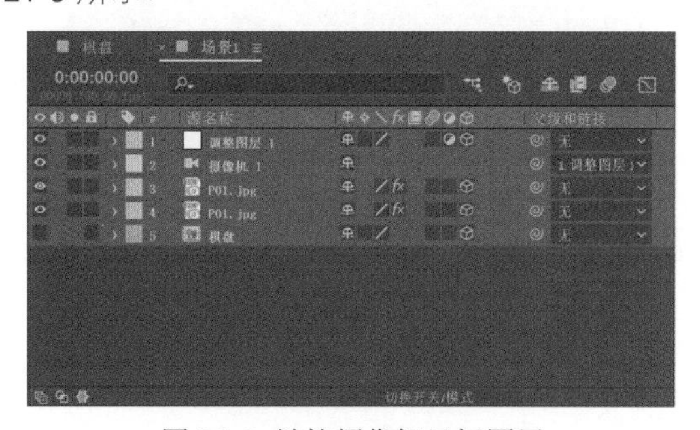

图 21-9 链接摄像机目标图层

11 展开调整图层的“变换”选项，在 0 帧处为“缩放”和“Y 轴旋转”参数创建关键帧，设置“Y 轴旋转”参数为 0x+22°；在 5 秒处设置“缩放”参数为（120，120，120），“Y 轴旋转”参数为 0x+0°，如图 21-10 所示。

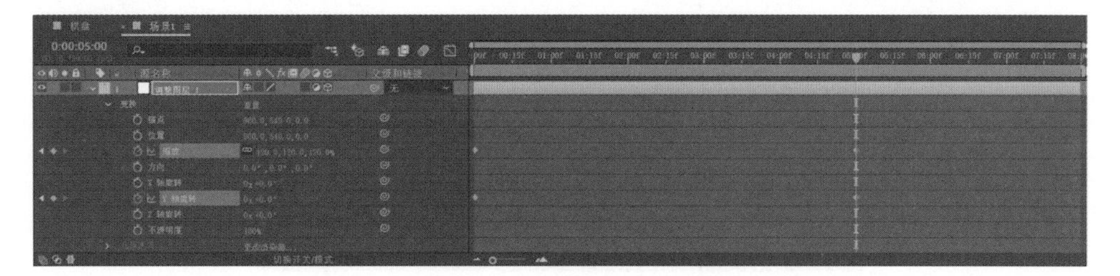

图 21-10 设置摄像机动画

12 选择“图层→新建→调整图层”命令，选择“效果→风格化→发光”命令，设置“发光阈值”和“发光半径”参数均为 50；在 0 帧处设置“发光强度”参数为 0.2，在 5 秒处设置“发光强度”参数为 0，如图 21-11 所示。

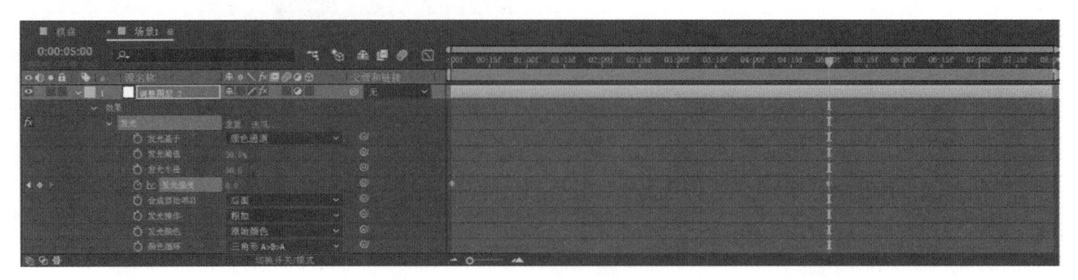

图 21-11 设置“发光”参数

13 在“项目”面板中按 Ctrl+D 组合键复制两个“场景 1”合成。双击切换到“场景 2”合成，按住 Ctrl 键同时选中两个“P01.jpg”图层，按住 Alt 键将“项目”面板上的“P02.jpg”拖动到选中的图层上进行替换，如图 21-12 所示。

14 双击切换到“场景 3”合成，按住 Ctrl 键同时选中两个“P02.jpg”图层，按住 Alt 键将“项目”面板上的“P03.jpg”拖动到选中的图层上进行替换，如图 21-13 所示。

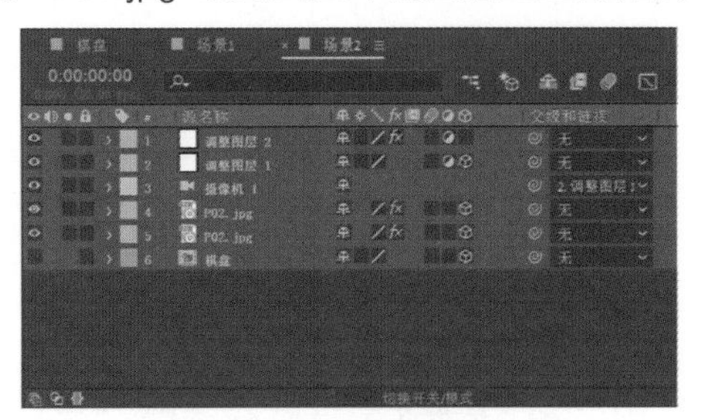

图 21-12 替换图像素材

图 21-13 替换图像素材

完成场景的合成

1 选择“合成→新建合成”命令，弹出“合成设置”对话框，设置“合成名称”为“完成”，“持续时间”为 18 秒，单击“确定”按钮生成合成。

2 选择“图层→新建→纯色”命令，弹出“纯色设置”对话框，设置“颜色”为白色，单击“确定”按钮生成图层。

3 将“项目”面板上的“场景 1”合成拖动到“时间轴”面板上，执行“图层→蒙版→新建蒙版”命令。单击工具栏上的钢笔工具，在蒙版的边框上单击添加一个顶点。在 0 帧处为“蒙版路径”参数创建关键帧，参照图 21-14 所示调整蒙版的形状和位置。

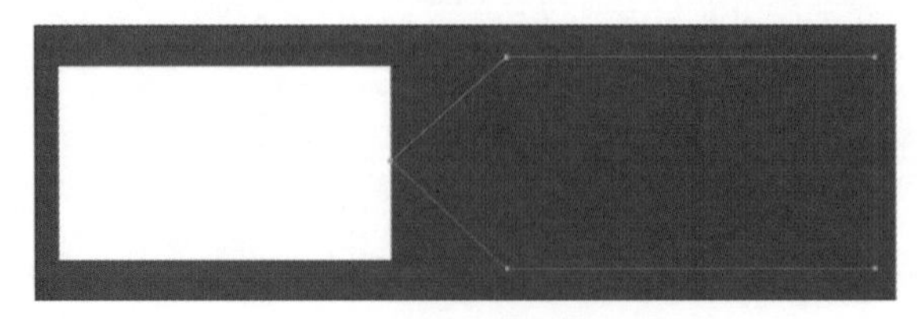

图 21-14 调整蒙版的形状和位置

4 在 1 秒处将蒙版移动到如图 21-15 所示的位置。

5 执行“图层→图层样式→外发光”命令。展开“图层样式→外发光”选项，在“混合模式”下拉列表框中选择“线性光”，在“颜色类型”下拉列表框中选择“渐变”，在“技术”下拉列表框中选择“精细”，设置“不透明度”参数为 70%，“大小”参数为 25，如图 21-16 所示。

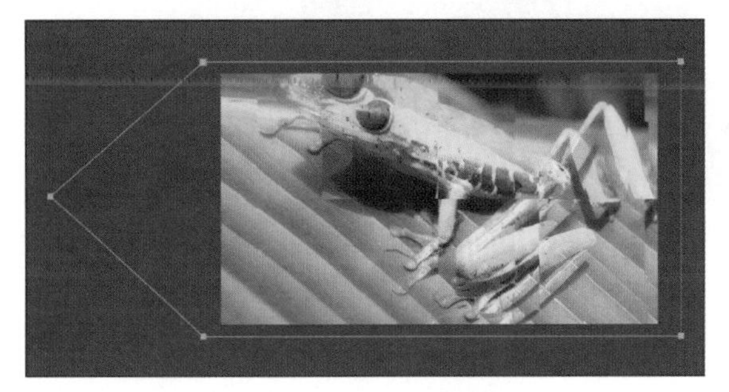
图 21-15 在 1 秒处调整蒙版位置

图 21-16 设置“外发光”参数

6 单击“编辑渐变”按钮，打开“渐变编辑器”对话框。设置第一个色标的颜色值为 #B9B9B9，设置第二个色标的颜色值为 #505050，在“位置”参数为 65% 处添加一个色标，设置色标的颜色值为 B9B9B9，单击“确定”按钮完成设置，如图 21-17 所示。当前设置完成后的箭头转场效果如图 21-8 所示。

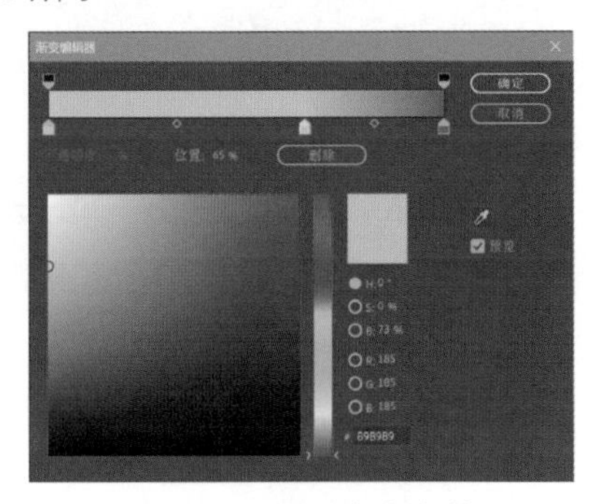
图 21-17 设置渐变参数

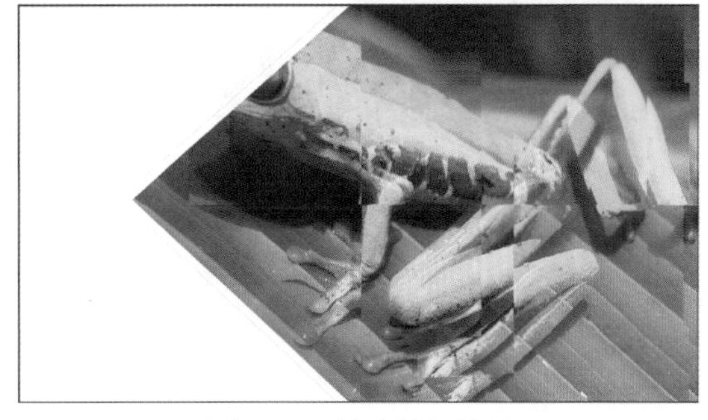
图 21-18 箭头转场效果

7 在“时间轴”面板上，按 Ctrl+D 组合键复制两个“场景 1”图层，将第 1 层的入点拖动到 10 秒处，将第 2 层的入点拖动到 5 秒处；选中第 2 层，按住 Alt 键将“项目”面板上的“场景 2”合成拖动到选中的图层上进行替换；选中第 1 层，按住 Alt 键将“项目”面板上的“场景 3”合成拖动到选中的图层上进行替换，如图 21-19 所示。

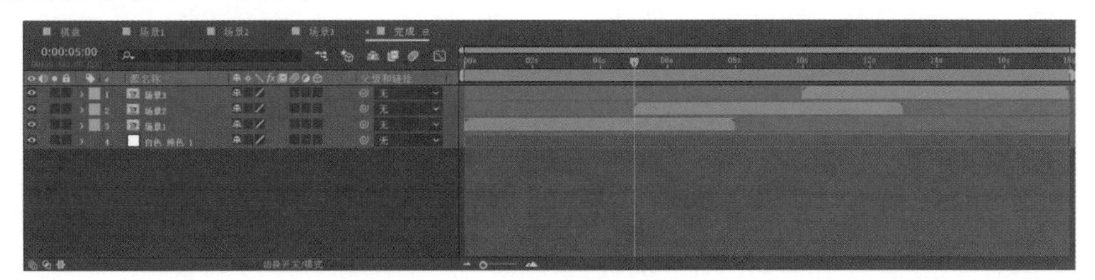
图 21-19 调整图层入点并替换素材

8 选中“场景 2”图层，在“合成”面板上双击选中蒙版边框，选择“图层→变换→水平翻转”命令，水平翻转效果如图 21-20 所示。

图 21-20 水平翻转效果

9 选择“图层→新建→调整图层”命令，继续选择“效果→颜色校正→ Lumetri 颜色”命令。展开“晕影”选项，设置“数量”参数为 -3，“羽化”参数为 100，如图 21-21 所示。

10 将“项目”面板上的“V01.mp4”拖动到“时间轴”面板上，设置图层混合模式为“屏幕”。展开“变换”选项，设置“不透明度”参数为 80%，如图 21-22 所示。

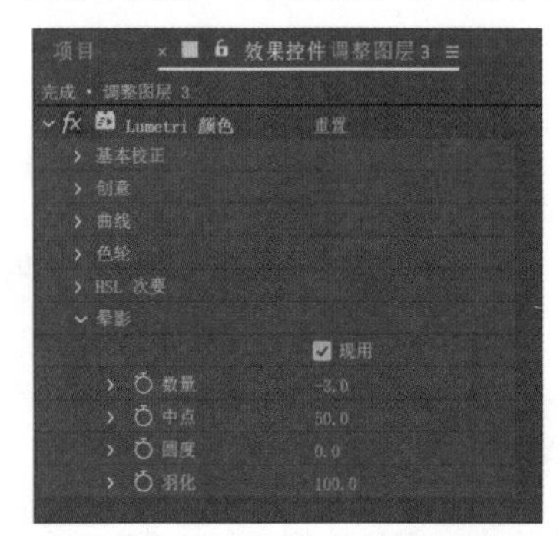

图 21-21 设置“Lumetri 颜色”参数

图 21-22 添加覆盖视频

11 整个案例制作完成，最终效果如图 21-1 所示。

案例 22 水墨双重曝光

本案例的制作主要分成两个部分，第一部分将图层混合模式与轨道遮罩结合起来，制作出水墨素材和背景图像混合的效果；第二部分利用预合成功能将抠除背景的透明图像和视频素材叠加到一起，产生双重曝光的效果。最终效果如图 22-1 所示。

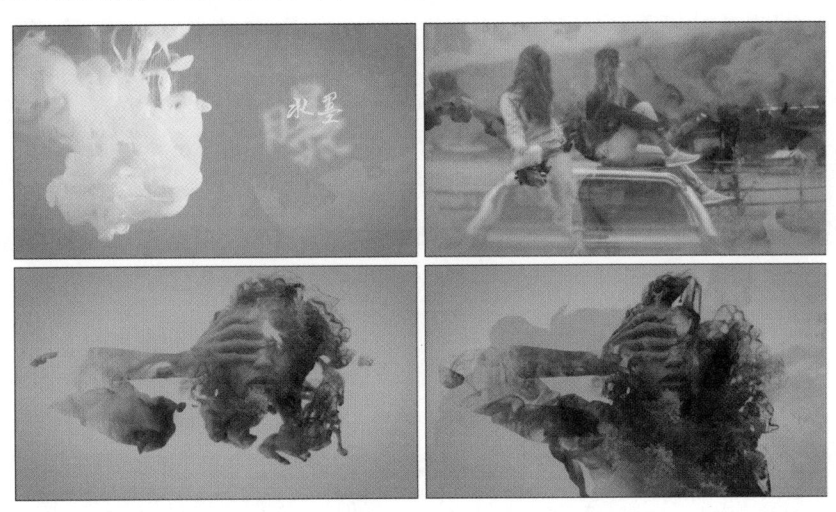

图 22-1 最终效果

★★★

技法分析

AFTER EFFECTS

（1）使用图层混合模式和轨道遮罩叠加水墨素材。

（2）使用“高斯模糊”和“波形变形”效果模拟水墨产生的波动。

（3）利用抠除背景的透明图像制作双重曝光效果。

素材文件路径：源文件 \ 案例 22 水墨双重曝光

完成项目文件：源文件 \ 案例 22 水墨双重曝光 \ 完成项目 \ 完成项目 .aep

完成项目效果：源文件 \ 案例 22 水墨双重曝光 \ 完成项目 \ 案例效果 .mp4

视频教学文件：演示文件 \ 案例 22 水墨双重曝光 .mp4

1 运行After Effects CC 2020，在“主页”窗口中单击“新建项目”按钮进入工作界面。在“项目”面板的空白处双击，弹出“导入文件”对话框，导入素材路径中的所有文件。

2 单击“合成”面板中的“新建合成”按钮，弹出“合成设置”对话框，设置合成尺寸为1920×1080，“帧速率”为30，“持续时间”为15秒，其他沿用系统默认值，单击“确定”按钮生成合成，如图22-2所示。

3 选择“图层→新建→纯色”命令，弹出“纯色设置”对话框，设置“颜色”为#19C1FC，单击“确定”按钮生成图层。将图层的出点拖动到5秒处。

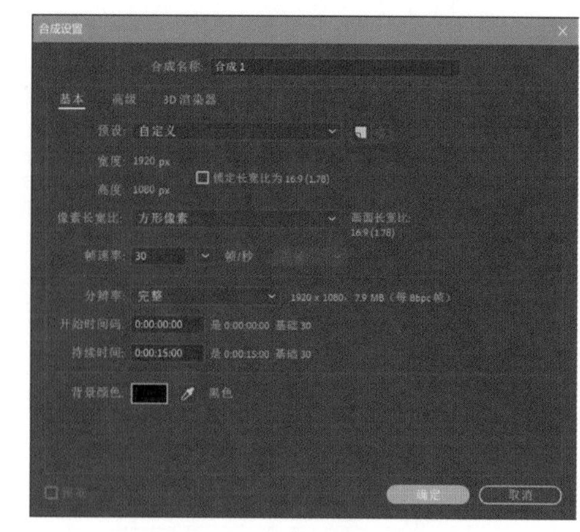

图22-2 “合成设置”对话框

4 再次选择“图层→新建→纯色”命令，弹出“纯色设置”对话框，设置“颜色”为#5DD5FF，单击“确定”按钮生成图层。将图层的入点拖动到1秒处，出点拖动到5秒处，如图22-3所示。

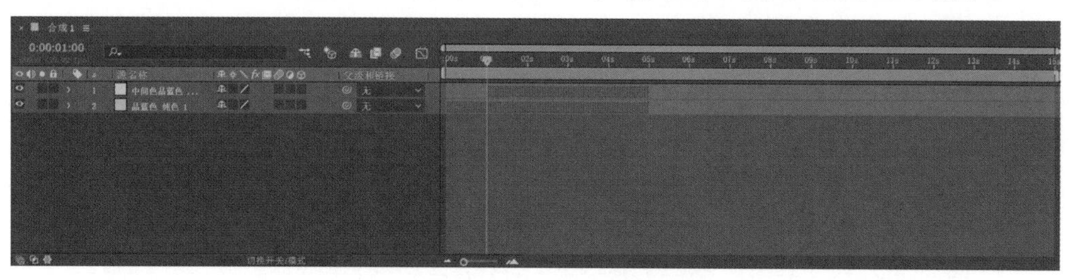

图22-3 调整图层的入点和出点

5 将“项目”面板上的“V01.mp4”素材拖动到“时间轴”面板上，将入点拖动到1秒处；将“项目”面板上的“V02.mp4”素材拖动到“时间轴”面板上，设置图层混合模式为“屏幕”；设置第3层的混合模式为“颜色加深”，在“TrkMat”下拉列表框中选择“亮度遮罩”，如图22-4所示。

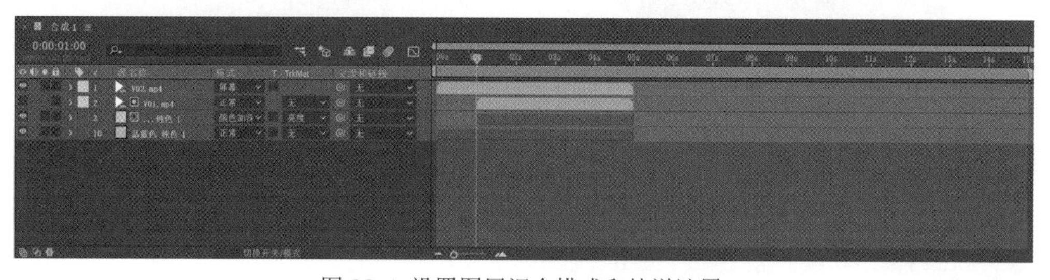

图22-4 设置图层混合模式和轨道遮罩

6 在“字符”面板中设置字体为“缘缘体行书GB2312”，字体大小为160，行距为150，字符间距为-150。单击工具栏上的**T**按钮，在“合成”面板上输入文本“水墨曝光”。

7 将文本图层的出点拖动到5秒处。展开“变换”选项，设置“位置”参数为(1280, 440)，“不透明度”参数为80%，当前设置完成后的文本效果如图22-5所示。

图22-5 文本效果

图 22-6 设置文本动画

8 展开“文本”选项，单击“动画”右侧的 ◐ 按钮，在弹出的快捷菜单中依次选择“缩放”“不透明度”和“模糊”。在“动画制作工具 1”选项中设置“缩放”参数为（500, 500），“不透明度”参数为 0%，“模糊”参数为（80, 80），如图 22-6 所示。

9 展开“范围选择器 1→高级”选项，在“依据”下拉列表框中选择“行”。在 0 帧处为“偏移”参数创建关键帧，在 3 秒处设置“偏移”参数为 100%，如图 22-7 所示。

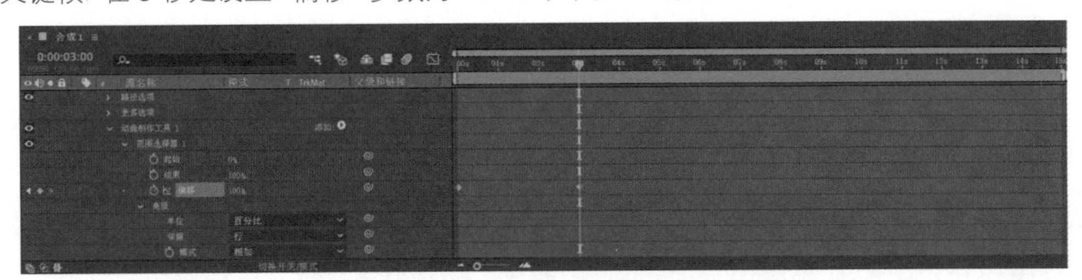

图 22-7 设置文本动画

10 选择“图层→新建→纯色”命令，弹出“纯色设置”对话框，设置“颜色”为 #B9B9B9，单击“确定”按钮生成图层。将图层的入点拖动到 5 秒处，出点拖动到 10 秒处。

11 将“项目”面板上的“P01.jpg”素材拖动到“时间轴”面板上，将入点拖动到 5 秒处，出点拖动到 10 秒 处；将“项目”面板上的“V03.mp4”素材拖动到“时间轴”面板上，将入点拖动到 5 秒处，按住 Alt 键将出点拖动到 10 秒处。

12 将第 2 层的图层混合模式设置为“叠加”，在“TrkMat”下拉列表框中选择“亮度遮罩”，如图 22-8 所示。

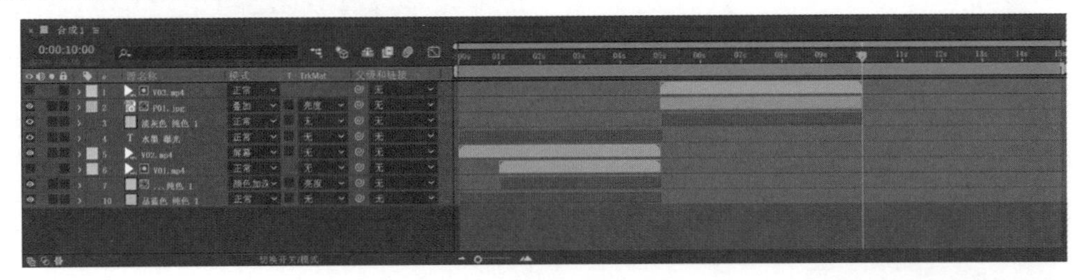

图 22-8 设置图层混合模式和轨道遮罩

13 选中第 2 层，选择“效果→颜色校正→黑色和白色”命令。继续选择“效果→模糊和锐化→高斯模糊”命令，设置“模糊度”参数为 20，如图 22-9 所示。

14 选择“效果→扭曲→波形变形”命令，设置“波形高度”参数为 8，“波形宽度”参数为 68，“方向”参数为 0x+0°，如图 22-10 所示。当前设置完成后的水墨转场效果如图 22-11 所示。

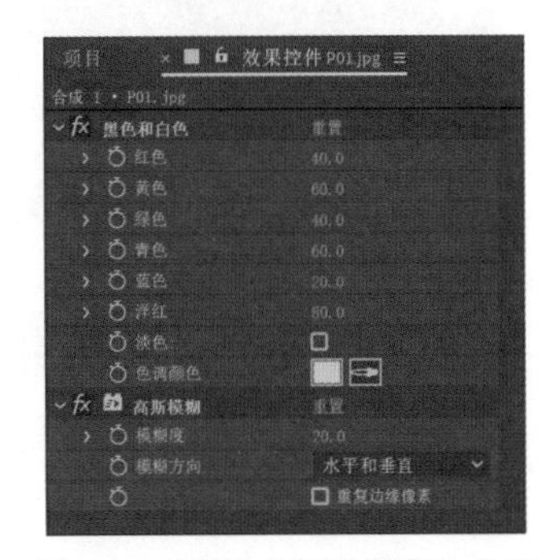

图 22-9 设置“高斯模糊”参数

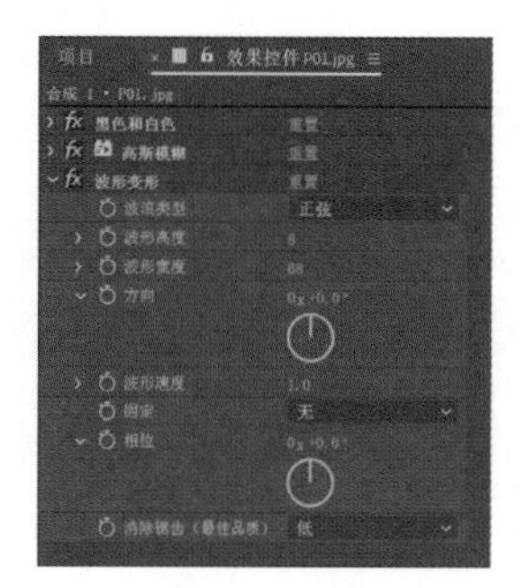
图 22-10 设置“波形变形”参数

图 22-11 水墨转场效果

15 将“项目”面板上的“P01.jpg”素材拖动到“时间轴”面板上，将入点拖动到 6 秒 15 帧处，出点拖动到 10 秒处。

16 将“项目”面板上的“V03.mp4”素材拖动到“时间轴”面板上，将入点拖动到 6 秒 15 帧处，按住 Alt 键将出点拖动到 10 秒处；在第 2 层的“TrkMat”下拉列表框中选择“亮度”，如图 22-12 所示。当前设置完成后的水墨转场效果如图 22-13 所示。

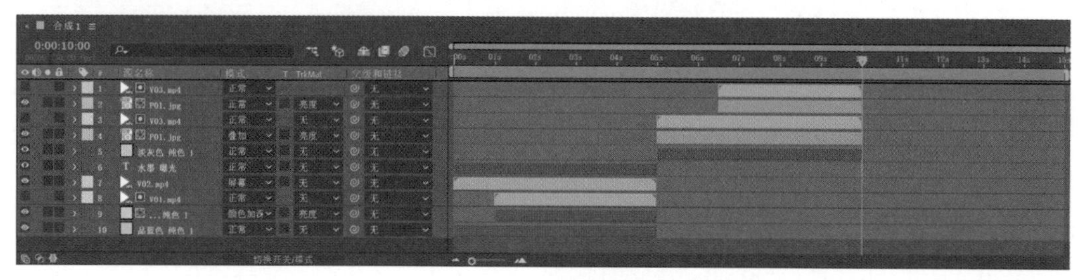
图 22-12 设置轨道遮罩

17 选择“图层→新建→纯色”命令，弹出“纯色设置”对话框，设置“颜色”为 #B9B9B9，单击“确定”按钮生成图层，将图层的入点拖动到 10 秒处。

18 将“项目”面板上的“V07.mp4”素材拖动到“时间轴”面板上，将图层的入点拖动到 10 秒处，按住 Alt 键将出点拖动到 14 秒 29 帧处，设置图层混合模式为“相乘”，如图 22-14 所示。

图 22-13 水墨转场效果

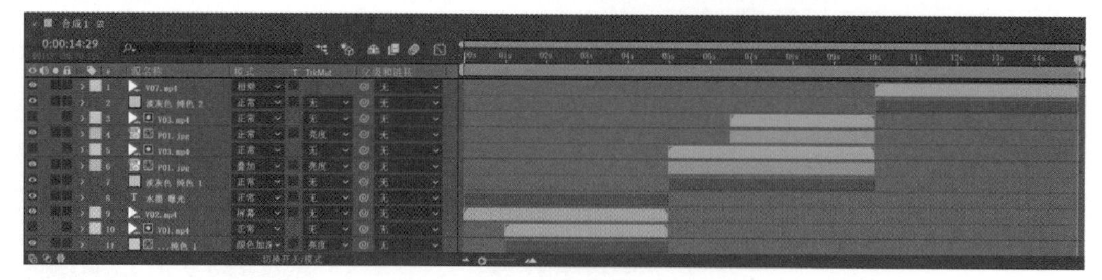
图 22-14 在“时间轴”面板上添加素材并设置图层混合模式

19 将“项目”面板上的“V05.mp4”素材拖动到“时间轴”面板上，将图层的入点拖动到 10 秒处；将“项目”面板上的“V06.mp4”素材拖动到“时间轴”面板上，将图层的入点拖动到 11 秒处，设置图层混合模式为“轮廓亮度”，展开“变换”选项，设置“不透明度”参数为 15%；选中第 3 层，在“TrkMat”下拉列表框中选择“亮度遮罩”，如图 22-15 所示。

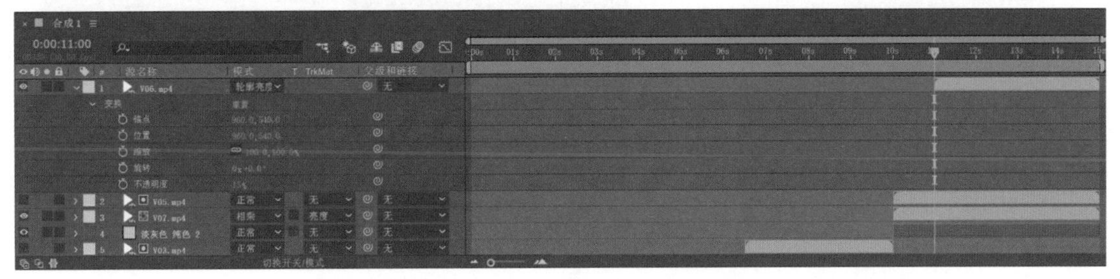

图 22-15 在“时间轴”面板上添加素材并设置轨道遮罩

20 选中第 3 层，选择“图层→预合成”命令，打开“预合成”对话框，勾选“打开新合成”复选框后直接单击“确定”按钮，如图 22-16 所示。

21 将“项目”面板上的“P02.psd”素材拖动到预合成的“时间轴”面板上，这张素材一定要使用抠除背景的透明图像，如图 22-17 所示。

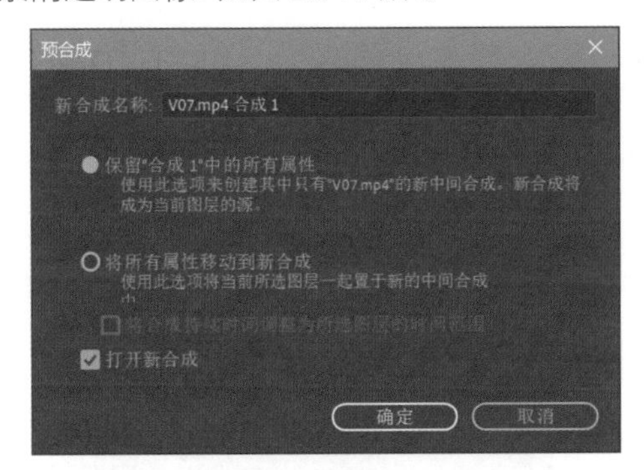

图 22-16 创建预合成

图 22-17 抠除背景的透明图像

22 按 Ctrl+D 组合键复制“P02.psd”图层。设置第 1 层的图层混合模式为“屏幕”，在第 2 层的“TrkMat”下拉列表框中选择“亮度反转遮罩”，在第 3 层的“TrkMat”下拉列表框中选择“Alpha 遮罩”，如图 22-18 所示。当前设置完成后的双重曝光效果如图 22-19 所示。

图 22-18 设置轨道遮罩

图 22-19 双重曝光效果

23 选中第 1 层，选择“图层→蒙版→新建蒙版”命令，展开“蒙版→蒙版 1”选项，设置“蒙版羽化”参数为（500, 500）。单击“形状”打开“蒙版形状”对话框，设置“底部”参数为 668，单击“确定”按钮完成设置，如图 22-20 所示。当前设置完成后的双重曝光效果如图 22-21 所示。

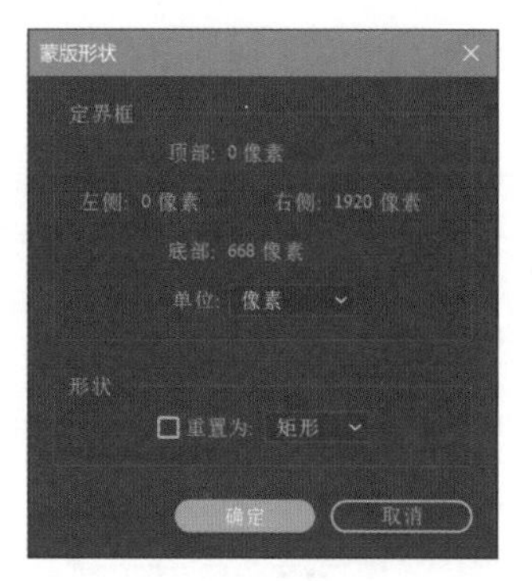

图 22-20 设置“蒙版形状”参数

图 22-21 双重曝光效果

24 单击按钮显示第 1 层，切换到“合成 1”。选择“图层→新建→调整图层”命令，继续选择“效果→颜色校正→ Lumetri 颜色”命令。展开“创意”选项，在“Look”下拉列表框中选择“SL BIG”，如图 22-22 所示。

25 展开“晕影”选项，设置“数量”参数为 -1，如图 22-23 所示。

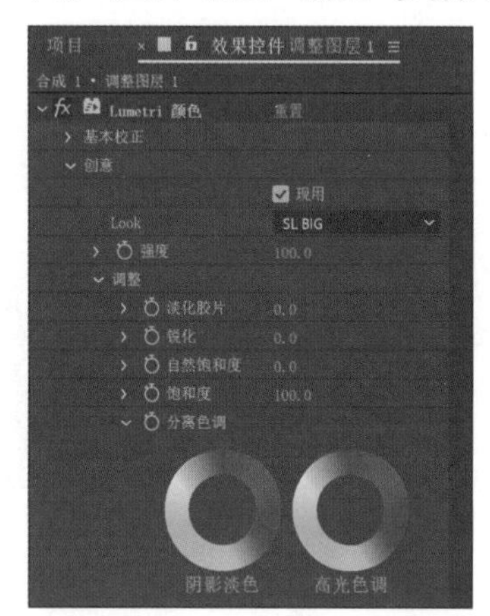

图 22-22 设置“创意”参数

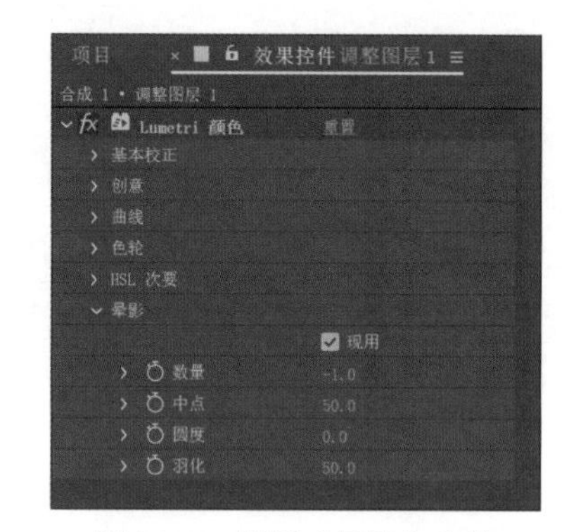

图 22-23 设置“晕影”参数

26 整个案例制作完成，最终效果如图 22-1 所示。

案例 23 动感电视墙

本案例的制作主要分为两个部分，第一部分是使用“分形杂色”“梯度渐变”“卡片动画”等效果分割图像素材产生电视墙的位移动画；第二部分是使用“发光”和“径向模糊”效果制作出电视屏幕的光效和运动感。最终效果如图 23-1 所示。

图 23-1 最终效果

★★★

技法分析

（1）使用“分形杂色”和“梯度渐变”效果制作噪波图像。

（2）使用“卡片动画”效果分割画面并产生位移动画。

（3）使用“发光”和“径向模糊”效果制作光效。

素材文件路径：源文件 \ 案例 23 动感电视墙

完成项目文件：源文件 \ 案例 23 动感电视墙 \ 完成项目 \ 完成项目 .aep

完成项目效果：源文件 \ 案例 23 动感电视墙 \ 完成项目 \ 案例效果 .mp4

视频教学文件：演示文件 \ 案例 23 动感电视墙 .mp4

杂色的合成

1 运行 After Effects CC 2020，在“主页”窗口中单击“新建项目”按钮进入工作界面。在“项目”面板的空白处双击，弹出“导入文件”对话框，导入素材路径中的所有文件。

2 单击“合成”面板中的“新建合成”按钮，弹出“合成设置”对话框，设置“合成名称”为“杂色”，合成尺寸为 1920×1080，“帧速率”为 30，设置“持续时间”为 6 秒，其他沿用系统默认值，单击“确定”按钮生成合成，如图 23-2 所示。

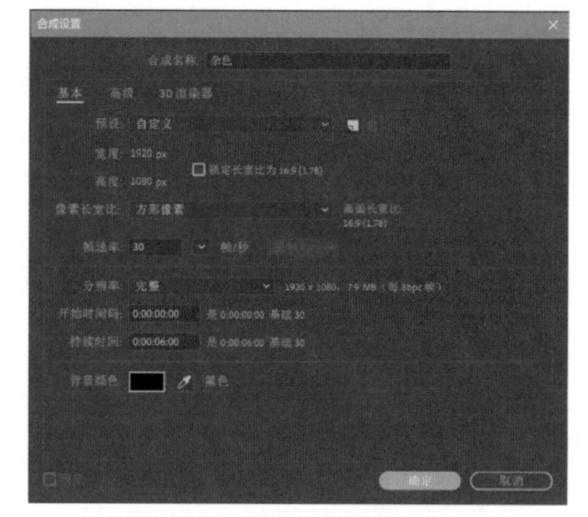

图 23-2 “合成设置”对话框

3 选择“图层→新建→纯色”命令，弹出“纯色设置”对话框，设置“颜色”为黑色，单击“确定”按钮生成图层。

4 选择“效果→杂色和颗粒→分形杂色”命令，在“效果控件”面板中设置“复杂度”参数为 20；展开“子设置”选项，设置“子影响”参数为 100，“子缩放”参数为 30，如图 23-3 所示。

5 选择“效果→颜色校正→曲线”命令，参照图 23-4 所示调整曲线的形状。

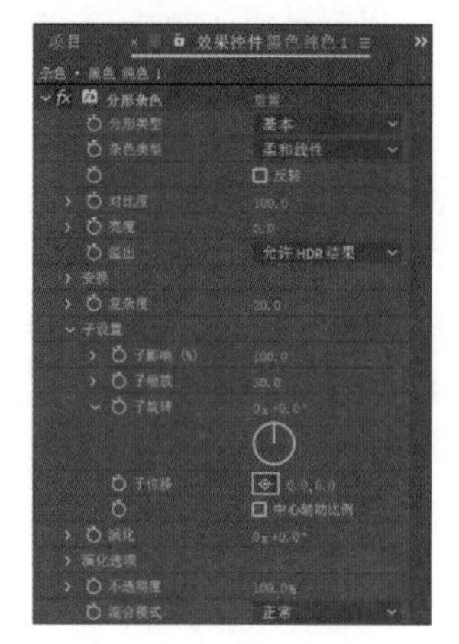

图 23-3 设置“分形杂色”参数

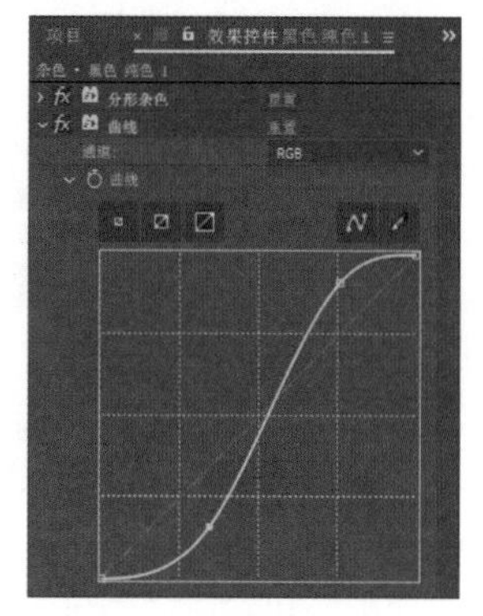

图 23-4 调整曲线形状

6 选择“效果→颜色校正→色阶”命令，设置“灰度系数”参数为 0.8，“输入白色”参数为 255，“输出白色”参数为 187，如图 23-5 所示。当前设置完成后的杂色效果如图 23-6 所示。

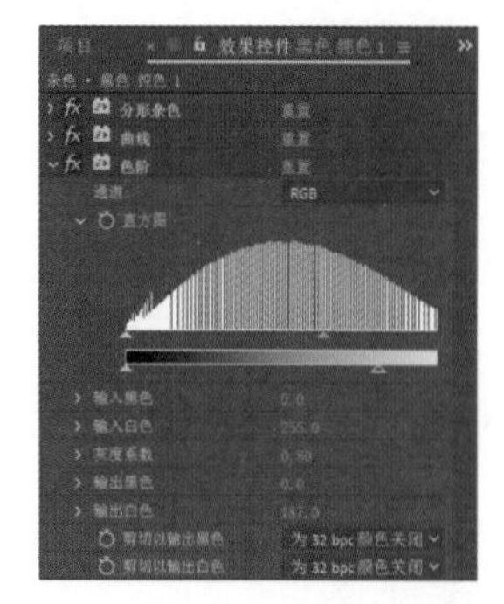

图 23-5 设置“色阶”参数

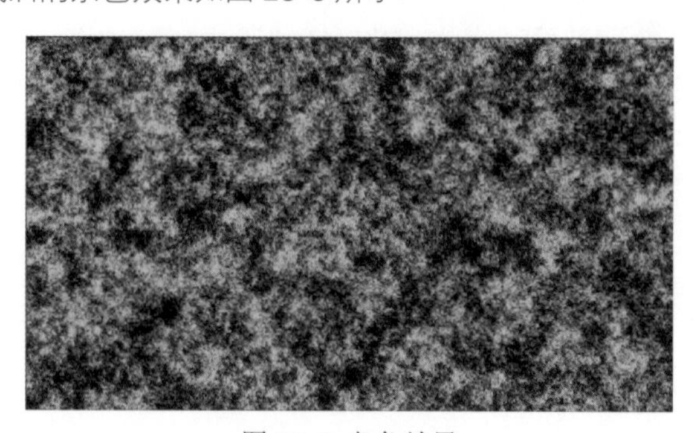

图 23-6 杂色效果

7 选择“图层→新建→纯色”命令，弹出“纯色设置”对话框，设置“颜色”为黑色，单击“确定”按钮生成图层，设置图层混合模式为“相乘”。

8 选择“效果→生成→梯度渐变”命令，在“效果控件”面板中单击“交换颜色”按钮，在“渐变形状”下拉列表框中选择“径向渐变”，设置“渐变起点”参数为（960, 540），“渐变终点”参数为（960, 1500），如图 23-7 所示。制作完成的杂色效果如图 23-8 所示。

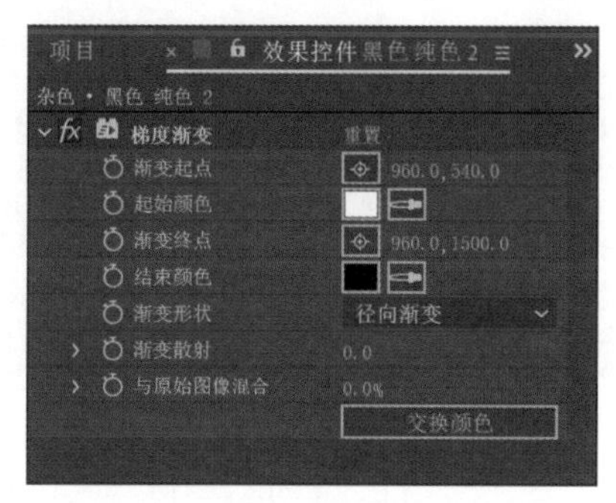

图 23-7 设置“梯度渐变”参数

图 23-8 制作完成的杂色效果

电视墙的合成

1 选择“合成→新建合成”命令，弹出“合成设置”对话框，设置“合成名称”为“电视墙”，单击“确定”按钮生成合成。

2 将“项目”面板上的“杂色”合成拖动到“时间轴”面板上，单击 按钮隐藏该图层的显示。将“项目”面板上的“P01.jpg”拖动到“时间轴”面板上，开启“3D 图层”开关，如图 23-9 所示。

3 展开“变换”选项，设置“缩放”参数为（48, 48, 48）。

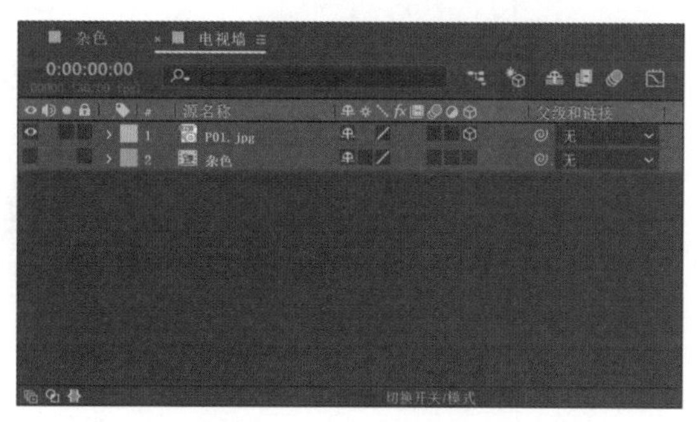

图 23-9 添加合成和图像

4 选择“效果→模拟→卡片动画”命令，在“效果控件”面板中设置“行数”和“列数”均为 8，在“渐变图层 1”下拉列表框中选择“2. 杂色”；展开“Z 位置”选项，在“源”下拉列表框中选择“强度 1”，在 0 帧处设置“乘数”参数为 -18、“偏移”参数为 2 后为这两个参数创建关键帧，在 5 秒处设置“乘数”和“偏移”参数均为 0，如图 23-10 所示。

5 展开“Y 轴旋转”选项，在“源”下拉列表框中选择“强度 1”，在 0 帧处设置“乘数”参数为 90、“偏移”参数为 50 为这两个参数创建关键帧，在 5 秒处设置“乘数”和“偏移”参数均为 0；展开“摄像机位置”选项，在 5 秒处为“X 轴旋转”和“Y 轴旋转”参数创建关键帧，在 0 帧处设置“X 轴旋转”参数为 0x-10°，设置“Y 轴旋转”参数为 0x+10°，如图 23-11 所示。

6 选择“效果→风格化→发光”命令。设置“发光阈值”参数为 10%，“发光半径”参数为 50，“发光强度”参数为 0.1，如图 23-12 所示。

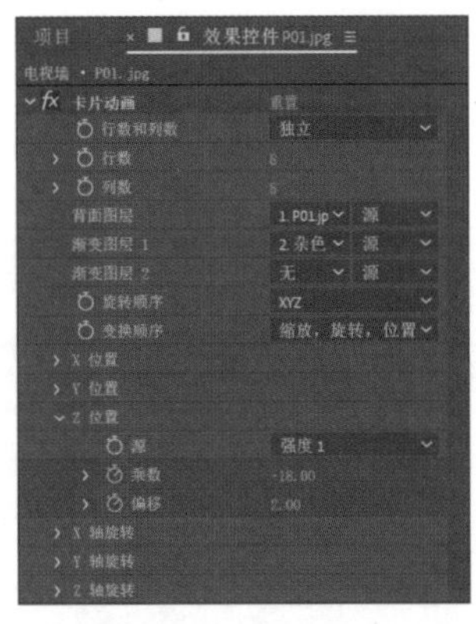

图 23-10 设置“卡片动画”参数

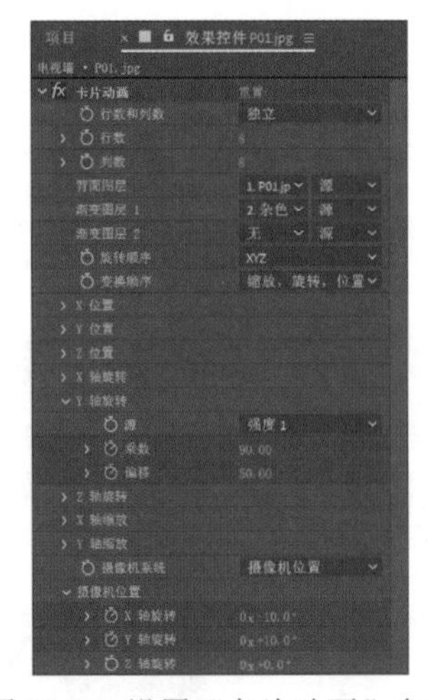

图 23-11 设置“卡片动画”参数

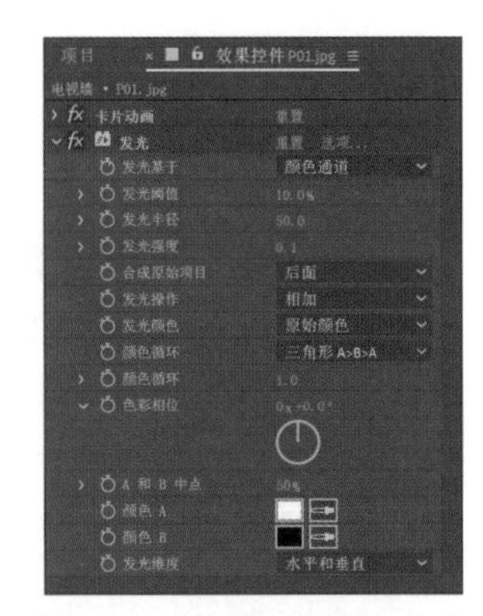

图 23-12 设置“发光”参数

7 选择“效果→模糊和锐化→径向模糊”命令，在“类型”下拉列表框中选择“缩放”，在 0 帧处设置“数量”参数为 15 后创建关键帧，在 5 秒处设置“数量”参数为 0，如图 23-13 所示。制作完成的电视墙效果如图 23-14 所示。

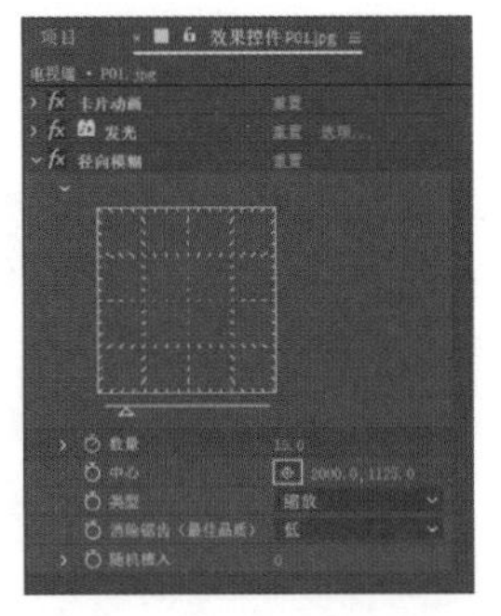

图 23-13 设置“径向模糊”参数

图 23-14 电视墙效果

完成场景的合成

1 选择“合成→新建合成”命令，弹出“合成设置”对话框，设置“合成名称”为“完成”，单击“确定”按钮生成合成。

2 选择“图层→新建→纯色”命令，弹出“纯色设置”对话框，设置“颜色”为 #D2D2D2，单击“确定”按钮生成图层。将“项目”面板上的“电视墙 .jpg”拖动到“时间轴”面板上，如图 23-15 所示。

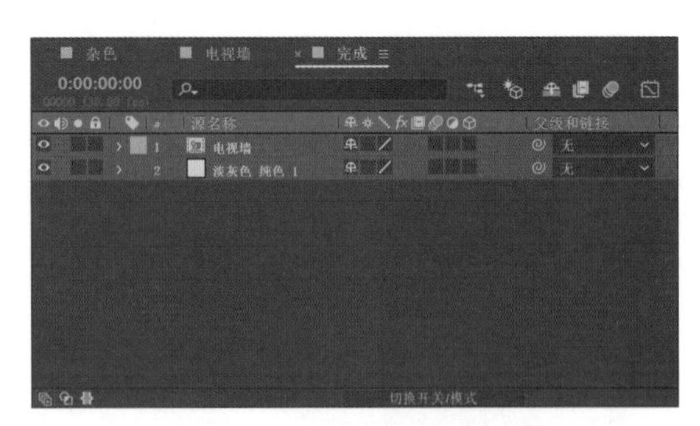

图 23-15 添加纯色和合成素材

3 选择“图层→新建→调整图层”命令，继续选择“效果→颜色校正→ Lumetri 颜色”命令。展开“创意”选项，在“Look”下拉列表框中选择“SL BIG HDR”，设置“强度”参数为 60，如图 23-16 所示。

4 展开“晕影”选项，设置“数量”参数为 -1.5，“羽化”参数为 100，如图 23-17 所示。

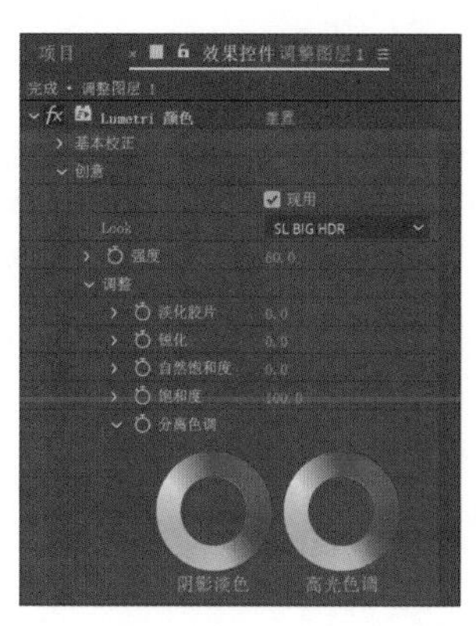

图 23-16 设置“创意”参数

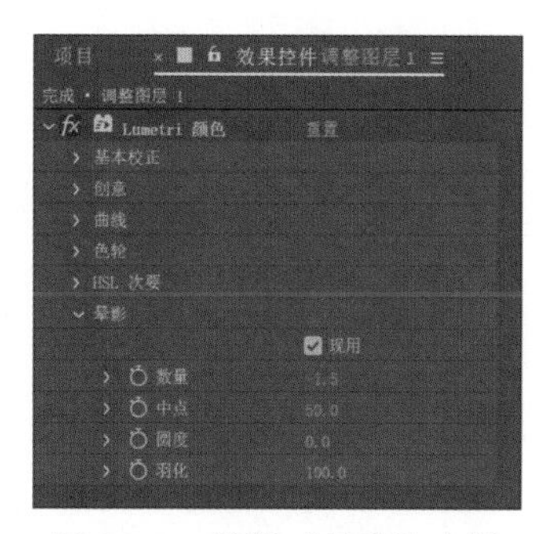

图 23-17 设置“晕影”参数

5 选择“效果→模糊和锐化→摄像机镜头模糊”命令，设置“模糊半径”参数为 6，在“形状”下拉列表框中选择“十边形”，设置“增益”参数为 20，“阈值”参数为 70，勾选“重复边缘像素”复选框，如图 23-18 所示。

6 选择“图层→蒙版→新建蒙版”命令，展开“蒙版→蒙版 1”选项，勾选“反转”复选框，设置“蒙版羽化”参数为（300, 300），“蒙版扩展”参数为 -50，如图 23-19 所示。

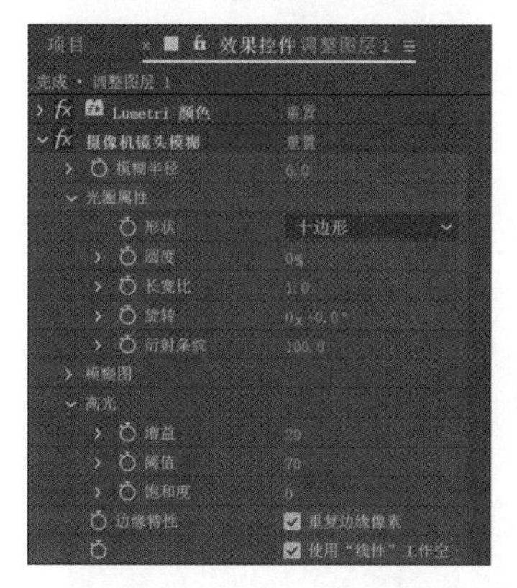

图 23-18 设置“摄像机镜头模糊”参数

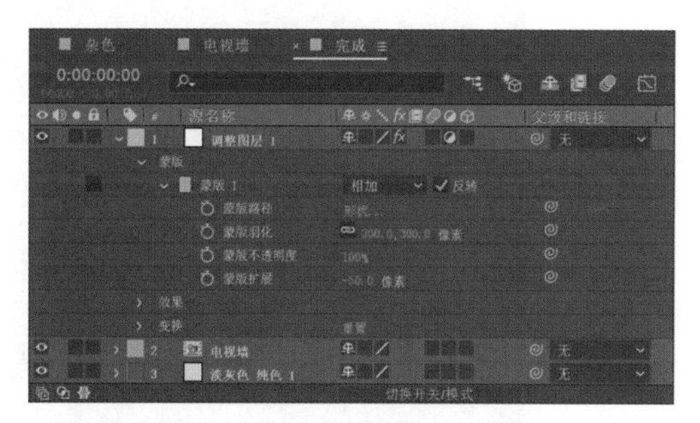

图 23-19 设置“蒙版”参数

7 单击“形状”打开“蒙版形状”对话框，勾选“重置为”复选框，在下拉列表框中选择“椭圆”，单击“确定”按钮完成设置，如图 23-20 所示。

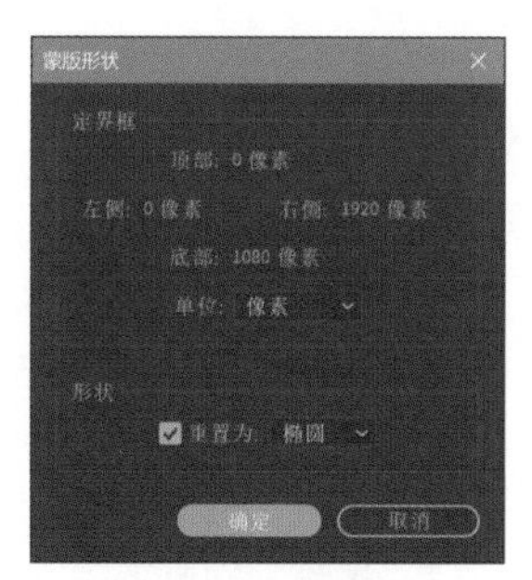

图 23-20 重置“蒙版”形状

8 整个案例制作完成，最终效果如图 23-1 所示。

案例 24　描边勾画标题

本案例将利用案例 3 中制作完成的金属样式标题，先制作标题文本逐渐显示的动画，再提取标题文字的轮廓蒙版，最后使用“勾画”效果制作出发光线条逐渐描绘出文字轮廓的动画。最终效果如图 24-1 所示。

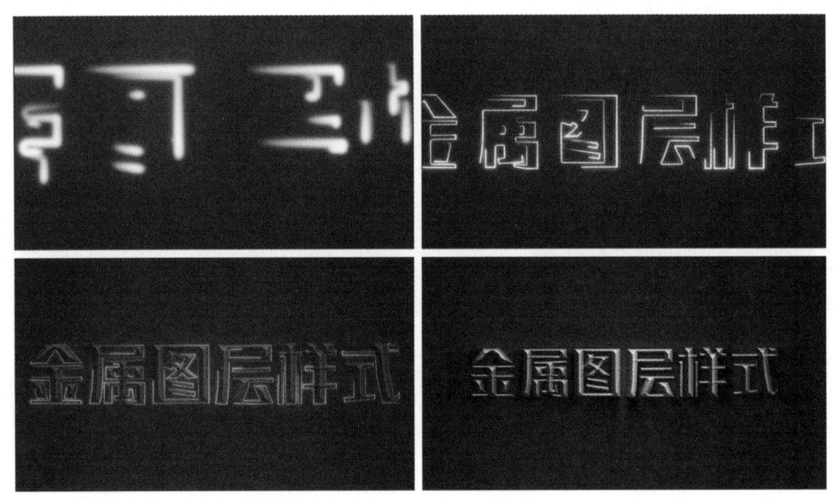

图 24-1　最终效果

难度系数 AFTER EFFECTS ★★★

技法分析 AFTER EFFECTS

（1）使用“勾画”效果制作动态描边特效。

（2）为文本图层自动添加文字轮廓蒙版。

（3）使用“高斯模糊”和“发光”效果模拟描边光线。

素材文件路径：源文件 \ 案例 24 描边勾画标题

完成项目文件：源文件 \ 案例 24 描边勾画标题 \ 完成项目 \ 完成项目 .aep

完成项目效果：源文件 \ 案例 24 描边勾画标题 \ 完成项目 \ 案例效果 .mp4

视频教学文件：演示文件 \ 案例 24 描边勾画标题 .mp4

1 运行 After Effects CC 2020，在“主页”窗口中单击“打开项目”按钮，打开附赠素材路径中的“金属标题 .aep”文件，项目的效果如图 24-2 所示。

2 选择“合成→合成设置”命令，打开“合成设置”对话框，设置“持续时间”为 8 秒，其他沿用系统默认值，单击“确定”按钮生成合成。

3 选中第 9 层，选择“图层→纯色设置”命令，打开“纯色设置”对话框。单击颜色框打开“纯色”对话框，将颜色修改为 #1E1E1E，如图 24-3 所示。

图 24-2 “金属标题”项目效果

图 24-3 修改纯色图层的颜色

4 按住 Ctrl 键同时选中第 4 层、第 6 层、第 7 层和第 8 层，展开第 4 层的“变换”选项，在 3 秒处设置“不透明度”参数为 0% 后创建关键帧，在 5 帧处设置“不透明度”参数为 100%。

5 在“时间轴”面板的空白处单击，取消所有图层的选中状态，将第 4 层第二个关键帧的“不透明度”参数设置为 15%，如图 24-4 所示。

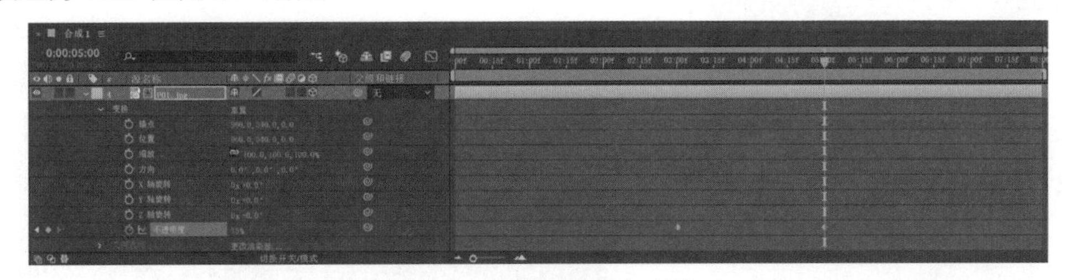

图 24-4 设置不透明度动画

6 按 Ctrl+D 组合键复制第 8 层，选中第 8 层，在“效果控件”面板中删除所有效果。双击第 8 层，选中所有文本，在“字符”面板中设置文本颜色为白色。在“合成”面板上右击，在弹出的快捷菜单中选择“从文字创建蒙版”命令。

7 将第 9 层删除，开启第 8 层的“3D 图层开关”，展开“变换”选项，在 3 秒处为“不透明度”参数创建关键帧，在 5 秒处设置“不透明度”参数为 0%，如图 24-5 所示。

图 24-5 设置不透明度动画

8 选择“效果→生成→勾画”命令，展开“图像等高线”选项，设置“阈值”参数为 100，“容差”参数为 0，如图 24-6 所示。

9 展开“片段”选项，设置“片段”参数为1，在10帧处设置“长度”参数为0后创建关键帧，在4秒处设置“长度”参数为1，如图24-7所示。

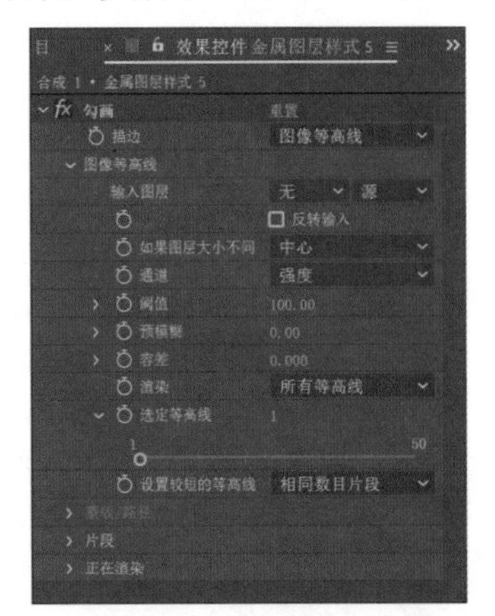

图24-6 设置“勾画”参数

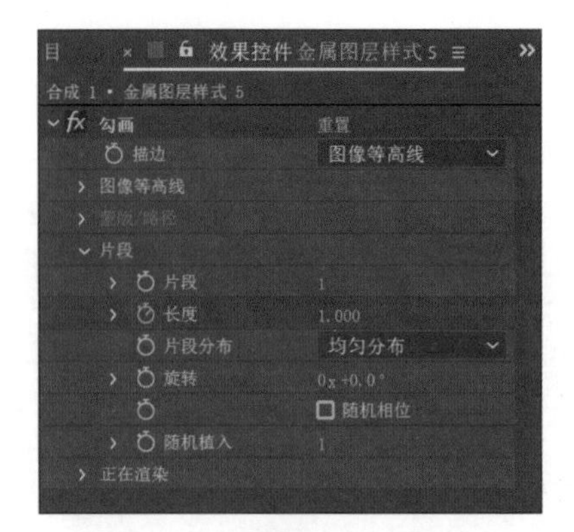

图24-7 设置“勾画”参数

10 展开“正在渲染”选项，在“混合模式”下拉列表框中选择“模板”，设置“起始点不透明度”参数为0，“结束点不透明度”参数为1，在10帧处设置“宽度”参数为10后创建关键帧，在4秒处设置“宽度”参数为1，如图24-8所示。当前设置完成后的勾画标题效果如图24-9所示。

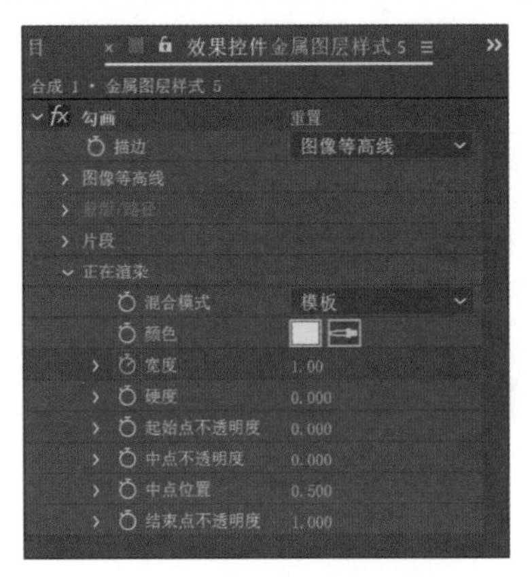

图24-8 设置“勾画”参数

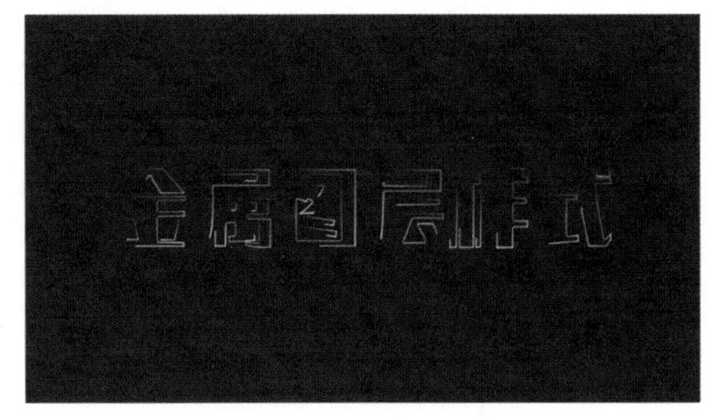

图24-9 勾画标题效果

11 选择“效果→模糊和锐化→高斯模糊”命令，在2秒处为“模糊度”参数创建关键帧，在10帧处设置“模糊度”参数为25，如图24-10所示。

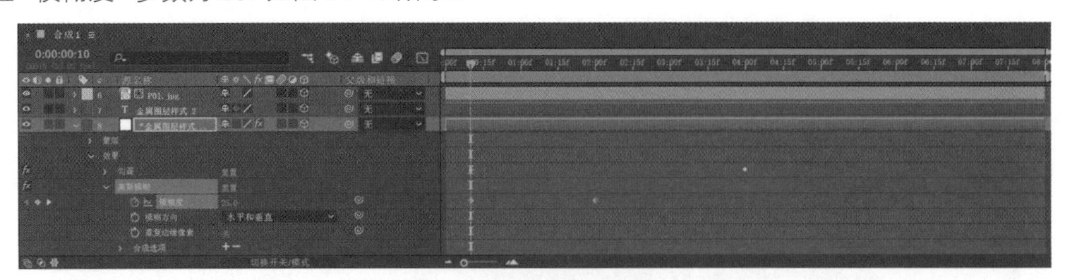

图24-10 设置模糊动画

12 选择“效果→风格化→发光”命令，设置“发光阈值”参数为50%，“发光半径”参数为15，“发光强度”参数为0.8，如图24-11所示。

13 再次选择“效果→风格化→发光”命令，设置“发光阈值”参数为 50%，“发光半径”参数为 100，“发光强度”参数为 0.4，设置“颜色 A”为 #FFEA3B，如图 24-12 所示。设置完成的发光勾画效果如图 24-13 所示。

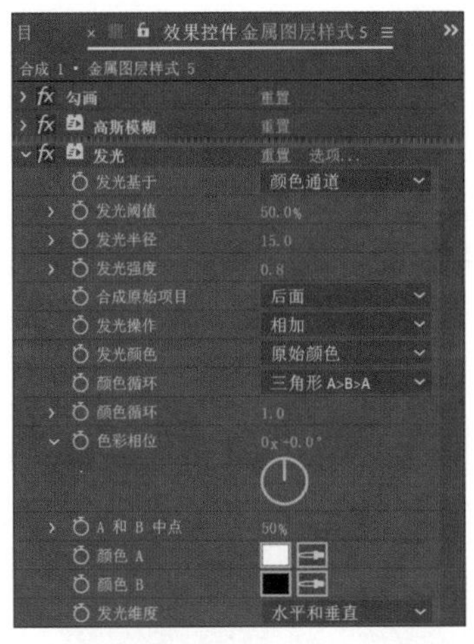

图 24-11 设置“发光”参数

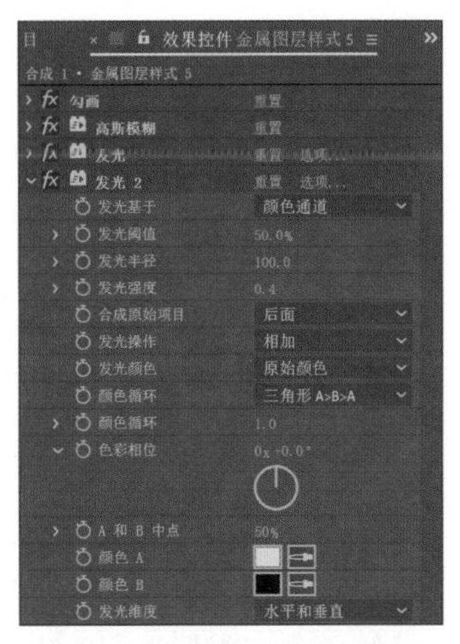

图 24-12 设置“发光”参数

14 选择“图层→新建→摄像机”命令，弹出“摄像机设置”对话框。在“预设”下拉列表框中选择“50 毫米”，单击“确定”按钮生成摄像机图层。

15 选择“图层→新建→调整图层”命令，在“摄像机 1”图层的“父级和链接”下拉列表框中选择“1. 调整图层 2”，开启调整图层的“3D 图层”开关，如图 24-14 所示。

图 24-13 发光勾画效果

图 24-14 链接摄像机目标图层

16 展开第 1 层的“变换”选项，在 10 帧处设置“缩放”参数为（20, 20, 20）链接后创建关键帧，在 4 秒处设置“缩放”参数为（90, 90, 90），在 7 秒处设置“缩放”参数为（100, 100, 100），如图 24-15 所示。

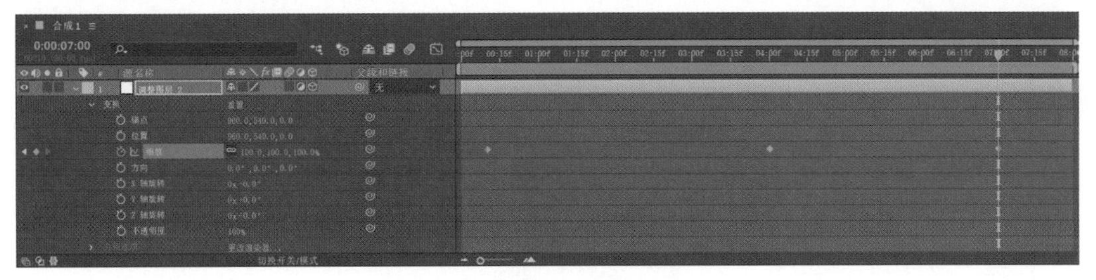

图 24-15 设置摄像机动画

17 整个案例制作完成，最终效果如图 24-1 所示。

案例 25 粒子爆发转场

After Effects 提供的 CC Star Burst 效果能够将素材转化成球形的粒子，这一特效既可以用来模拟星空背景，也可以用于制作粒子的爆发和汇聚。本案例就利用 CC Star Burst 效果制作出粒子汇聚成图像然后爆发的转场效果。最终效果如图 25-1 所示。

图 25-1 最终效果

★★★

技法分析

（1）使用“CC Star Burst”效果制作粒子汇聚和爆发的特效。

（2）为图像素材设置旋转和缩放动画，使粒子产生同步运动。

（3）使用“摄像机镜头模糊”和“Lumetri 颜色”效果增强表现。

素材文件路径：源文件 \ 案例 25 粒子爆发转场

完成项目文件：源文件 \ 案例 25 粒子爆发转场 \ 完成项目 \ 完成项目 .aep

完成项目效果：源文件 \ 案例 25 粒子爆发转场 \ 完成项目 \ 案例效果 .mp4

视频教学文件：演示文件 \ 案例 25 粒子爆发转场 .mp4

1 运行 After Effects CC 2020，在“主页”窗口中单击“新建项目”按钮进入工作界面。在“项目”面板的空白处双击，弹出“导入文件”对话框，导入素材路径中的所有文件。

2 单击“合成”面板中的“新建合成”按钮，弹出“合成设置”对话框，设置合成尺寸为 1920×1080，“帧速率”为 30，“持续时间”为 10 秒，其他沿用系统默认值，单击“确定”按钮生成合成，如图 25-2 所示。

3 将“项目”面板上的“P01.jpg”拖动到“时间轴”面板上，将出点拖动到 4 秒处，开启运动模糊开关。

4 选择“效果→模拟→ CC Star Burst”命令，设置“Scatter”参数为 30，“Speed”参数为 0，“Phase”参数为 0x+120，如图 25-3 所示。“CC Star Burst”效果的各项参数含义可参见技术补充 25-1。

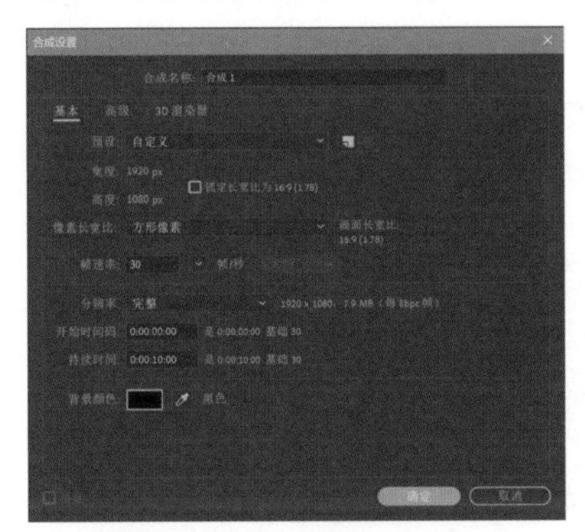

图 25-2 “合成设置”对话框

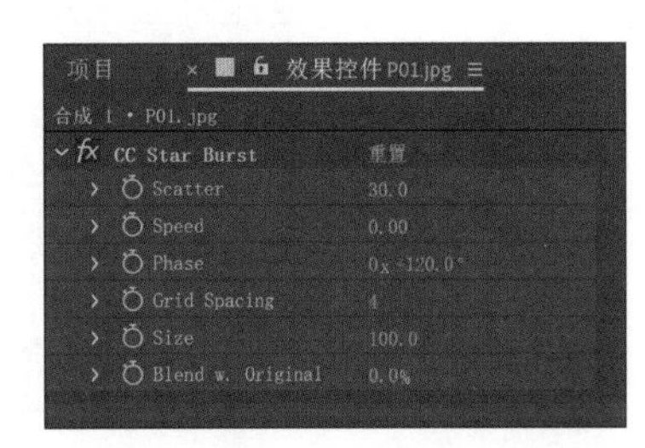

图 25-3 设置“CC Star Burst”参数

技术补充 25-1：“CC Star Burst”（星爆效果）参数含义

- Scatter：设置粒子的分散程度。
- Speed：设置粒子的运动速度。
- Phase：设置粒子的相位。
- Grid Spacing：设置粒子网格的间隔距离。
- Size：设置粒子的尺寸。
- Blend w. Original：设置效果图像的透明程度。

5 在 0 帧处为“Scatter”和“Phase”参数创建关键帧，在 1 秒 15 帧处设置“Scatter”和“Phase”参数为 0，在 3 秒处为“Scatter”参数添加一个关键帧，在 4 秒处设置“Scatter”参数为 -300，如图 25-4 所示。

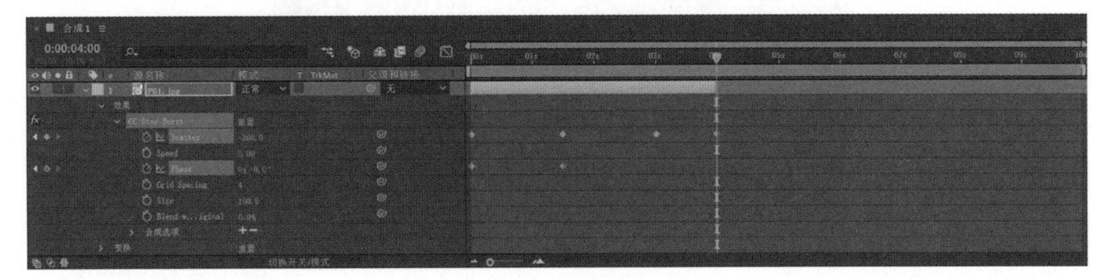

图 25-4 设置粒子动画

6 在 1 秒 15 帧处为“Blend w. Original”参数创建关键帧，在 2 秒 10 帧处设置“Blend w. Original”参数为 100%，在 2 秒 25 帧处为“Blend w. Original”参数添加一个关键帧，在 3 秒处设置“Blend w. Original”参数为 0%；在 3 秒处为“Size”参数创建关键帧，在 4 秒处设置“Size”参数为 20，如图 25-5 所示。当前设置完成后的粒子爆发效果如图 25-6 所示。

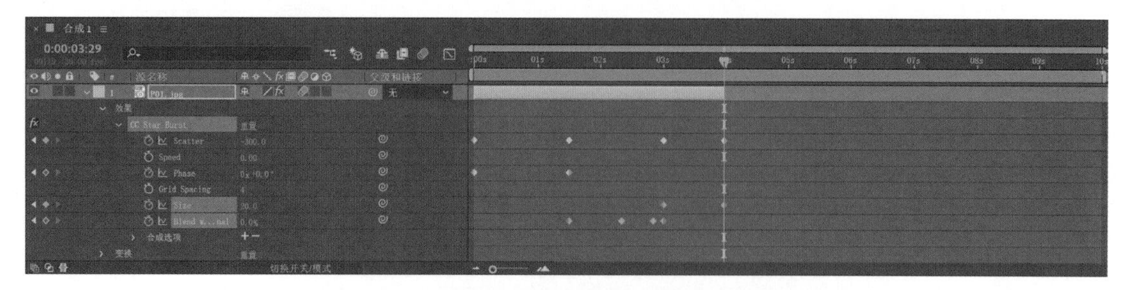

图 25-5 设置粒子动画

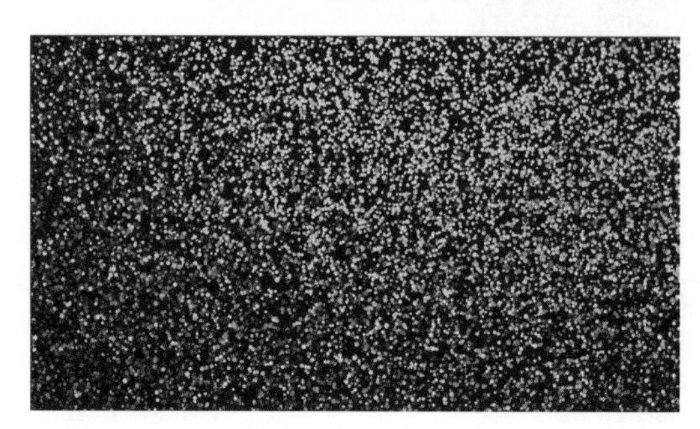

图 25-6 粒子爆发效果

7 展开“变换”选项，在 0 帧处设置“缩放”参数为（250, 250）、“旋转”参数为 0x−75° 后为这两个参数创建关键帧；在 1 秒 15 帧处设置“缩放”参数为（120, 120）、“旋转”参数为 0x+0，在 4 秒处设置“缩放”参数为（110, 110），如图 25-7 所示。当前设置完成后的粒子旋转效果如图 25-8 所示。

图 25-7 设置缩放和旋转动画

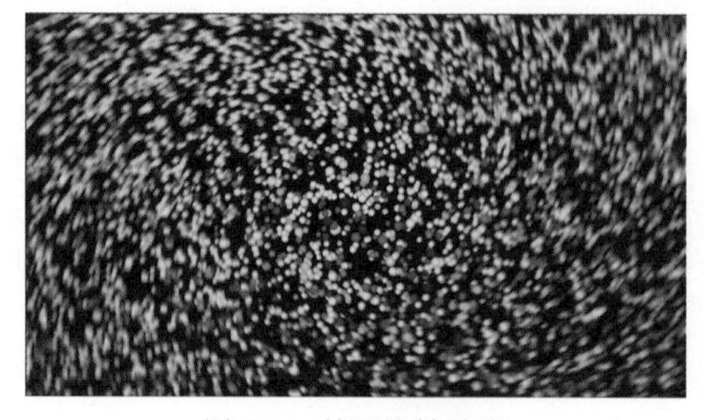

图 25-8 粒子旋转效果

8 按 Ctrl+D 组合键复制两个“P01.jpg”图层，按住 Alt 键用“项目”面板上的“P02.jpg”图像替换第 2 层的素材、用“P03.jpg”图像替换第 3 层的素材，将第二层的入点拖动到 3 秒处，将第 3 层的入点拖动到 6 秒处，如图 25-9 所示。

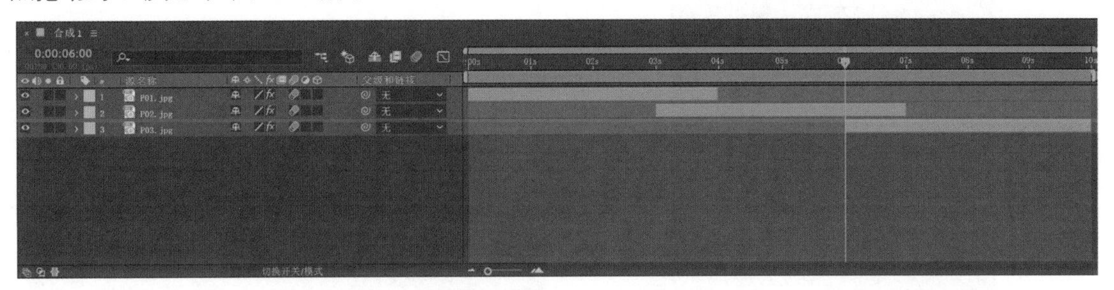

图 25-9 复制并替换素材

9 展开第 2 层的“变换”选项，在 3 秒处设置“旋转”参数为 0x+75°。

10 展开第 3 层的“效果→ CC Star Burst”选项，在 6 秒处选中“Size”参数的两个关键帧，按 Delete 键将选中的关键帧删除，将“Scatter”和“Blend w. Original”参数的后两个关键帧删除，如图 25-10 所示。

图 25-10 调整粒子动画

11 将“项目”面板上的“V01.mp4”素材拖动到“时间轴”面板上，设置图层混合模式为“相加”。

12 选择“图层→新建→纯色”命令，弹出“纯色设置”对话框，设置“颜色”为黑色，单击“确定”按钮生成图层。展开“变换”选项，在 0 帧处为“不透明度”参数创建关键帧，在 15 帧处设置“不透明度”参数为 0%，如图 25-11 所示。

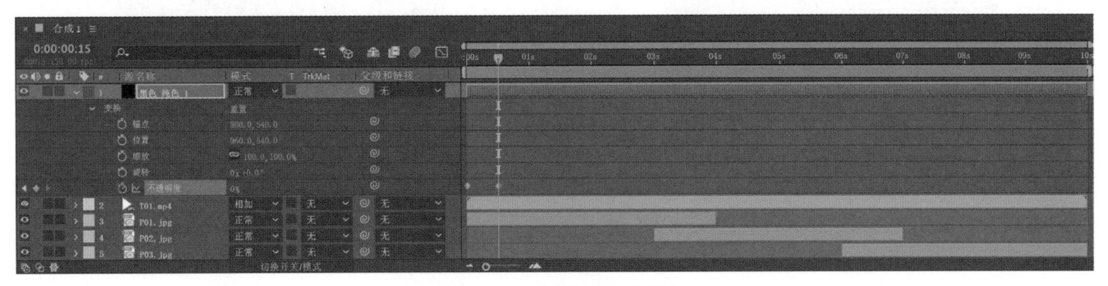

图 25-11 制作淡入黑场

13 选择“图层→新建→调整图层”命令，选择“效果→模糊和锐化→摄像机镜头模糊”命令，设置“模糊半径”参数为 10，在“形状”下拉列表框中选择“十边形”，勾选“重复边缘像素”复选框，如图 25-12 所示。

14 选择“图层→蒙版→新建蒙版”命令，展开“蒙版→蒙版 1”选项，勾选“反转”复选框，设置“蒙版羽化”参数为（800, 800），“蒙版扩展”参数为 -50，如图 25-13 所示。

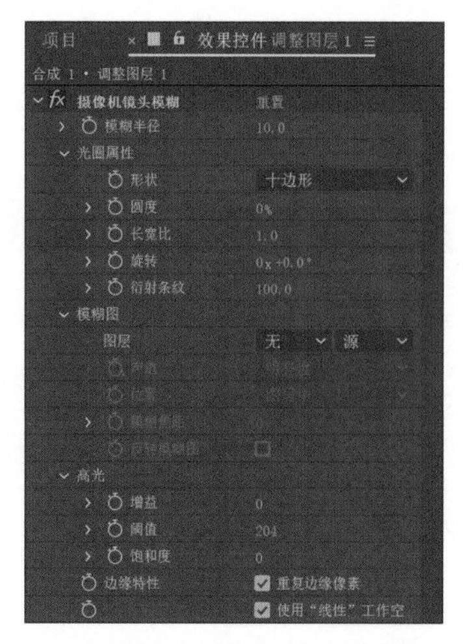

图 25-12 设置“摄像机镜头模糊”参数

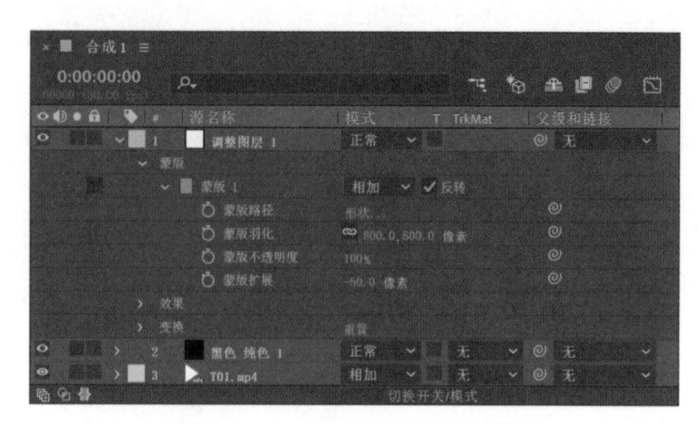

图 25-13 设置“蒙版”参数

15 单击“形状”打开“蒙版形状”对话框，勾选“重置为”复选框，在下拉列表框中选择“椭圆”，单击“确定”按钮完成设置。

16 选择“效果→颜色校正→ Lumetri 颜色”命令，展开“创意”选项，在“Look”下拉列表框中选择“SL BIG”，设置“强度”参数为 50，如图 25-14 所示。

17 展开“晕影”选项，设置“数量”参数为 -3，“羽化”参数为 100，如图 25-15 所示。

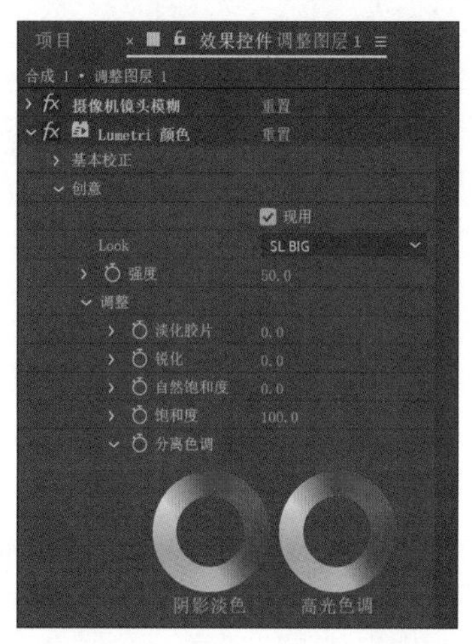

图 25-14 设置“创意”参数

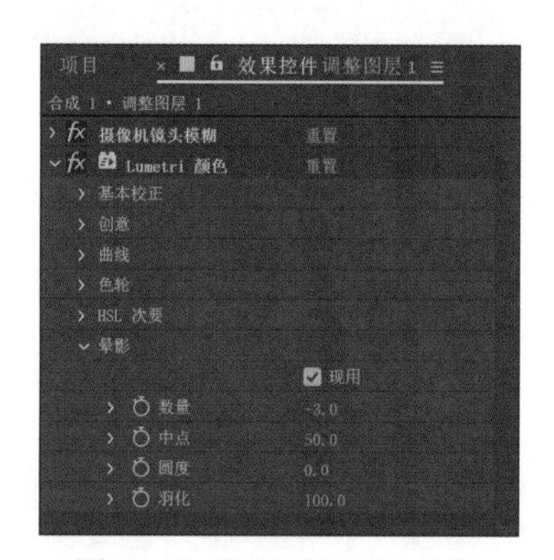

图 25-15 设置“晕影”参数

18 整个案例制作完成，最终效果如图 25-1 所示。

案例 26 玻璃标志演绎

本案例将制作具有玻璃质感的标志演绎动画，除了运用比较常规的摄像机动画和文本动画以外，还需要重点掌握如何运用一张简单的反射贴图模拟出剔透的玻璃质感和强烈的反射效果。最终效果如图 26-1 所示。

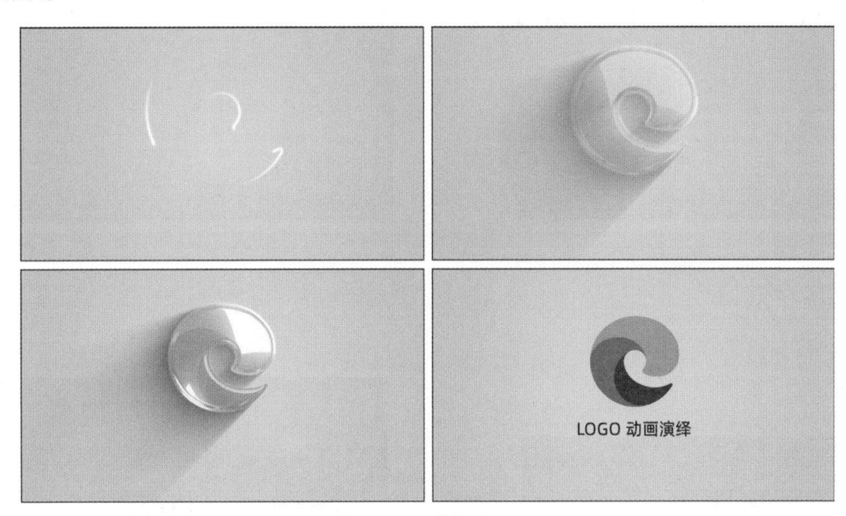

图 26-1 最终效果

（1）使用“极坐标”和“偏移”效果制作动态反射贴图。

（2）通过图层混合模式和轨道遮罩将反射贴图映射到 LOGO 标志上。

（3）使用“勾画”效果制作光线描边动画。

素材文件路径：源文件 \ 案例 26 玻璃标志演绎

完成项目文件：源文件 \ 案例 26 玻璃标志演绎 \ 完成项目 \ 完成项目 .aep

完成项目效果：源文件 \ 案例 26 玻璃标志演绎 \ 完成项目 \ 案例效果 .mp4

视频教学文件：演示文件 \ 案例 26 玻璃标志演绎 .mp4

制作反射贴图

1 运行 After Effects CC 2020，在“主页”窗口中单击“新建项目”按钮进入工作界面。在“项目”面板的空白处双击，弹出“导入文件”对话框，导入素材路径中的所有文件。

2 单击“合成”面板中的“新建合成”按钮，弹出“合成设置”对话框，设置合成名称为“反射贴图”，合成尺寸为 1920×1080，“帧速率”为 60，“持续时间”为 7 秒，其他沿用系统默认值，单击“确定”按钮生成合成，如图 26-2 所示。

3 将“项目”面板上的“反射 .jpg”素材拖动到“时间轴”面板上，展开“变换”选项，设置“位置”参数为（960, 700），“缩放”参数为（135, 135），如图 26-3 所示。

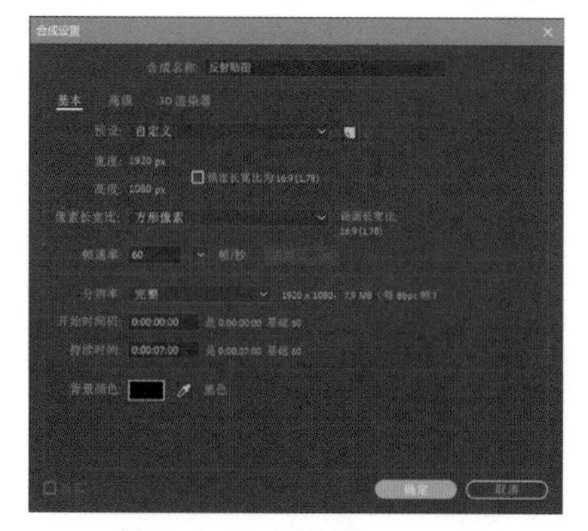

图 26-2 “合成设置”对话框

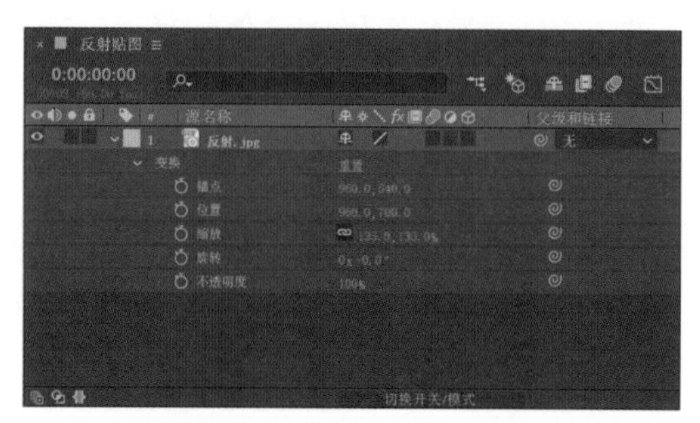

图 26-3 设置“变换”参数

4 选择“效果→扭曲→极坐标”命令，在“效果控件”面板中设置“插值”参数为 100%，如图 26-4 所示。当前设置完成后的贴图效果如图 26-5 所示。

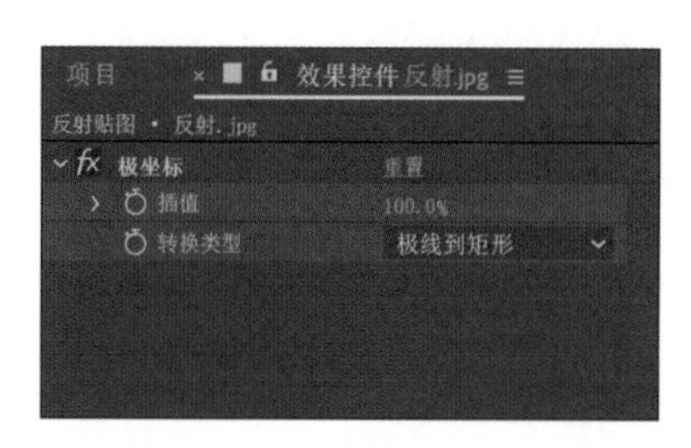

图 26-4 设置“极坐标”参数

图 26-5 贴图效果

5 选择“效果→扭曲→偏移”命令，在 0 帧处设置“将中心转换为”参数为（920, 540）后创建关键帧，在最后一帧处设置“将中心转换为”参数为（1500, 540），如图 26-6 所示。

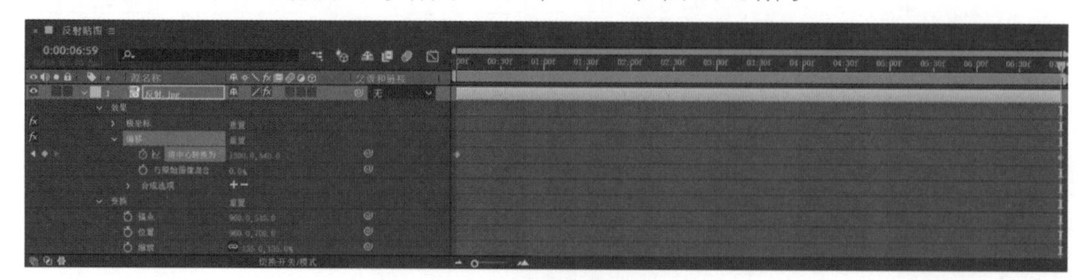

图 26-6 设置位移动画

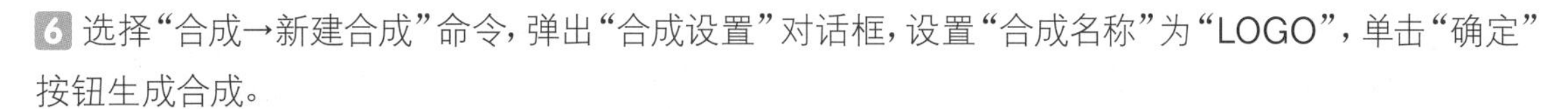

6 选择“合成→新建合成”命令，弹出“合成设置”对话框，设置“合成名称”为“LOGO”，单击“确定”按钮生成合成。

7 将“项目”面板中的“LOGO.png”素材拖动到“时间轴”面板上，展开“变换”选项，设置“位置”参数为（960, 430），“缩放”参数为（35, 35），如图 26-7 所示。

8 选择“合成→新建合成”命令，弹出“合成设置”对话框，设置“合成名称”为“遮罩”，单击“确定”按钮生成合成。

9 将“项目”面板中的“LOGO”合成拖动到“时间轴”面板上，选择“效果→生成→填充”命令，在“效果控件”面板中设置“颜色”为黑色，如图 26-8 所示。

图 26-7 设置“LOGO”的位置

图 26-8 设置“填充”参数

10 按 Ctrl+D 组合键复制“LOGO”图层，选中第 1 层，在“效果控件”面板中设置“填充”效果的“颜色”为白色；选择“效果→遮罩→简单阻塞工具”命令，设置“阻塞遮罩”参数为 7，如图 26-9 所示。

11 选择“图层→新建→调整图层”命令，继续选择“效果→模糊和锐化→高斯模糊”命令，勾选“重复边缘像素”复选框，设置“模糊度”参数为 16，如图 26-10 所示。当前设置完成后的遮罩贴图效果如图 26-11 所示。

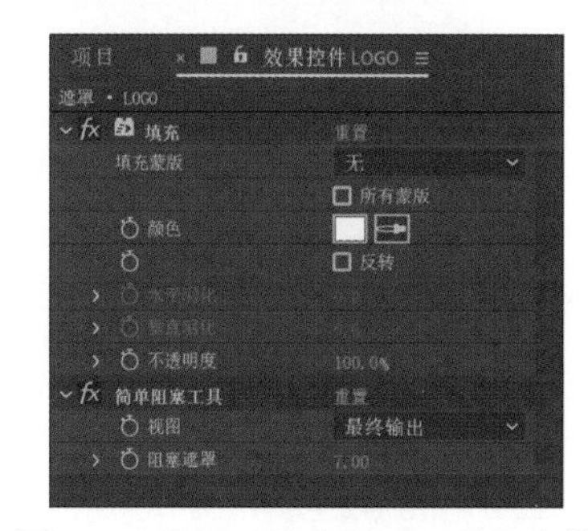

图 26-9 设置“简单阻塞工具”参数

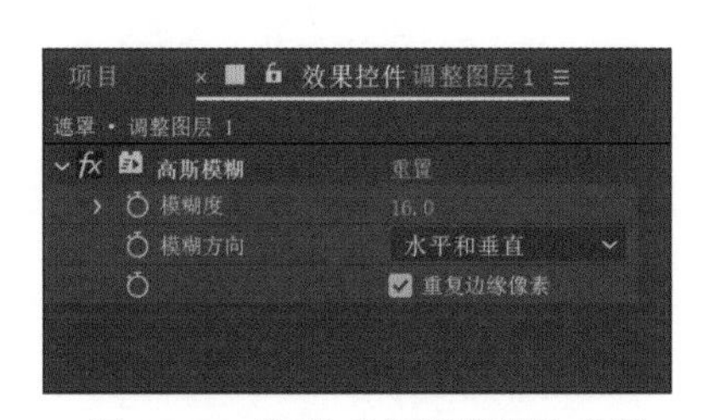

图 26-10 设置“高斯模糊”参数

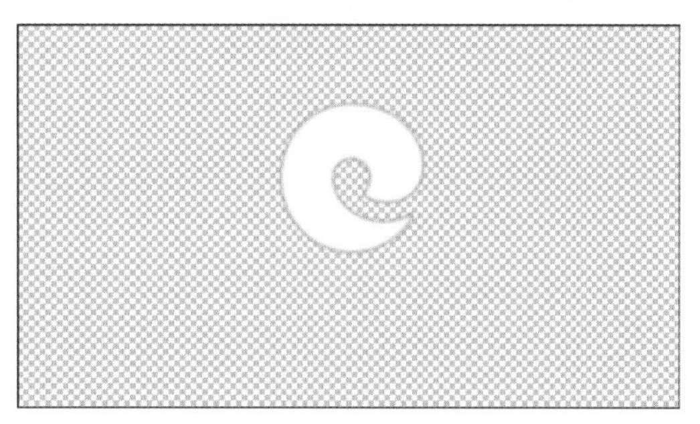

图 26-11 遮罩贴图效果

12 选择“合成→新建合成”命令，弹出“合成设置”对话框，设置“合成名称”为“反射材质”，单击“确定”按钮生成合成。

13 将“项目”面板上的“遮罩”“反射贴图”和“LOGO”合成拖动到“时间轴”面板上，在“反射贴图”的“TrkMat”下拉列表框中选择“Alpha 遮罩”，如图 26-12 所示。当前设置完成后的反射材质效果如图 26-13 所示。

图 26-12 设置轨道遮罩

图 26-13 反射材质效果

14 选中第 2 层，选择“效果→风格化→ CC Glass”命令，在“效果控件”面板的“Bump Map”下拉列表框中选择“3. 遮罩”，设置“Softness”参数为 15.5，“Height”参数为 80，“Displacement”参数为 -500；展开“Light”选项，在“Light Type”下拉列表框中选择“Point Light”，如图 26-14 所示。“CC Glass”效果的各项参数含义参见技术补充 26-1。

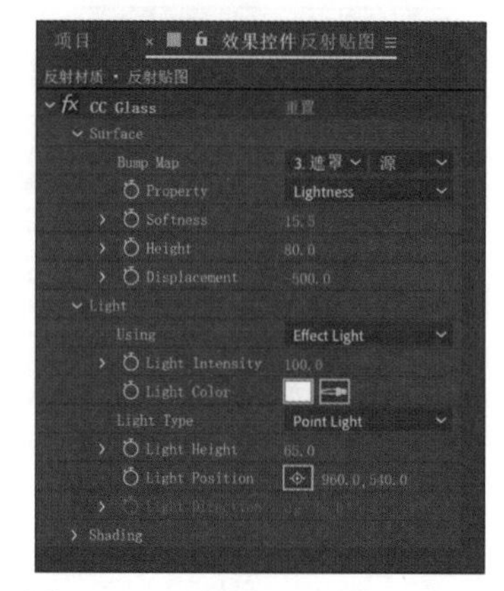

图 26-14 设置“CC Glass”参数

技术补充 26-1：“CC Glass”（玻璃效果）参数含义

- Bump Map：选择凹凸贴图的来源。
- Property：选择玻璃效果作用的颜色通道或亮度范围。
- Softness：通过控制高光范围处理高光和阴影的柔和度。
- Height：通过控制阴影范围增加或减弱透视效果。
- DIsplacement：对画面做液化处理，产生透视变形效果。
- Using：选择使用内置灯光还是合成中的 AE 灯光图层。
- Light Intensity：设置灯光的强度。
- Light Type：选择使用点光源还是远光源。
- Light Height：设置光源的高度。
- Light Position：设置光源的位置。
- Light Direction：设置远光源的角度。
- Ambient：设置材质的环境光亮度。
- Diffuse：设置材质的漫反射强度。
- Specular：设置材质的高光反射强度。
- Roughness：设置材质的粗糙程度。
- Metal：设置材质的金属化程度。

15 选择“效果→扭曲→ CC Blobbylize”命令，在“Bump Map”下拉列表框中选择“3. 遮罩”，设置“Softness”参数为 20，“Cut Away”参数为 25；展开“Light”选项，在“Light Type”下拉列表框中选择“Point Light”，如图 26-15 所示。设置完成后的反射材质效果如图 26-16 所示。

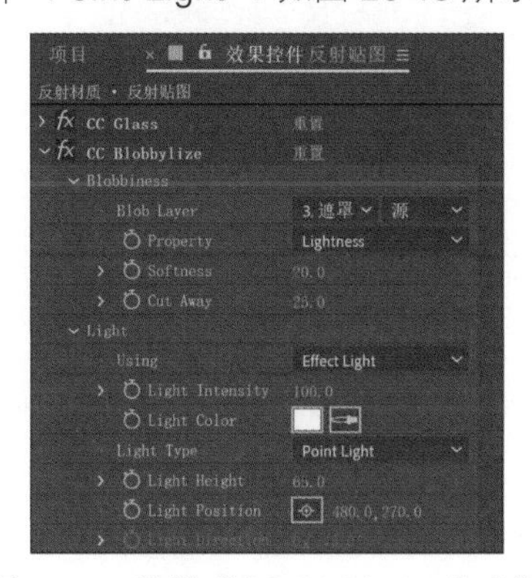

图 26-15 设置“CC Blobbylize”参数

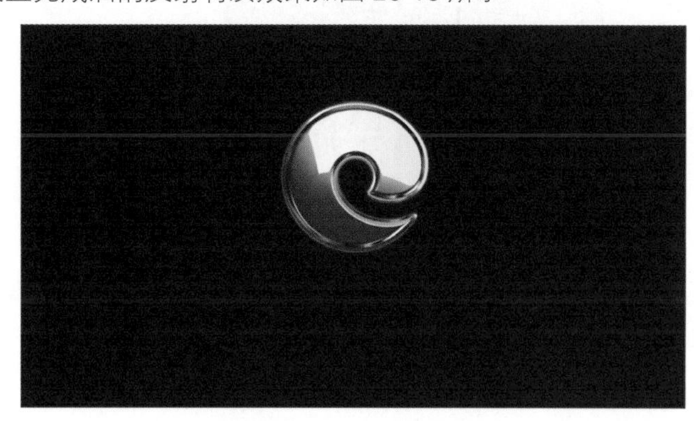

图 26-16 反射材质效果

完成场景的合成

1 选择“合成→新建合成”命令，弹出“合成设置”对话框，设置“合成名称”为“完成”，“持续时间”为 10 秒，单击“确定”按钮生成合成。

2 选择“图层→新建→纯色”命令，弹出“纯色设置”对话框，设置“颜色”为白色，单击“确定”按钮生成图层。

3 选择“效果→生成→梯度渐变”命令，在“效果控件”面板中设置“渐变起点”参数为（960, 540），设置“渐变终点”参数为（960, 1800）；在“渐变形状”下拉列表框中选择“径向渐变”，设置“起始颜色”为 #D3E5E8，设置“结束颜色”为 #AED1D7，如图 26-17 所示。

4 将“项目”面板上的“LOGO.png”素材拖动到“时间轴”面板上，展开“变换”选项，设置“位置”参数为（960, 430, 0），设置“缩放”参数为（35, 35, 35），如图 26-18 所示。

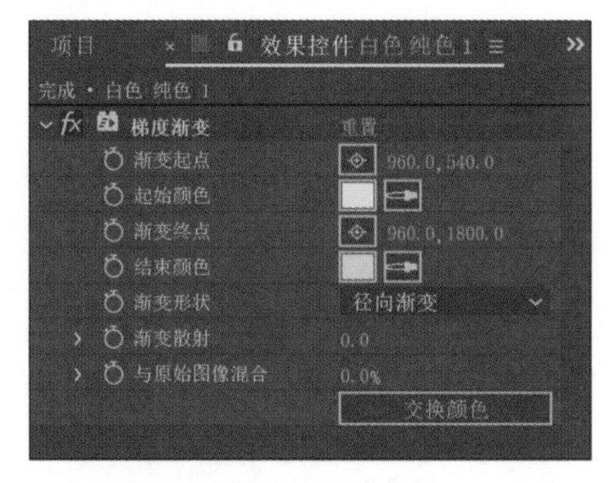

图 26-17 设置“梯度渐变”参数

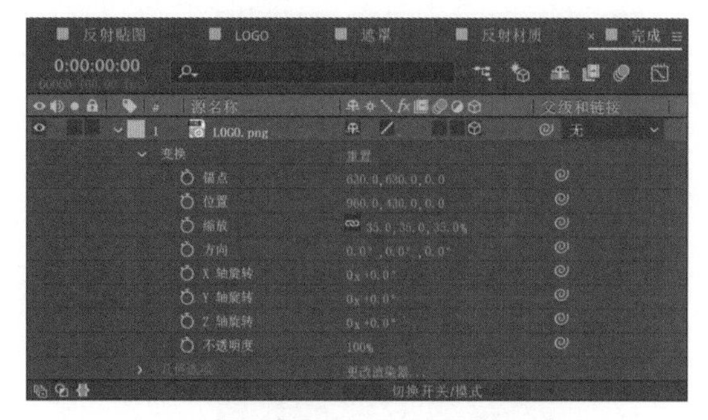

图 26-18 设置 LOGO 的位置和尺寸

5 选择“效果→生成→勾画”命令，展开“图像等高线”选项，在“通道”下拉列表框中选择“Alpha”，设置“容差”参数为 0.6，如图 26-19 所示。

6 展开“片段”选项，设置“片段”参数为 1，“长度”参数为 0.1。在 0 帧处设置“旋转”参数为 2x+90° 后创建关键帧，在 4 秒 30 帧处设置“旋转”参数为 1x+180°，如图 26-20 所示。

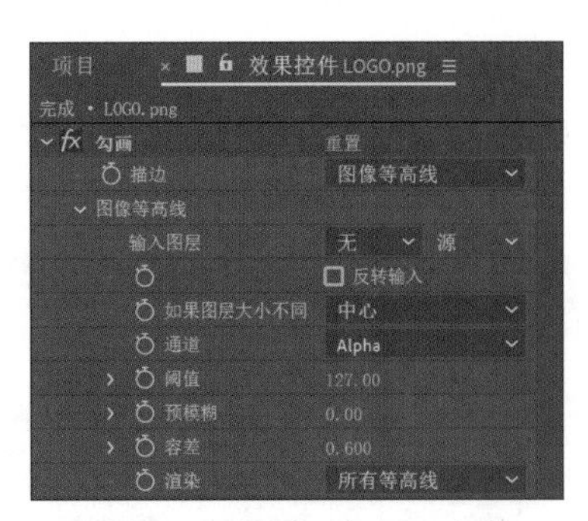

图 26-19 设置“勾画”参数

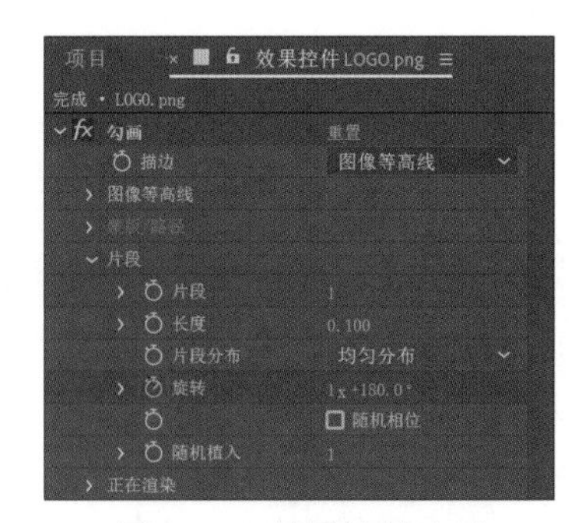

图 26-20 设置旋转动画

7 展开“正在渲染”选项，在“混合模式”下拉列表框中选择“透明”，设置“颜色”为白色，设置“宽度”参数为 18，设置“硬度”参数为 1。在 0 帧处设置“起始点不透明度”参数为 0 后创建关键帧，在 1 秒处设置“起始点不透明度”参数为 1，在 3 秒 40 帧处添加一个关键帧，在 4 秒 30 帧处设置“起始点不透明度”参数为 0.02，如图 26-21 所示。

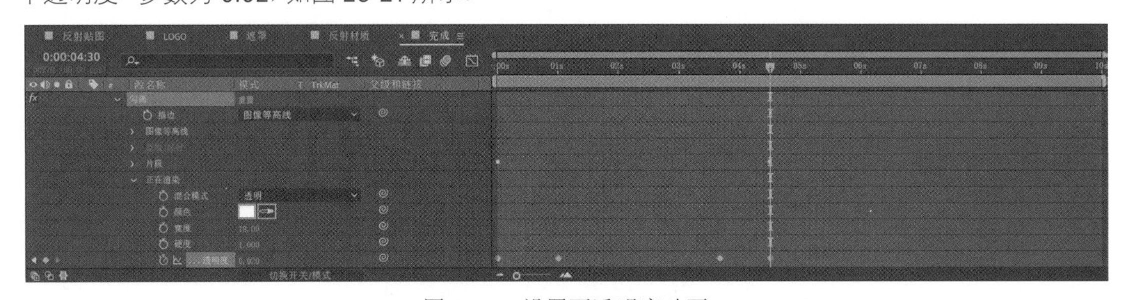

图 26-21 设置不透明度动画

8 选择“效果→风格化→发光”命令，设置“发光半径”参数为 24。

9 按 Ctrl+D 组合键复制两个“LOGO”图层，选中第 1 层，在 0 帧处设置“勾画”效果的“旋转”参数为 1x+0°，在 4 秒 30 帧处设置“旋转”参数为 0x+90°。

10 选中第 2 层，在 0 帧处设置“勾画”效果的“旋转”参数为 1x+270°，在 4 秒 30 帧处设置“旋转”参数为 1x+0°，如图 26-22 所示。当前设置完成后的勾画标志效果如图 26-23 所示。

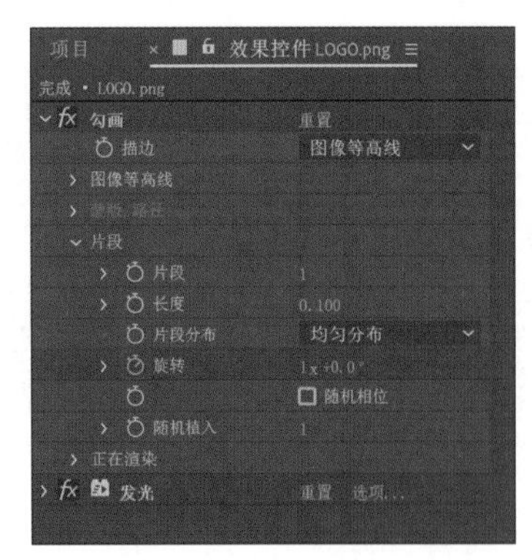

图 26-22 设置“勾画”参数

图 26-23 勾画标志效果

11 将“项目”面板上的“LOGO”合成拖动到“时间轴”面板上，将入点拖动到 3 秒处。选择“效果→模糊和锐化→ CC Radial Fast Blur”命令，设置“Center”参数为（1670, −400），设置“Amount”参数为 95，如图 26-24 所示。当前设置完成后的彩色投影效果如图 26-25 所示。

图 26-24 设置“CC Radial Fast Blur”参数

图 26-25 彩色投影效果

12 展开“变换”选项，在 3 秒处设置“不透明度”参数为 0% 后创建关键帧，在 4 秒处设置“不透明度”参数为 60%，在 5 秒 10 帧处添加一个关键帧，在 6 秒 10 帧处设置“不透明度”参数为 0%，如图 26-26 所示。

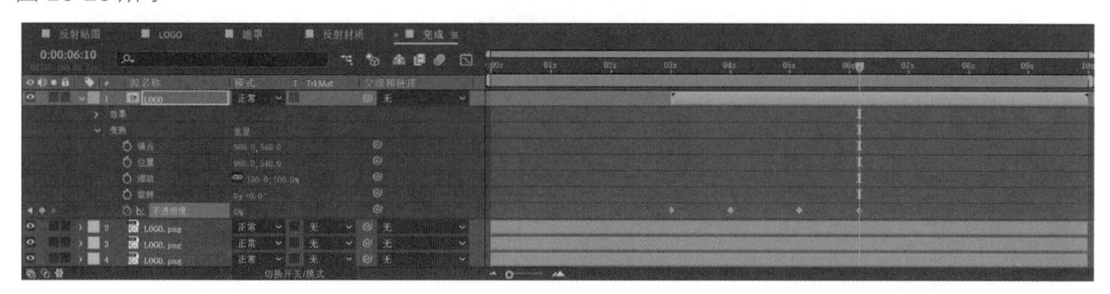

图 26-26 设置不透明度动画

13 按 Ctrl+D 组合键复制第 1 层，选择“效果→颜色校正→色调”命令，设置“将白色映射到”为黑色，设置“CC Radial Fast Blur”效果的“Amount”参数为 85，如图 26-27 所示。

14 展开“变换”选项，在 4 秒和 5 秒 10 帧处设置“不透明度”参数均为 30%。

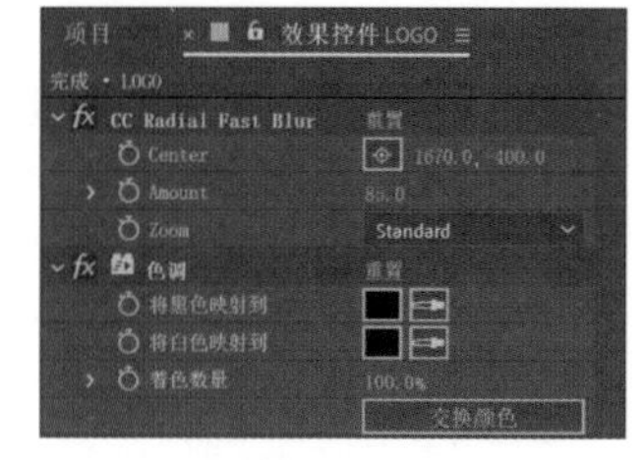

图 26-27 设置“色调”和“CC Radial Fast Blur”参数

15 将“项目”面板上的“LOGO”合成拖动到“时间轴”面板上，将图层入点拖动到 3 秒处。选择“效果→颜色校正→色调”命令，设置“将黑色映射到”为白色。在 3 秒处为“着色数量”参数创建关键帧，在 6 秒 10 帧处设置“着色数量”为 0。

16 展开“变换”选项，在 6 秒 10 帧处为“不透明度”参数创建关键帧，在 3 秒处设置“不透明度”参数为 0%，如图 26-28 所示。当前设置完成后的标志效果如图 26-29 所示。

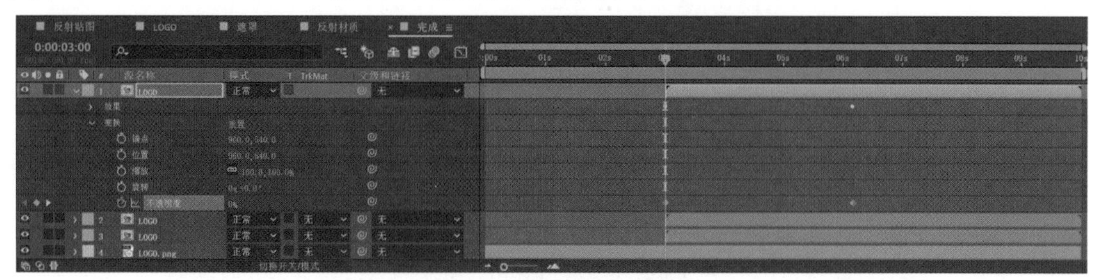

图 26-28 设置不透明度动画

17 将“项目”面板中的“反射材质”合成拖动到“时间轴”面板上，将图层入点拖动到3秒处，设置图层混合模式为“屏幕”。

18 展开“变换”选项，在3秒处设置“不透明度”参数为0%后创建关键帧，在4秒处设置“不透明度”参数为100%，在5秒10帧处添加一个关键帧，在6秒10帧处设置“不透明度”参数为0%，如图26-30所示。制作完成的玻璃标志效果如图26-31所示。

图26-29 标志效果

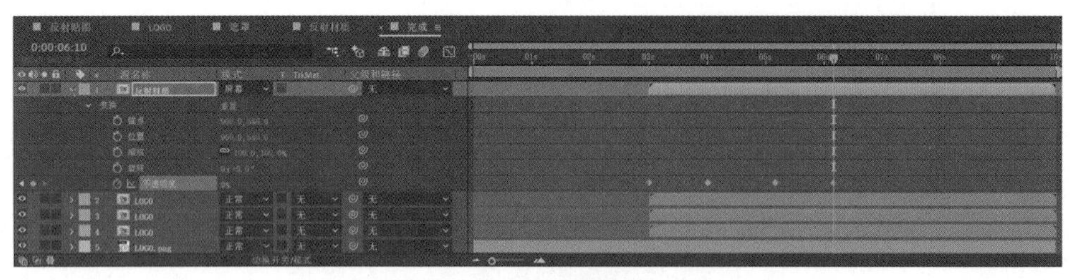

图26-30 设置不透明度动画

19 在“字符”面板中设置字体为“阿里巴巴普惠体 Regular”，字体大小为80，字体颜色为#252525。单击工具栏上的T按钮，在“合成”面板上单击，输入文本“LOGO动画演绎”。单击“对齐”面板中的按钮和按钮。

20 展开“变换”选项，设置“位置”参数为(685.4, 740)，如图26-32所示。

图26-31 玻璃标志效果

图26-32 创建标题文本

21 展开“文本”选项，单击“动画”右侧的按钮，在弹出的快捷菜单中选择“位置”，在“动画制作工具1”选项中设置“位置”参数为(0, −120)。展开“范围选择器1→高级”选项，在“依据”下拉列表框中选择“行”。在7秒处为“偏移”参数创建关键帧，在9秒处设置“偏移”参数为100%，如图26-33所示。

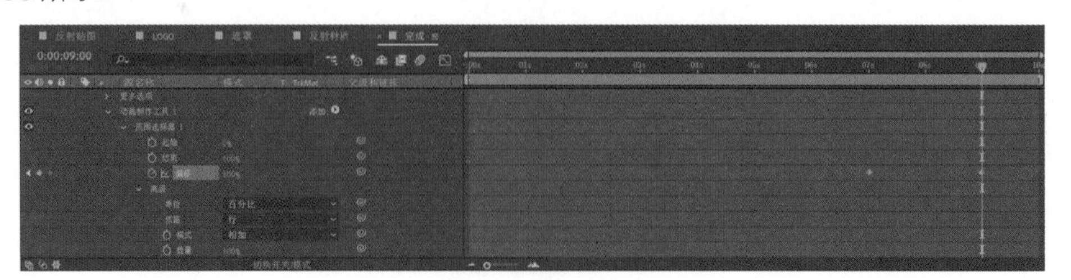

图26-33 设置位置动画

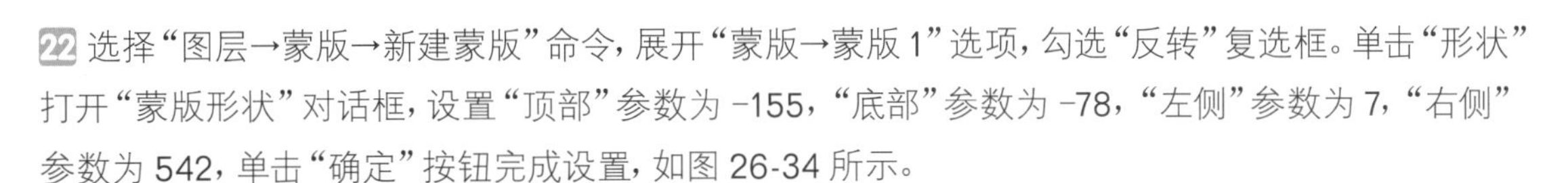

22 选择“图层→蒙版→新建蒙版”命令，展开“蒙版→蒙版 1”选项，勾选“反转”复选框。单击“形状”打开“蒙版形状”对话框，设置“顶部”参数为 -155，“底部”参数为 -78，“左侧”参数为 7，“右侧”参数为 542，单击“确定”按钮完成设置，如图 26-34 所示。

23 选择“图层→新建→摄像机”命令，弹出“摄像机设置”对话框。在“预设”下拉列表框中选择“50 毫米”，单击“确定”按钮生成摄像机图层。

24 选择“图层→新建→调整图层”命令，在“摄像机 1”图层的“父级和链接”下拉列表框中选择“1. 调整图层 2”，开启除第 11 层外其他所有图层的“3D 图层”开关，如图 26-35 所示。

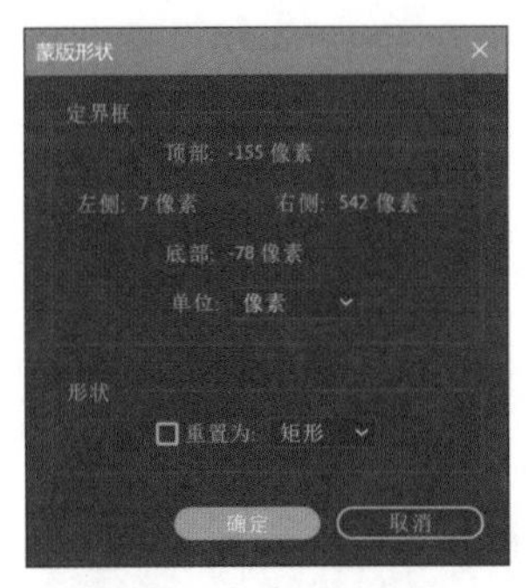

图 26-34 设置蒙版形状

图 26-35 链接摄像机目标图层

25 展开调整图层的“变换”选项，在 0 帧处设置“位置”参数为（960, 437, 0）、“缩放”参数为（20, 20, 20）、“Y 轴旋转”参数为 0x+60° 后为这三个参数创建关键帧；在 3 秒 30 帧处设置“位置”参数为（960, 540, 0），“缩放”参数为（70, 70, 70），“Y 轴旋转”参数为 0x+0°；在 6 秒 30 帧处设置“缩放”参数为（100, 100, 100），如图 26-36 所示。

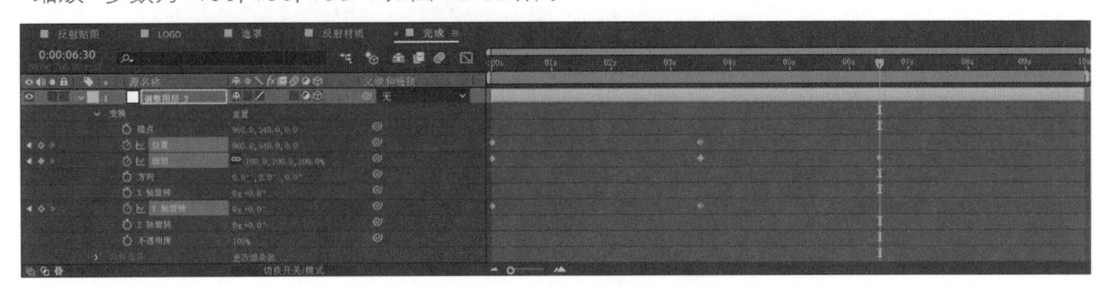

图 26-36 设置摄像机动画

26 整个案例制作完成，最终效果如图 26-1 所示。

案例 27　炫酷镜头光斑

本案例使用 Optical Flares 插件制作镜头光斑效果。Optical Flares 插件不仅提供了独立的设置界面，同时还提供了大量的预设模板。由于制作效果绚丽逼真、操作简单快捷，因此 Optical Flares 插件是比较受 After Effects 用户欢迎的外挂插件之一。最终效果如图 27-1 所示。

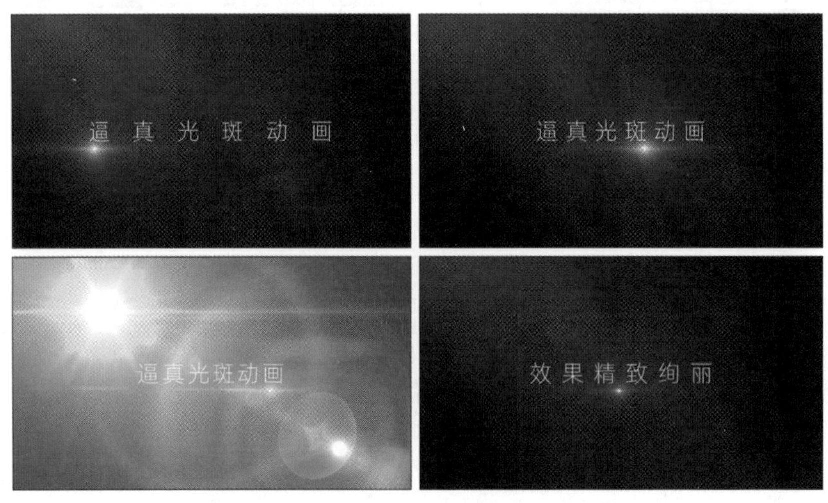

图 27-1　最终效果

★★★★

（1）使用 Optical Flares 插件制作静态光晕背景。
（2）使用 Optical Flares 插件为标题添加动态条纹光斑。
（3）通过“Brightness”和“Position XY”参数选项制作动态炫光转场。

素材文件路径：源文件 \ 案例 27 炫酷镜头光斑
完成项目文件：源文件 \ 案例 27 炫酷镜头光斑 \ 完成项目 \ 完成项目 .aep
完成项目效果：源文件 \ 案例 27 炫酷镜头光斑 \ 完成项目 \ 案例效果 .mp4
视频教学文件：演示文件 \ 案例 27 炫酷镜头光斑 .mp4

场景 1 的合成

1 运行 After Effects CC 2020，在“主页”窗口中单击“新建项目”按钮进入工作界面。在“项目”面板的空白处双击，弹出“导入文件”对话框，导入素材路径中的所有文件。

2 单击“合成”面板中的“新建合成”按钮，弹出“合成设置”对话框，设置“合成名称”为“场景 1”，合成尺寸为 1920×1080，“帧速率”为 30，“持续时间”为 4 秒，其他沿用系统默认值，单击“确定”按钮生成合成，如图 27-2 所示。

3 将“项目”面板中的“V01.mp4”拖动到“时间轴”面板上。选择“图层→新建→纯色”命令，打开“合成设置”对话框，设置“颜色”为黑色，单击“确定”按钮生成图层，将纯色图层的混合模式设置为“屏幕”，如图 27-3 所示。

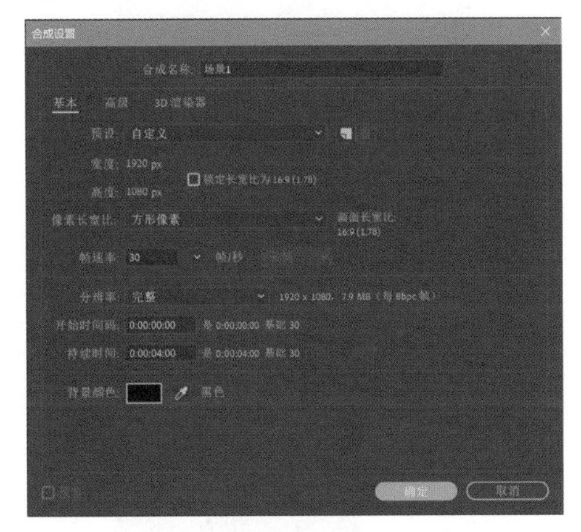

图 27-2 “合成设置”对话框

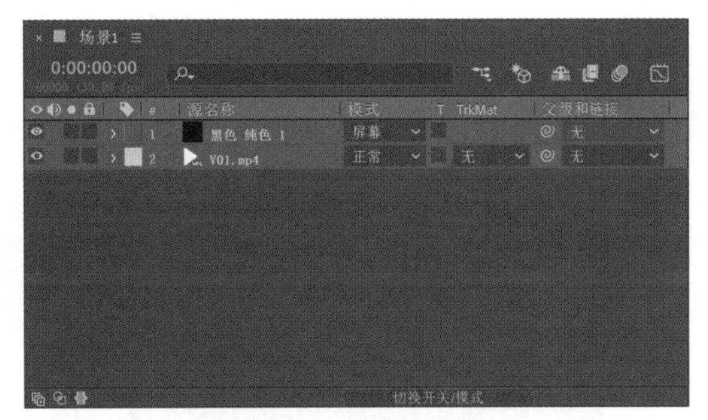

图 27-3 在合成中添加素材

4 选择“效果→ VideoCopilot → Optical Flares”命令，在“效果控件”面板中单击“Options”按钮打开插件设置窗口，如图 27-4 所示。

5 在插件设置窗口中选择“Edit → Clear All”命令，在弹出的对话框中单击“Yes”按钮清除所有“光晕”对象。在“Browser”面板中单击添加“Glow”对象，单击窗口右上角的“OK”按钮完成设置，如图 27-5 所示。

图 27-4 Optical Flares 设置窗口

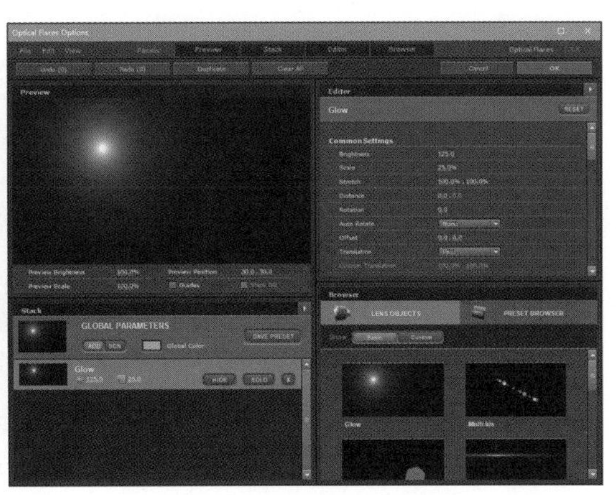

图 27-5 添加“光晕”对象

6 在“效果控件”面板中设置“Position XY”参数为(960, 1340)，设置“Brightness”参数为 30，设置“Scale”参数为 1000，设置“Color”为 #A80000，在“Color Mode”下拉列表框中选择“Multiply”，如图 27-6 所示。

7 按 Ctrl+D 组合键复制纯色图层，在“效果控件”面板中修改“Color”为 #007BA8、“Position XY”参数为(960, -340)，如图 27-7 所示。当前设置完成后的镜头光晕效果如图 27-8 所示。

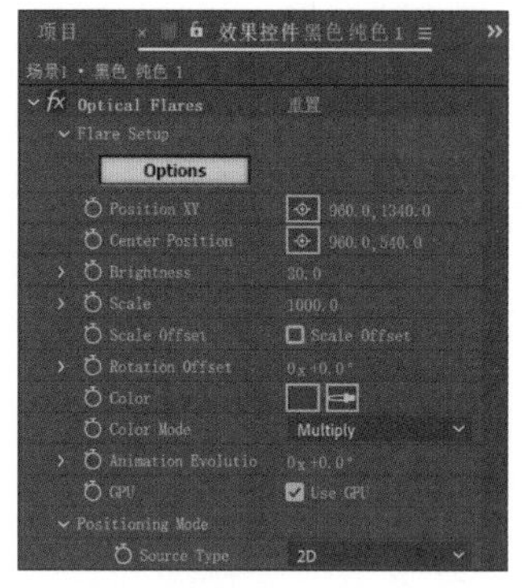

图 27-6 设置“光晕”参数

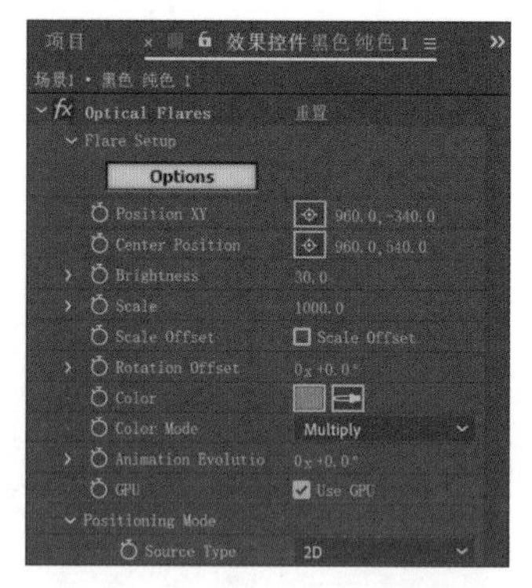

图 27-7 修改“光晕”参数

8 单击工具栏上的**T**按钮，在“合成”窗口上单击输入文本“逼真光斑动画”。在“字符”面板中设置字体为“阿里巴巴普惠体 Light”，字体颜色为白色，字体大小为 110，字符间距为 50，如图 27-9 所示。

图 27-8 镜头光晕效果

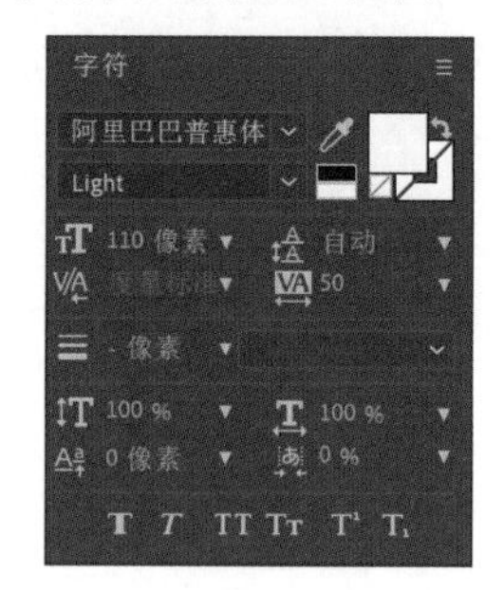

图 27-9 设置“字符”参数

9 在“时间轴”面板中展开文本图层选项，单击◉按钮，在弹出的菜单中选择“行锚点”。再次单击◉按钮，在弹出的菜单中选择“字符间距”。在 3 秒 29 帧处为“字符间距大小”参数创建关键帧，在 0 帧处设置“字符间距大小”参数为 100，如图 27-10 所示。

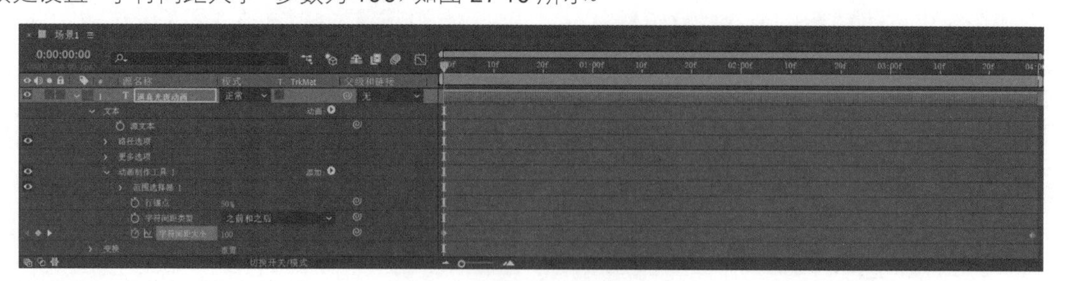

图 27-10 设置文本间距动画

10 再次按 Ctrl+D 组合键复制一个纯色图层，将复制的纯色图层拖动到文本图层上方。在“效果控件”面板中修改“Color”为 #0090DF，“Brightness”参数为 40，“Scale”参数为 100，在“Color Mode”下拉列表框中选择“Tint”，如图 27-11 所示。

⑪ 单击“Options”按钮打开插件设置窗口，在“Browser”面板中单击添加“Streak”对象。在“Editor”面板中设置“Stretch”参数为（30%, 100%），单击设置窗口右上角的“OK”按钮完成设置，如图 27-12 所示。

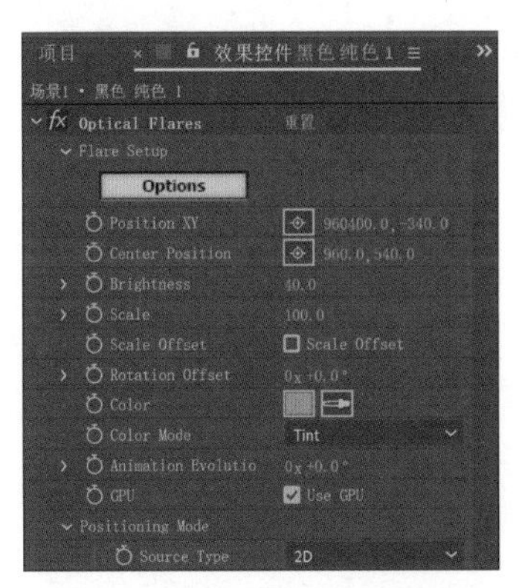
图 27-11 修改“光晕”参数

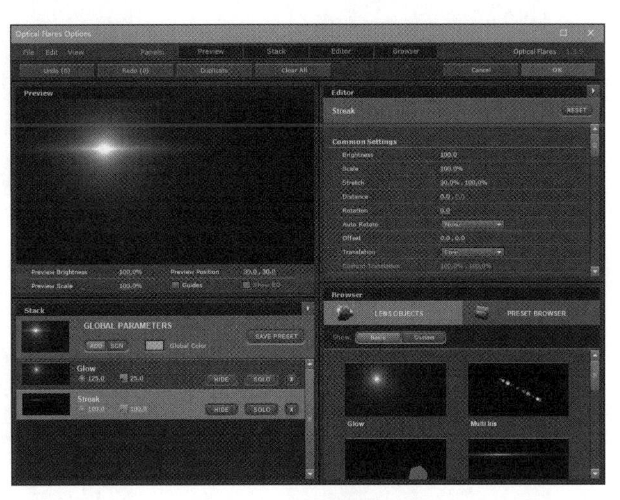
图 27-12 添加条纹对象

⑫ 在 0 帧处设置“Position XY”参数为（400, 620）后创建关键帧，在 3 秒 29 帧处设置“Position XY”参数为（1300, 620），如图 27-13 所示。制作完成的场景 1 效果如图 27-14 所示。

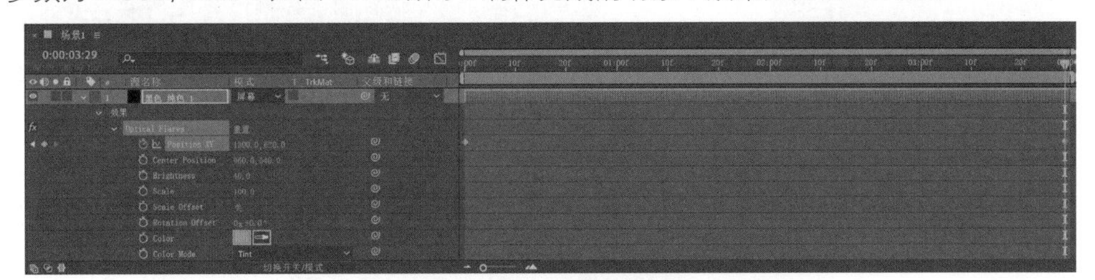
图 27-13 设置光晕动画

图 27-14 场景 1 效果

场景 2 和场景 3 的合成

① 在“项目”面板中按 Ctrl+D 组合键复制两个“场景 1”合成，双击切换到“场景 2”合成，将文本内容修改为“效果精致绚丽”。选中第 1 层的纯色图层，在“效果控件”面板中修改“Color”为 #DF004F，如图 27-15 所示。制作完成的场景 2 效果如图 27-16 所示。

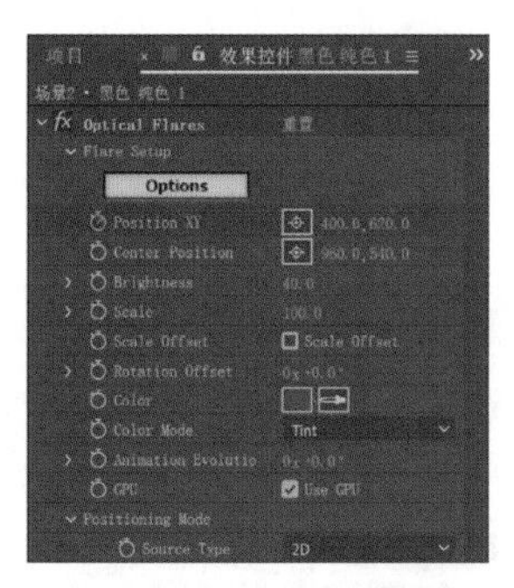

图 27-15 修改光晕颜色

图 27-16 场景 2 效果

2 切换到“场景 3”合成，将文本内容修改为“镜头光晕插件”。选中第 1 层的纯色图层，在“效果控件”面板中修改“Color”为 #8300DF，如图 27-17 所示。制作完成的场景 3 效果如图 27-18 所示。

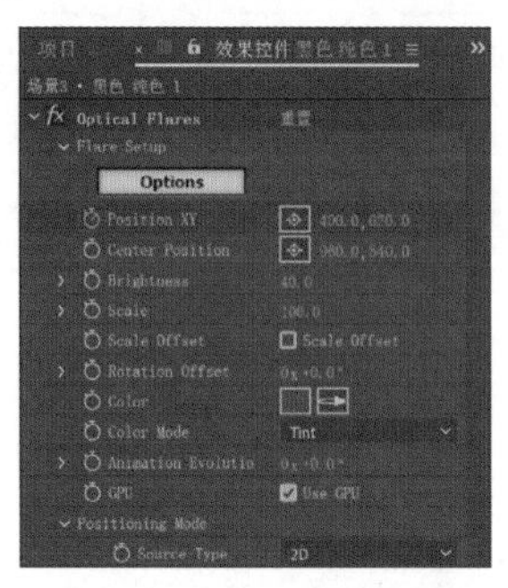

图 27-17 修改光晕颜色

图 27-18 场景 3 效果

完成场景的合成

1 选择“合成→新建合成”命令，弹出“合成设置”对话框，设置“合成名称”为“完成”，“持续时间”为 12 秒，单击“确定”按钮生成合成。

2 依次将“项目”面板中的“场景 1”“场景 2”和“场景 3”合成拖动到“时间轴”面板上。选择“动画→关键帧辅助→序列图层”命令，在“序列图层”对话框中单击“确定”按钮，如图 27-19 所示。

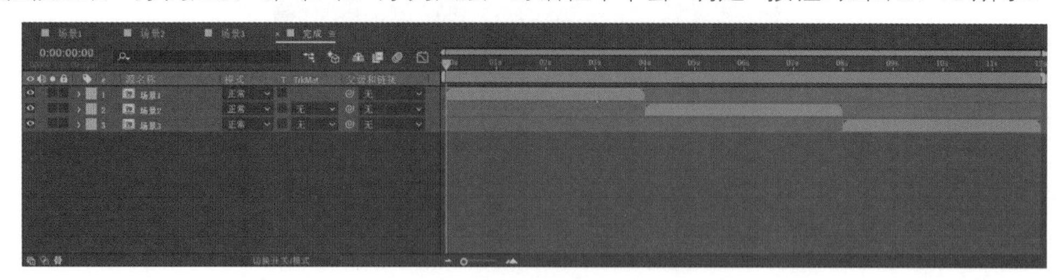

图 27-19 添加并排列图层

3 选择“图层→新建→纯色”命令，打开“合成设置”对话框，设置颜色为黑色，设置纯色图层的混合模式为“屏幕”，将纯色图层的入点拖动到 3 秒 15 帧处，出点拖动到 4 秒 15 帧处，如图 27-20 所示。

4 选择“效果→VideoCopilot→Optical Flares”命令，在“效果控件”面板中单击“Options”按钮打开插件设置窗口。在“Browser”面板中双击应用“Motion Graphics→Monster Flare”预设，单击“OK”按钮完成设置，如图 27-21 所示。

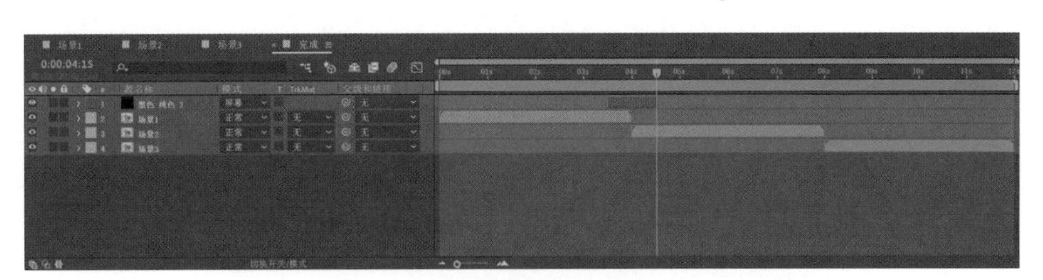

图 27-20 创建纯色图层

图 27-21 应用光晕预设

5 在“效果控件”面板中设置“Position XY”参数为（0, 0），“Brightness”参数为 0。在 3 秒 15 帧处为这两个参数创建关键帧，在 4 秒处设置“Brightness”参数为 600，在 4 秒 15 帧处设置“Position XY”参数为（1920, 1080），“Brightness”参数为 0，如图 27-22 所示。

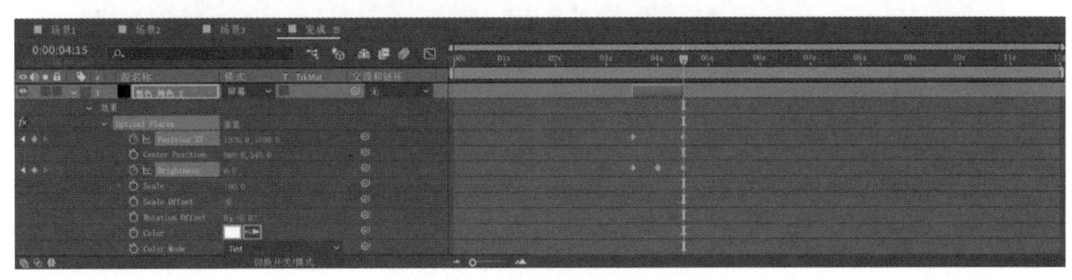

图 27-22 设置光晕转场动画

6 按 Ctrl+D 组合键复制纯色图层，将复制图层的入点拖动到 7 秒 15 帧处。展开“黑色纯色 3 →效果→ Optical Flares”选项，选中“Position XY”参数的两个关键帧，选择“动画→关键帧辅助→时间反向关键帧”命令，如图 27-23 所示。

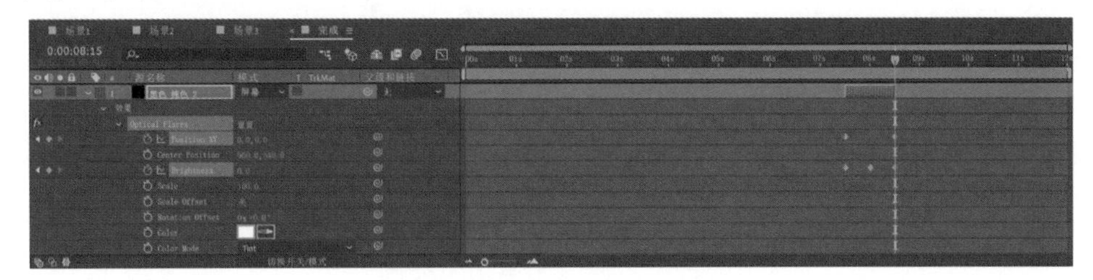

图 27-23 反转光晕运动方向

7 整个案例制作完成，最终效果如图 27-1 所示。

案例 28 霓虹闪烁标题

本案例制作标题文本像霓虹灯一样发光和闪烁的动画，这种发光和闪烁的效果经常被用在 LOGO 演绎视频中。本案例使用了一款叫作 Deep Glow 的免费插件，这款插件采用的是物理算法，生成的发光特效比 After Effects 自带的“发光”效果更加真实。最终效果如图 28-1 所示。

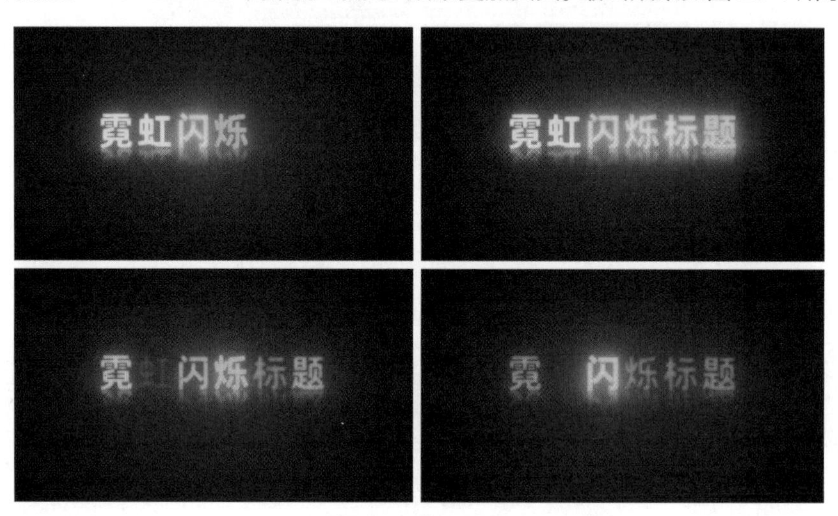

图 28-1 最终效果

★★★★

（1）创建文本并利用“动画制作工具”制作打字和闪烁动画。
（2）使用“设置遮罩”“毛边”效果和“Deep Glow”插件模拟霓虹发光。
（3）使用图层蒙版和“定向模糊”效果模拟地面反射。

完成项目文件：源文件 \ 案例 28 霓虹闪烁标题 \ 完成项目 \ 完成项目 .aep
完成项目效果：源文件 \ 案例 28 霓虹闪烁标题 \ 完成项目 \ 案例效果 .mp4
视频教学文件：演示文件 \ 案例 28 霓虹闪烁标题 .mp4

制作标题动画

1 运行 After Effects CC 2020，在“主页”窗口中单击“新建项目”按钮进入工作界面。

2 单击“合成”面板中的“新建合成”按钮，弹出“合成设置”对话框，设置“合成名称”为“标题动画”，合成尺寸为 1920×1080，“帧速率”为 30，“持续时间”为 5 秒，其他沿用系统默认值，单击“确定”按钮生成合成，如图 28-2 所示。

3 单击工具栏上的**T**按钮，在“合成”窗口上单击后输入文本“霓虹闪烁标题”。在“字符”面板中设置字体为“阿里巴巴普惠体 Bold”，颜色为 #237A82，字体大小为 180，字符间距为 50，如图 28-3 所示。

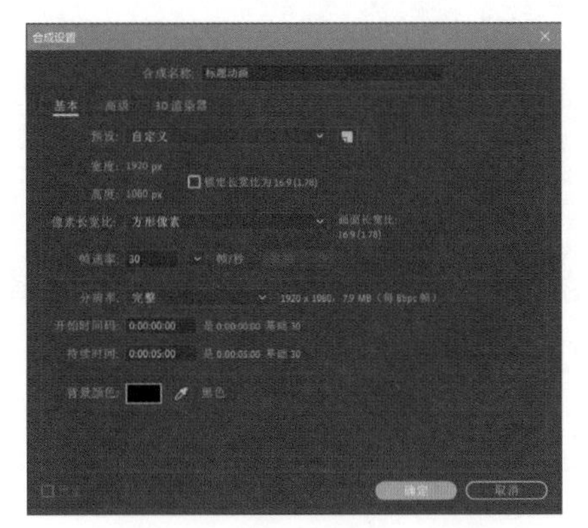

图 28-2 “合成设置”对话框

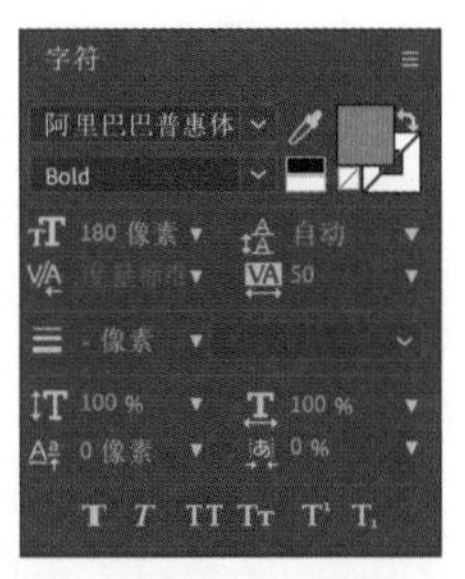

图 28-3 设置“字符”参数

4 选中文本后按 Ctrl+Alt+Home 组合键居中放置锚点。展开“变换”选项，设置“位置”参数为（960, 480）。在“合成”面板中选取“霓虹”两字，在“字符”面板中修改颜色为 #8A490F，结果如图 28-4 所示。

图 28-4 修改“字符”颜色

5 在“时间轴”面板中展开“文本”选项，单击“动画”右侧的 ● 按钮，在弹出的菜单中选择“不透明度”。展开“动画制作工具 1”选项，设置“不透明度”参数为 0%。展开“范围选择器 1”选项，在 0 帧处为“起始”参数创建关键帧，在 2 秒处设置“起始”参数为 100%，如图 28-5 所示。

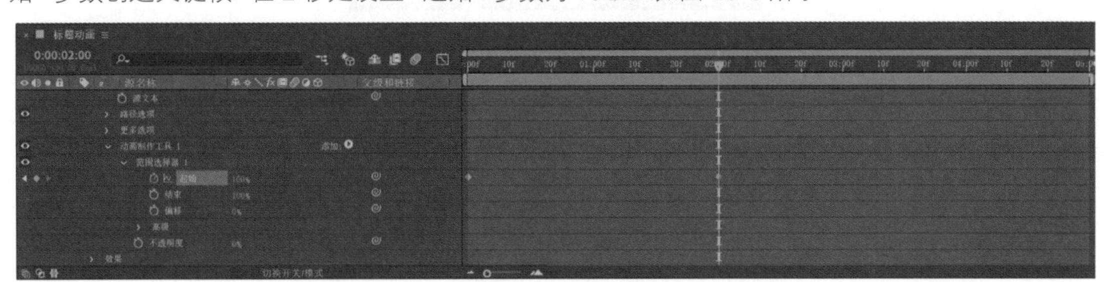

图 28-5 设置打字动画

6 按 Ctrl+D 组合键复制文本图层，将第 1 层的出点拖动到 2 秒处，将第 2 层的入点拖动到 2 秒处，如图 28-6 所示。

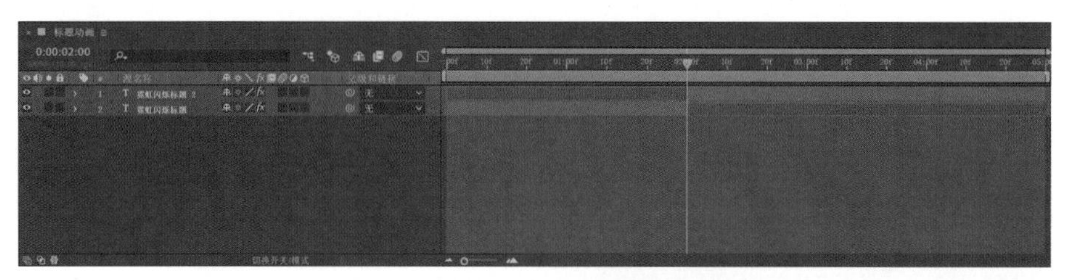

图 28-6 复制图层并调整时间轴

7 展开第 2 层的“文本→动画制作工具 1 →范围选择器”选项，在 0 帧处将“起始”参数的关键帧删除，设置“偏移”参数为 100。

8 单击“添加”右侧的 按钮，在弹出的菜单中选择“选择器→摆动”。在“模式”下拉列表框中选择“相加”，设置“最小量”参数为 0%，“摇摆 / 秒”参数为 10，“关联”参数为 10%，如图 28-7 所示。

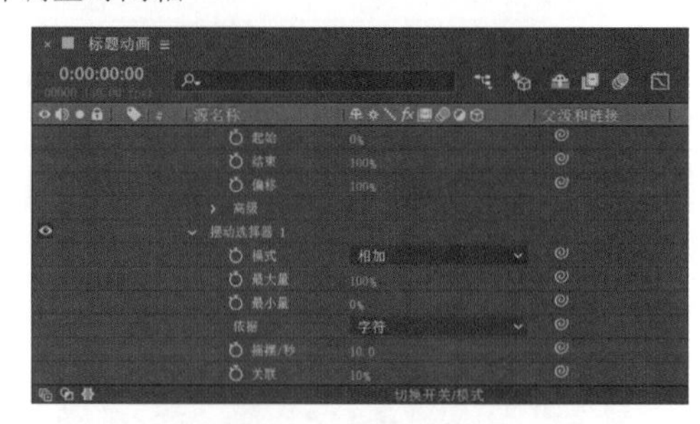

图 28-7 设置摇摆动画

9 在 2 秒处为“偏移”参数创建关键帧，在 3 秒 15 帧处为“最大量”参数创建关键帧，在 4 秒 29 帧处设置“偏移”和“最大量”参数均为 0%。选中所有关键帧后按 F9 键，将关键帧插值设置为贝塞尔曲线，如图 28-8 所示。制作完成的标题动画效果如图 28-9 所示。

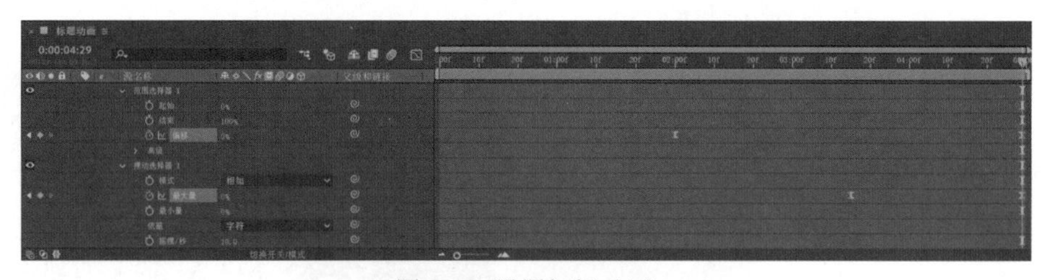

图 28-8 设置闪烁动画

图 28-9 标题动画效果

制作霓虹效果

1 选中第 1 层，选择“效果→遮罩→遮罩阻塞工具”命令。在“效果控件”面板中设置“几何柔和度 1”参数为 18，“阻塞 1”参数为 50，“灰色阶柔和度 1”参数为 60%，“几何柔和度 2”参数为 15，“阻塞 2”参数为 25，“灰色阶柔和度 2”参数为 80%，如图 28-10 所示。

2 选择“效果→通道→设置遮罩”命令，保持默认参数不变。继续选择“效果→风格化→毛边”命令，在“边缘类型”下拉列表框中选择“生锈”，设置“边界”和“边缘锐度”参数均为 0，“分形影响”参数为 0.85，如图 28-11 所示。当前设置完成后的阻塞和毛边效果如图 28-12 所示。

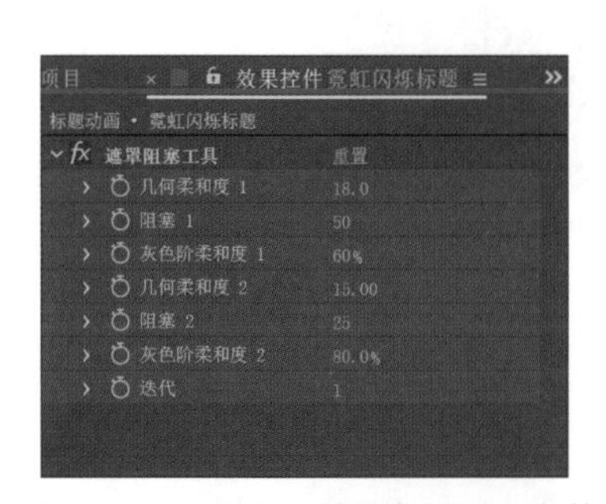

图 28-10 设置“遮罩阻塞工具”参数

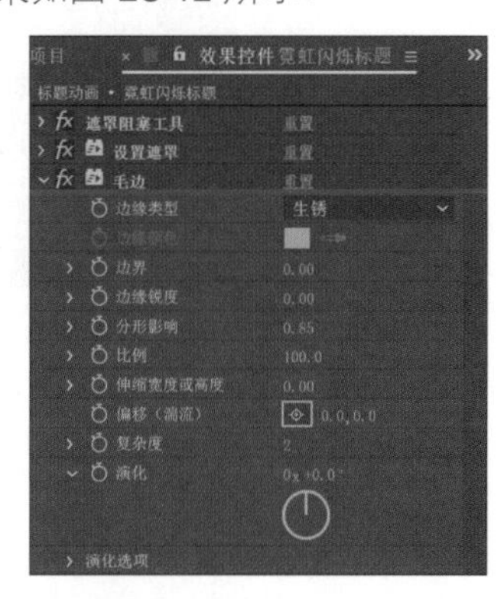

图 28-11 设置“毛边”参数

图 28-12 阻塞和毛边效果

3 选择“效果→ PluginEverything → Deep Glow”命令，设置“Radius”参数为 10，“Exposure”参数为 0.2，如图 28-13 所示。

4 再次选择“效果→ Plugin Everything → Deep Glow”命令，设置“Radius”参数为 600，“Exposure”参数为 0.5，在“Blend Mode”下拉列表框中选择“Add”；展开“Chromatic Aberration”选项，勾选“Enable”复选框，设置“Amount”参数为 0.15，如图 28-14 所示。

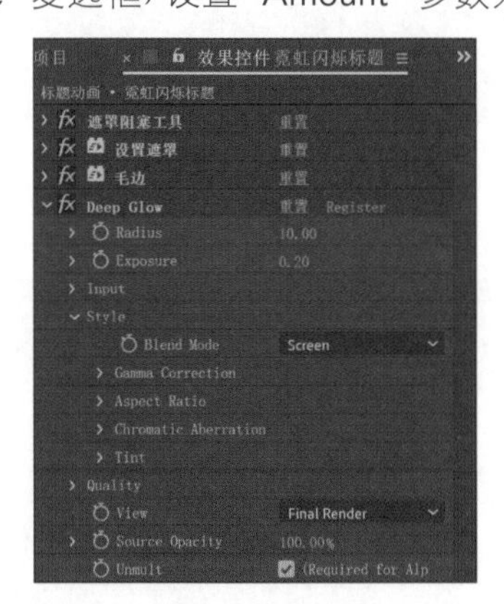

图 28-13 设置“Deep Glow”参数

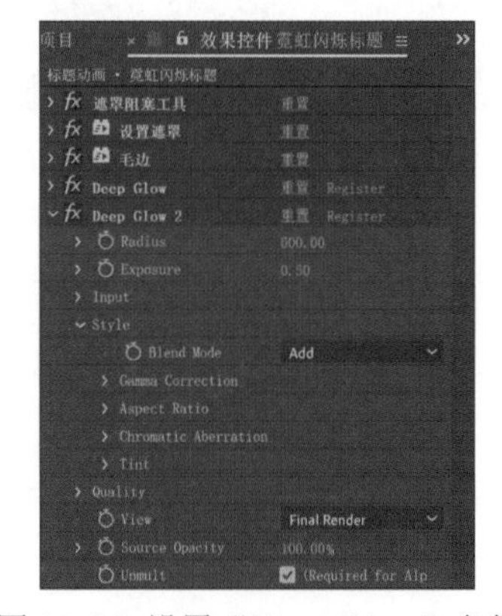

图 28-14 设置“Deep Glow”参数

5 在“时间轴”面板中选中第 1 层的“效果”选项，按 Ctrl+C 组合键复制效果属性，选中第 2 层，按 Ctrl+V 组合键粘贴效果。设置完成后的霓虹发光效果如图 28-15 所示。

图 28-15 霓虹发光效果

完成场景的合成

1 按 Ctrl+N 组合键弹出“合成设置”对话框，设置“合成名称”为“完成”，“持续时间”为 5 秒，单击“确定”按钮生成合成。

2 选择“图层→新建→纯色”命令，弹出“纯色设置”对话框，设置“颜色”为黑色，单击“确定”按钮生成图层。

3 选择“效果→生成→梯度渐变”命令，在“效果控件”面板的“渐变形状”下拉列表框中选择“径向渐变”。设置“起始颜色”为 #002F49，“结束颜色”为 #000C15，“渐变起点”参数为（960, 540），“渐变终点”参数为（960, 1600），如图 28-16 所示。

4 将“项目”面板中的“标题动画”合成拖动到“时间轴”面板上，按 Ctrl+D 组合键复制“标题动画”图层，如图 28-17 所示。

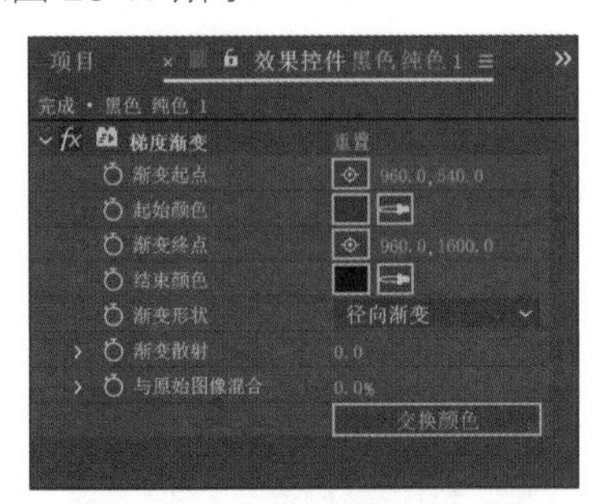

图 28-16 设置“梯度渐变”参数

图 28-17 在合成中添加素材

5 选中第 2 层，展开“变换”选项，设置“位置”参数为（960, 580），“不透明度”参数为 80%。单击 ∞ 按钮取消“缩放”参数的锁定，将数值设置为（100, -100），如图 28-18 所示。

6 选择“图层→蒙版→新建蒙版”命令，展开“蒙版→蒙版 1”选型组，设置“蒙版羽化”参数为（100, 100）。单击“形状”按钮，弹出“蒙版形状”对话框，设置“顶部”参数为 540，单击“确定”按钮完成设置，如图 28-19 所示。

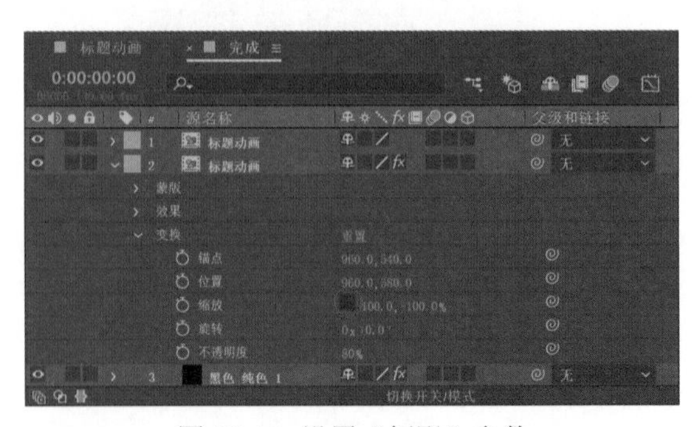

图 28-18 设置“倒影”参数

7 选择“效果→模糊和锐化→定向模糊”命令，在“效果控件”面板中设置“方向”参数为 0x+170°，“模糊长度”参数为 15，如图 28-20 所示。

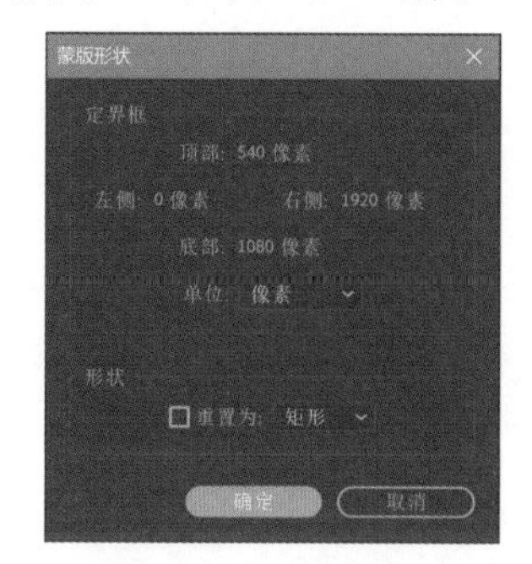

图 28-19 设置“蒙版”尺寸

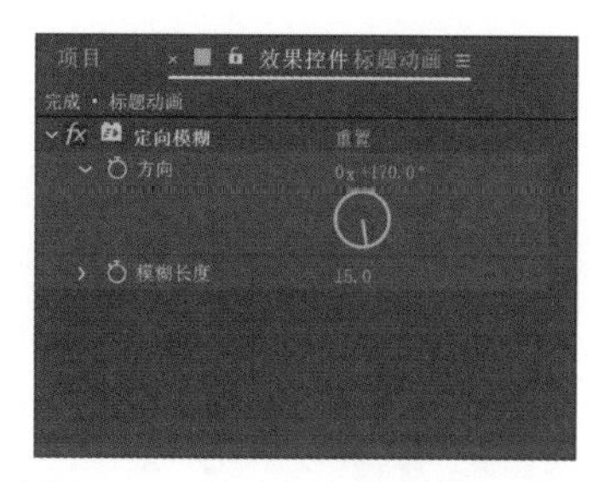

图 28-20 设置“定向模糊”参数

8 选择“图层→新建→调整图层”命令，继续选择“效果→颜色校正→ Lumetri 颜色”命令。在“效果控件”面板中展开“基本校正”选项，设置“音调”选项中的“白色”参数为 20，“黑色”参数为 40，如图 28-21 所示。

9 展开“创意”选项，在“Look”下拉列表框中选择“Fuji F125 Kodak 2393”，设置“强度”和“锐化”参数均为 30，如图 28-22 所示。

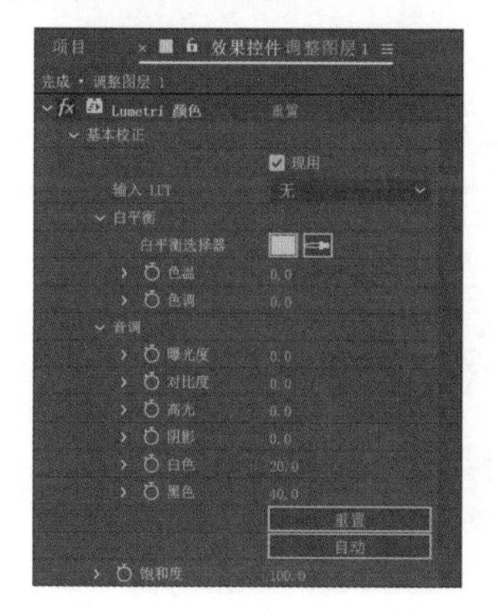

图 28-21 设置“基本校正”参数

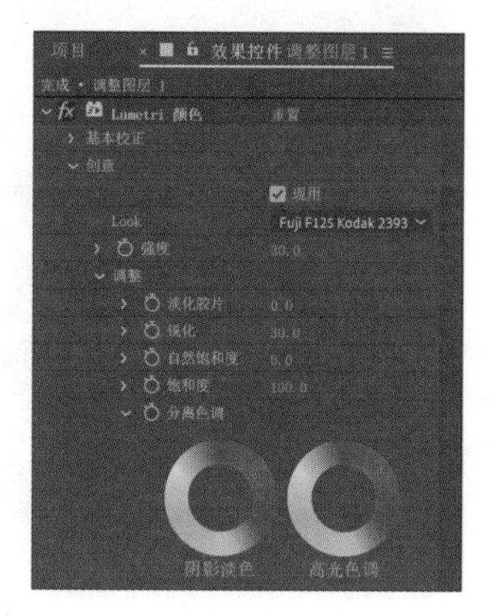

图 28-22 设置“创意”参数

10 展开“晕影”选项，设置“数量”参数为 -5，“羽化”参数为 100，如图 28-23 所示。

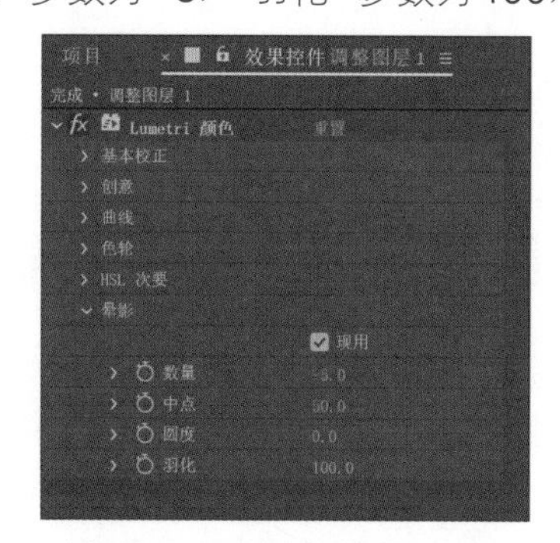

图 28-23 设置“晕影”参数

11 整个案例制作完成，最终效果如图 28-1 所示。

案例 29　粒子飘散特效

Trapcode Particular 是一款非常强大的粒子插件，利用这款插件不但可以轻松地制作出各种粒子特效，还能制作出火焰、烟雾、闪光等自然效果。本案例将利用 Trapcode Particular 制作文字随风飘散的动画，以此来了解 Trapcode Particular 的制作流程。最终效果如图 29-1 所示。

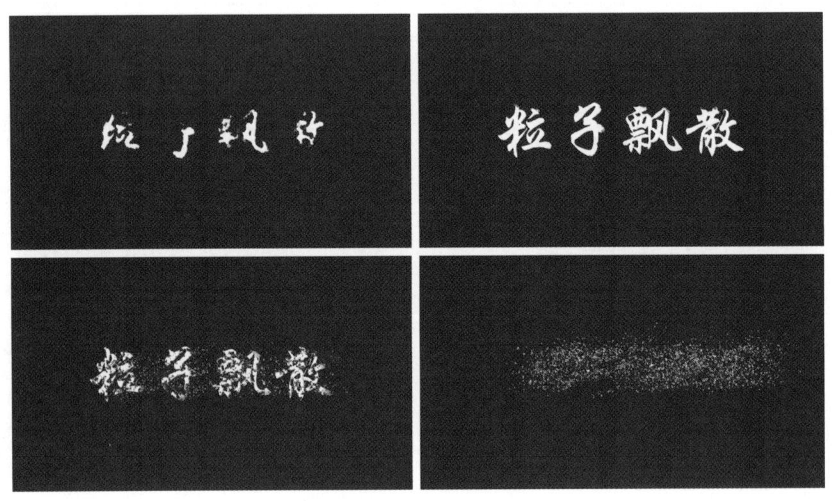

图 29-1　最终效果

★★★★

技法分析

(1) 使用“分形杂色”效果配合轨道遮罩功能设置粒子的发射范围。

(2) 使用“勾画”和“毛边”效果制作文字逐渐显示的动画。

(3) 使用“Particular”效果制作粒子飘散的动画。

完成项目文件：源文件 \ 案例 29 粒子飘散特效 \ 完成项目 \ 完成项目 .aep

完成项目效果：源文件 \ 案例 29 粒子飘散特效 \ 完成项目 \ 案例效果 .mp4

视频教学文件：演示文件 \ 案例 29 粒子飘散特效 .mp4

制作粒子发射器

1 运行 After Effects CC 2020，在“主页”窗口中单击“新建项目”按钮进入工作界面。

2 单击“合成”面板中的“新建合成”按钮，弹出“合成设置”对话框，设置“合成名称”为“发射器”，合成尺寸为 1920×1080，“帧速率”为 60，“持续时间”为 13 秒，其他沿用系统默认值，单击“确定”按钮生成合成，如图 29-2 所示。

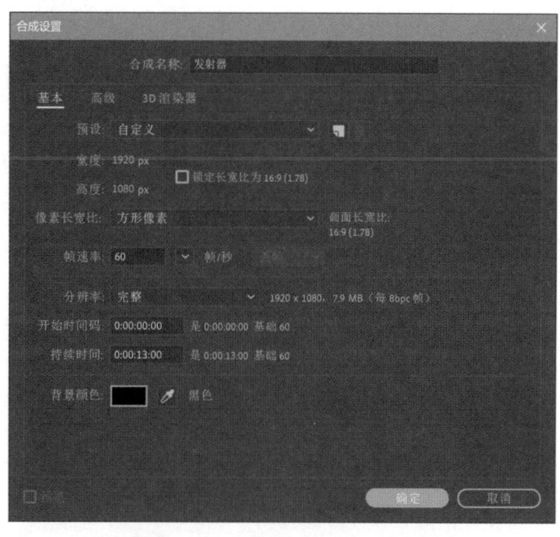

图 29-2 “合成设置”对话框

3 在“字符”面板中设置字体为“华文行楷”，字体颜色为白色，字体大小为 300，如图 29-3 所示。

4 单击工具栏上的T按钮，在“合成”面板上输入文本“粒子飘散”。单击“对齐”面板中的和按钮。

5 选择“图层→新建→纯色”命令，弹出“纯色设置”对话框，设置“颜色”为 #1A1A1A，单击“确定”按钮生成图层；在第 2 层的“TrkMat”下拉列表框中选择“亮度遮罩”，如图 29-4 所示。

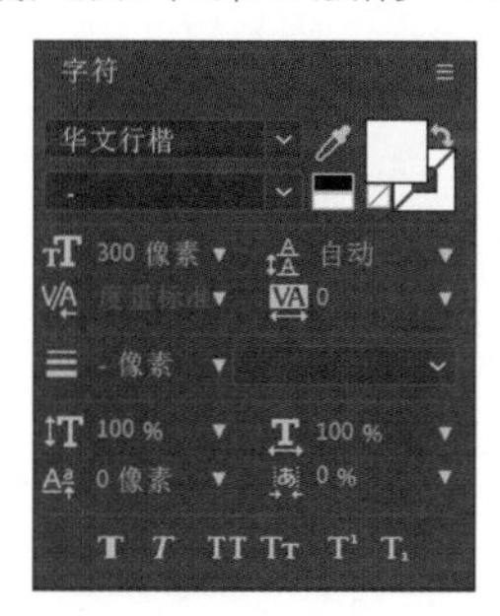

图 29-3 设置“字符”参数

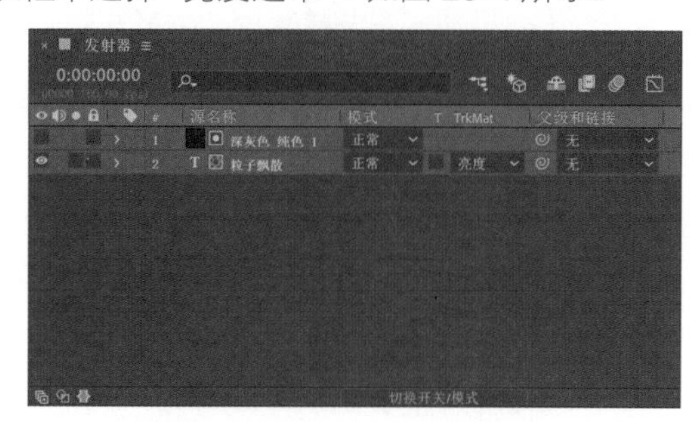

图 29-4 创建文本和纯色图层

6 选中纯色图层，选择“图层→预合成”命令，打开“预合成”对话框，勾选“打开新合成”复选框后单击“确定”按钮。

7 在预合成中选中纯色图层，选择“效果→杂色和颗粒→分形杂色”命令，设置“对比度”参数为 1000，设置“复杂度”参数为 20。展开“变换”选项，设置“缩放”参数为 20。

8 在 5 秒处设置“亮度”参数为 450 后创建关键帧，在 10 秒处设置“亮度”参数为 −450，如图 29-5 所示。当前设置完成后的分形杂色效果如图 29-6 所示。

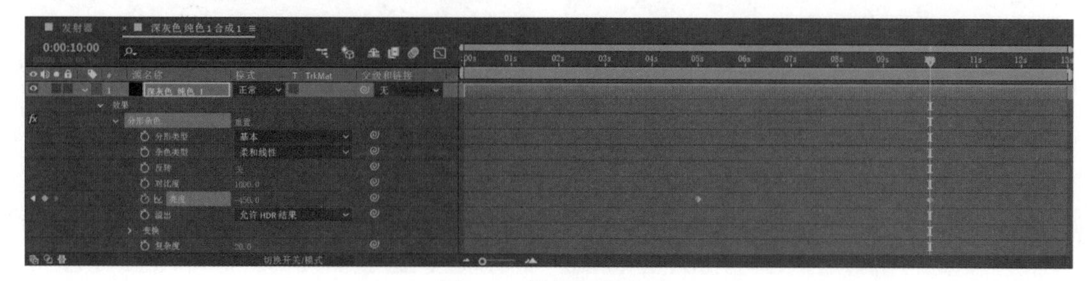

图 29-5 设置杂色动画

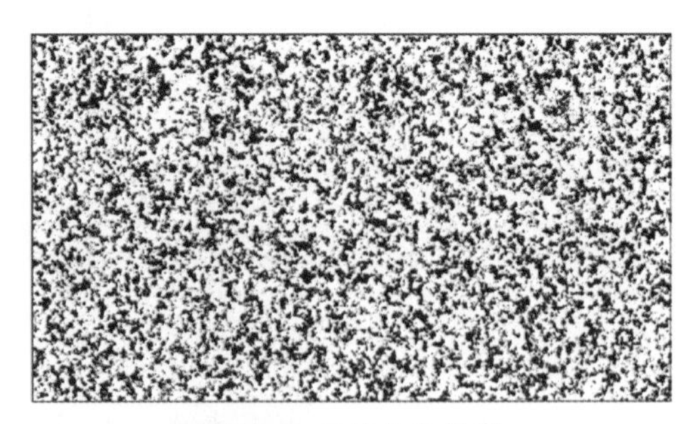

图 29-6 分形杂色效果

9 按 Ctrl+D 组合键复制纯色图层，在第 2 层的“TrkMat”下拉列表框中选择“亮度反转遮罩”，如图 29-7 所示。设置完成后的粒子发射效果如图 29-8 所示。

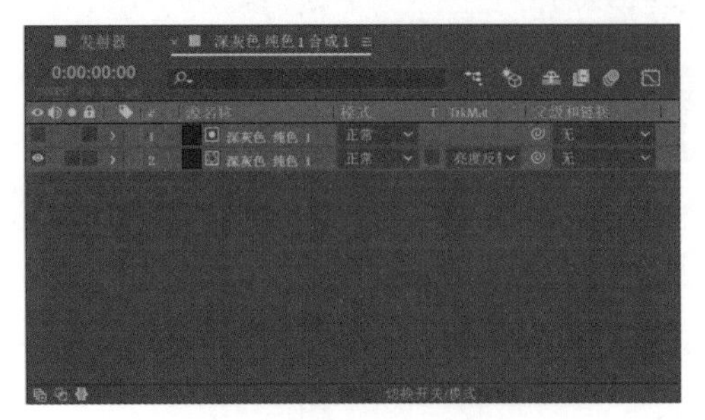

图 29-7 设置轨道遮罩

图 29-8 粒子发射效果

完成场景的合成

1 选择“合成→新建合成”命令，弹出“合成设置”对话框，设置“合成名称”为“完成”，单击“确定”按钮生成合成。

2 将“项目”面板上的“发射器”合成拖动到“时间轴”面板上，单击👁按钮隐藏该图层的显示，然后开启“3D 图层”开关。选择“图层→新建→纯色”命令，弹出“纯色设置”对话框，设置“颜色”为 #202020，单击“确定”按钮生成图层，如图 29-9 所示。

3 切换到“发射器”合成，选中第 2 层后按 Ctrl+C 组合键复制，切换到“完成”合成，按 Ctrl+V 组合键粘贴图层。

4 切换到“深灰色 纯色 1 合成 1”合成，选中第 1 层后按 Ctrl+C 组合键复制，切换到“完成”合成，按 Ctrl+V 组合键粘贴图层，如图 29-10 所示。

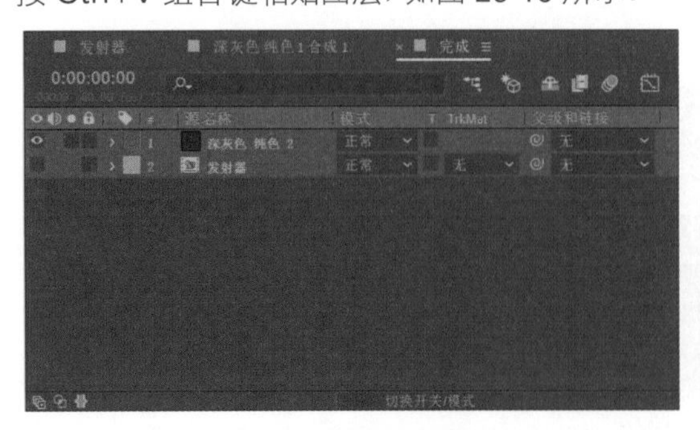

图 29-9 创建纯色图层

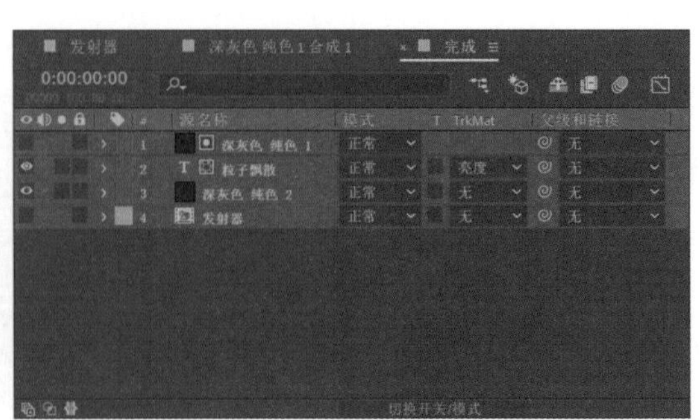

图 29-10 复制文本和纯色图层

5 选中文本图层，选择“效果→生成→勾画”命令。展开“片段”选项，设置“片段”参数为 1，在 0 帧处设置“长度”参数为 0 后创建关键帧，在 4 秒处设置“长度”参数为 1，如图 29-11 所示。

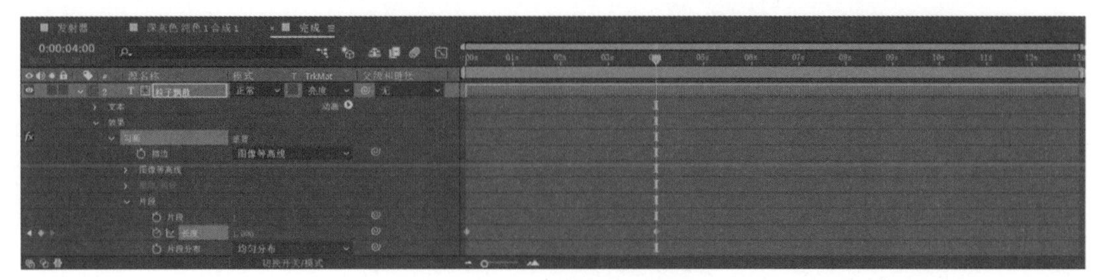

图 29-11 设置勾画动画

6 展开“正在渲染”选项，在“混合模式”下拉列表框中选择“模板”，设置“起始点不透明度”参数为 0，“结束点不透明度”参数为 1，在 0 帧处设置“宽度”参数为 25 后创建关键帧，在 4 秒处设置“宽度”参数为 100，如图 29-12 所示。

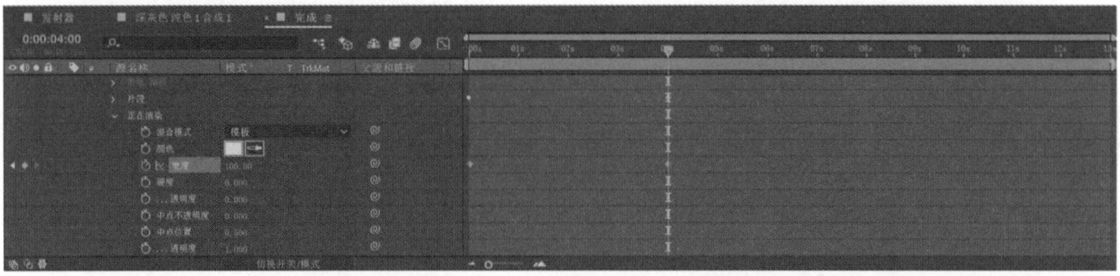

图 29-12 设置勾画动画

7 选择“效果→风格化→毛边”命令，设置“复杂度”参数为 10，在 0 帧处设置“边界”参数为 20、“边缘锐度”参数为 5 后为这两个参数创建关键帧，在 4 秒处设置“边界”和“边缘锐度”参数均为 0，如图 29-13 所示。当前设置完成后的毛边勾画效果如图 29-14 所示。

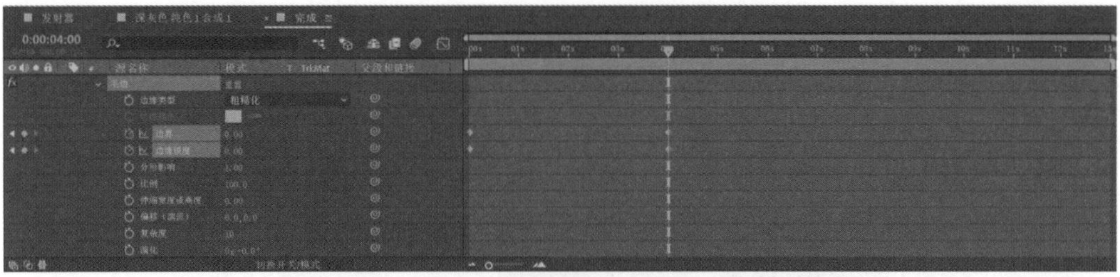

图 29-13 设置毛边动画

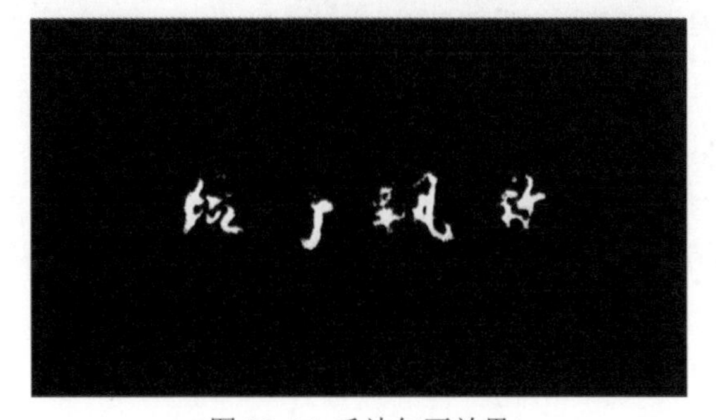

图 29-14 毛边勾画效果

8 选择“图层→新建→纯色”命令，弹出“纯色设置”对话框，设置“颜色”为黑色，单击“确定”按钮生成图层。

9 选择“效果→RGTrapcode→Particular”命令，在“效果控件”面板中展开“Emitter”选项，在“Emitter Type”下拉列表框中选择“Layer”；展开“Layer Emitter”选项，在“Layer”下拉列表框中选择“5. 发射器”；设置“Particles/sec”参数为120000，“Velocity”参数为0，如图29-15所示。

10 展开“Emission Extras”选项，设置“Periodicity Random”参数为100；展开“Particle”选项，设置“Life（seconds）”参数为3.5、“Lift Random”参数为25%，“Size”参数为2，设置“Size Random”和“Opacity Random”参数均为50%，如图29-16所示。当前设置完成后的粒子发射效果如图29-17所示。

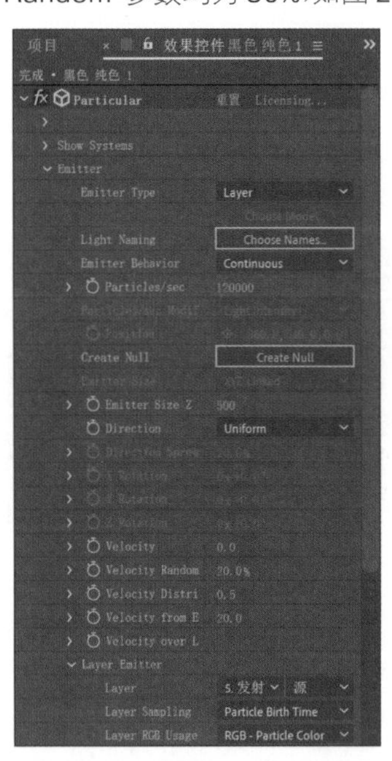

图29-15 设置“发射”参数

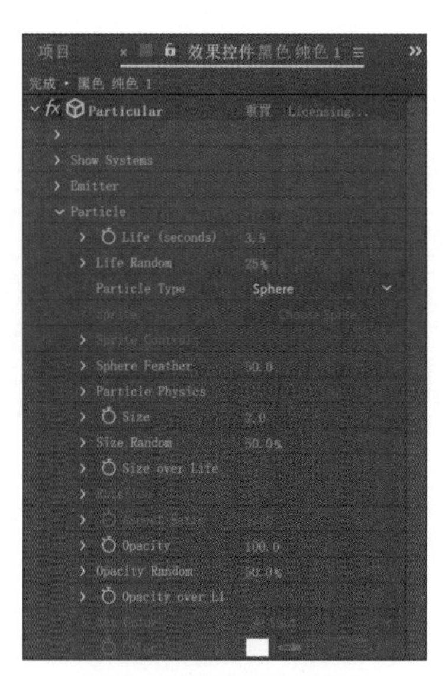

图29-16 设置粒子属性

11 展开“Environment”选项，设置“Gravity”参数为-10，如图29-18所示。

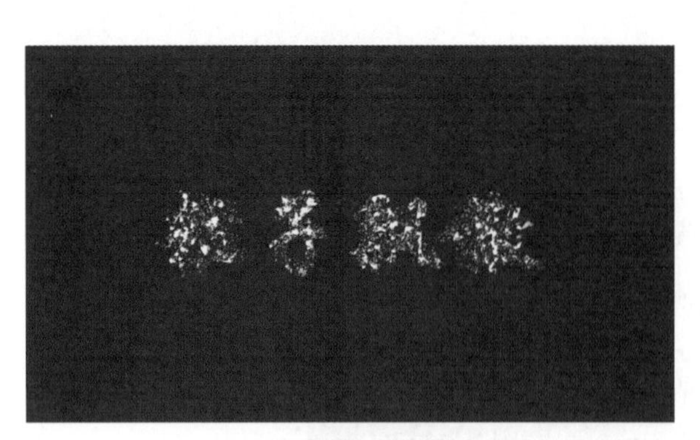

图29-17 粒子发射效果

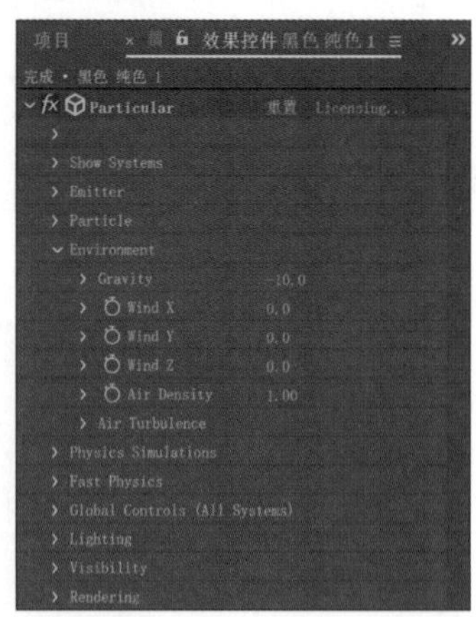

图29-18 设置“Gravity”参数

12 展开“Global Controls（All Systems）”选项，设置“Physics Time Factor”参数为1.2，如图29-19所示。当前设置完成后的粒子发射效果如图29-20所示。

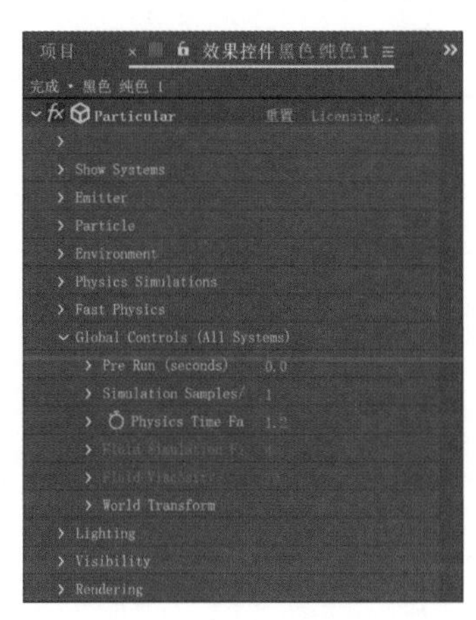

图 29-19 设置“Physics Time Factor”参数

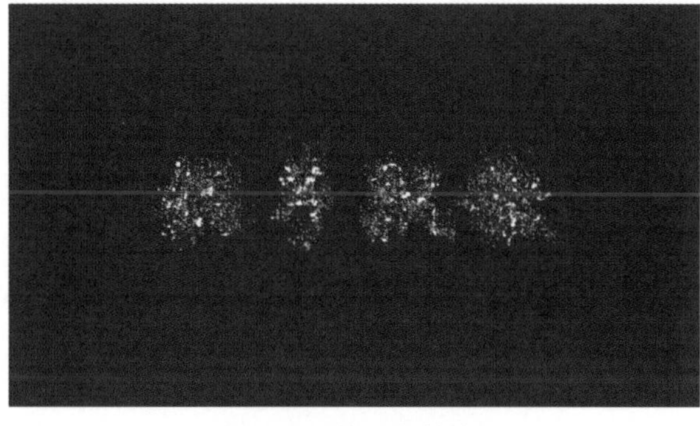

图 29-20 粒子发射效果

13 展开“Fast Physics”选项，设置“Drift X”参数为 100，“TF Affect Posit”参数为 100，“Fade-in Time”参数为 0.2，“TF Move with Drift”参数为 100%，如图 29-21 所示。

14 选择“效果→风格化→发光”命令，设置“发光半径”参数为 5，“发光强度”参数为 0.8，如图 29-22 所示。

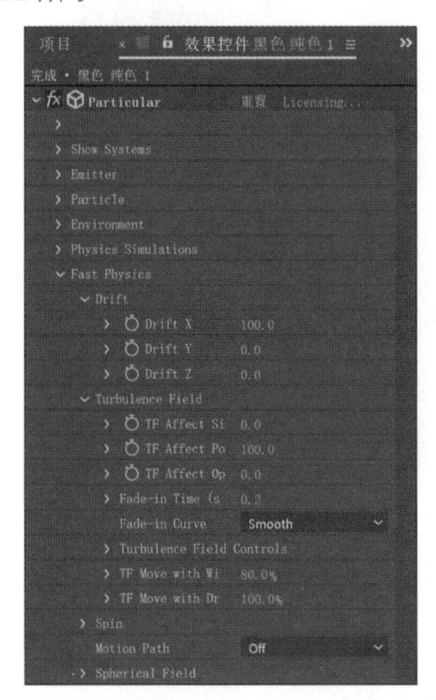

图 29-21 设置“Fast Physics”参数

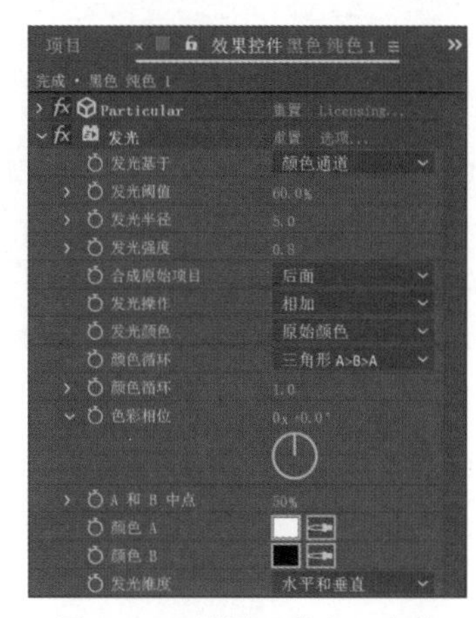

图 29-22 设置“发光”参数

15 整个案例制作完成，最终效果如图 29-1 所示。

案例 30 光电描边标志

本案例首先制作蓝色光电描绘出标志的轮廓，然后制作出金属标志在弧光中逐渐显示的效果。光电效果使用免费插件 Video Copilot Saber 制作，这款插件可以逼真地模拟出火焰、光束、电流、霓虹灯等特效。因为插件提供了预设模板，所以设置起来也非常简单。最终效果如图 30-1 所示。

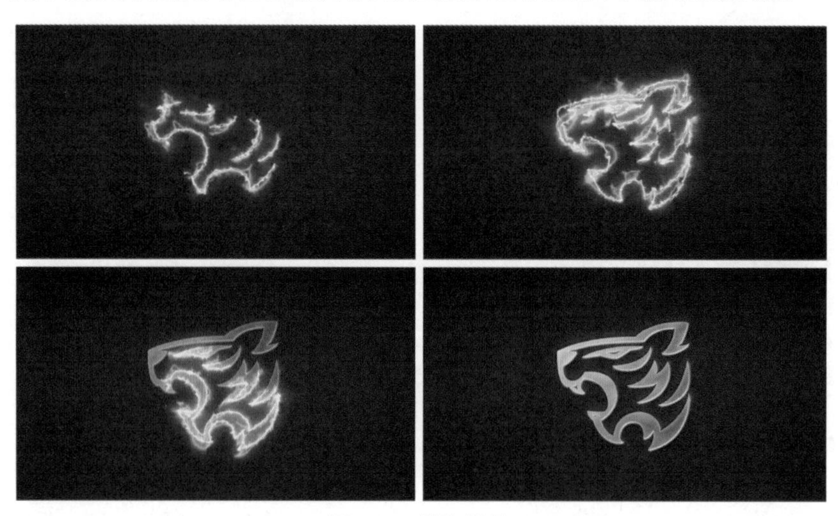

图 30-1 最终效果

★★★★

（1）利用图层样式和灯光对象制作立体金属标志。

（2）使用 Video Copilot Saber 插件制作弧光描边效果。

（3）使用“不透明度”选项制作标志在弧光中逐渐显示的动画。

素材文件路径：源文件 \ 案例 30 光电描边标志

完成项目文件：源文件 \ 案例 30 光电描边标志 \ 完成项目 \ 完成项目 .aep

完成项目效果：源文件 \ 案例 30 光电描边标志 \ 完成项目 \ 案例效果 .mp4

视频教学文件：演示文件 \ 案例 30 光电描边标志 .mp4

制作金属标志

1 运行After Effects CC 2020,在"主页"窗口中单击"新建项目"按钮进入工作界面。在"项目"面板的空白处双击,弹出"导入文件"对话框,导入素材路径中的所有文件。

2 单击"合成"面板中的"新建合成"按钮，弹出"合成设置"对话框，设置"合成名称"为"金属标志"，合成尺寸为 1920×1080，"帧速率"为 30，"持续时间"为 6 秒，其他沿用系统默认值，单击"确定"按钮生成合成，如图 30-2 所示。

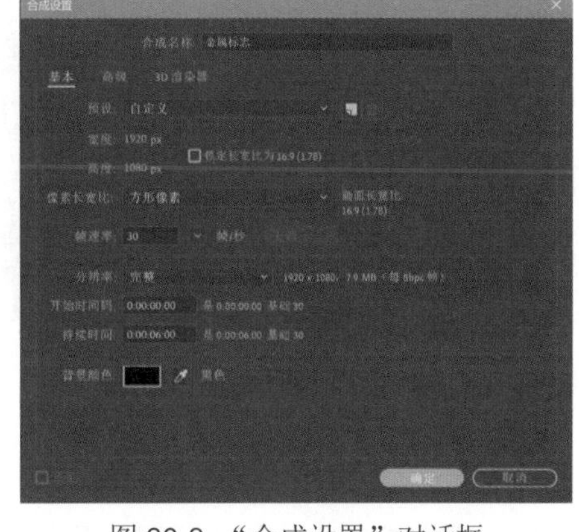

图 30-2 "合成设置"对话框

3 将"项目"面板中的"P01.png"拖动到"时间轴"面板上，开启"3D 图层"开关。选择"效果→生成→填充"命令，设置"颜色"为白色，如图 30-3 所示。

4 选择"图层→新建→灯光"命令，弹出"灯光设置"对话框，在"灯光类型"下拉列表框中选择"点"，单击"确定"按钮生成图层，如图 30-4 所示。按 P 键设置"位置"参数为（500, 200, -500），当前设置完成后的灯光照明效果如图 30-5 所示。

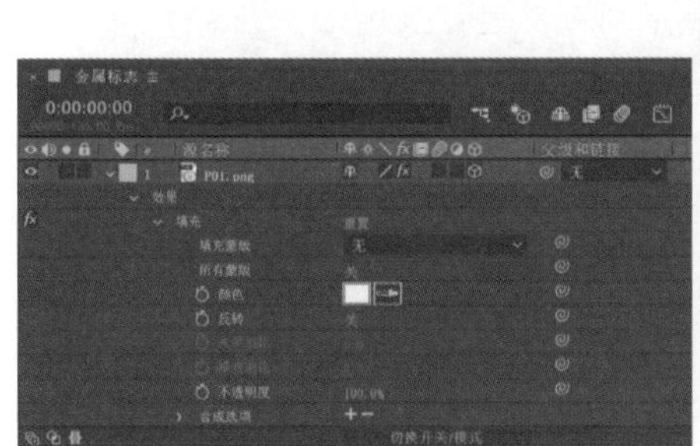

图 30-3 添加标志图像

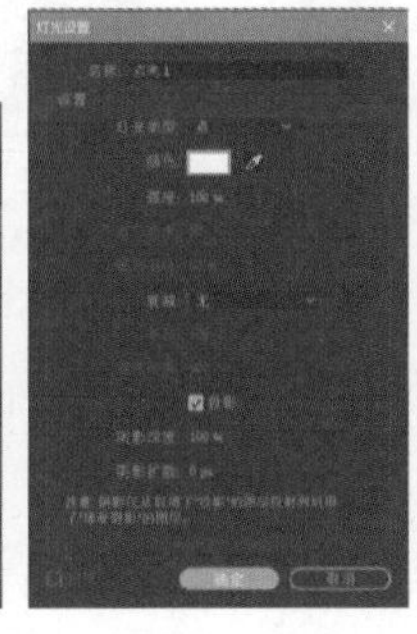

图 30-4 设置"灯光"参数

图 30-5 灯光照明效果

5 选中"P01.png"图层，执行"图层→图层样式→投影"命令，展开"投影"选项，设置"距离"参数为 10，"大小"参数为 40，如图 30-6 所示。

6 执行"图层→图层样式→斜面和浮雕"命令，展开"斜面和浮雕"选项，在"样式"下拉列表框中选择"外斜面"，在"方向"下拉列表框中选择"向下"，设置"深度"参数为 200%，"大小"参数为 10，如图 30-7 所示。当前设置完成后的金属标志效果如图 30-8 所示。

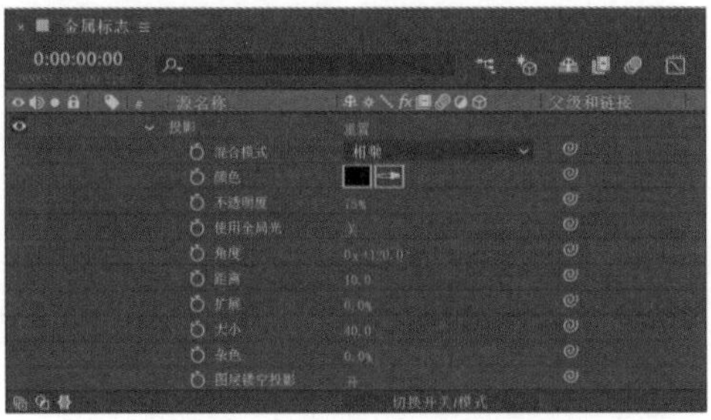

图 30-6 设置"投影"参数

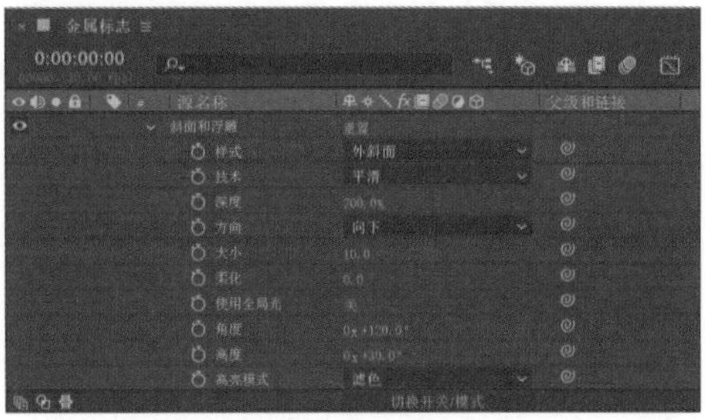

图 30-7 设置"斜面和浮雕"参数

7 执行“图层→图层样式→光泽”命令，展开“光泽”选项，设置“不透明度”参数为25%，“角度”参数为0x+120°，“距离”和“大小”参数均为50，如图30-9所示。

图30-8 金属标志效果

图30-9 设置“光泽”参数

8 执行“图层→图层样式→描边”命令，展开“描边”选项，设置“颜色”为白色，“大小”参数为1.5，如图30-10所示。制作完成的金属标志效果如图30-11所示。

图30-10 设置“描边”参数

图30-11 金属标志效果

制作光电描边效果

1 按Ctrl+N组合键弹出“合成设置”对话框，设置“合成名称”为“完成”，“持续时间”为6秒，单击“确定”按钮生成合成。

2 将“项目”面板中的“P01.png”拖动到“时间轴”面板上，单击👁按钮隐藏该图层的显示。选择“图层→自动追踪”命令，在弹出的“自动追踪”对话框中单击“确定”按钮，如图30-12所示。

3 选择“图层→新建→纯色”命令，弹出“纯色设置”对话框，设置“颜色”为#323232，单击“确定”按钮生成图层。

图30-12 “自动追踪”对话框

4 将“项目”面板中的“金属标志”拖动到“时间轴”面板上，按T键显示“不透明度”参数，在4秒处为“不透明度”参数创建关键帧，在2秒处设置“不透明度”参数为0%，如图30-13所示。

5 选择“图层→新建→纯色”命令，设置“颜色”为黑色，单击“确定”按钮生成图层。设置图层混合模式为“屏幕”；展开“P01.png”图层，选中“蒙版”选项后按Ctrl+C组合键复制蒙版，选中“黑色纯色1”图层，按Ctrl+V组合键粘贴蒙版，如图30-14所示。

6 选择“效果→VideoCopilot→Saber”命令，在“效果控件”面板的“Preset”下拉列表框中选择“Narrow Bright”，在“Core Type”下拉列表框中选择“Layer Masks”，如图30-15所示。

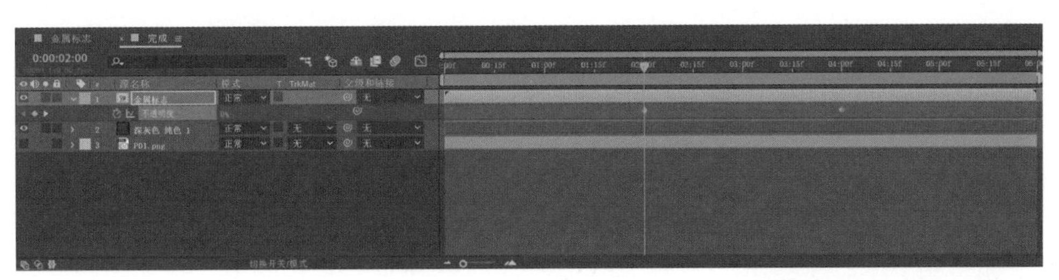

图 30-13 制作标志淡入动画

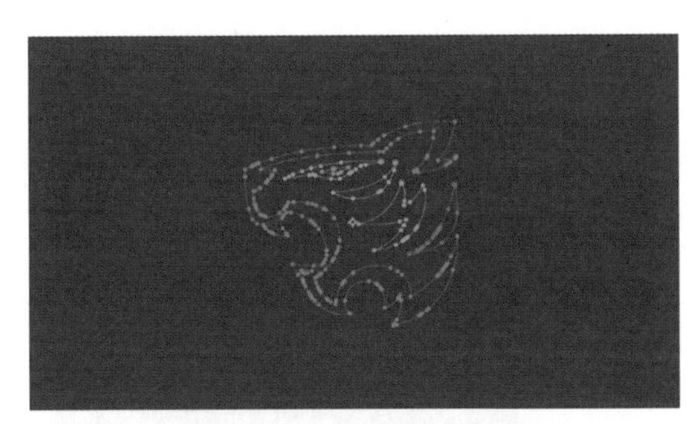

图 30-14 为纯色图层粘贴蒙版

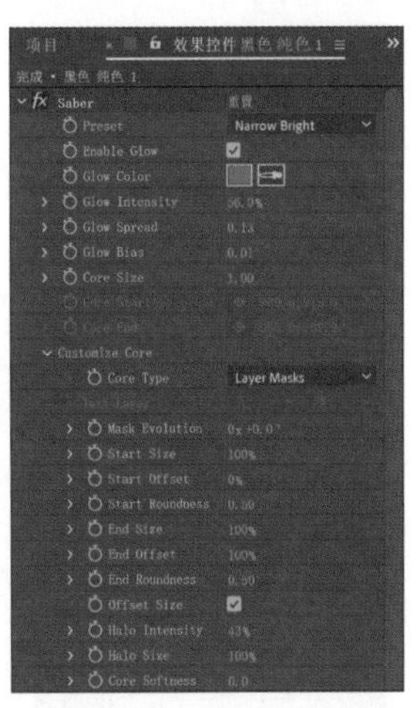

图 30-15 应用 Saber 插件

7 按 T 键显示“不透明度”参数，在 2 秒处设置“不透明度”参数为 0%，在 4 秒处设置“不透明度”参数为 50%，在 5 秒处设置“不透明度”参数为 0%，如图 30-16 所示。

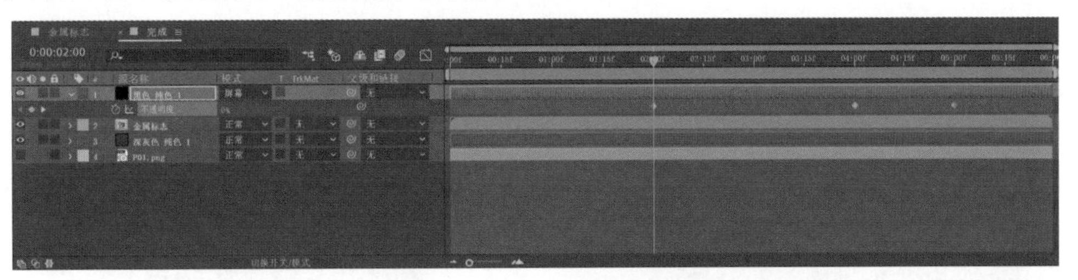

图 30-16 设置不透明度动画

8 按 Ctrl+D 组合键复制纯色图层，选中复制的图层，在“Preset”下拉列表框中选择“Zap”，设置“Glow Intensity”参数为 30。按 T 键显示“不透明度”参数，在 5 秒处删除所有关键帧。当前设置完成后的光电效果如图 30-17 所示。

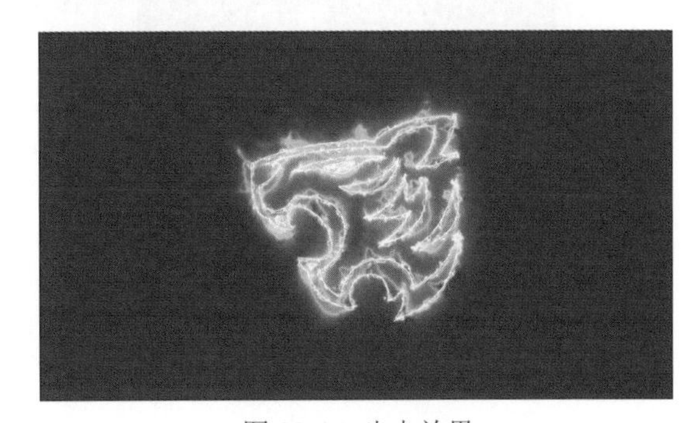

图 30-17 光电效果

9 在 0 帧处为“Mask Evolution”和“Start Offse”参数创建关键帧，设置“Start Offse”参数为 100%；在 2 秒处设置“Start Offse”参数为 0%，为“End Offset”参数创建关键帧；在 4 秒处设置“Mask Evolution”参数为 -1x+0°，“End Offset”参数为 0%，如图 30-18 所示。

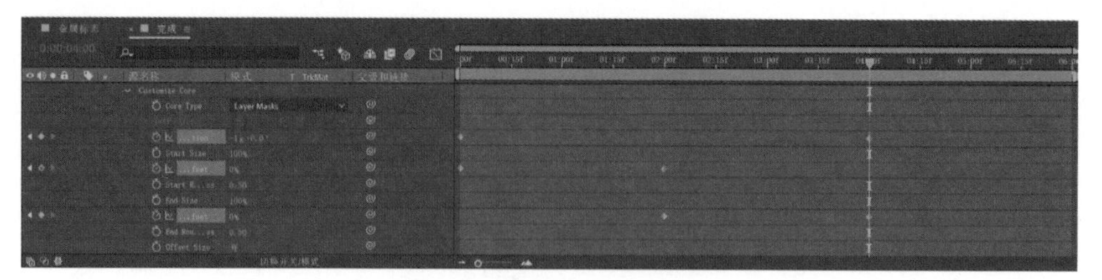

图 30-18 设置光电描边动画

10 按 Ctrl+D 组合键复制“金属标志”图层，选中下方的“金属标志”图层，选择“效果→生成→填充”命令。在“效果控件”面板中设置“颜色”为黑色，“不透明度”参数为 60%，如图 30-19 所示。

11 选择“效果→模糊和锐化→ CC Radial Fast Blur”命令。在“效果控件”面板中设置“Center”参数为（450, 250），“Amount”参数为 90，如图 30-20 所示。

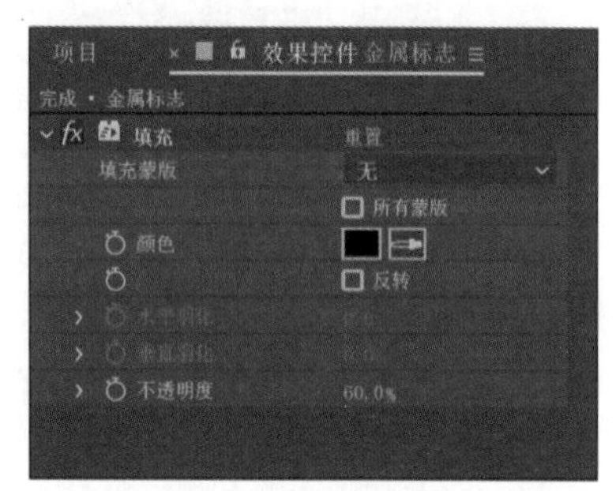

图 30-19 设置“填充”参数

图 30-20 设置“CC Radial Fast Blur”参数

12 选择“图层→新建→调整图层”命令，继续选择“效果→颜色校正→ Lumetri 颜色”命令。展开“基本校正”选项，设置“色温”参数为 -20，“曝光度”参数为 0.3，“对比度”参数为 10，“白色”和“黑色”参数均为 -20，如图 30-21 所示。展开“创意”选项，在“Look”下拉列表框中选择“Fuji ETERNA 250D Fuji 3510”，设置“强度”参数为 50，如图 30-22 所示。

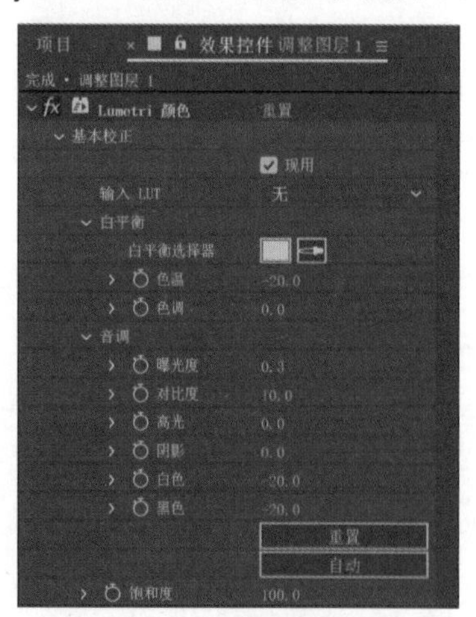

图 30-21 设置“基本校正”参数

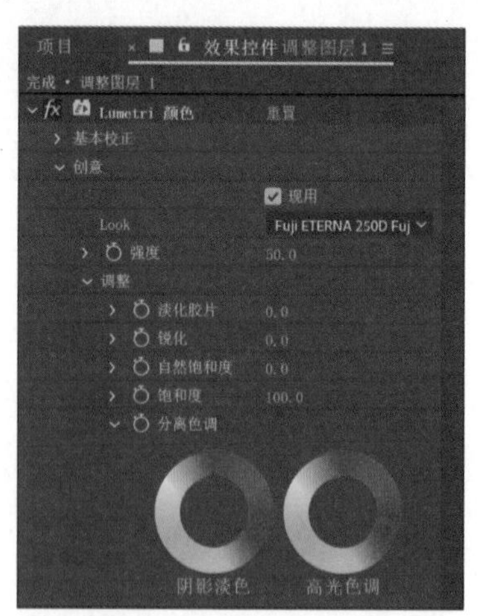

图 30-22 设置“创意”参数

13 在“效果控件”面板中展开“晕影”选项，设置“数量”参数为 -1，“羽化”参数为 100。

14 整个案例制作完成，最终效果如图 30-1 所示。

案例 31 逼真三维标题

Element 3D 是一款强大的三维模型制作插件，这款插件不但可以在 After Effects 中直接创建三维模型和粒子动画，还能模拟各种材料的质感和发光效果。本案例将使用 Element 3D 插件来制作逼真的三维标题动画。最终效果如图 31-1 所示。

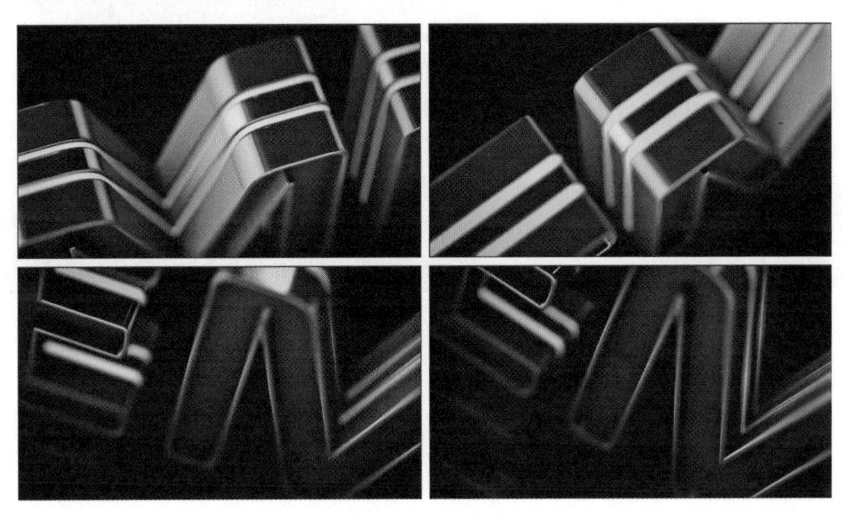

图 31-1 最终效果

难度系数 AFTER EFFECTS ★★★★

技法分析 AFTER EFFECTS

（1）为纯色图层添加“Element 3D”效果，将文本对象转换成三维标题。

（2）在插件的设置窗口中为三维标题添加和编辑倒角。

（3）编辑金属和发光材质。

（4）创建并编辑反射环境。

完成项目文件：源文件 \ 案例 31 逼真三维标题 \ 完成项目 \ 完成项目 .aep

完成项目效果：源文件 \ 案例 31 逼真三维标题 \ 完成项目 \ 案例效果 .mp4

视频教学文件：演示文件 \ 案例 31 逼真三维标题 .mp4

1 运行 After Effects CC 2020，在“主页”窗口中单击“新建项目”按钮进入工作界面。

2 单击“合成”面板中的“新建合成”按钮，弹出“合成设置”对话框，设置合成尺寸为 1920×1080，“帧速率”为 30，“持续时间”为 10 秒，其他沿用系统默认值，单击“确定”按钮生成合成，如图 31-2 所示。

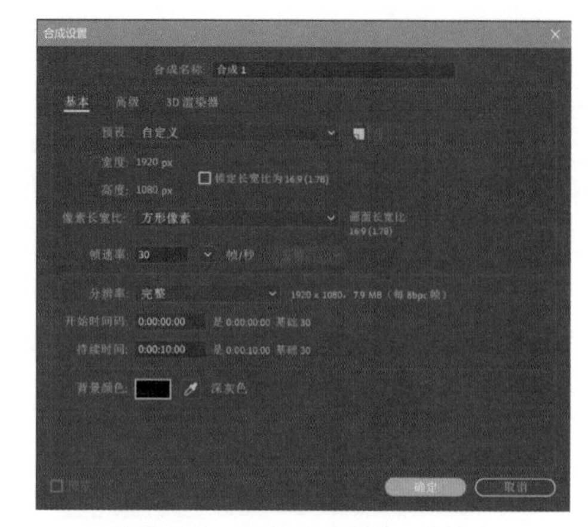

图 31-2 “合成设置”对话框

3 在“字符”面板中设置字体为“Calibri Bold”，字体大小为 200，字体颜色为白色，如图 31-3 所示。

4 单击工具栏上的T按钮，在“合成”面板上单击，输入文本“ELEMENT”。单击“对齐”面板中的和按钮。单击按钮隐藏该文本图层的显示。展开“变换”选项，设置“位置”参数为（562.3，540），如图 31-4 所示。

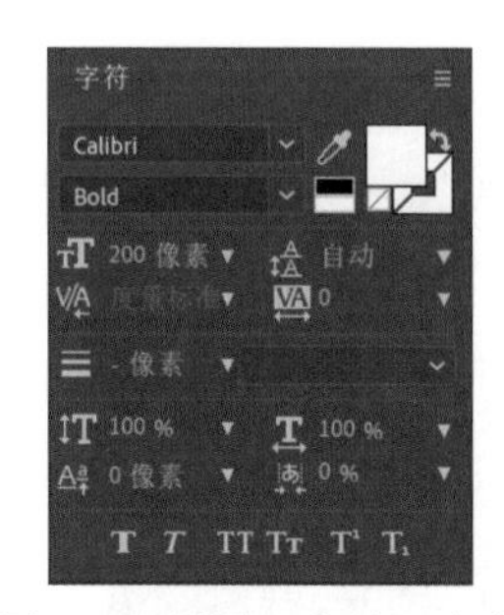

图 31-3 设置“字符”参数

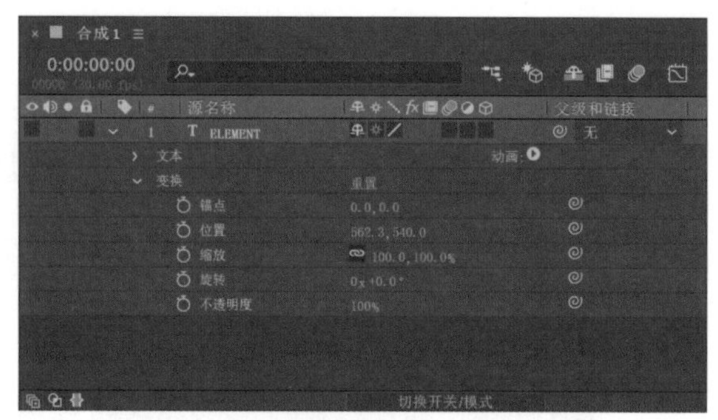

图 31-4 调整文本的位置

5 选择“图层→新建→纯色”命令，弹出“纯色设置”对话框，设置“颜色”为黑色，单击“确定”按钮生成图层。选择“效果→ VideoCopilot → Element”命令，在“效果控件”面板中展开“Custom Layers → Custom Text and Masks”选项，在“Path Layer1”下拉列表框中选择 2.ELEMENT，如图 31-5 所示。

6 单击“Scene Setup”按钮，弹出插件的设置窗口。单击设置窗口左上角的“Extrude”按钮生成三维文字模型。继续单击“Create → Plane”按钮创建平面，在“Edit”面板中设置“Transform”选项中的“Scale”参数为（500, 500, 500），当前设置完成后的 3D 模型效果如图 31-6 所示。

图 31-5 选择文本图层

图 31-6 3D 模型效果

7 选中文字模型，在“Extrusion”选项的“Bevel Copies”下拉列表框中选择 2，在“Tesselation”选

项的“Path Resolution”下拉列表框中选择“Ultra”，在“Transform”选项中设置“Position XYZ”参数为（0, 0.26, 0），如图 31-7 所示。

8 在“Presets”面板中展开“Materials → Physical”文件夹，将“Black_Gloss”材质拖动到“Scene”面板的“Bevel2”材质上，如图 31-8 所示。

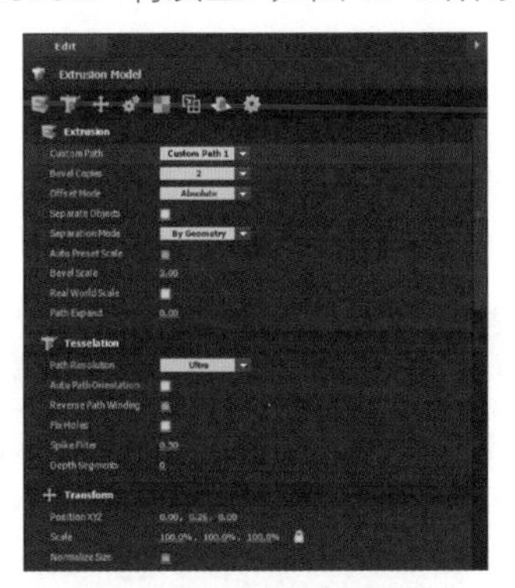

图 31-7 设置模型属性

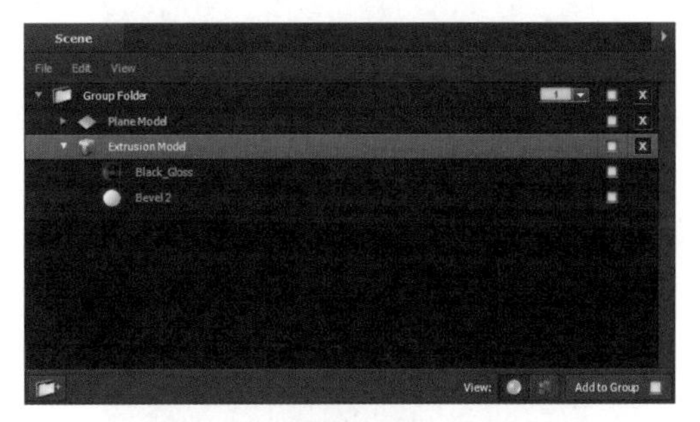

图 31-8 为模型指定材质

9 在“Scene”面板上选中“Black_Gloss”材质，在“Edit”面板的“Bevel”选项中设置“Extrude”参数为 0.6，“Bevel Segments”参数为 12，勾选“Bevel Backside”复选框，如图 31-9 所示。

10 在“Basic Settings”选项中设置“Diffuse Color”为 #310000，在“Reflectivity”选项中设置“Intensity”参数为 50%，如图 31-10 所示。

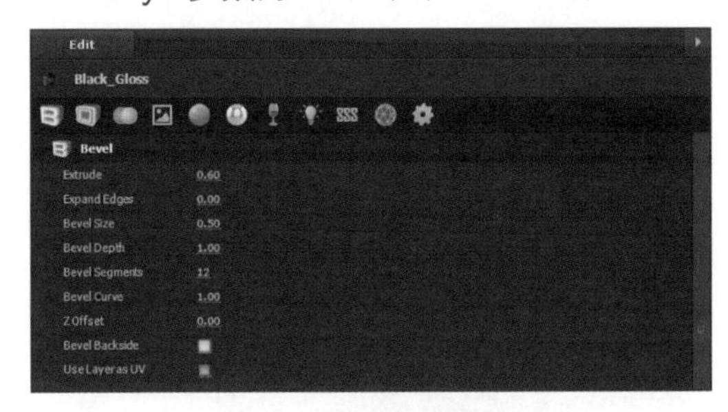

图 31-9 设置轮廓属性

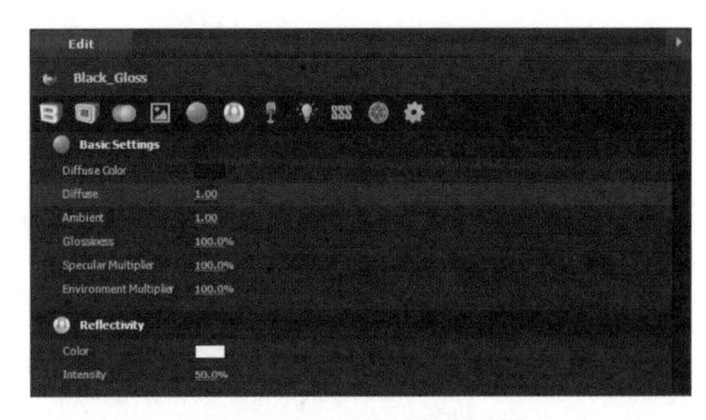

图 31-10 设置材质属性

11 将“Presets”面板中的“Bright_Light”材质拖动到“Scene”面板的“Bevel2”材质上。在“Scene”面板上选中“Bright_Light”材质，在“Bevel”选项中设置“Extrude”参数为 0.05，“Bevel Size”参数为 0.2，“Bevel Segments”参数为 12，“Z Offset”参数为 0.71，勾选“Bevel Backside”复选框，如图 31-11 所示。当前设置完成后的 3D 模型效果如图 31-12 所示。

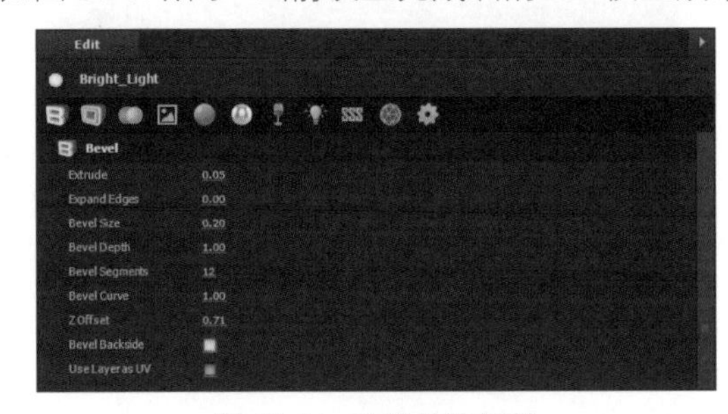

图 31-11 设置轮廓属性

图 31-12 3D 模型效果

12 单击设置窗口左上角的“Extrude”按钮，再次生成一个文字模型。在“Edit”面板的“Bevel

Copies”下拉列表框中选择 4，在“Tesselation”选项的“Path Resolution”下拉列表框中选择“Ultra”，在“Transform”选项中设置“Position XYZ”参数为（0, 0.26, -0.12），如图 31-13 所示。

13 将“Presets”面板中的“Chrome”材质拖动到“Scene”面板的“Bevel2”材质上。切换到“Scene Materials”面板，将“Bright_Light”材质拖动到“Bevel1”材质上，将“Black_Gloss”材质拖动到“Bevel3”和“Bevel4”材质上，如图 31-14 所示。

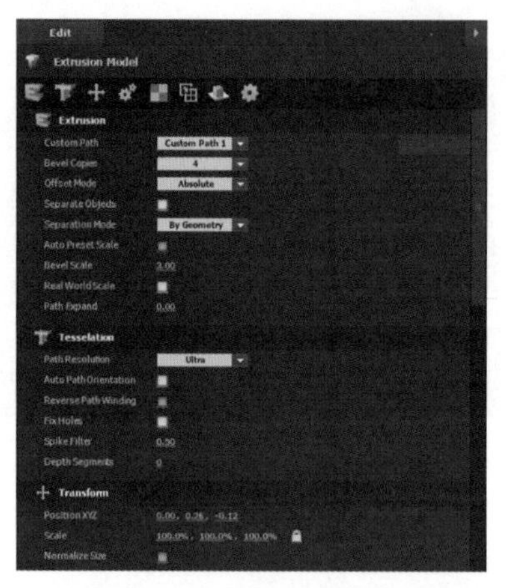

图 31-13 设置模型属性

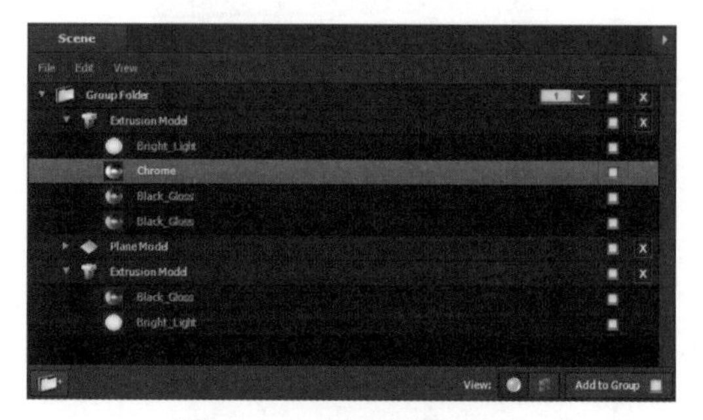

图 31-14 为模型指定材质

14 在“Scene”面板上选中“Bright_Light”材质，在“Edit”面板的“Bevel”选项中设置“Extrude”参数为 0.05，“BevelSize”参数为 0.2，“Bevel Segments”参数为 12，“Z Offset”参数为 0.41，勾选“Bevel Backside”复选框，如图 31-15 所示。

15 在“Scene”面板上选中“Chrome”材质，在“Edit”面板的“Bevel”选项中设置“Extrude”参数为 0.3，“Bevel Segments”参数为 12，勾选“Bevel Backside”复选框，如图 31-16 所示。

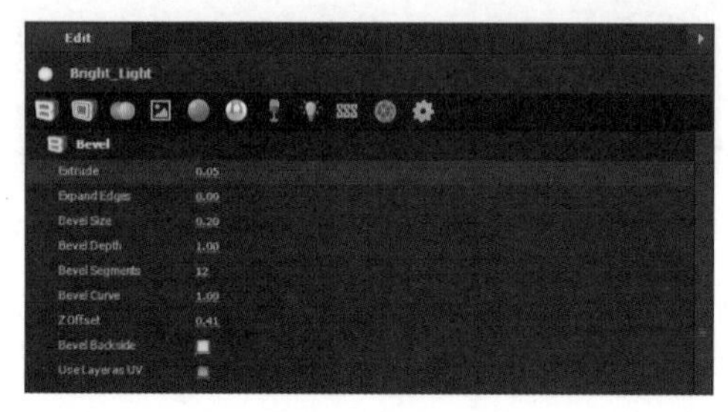

图 31-15 设置轮廓属性

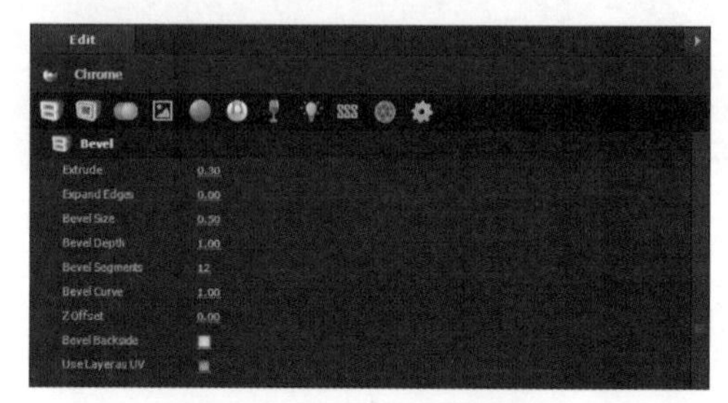

图 31-16 设置轮廓属性

16 在“Scene”面板上选中第一个“Black_Gloss”材质，在“Edit”面板的“Bevel”选项中设置“Extrude”参数为 0.3，“Bevel Segments”参数为 12，“Z Offset”参数为 0.51，勾选“Bevel Backside”复选框，如图 31-17 所示。

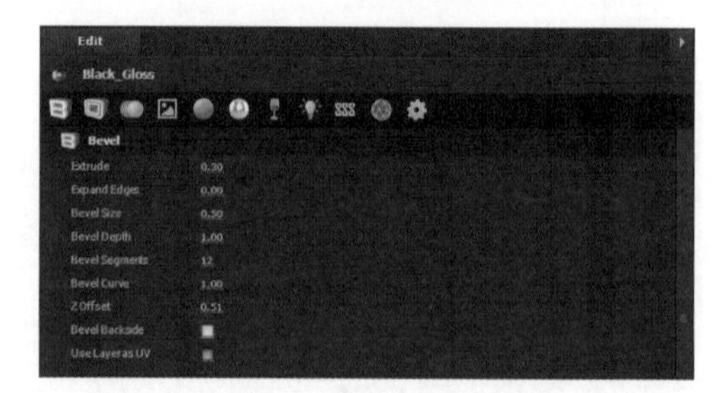

图 31-17 设置轮廓属性

17 在“Scene”面板上选中第二个“Black_Gloss”材质，在“Edit”面板的“Bevel”选项中设置“Extrude”参数为 0.6，“Bevel Segments”参数为 12，“Z Offset”参数为 0.51，勾选“Bevel Backside”复选框；

在“Bevel Outline”选项中勾选“Enable”复选框，如图 31-18 所示。当前设置完成后的 3D 模型效果如图 31-19 所示。

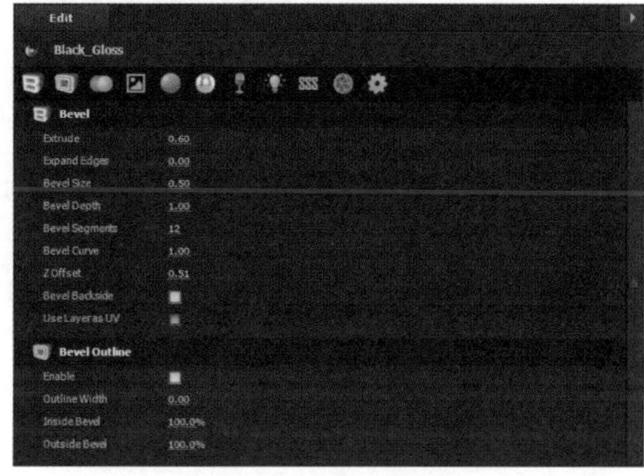
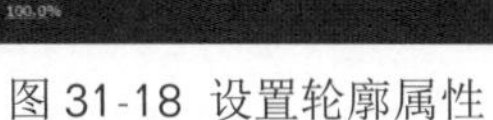

图 31-18　设置轮廓属性

图 31-19　3D 模型效果

18 在“Scene”面板中选择“Plane Model”，在“Edit”面板中展开“Reflect Mode”选项，在“Mode”下拉列表框中选择“Mirror Surface”，勾选“Disable Environment”和“Render Self”复选框，如图 31-20 所示。

19 将“Presets”面板中的“Black_Gloss”材质拖动到“Default”材质上，在“Edit”面板的“Basic Settings”选项中设置“Glossiness”参数为 70%，“Specular Multiplier”和“Environment Multiplier”参数均为 0%，如图 31-21 所示。

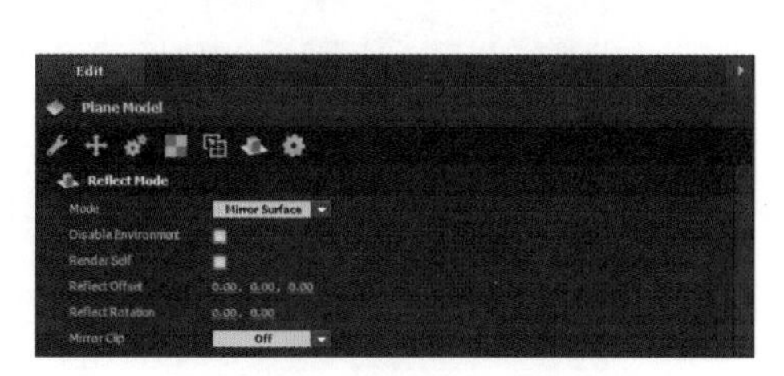

图 31-20　设置地面反射方式

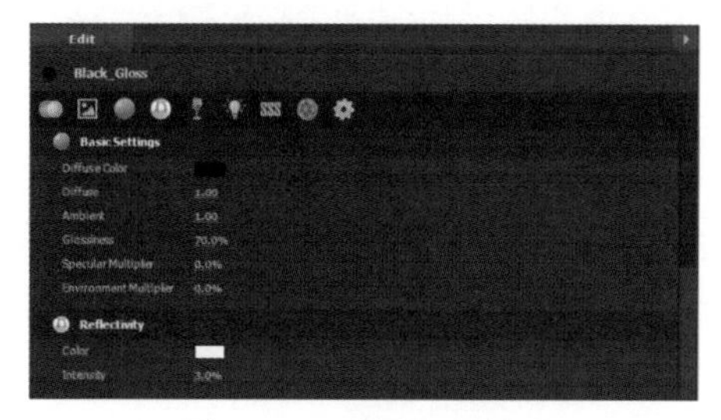

图 31-21　设置地面材质

20 单击设置窗口右上角的“OK”按钮完成设置。

21 在“效果控件”面板中展开“Render Settings → Lighting”选项，在“Add Lighting”下拉列表框中选择“Underwater”，设置“Brightness Multiplier”参数为 300%，如图 31-22 所示。

22 展开“Ambient Occlusion”选项，勾选“Enable AO”复选框，在“AO Mode”下拉列表框中选择“Ray-Traced”，设置“RTAO Samples”参数为 8，如图 31-23 所示。

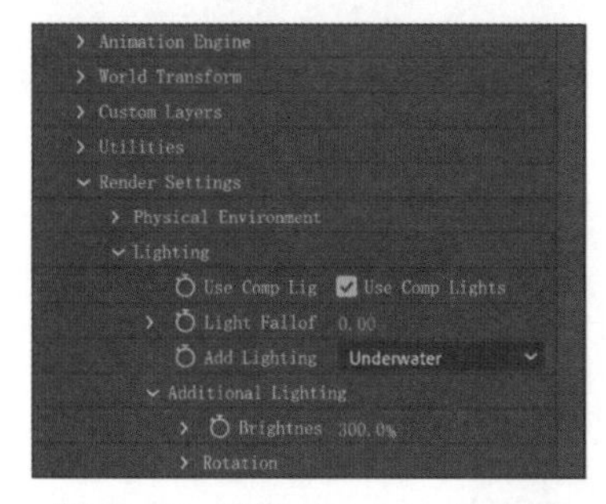

图 31-22　设置“Lighting”参数

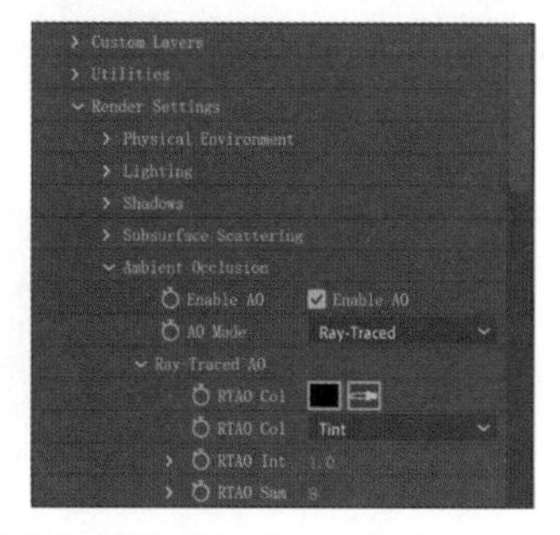

图 31-23　设置“Ambient Occlusion”参数

23 展开“Glow”选项，勾选“Enable Glow”复选框，设置“Glow Radius”参数为3，设置“Glow Tint”颜色为#FFBA00，在“Glow Tint Mode”下拉列表框中选择“Multiply”，设置“Glow Saturation”参数为1.1，“Glow Alpha Boost”参数为2，在0帧处设置“Glow Intensity”参数为0后创建关键帧，在3秒处设置“Glow Intensity”参数为2，如图31-24所示。

图31-24 设置“Glow”参数

24 选择“图层→新建→摄像机”命令，弹出“摄像机设置”对话框。在“预设”下拉列表框中选择“50毫米”，单击“确定”按钮生成摄像机图层。

25 选择“图层→新建→调整图层”命令，开启“3D图层”开关，在“摄像机1”图层的“父级和链接”下拉列表框中选择“1.调整图层1”。将摄像机图层和调整图层的出点均拖动到5秒处，如图31-25所示。

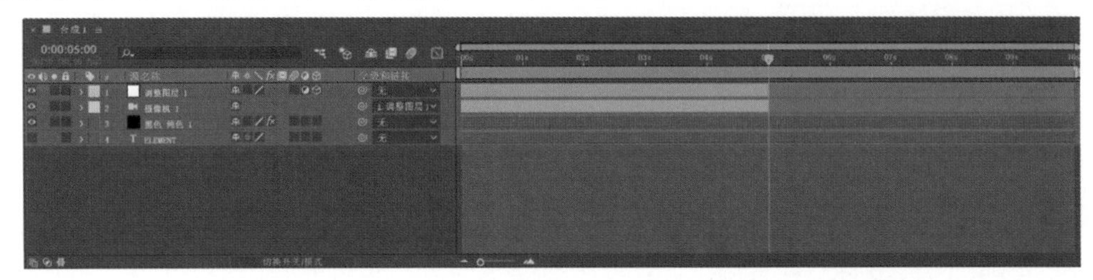
图31-25 链接目标图层

26 展开摄像机图层的“变换”选项，设置“目标点”参数为(960, 470, 0)，“位置”参数为(880, -70, -260)；展开“摄像机选项”，设置“缩放”参数为6000，“焦距”参数为540，“光圈”参数为200，“模糊层次”参数为200%，在“光圈形状”下拉列表框中选择“九边形”，如图31-26所示。

图31-26 设置“摄像机”参数

27 展开调整图层的“变换”选项，在0帧处为“位置”参数创建关键帧，在5秒处设置“位置”参数为(1080, 540)，如图31-27所示。当前完成后的摄像机视角效果如图31-28所示。

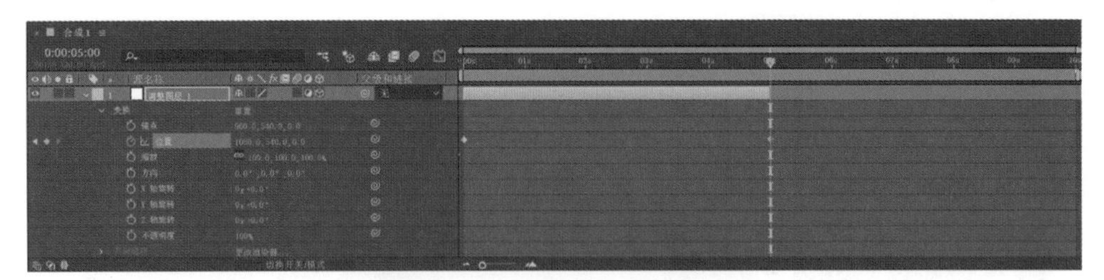
图31-27 设置摄像机动画

图31-28 摄像机视角效果

28 按 Ctrl+D 组合键复制摄像机图层和调整图层，将两个复制图层的入点均拖动到 5 秒处。展开第 2 层的“变换”选项，设置“位置”参数为（850, -100, -140）。展开“摄像机选项”，在 5 秒处设置“焦距”参数为 520 后创建关键帧，在最后一帧处设置“焦距”参数为 580，如图 31-29 所示。

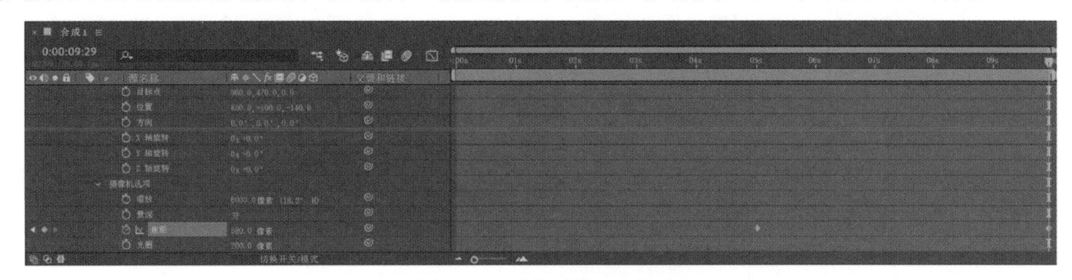

图 31-29 设置焦距动画

29 展开第 1 层的“变换”选项，删除“位置”参数的关键帧，设置“位置”参数为（876, 564, 0）。在 5 秒处为“方向”参数创建关键帧，在 10 秒处设置“方向”参数为（33, 280, 0），如图 31-30 所示。当前设置完成后的摄像机视角效果如图 31-31 所示。

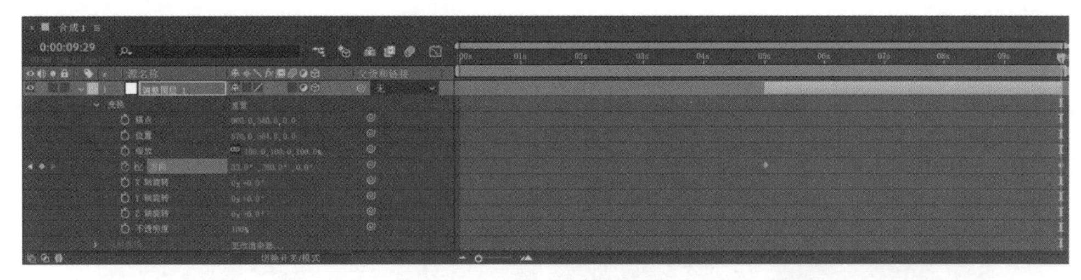

图 31-30 修改摄像机动画

30 选择“图层→新建→调整图层”命令，继续选择“效果→颜色校正→ Lumetri 颜色”命令。展开“基本校正”选项，设置“曝光度”参数为 0.8，“黑色”参数为 30，如图 31-32 所示。

31 展开“创意”选项，在“Look”下拉列表框中选择“Fuji REALA 500D Kodak 2393”，设置“强度”参数为 75，“自然饱和度”参数为 30，如图 31-33 所示。

图 31-31 摄像机视角效果

32 展开“晕影”选项，设置“数量”参数为 -3，“羽化”参数为 100，如图 31-34 所示。

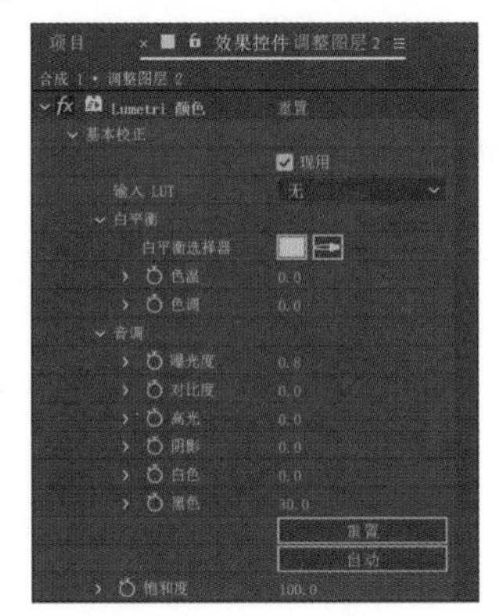

图 31-32 设置“基本校正”参数

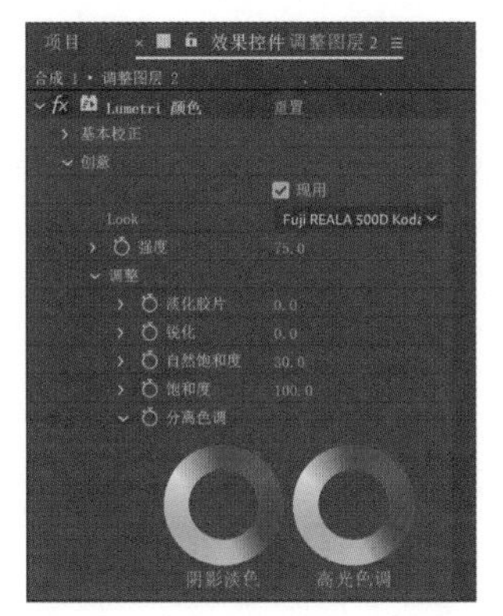

图 31-33 设置“创意”参数

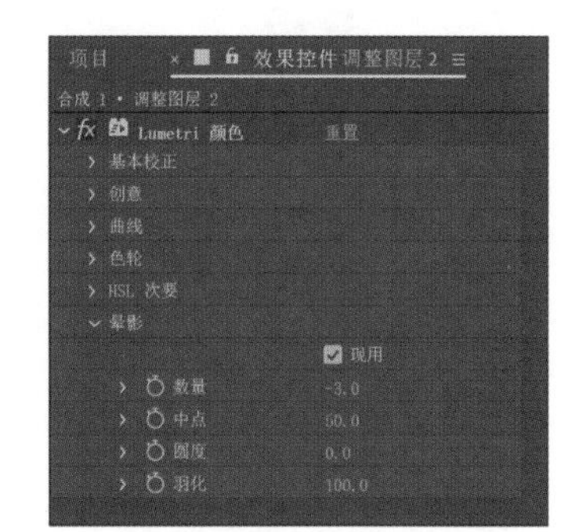

图 31-34 设置“晕影”参数

33 整个案例制作完成，最终效果如图 31-1 所示。

案例 32 动态点阵粒子

Rowbyte Plexus 是一款点阵粒子插件，这款插件因为可以轻松地制作出各种基于点、线、面的三维粒子动画背景，因此经常被应用在科技类的宣传视频和恐怖、悬疑类的影视片头中。最终效果如图 32-1 所示。

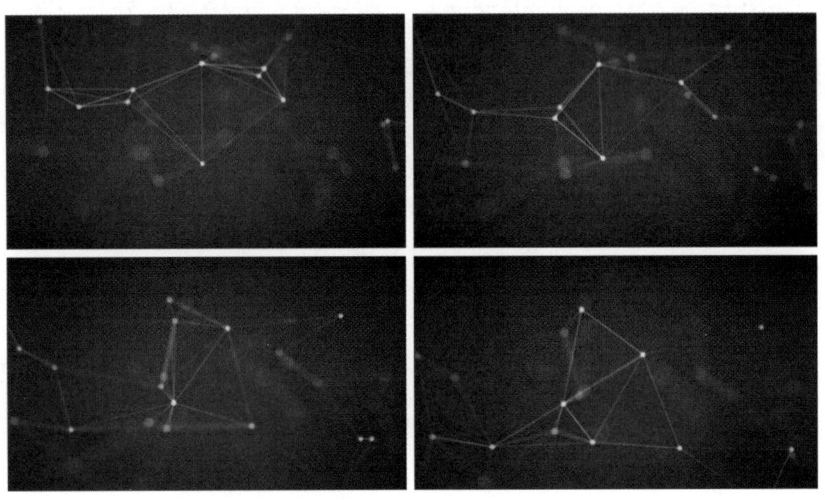

图 32-1 最终效果

难度系数 ★★★★

技法分析

（1）使用“Rowbyte Plexus”效果分别制作线条和点阵动画。

（2）使用“发光”效果增强点阵的亮度。

（3）制作摄像机变焦动画。

素材文件路径：源文件 \ 案例 32 动态点阵粒子

完成项目文件：源文件 \ 案例 32 动态点阵粒子 \ 完成项目 \ 完成项目 .aep

完成项目效果：源文件 \ 案例 32 动态点阵粒子 \ 完成项目 \ 案例效果 .mp4

视频教学文件：演示文件 \ 案例 32 动态点阵粒子 .mp4

1 运行After Effects CC 2020，在“主页”窗口中单击“新建项目”按钮进入工作界面。在“项目”面板的空白处双击，弹出“导入文件”对话框，导入素材路径中的所有文件。

2 单击“合成”面板中的“新建合成”按钮，弹出“合成设置”对话框，设置合成尺寸为 1920×1080，“帧速率”为 30，“持续时间”为 15 秒，其他沿用系统默认值，单击“确定”按钮生成合成，如图 32-2 所示。

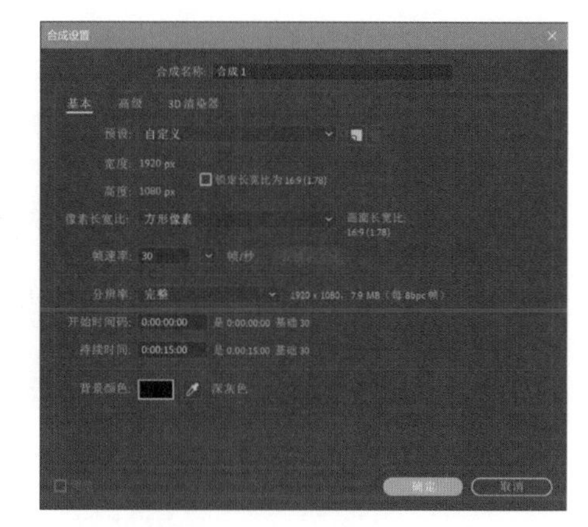

图 32-2 “合成设置”对话框

3 选择“图层→新建→纯色”命令，弹出“纯色设置”对话框，设置“颜色”为黑色，单击“确定”按钮生成图层。

4 选择“效果→生成→梯度渐变”命令，在“效果控件”面板中设置“渐变起点”参数为(0, 0)，“渐变终点”参数为(1500, 0)，在“渐变形状”下拉列表框中选择“径向渐变”，设置“起始颜色”为 #042C3B，“结束颜色”为 #2D0518，如图 32-3 所示。当前设置完成后的渐变背景效果如图 32-4 所示。

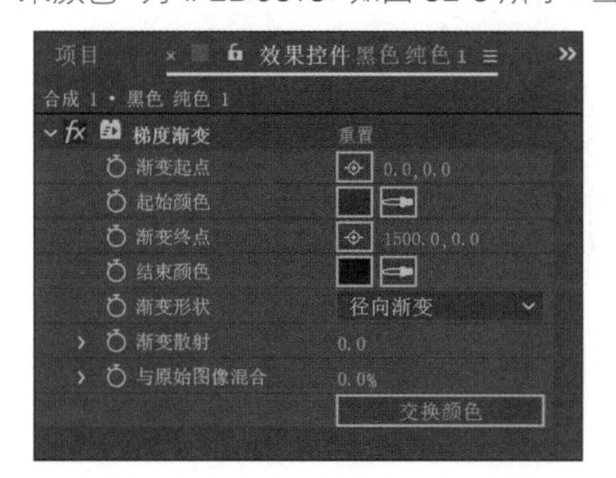

图 32-3 设置“梯度渐变”参数

图 32-4 渐变背景效果

5 选择“图层→新建→纯色”命令，弹出“纯色设置”对话框，设置“颜色”为黑色，单击“确定”按钮生成图层。

6 选择“效果→ Rowbyt → Plexus”命令，在“Plexus Object Panel”面板中单击“Add Geometry”，在弹出的菜单中选择“Primitives”；单击“Add Effector”，在弹出的菜单中选择“Noise”；单击“Add Renderer”，在弹出的菜单中选择“Lines”，如图 32-5 所示。

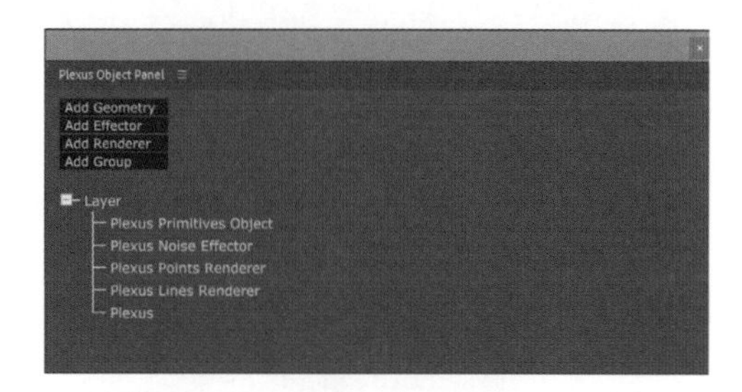

图 32-5 “Plexus Object Panel”面板

7 在“效果控件”面板中展开“Plexus Primitives Object → Cube”选项，设置“Z Points”参数为 6，“Cube Width”参数为 2000，“Cube Height”和“Cube Depth”参数均为 1000，如图 32-6 所示。

8 展开“Plexus Noise Effector”选项，设置“Noise Amplitude”参数为 3000，“Noise X Scale”、“Noise Y Scale”和“Noise Z Scale”参数均为 0.1，“Noise Seed”参数为 19。在 0 帧处设置“Noise Evolution”参数为 0x−20° 后创建关键帧，在 15 帧处设置“Noise Evolution”参数为 0x+20，如图 32-7 所示。

9 展开“Plexus Points Renderer”选项，取消“Get Color From Vertices”复选框的勾选，设置“Points Color”为 #3FB3FC，如图 32-8 所示。

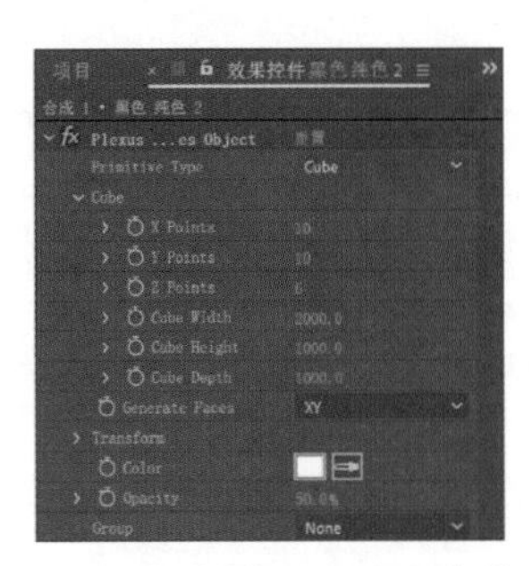
图 32-6 设置“Cube”参数

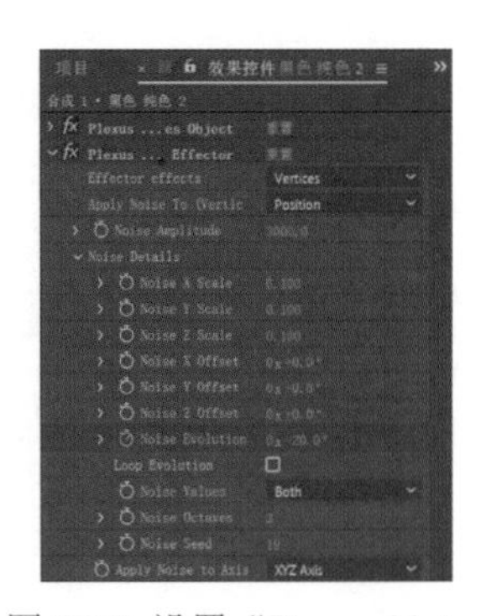
图 32-7 设置“Plexus Noise Effector”参数

图 32-8 设置“Plexus Points Renderer”参数

10 展开“Plexus Lines Renderer”选项，设置“Max No.of Verticesto Search”参数为 6，“Maximum Distance”参数为 300，“Line Thickness”参数为 0.5，如图 32-9 所示。当前设置完成后的点阵粒子效果如图 32-10 所示。

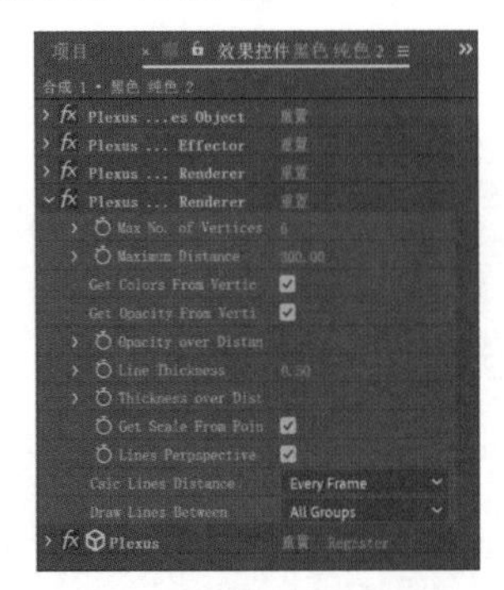
图 32-9 设置“Plexus Lines Renderer”参数

图 32-10 点阵粒子效果

11 展开“Plexus”选项，勾选“Required for Dof & Motion Blur”复选框，在“Depthof Field”下拉列表框中选择“Camera Settings”，在“Render Quality”下拉列表框中选择“6x”，单击“Plexus Points Renderer”选项左侧的 *fx* 按钮关闭效果，如图 32-11 所示。

12 按 Ctrl + D 组合键复制第 1 层，选中第 1 层，在“效果控件”面板中开启“Plexus Points Renderer”效果，关闭“Plexus Lines Renderer”效果，如图 32-12 所示。

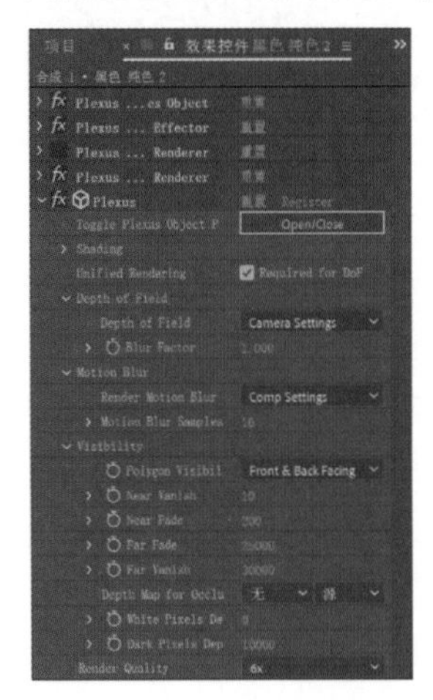
图 32-11 设置“Plexus”参数

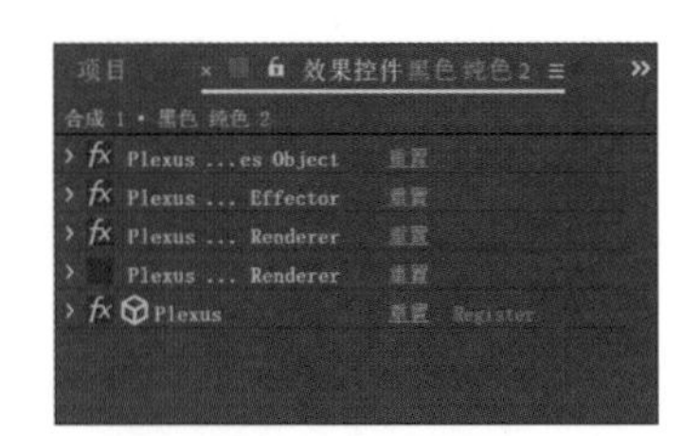
图 32-12 开启“Plexus Points Renderer”效果

13 选择"效果→风格化→发光"命令，在"效果控件"面板中设置"发光阈值"参数为 0%，如图 32-13 所示。当前设置完成的点阵粒子效果如图 32-14 所示。

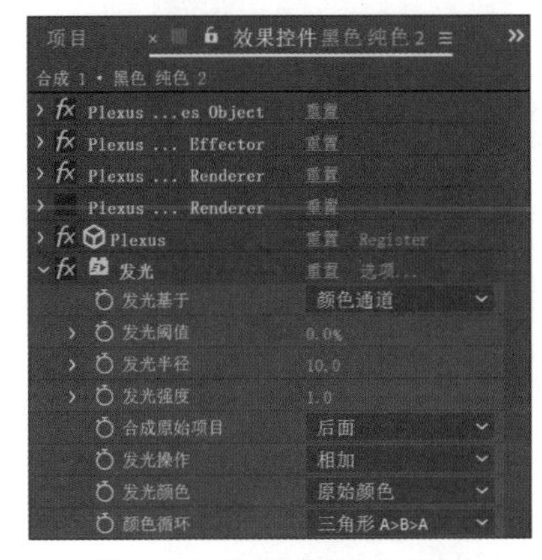

图 32-13 设置"发光"参数

图 32-14 点阵粒子效果

14 选择"图层→新建→摄像机"命令，弹出"摄像机设置"对话框。在"预设"下拉列表框中选择"50 毫米"，单击"确定"按钮生成摄像机图层，开启 3 个纯色图层的"3D 图层"开关，如图 32-15 所示。

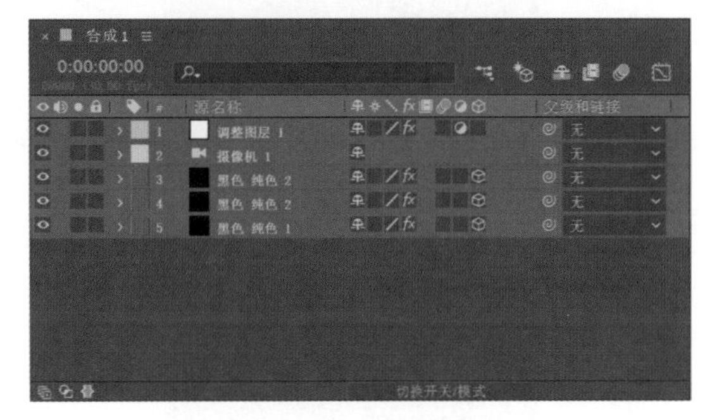

图 32-15 创建摄像机

15 展开"变换"选项，设置"位置"参数为（960, 540, -1000）。展开"摄影机选项"选项，设置"缩放"参数为 2000，"光圈"参数为 100，在"形状"下拉列表框中选择"十边形"，在 0 帧处设置"焦距"参数为 2000 后创建关键帧，在最后一帧处设置"焦距"参数为 1800，如图 32-16 所示。

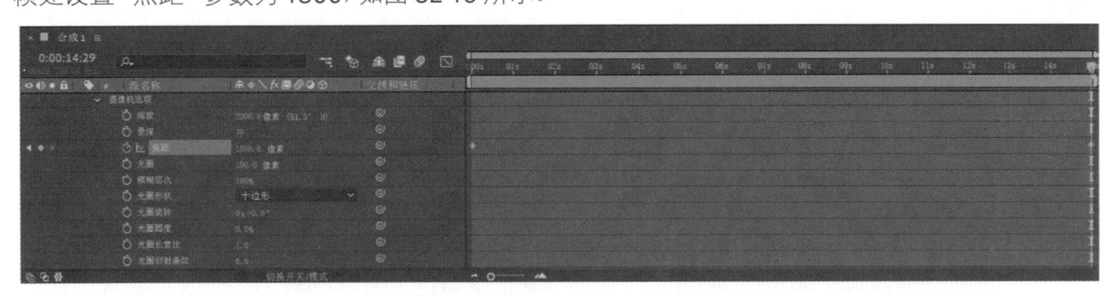

图 32-16 设置"摄像机"参数

16 选择"图层→新建→调整图层"命令，选择"效果→风格化→发光"命令，设置"发光阈值"参数为 35%，如图 32-17 所示。

17 选择"图层→新建→调整图层"命令，选择"效果→颜色校正→ Lumetri 颜色"命令。展开"基本校正"选项，设置"曝光度"参数为 2.5，"对比度"参数为 20，如图 32-18 所示。

18 展开"创意"选项，设置"淡化胶片"和"锐化"参数均为 50，"自然饱和度"参数为 -10，如图 32-19 所示。

19 展开"曲线"选项，参照图 32-20 所示调整曲线的形状。

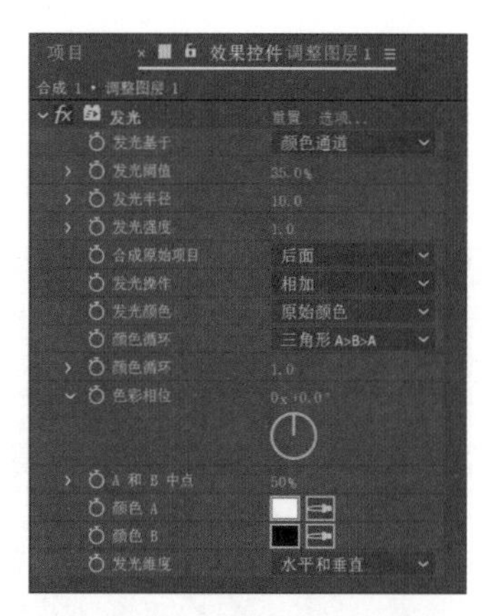

图 32-17 设置“发光”参数

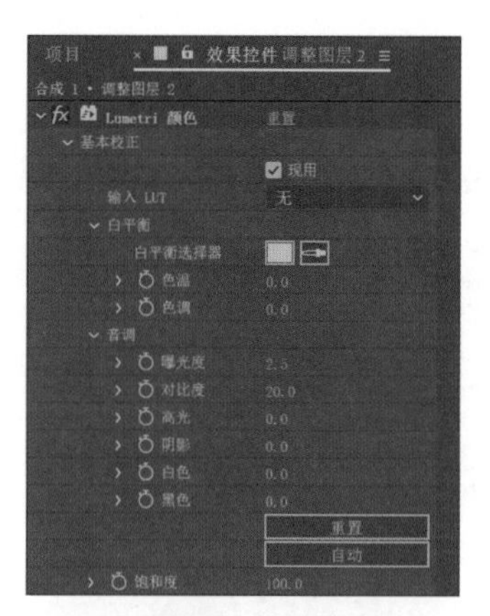

图 32-18 设置“基本校正”参数

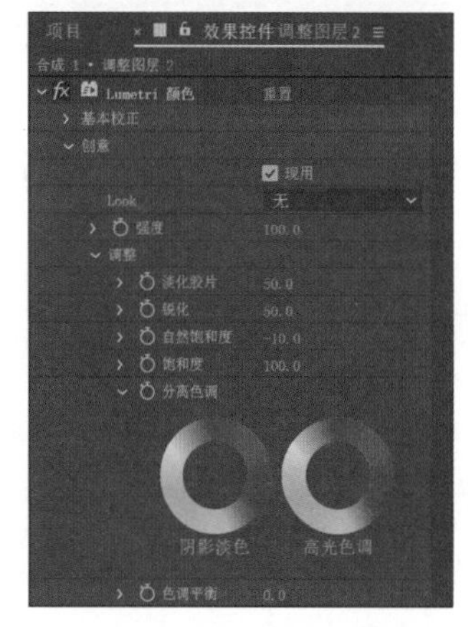

图 32-19 设置“创意”参数

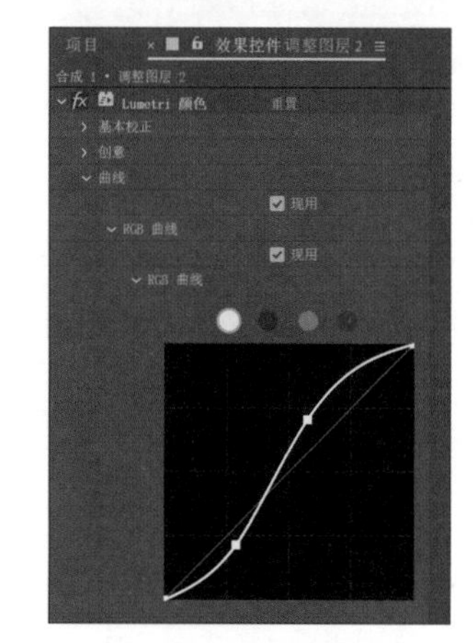

图 32-20 调整曲线形状

20 展开“晕影”选项，设置“数量”参数为 -5，“羽化”参数为 100，如图 32-21 所示。

21 将“项目”面板上的“P01.jpg”素材拖动到“时间轴”面板上，设置图层混合模式为“相乘”。展开“变换”选项，设置“不透明度”参数为 50%，如图 32-22 所示。

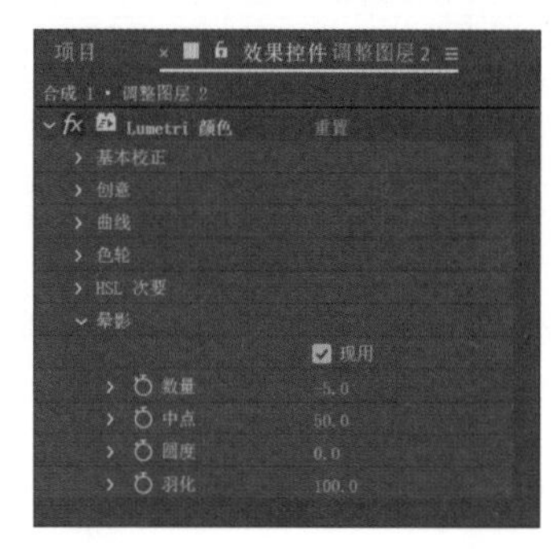

图 32-21 设置“晕影”参数

图 32-22 增强晕影效果

22 整个案例制作完成，最终效果如图 32-1 所示。

案例 33　梦幻生长粒子

本案例继续使用 Trapcode Particular 插件，制作粒子生长的背景视频。通过案例的制作，用户可以更加深入地理解 Trapcode Particular 的各项设置参数和更多的设置技巧。最终效果如图 33-1 所示。

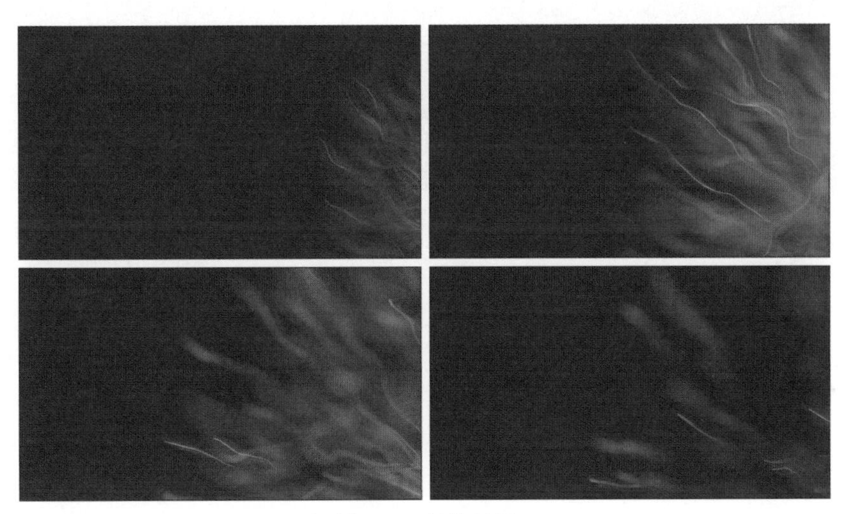

图 33-1　最终效果

难度系数 ★★★★

技法分析

（1）将粒子发射器绑定到灯光对象上。

（2）制作粒子的生长动画。

（3）设置粒子的颜色和透明度。

（4）使用“Deep Glow”插件制作分色效果。

完成项目文件：源文件 \ 案例 33 梦幻生长粒子 \ 完成项目 \ 完成项目 .aep

完成项目效果：源文件 \ 案例 33 梦幻生长粒子 \ 完成项目 \ 案例效果 .mp4

视频教学文件：演示文件 \ 案例 33 梦幻生长粒子 .mp4

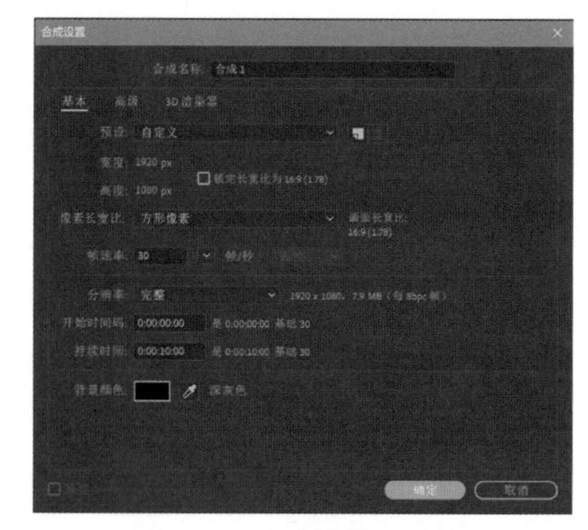

图 33-2 “合成设置”对话框

1 运行 After Effects CC 2020，在“主页”窗口中单击“新建项目”按钮进入工作界面。

2 单击“合成”面板中的“新建合成”按钮，弹出“合成设置”对话框，设置合成尺寸为 1920×1080，“帧速率”为 30，“持续时间”为 10 秒，其他沿用系统默认值，单击“确定”按钮生成合成，如图 33-2 所示。

3 选择“图层→新建→纯色”命令，弹出“纯色设置”对话框，设置“颜色”为黑 #282828，单击“确定”按钮生成图层。

4 选择“图层→新建→调整图层”命令。展开“变换”选项，设置“锚点”参数为（0, 0），在 0 帧处为“旋转”参数创建关键帧，在 6 秒处设置“旋转”参数为 3x+0，如图 33-3 所示。

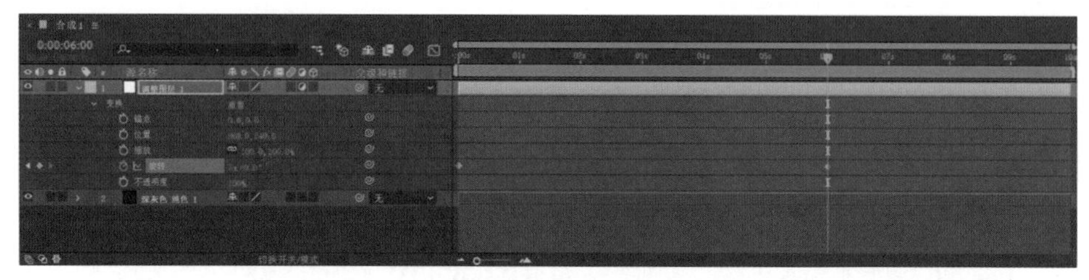

图 33-3 设置旋转动画

5 选择“图层→新建→灯光”命令，弹出“灯光设置”对话框。在“灯光类型”下拉列表框中选择“点”，在“衰减”下拉列表框中选择“无”，设置“颜色”为白色，“强度”参数为 100，单击“确定”按钮生成图层。

6 在灯光图层的“父级和链接”下拉列表框中选择“2. 调整图层 1”。展开“变换”选项，设置“位置”参数为（0, 300, 0），单击 按钮隐藏灯光图层和调整图层的显示，如图 33-4 所示。

7 选择“图层→新建→纯色”命令，弹出“纯色设置”对话框，设置“颜色”为黑色，单击“确定”按钮生成图层。

8 选择“效果→ RGTrapcode → Particular”命令，展开“Emitter”选项，在“Emitter Type”下拉列表框中选择“Light（s）”。单击“Choose Names”按钮，在“Light Naming”对话框的“Light Emitter Name Starts With”文本框中输入“点光 1”，单击“OK”按钮完成设置，如图 33-5 所示。

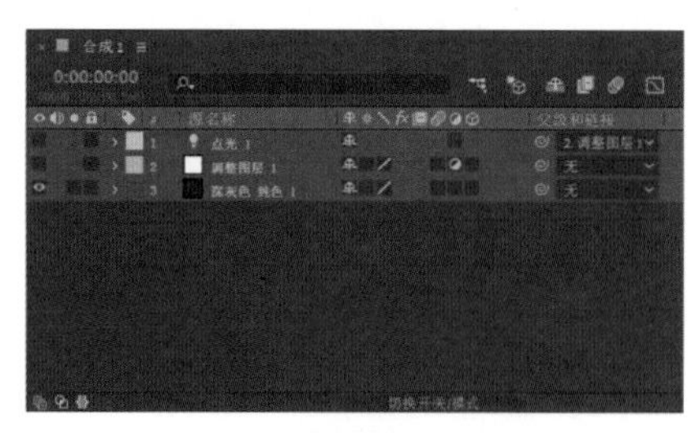

图 33-4 隐藏图层的显示

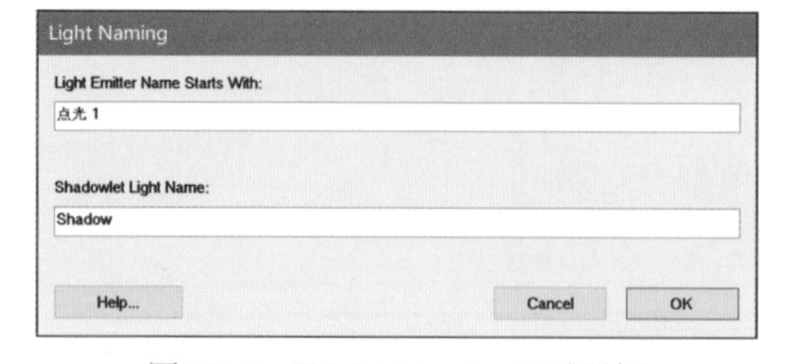

图 33-5 “Light Naming”对话框

9 设置“Emitter Size XY”参数为 0，“Velocity”参数为 400，“Velocity Random”参数为 0%，“Velocity Distribution”参数为 0。在 4 秒处设置“Particles/sec”参数为 300 后创建关键帧，在 4 秒 15 帧处设置“Particles/sec”参数为 0，如图 33-6 所示。当前设置完成后的粒子效果如图 33-7 所示。

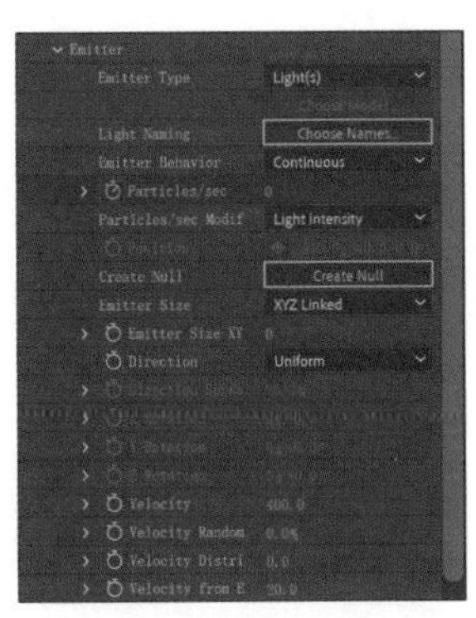

图 33-6 设置“Emitter”参数

图 33-7 当前粒子效果

10 展开“Particle”选项，设置“Sphere Feather”和“Size”参数均为 0，如图 33-8 所示。

11 展开“Fast Physics”选项，在“Turbulence Field”选项中设置“TF Affect Position”参数为 50，如图 33-9 所示。

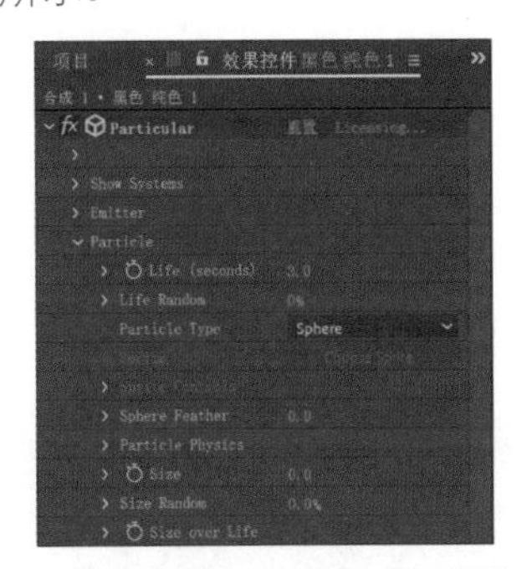

图 33-8 设置“Particle”参数

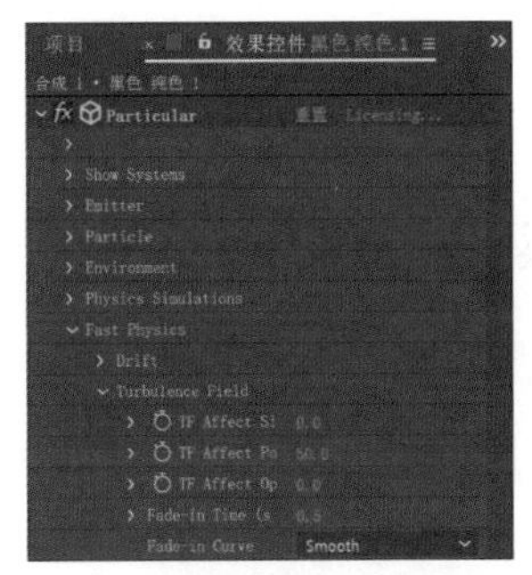

图 33-9 设置“Fast Physics”参数

12 展开“Show Systems”选项，单击“Adda System”按钮，打开 Particular 插件的设置窗口，单击窗口右下角的“Apply”按钮返回“效果控件”面板，单击“All Systems”按钮，如图 33-10 所示。

13 展开“Emitter S2”选项，在“Emitter Type S2”下拉列表框中选择“Emit from Parent System”，设置“Particles/sec S2”参数为 300，“Velocity S2”和“Velocity from Emitter Mot S2”参数均为 0，如图 33-11 所示。当前设置完成后的粒子效果如图 33-12 所示。

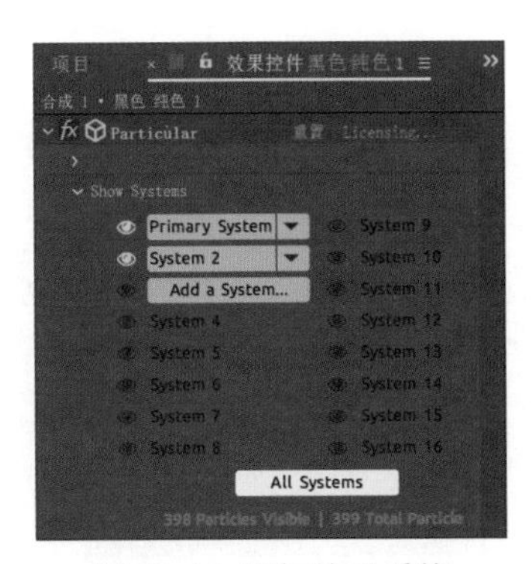

图 33-10 添加粒子系统

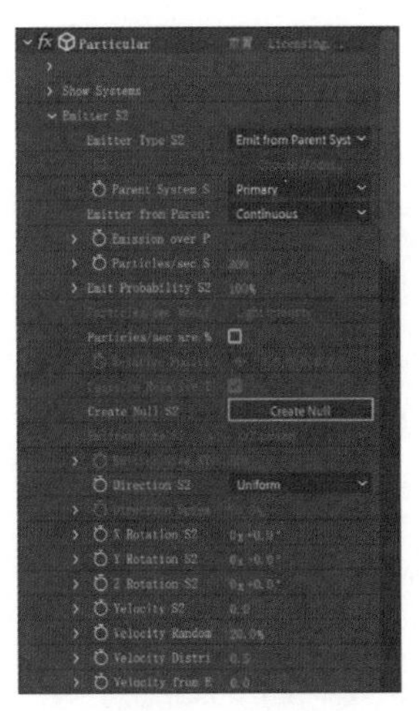

图 33-11 设置“Emitter S2”参数

14 展开“Particle S2”选项，设置“Sphere Feather S2”参数为 0，“Size S2”参数为 2，“Opacity S2”参数为 50，在“Set Color S2”下拉列表框中选择“Over Life”，如图 33-13 所示。

图 33-12 粒子效果

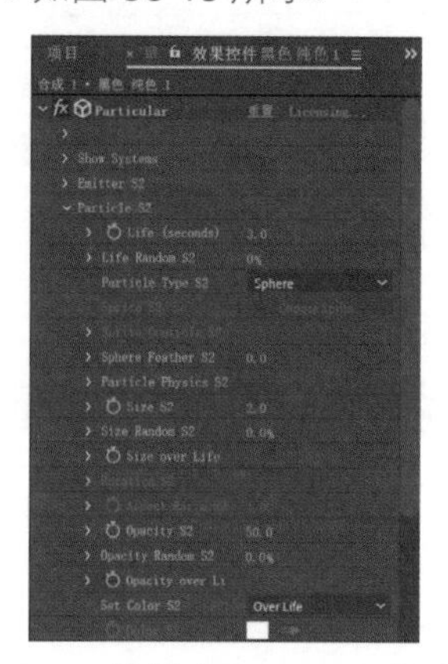

图 33-13 设置“Particle S2”参数

15 展开“Size over Life S2”选项，单击“PRESETS”按钮，在弹出的菜单中选择第三个图标。继续展开“Opacity over Life S2”选项，单击“PRESETS”按钮，在弹出的菜单中选择第四个图标，如图 33-14 所示。当前设置完成后的粒子效果如图 33-15 所示。

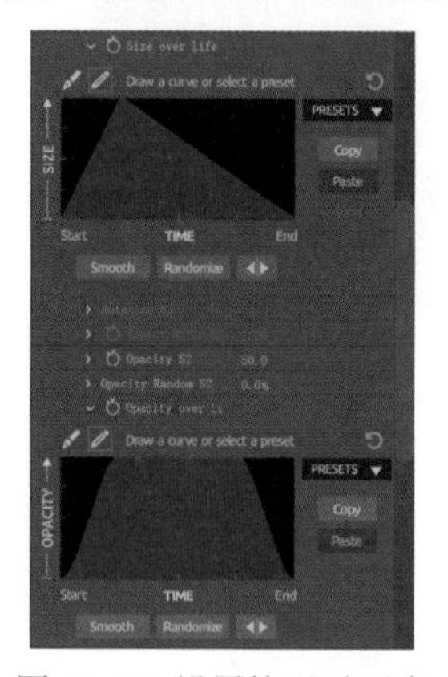

图 33-14 设置粒子透明度

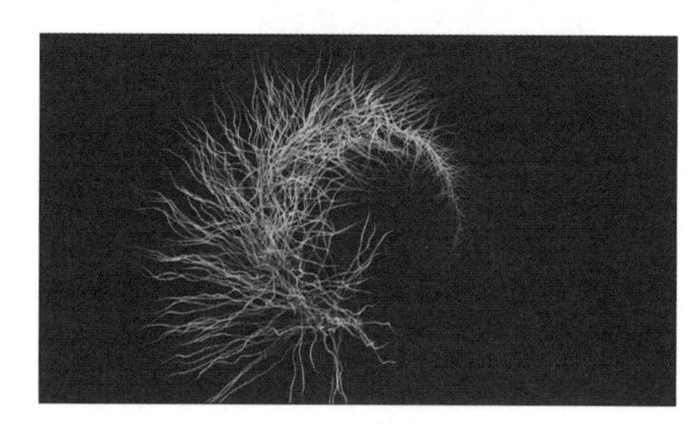

图 33-15 粒子效果

16 展开“Color over Life S2”选项，设置第一个色标的颜色为 #FFFF00，第二个色标的颜色为 #FF0000，第三个色标的颜色为 #FF80BF，第四个色标的颜色为 #FF80FF，第五个色标的颜色为 #A100FF，如图 33-16 所示。当前设置完成后的粒子效果如图 33-17 所示。

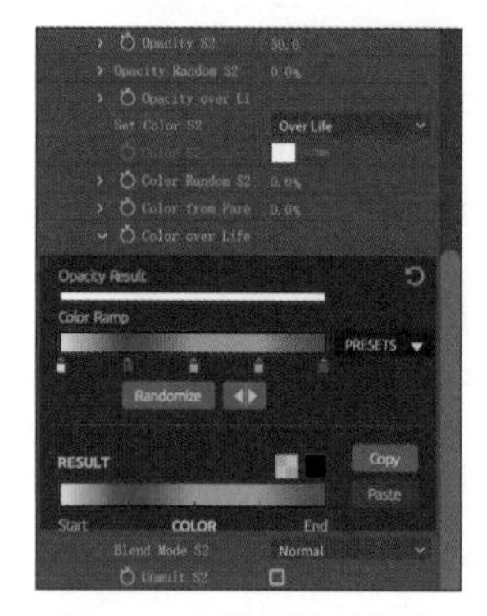

图 33-16 设置粒子颜色

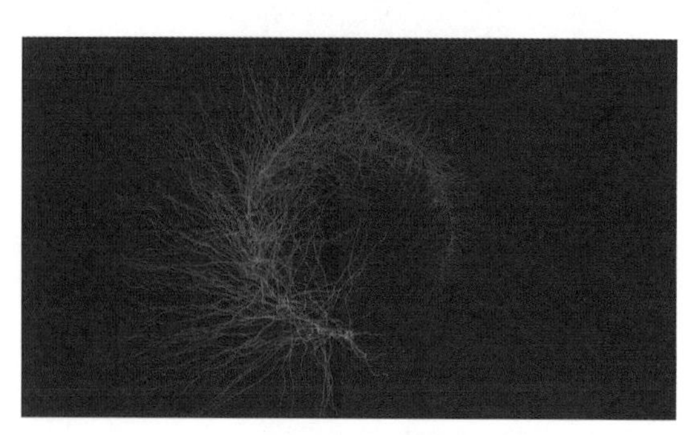

图 33-17 粒子效果

17 选择“图层→新建→摄像机”命令，弹出“摄像机设置”对话框。在“预设”下拉列表框中选择“50 毫米”，单击“确定”按钮生成摄像机图层。

18 展开“变换”选项，设置“目标点”参数为（50, 450, 0），“位置”参数为（-580，900, -1500）。展开“摄像机选项”，设置“缩放”参数为 3450，“焦距”参数为 1900，“光圈”参数为 500，“模糊层次”参数为 350%，如图 33-18 所示。

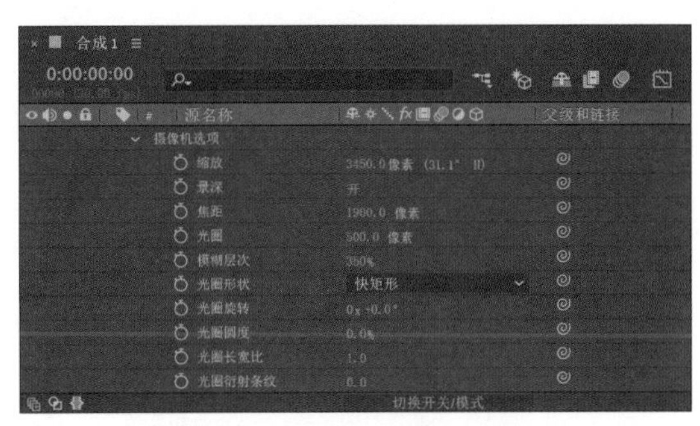

图 33-18 设置“景深”参数

19 选择“图层→新建→调整图层”命令，继续选择“效果→颜色校正→ Lumetri 颜色”命令。展开“基本校正”选项，设置“色温”参数为 40，“白色”参数为 10，“黑色”参数为 -20，如图 33-19 所示。

20 展开“创意”选项，在“Look”下拉列表框中选择“SL BIG”，设置“强度”参数为 50，如图 33-20 所示。

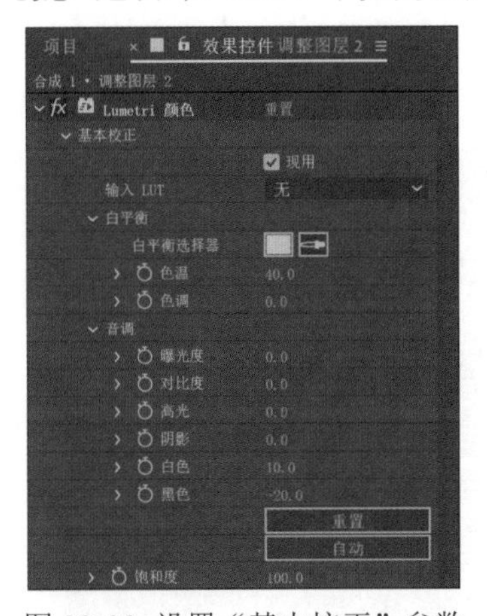

图 33-19 设置“基本校正”参数

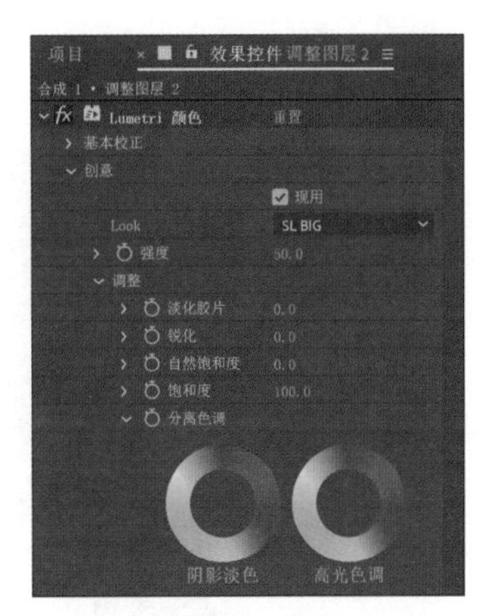

图 33-20 设置“创意”参数

21 选择“效果→ PluginEverything → Deep Glow”命令，设置“Radius”参数为 100，“Exposure”参数为 0.1，如图 33-21 所示。

22 展开“Style → Chromatic Aberration”选项，勾选“Enable”复选框，设置“Amount”参数为 2%，如图 33-22 所示。

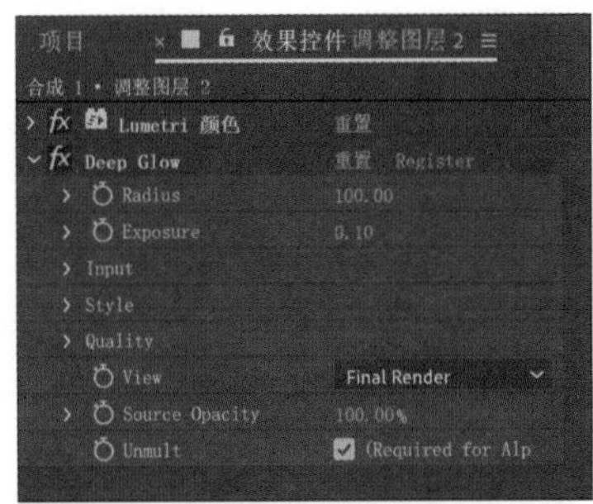

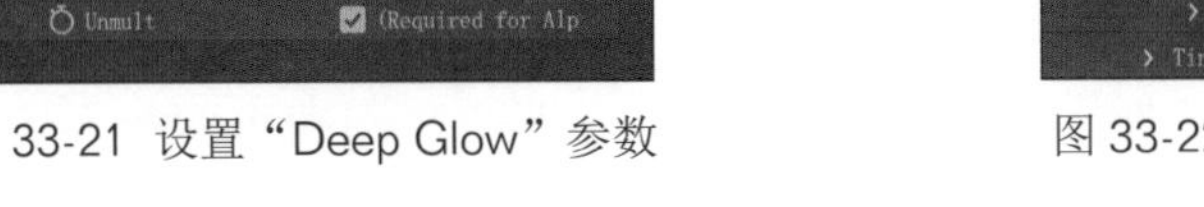

图 33-21 设置“Deep Glow”参数

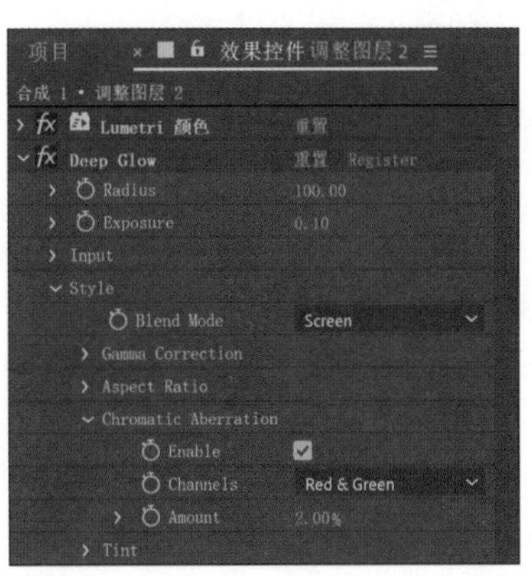

图 33-22 设置“Deep Glow”参数

23 整个案例制作完成，最终效果如图 33-1 所示。

案例 34 影视剧预告片

本案例综合运用前面学过的各项功能，将标题动画、素材覆叠、场景合成等内容结合起来制作一段电影预告视频。通过本案例的制作，读者可以检验自己的学习成果，进一步熟悉 After Effects 的各项操作。最终效果如图 34-1 所示。

图 34-1 最终效果

★★★★★

技法分析

(1) 利用图层样式制作金属标题动画。
(2) 叠加各种素材，制作预告片的背景。
(3) 排列场景视频，利用纯色图层和蒙版制作黑边。

素材文件路径：源文件 \ 案例 34 影视剧预告片
完成项目文件：源文件 \ 案例 34 影视剧预告片 \ 完成项目 \ 完成项目 .aep
完成项目效果：源文件 \ 案例 34 影视剧预告片 \ 完成项目 \ 案例效果 .mp4
视频教学文件：演示文件 \ 案例 34 影视剧预告片 .mp4

标题的合成

1 运行 After Effects CC 2020，在“主页”窗口中单击“新建项目”按钮进入工作界面。在“项目”面板的空白处双击，弹出“导入文件”对话框，导入素材路径中的所有文件。

2 单击“合成”面板中的“新建合成”按钮，弹出“合成设置”对话框，设置“合成名称”为“标题 1”，合成尺寸为 1920×1080，“帧速率”为 30，“持续时间”为 4 秒，其他沿用系统默认值，单击“确定”按钮生成合成，如图 34-2 所示。

3 在“字符”面板中将字体设置为“华康金刚黑 Medium”，字体颜色为白色，字体大小为 110，字符间距为 200，如图 34-3 所示。

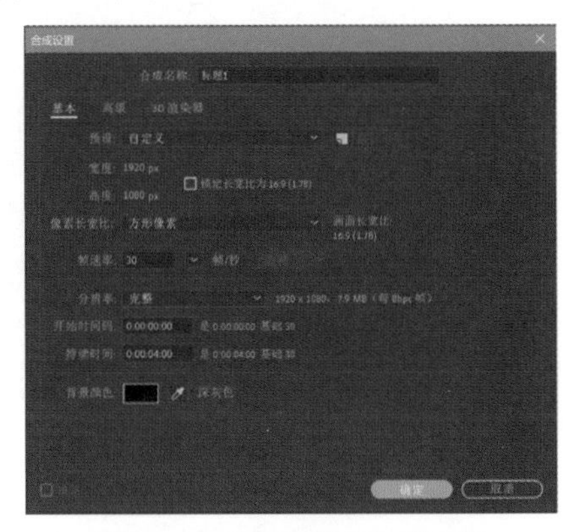

图 34-2 “合成设置”对话框

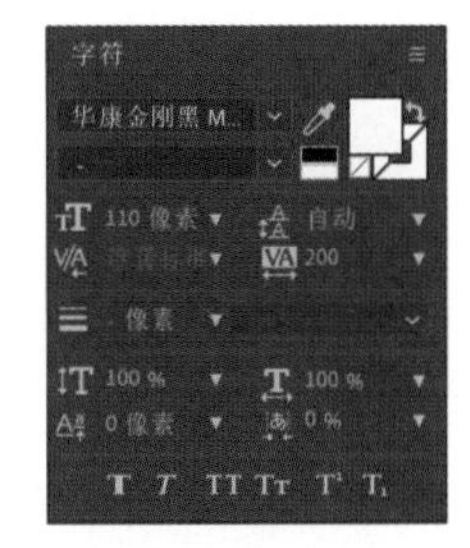

图 34-3 设置“字符”参数

4 单击工具栏上的T按钮，在“合成”面板上输入文本“即将上映”。在“对齐”面板中单击和按钮对齐文本。

5 选择“图层→图层样式→渐变叠加”命令，展开“渐变叠加”选项，单击“编辑渐变”，打开“渐变编辑器”对话框。

6 将第一个色标拖动到“位置”参数为 3 处，设置颜色为 #888888；设置第二个色标的颜色为 #393939；在“位置”参数为 20 处添加一个色标，设置颜色为 #EBEBEB。如图 34-4 所示。当前设置完成后的标题效果如图 34-5 所示。

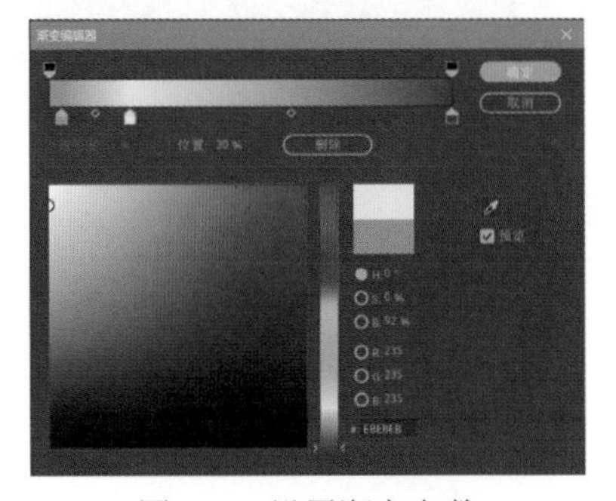

图 34-4 设置渐变参数

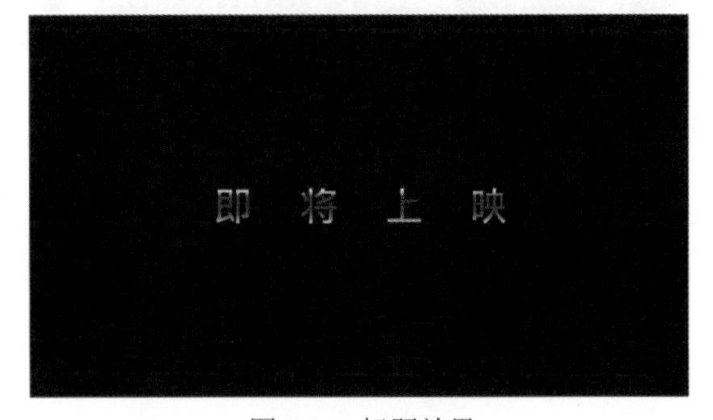

图 34-5 标题效果

7 展开“文本”选项，单击“动画”右侧的按钮，在弹出的快捷菜单中选择“行锚点”，再次单击按钮，在弹出的快捷菜单中选择“字符间距”。在 20 帧处设置“字符间距大小”参数为 120 后创建关键帧，在 3 秒处设置“字符间距大小”参数为 20，如图 34-6 所示。

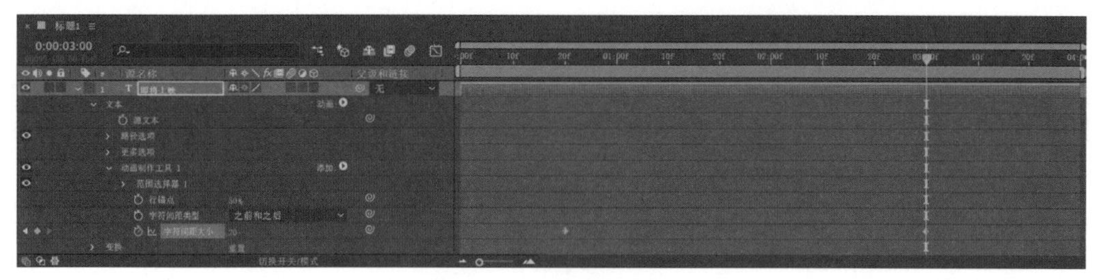

图 34-6 设置标题动画

8 按 Ctrl+D 组合键复制文本图层，选中第 2 层，展开“渐变叠加”选项，单击“编辑渐变”，打开“渐变编辑器”对话框。

9 将第一个色标拖动到“位置”参数为 0 处，设置颜色为 #F0F0F0；设置第二个色标的“位置”参数为 12，颜色为 #888888；设置第三个色标的颜色为 #F0F0F0；在“位置”参数为 35 处添加一个色标，设置颜色为 #3D3D3D；在“位置”参数为 75 处添加一个色标，设置颜色为 #3D3D3D。如图 34-7 所示。

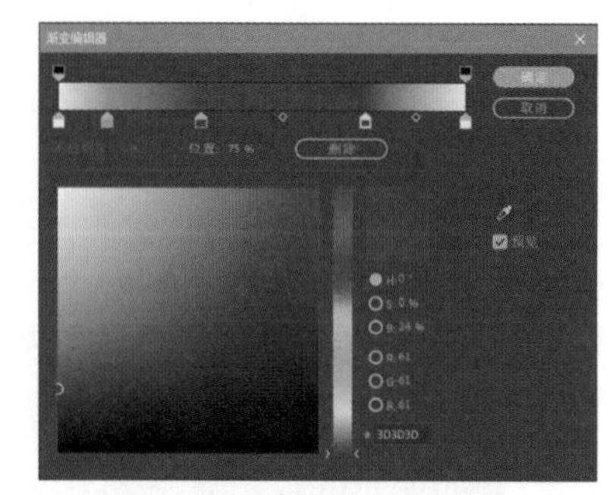

图 34-7 设置渐变参数

10 展开“变换”选项，设置“缩放”参数为（99, 99）。制作完成的标题效果如图 34-8 所示。

11 在“项目”面板中按 Ctrl+D 组合键复制三个“标题 1”合成，将“标题 2”合成的文本修改为“震撼来袭”，将“标题 3”合成的文本修改为“史诗大片”，将“标题 4”合成的文本修改为“影视预告视频”，如图 34-9 所示。

图 34-8 制作完成的标题效果

图 34-9 修改标题文本

场景的合成

1 选择“合成→新建合成”命令，弹出“合成设置”对话框，设置“合成名称”为“场景 1”，单击“确定”按钮生成合成。

2 将“项目”面板上的“P02.jpg”图像拖动到“时间轴”面板上，单击 按钮隐藏该图层的显示。将“项目”面板上的“P01.jpg”图像拖动到“时间轴”面板上，选择“效果→颜色校正→曲线”命令，参照图 34-10 所示调整曲线的形状。

3 将"项目"面板上的"V01.mp4"图像拖动到"时间轴"面板上，设置图层混合模式为"强光"。选择"效果→颜色校正→曲线"命令，参照图 34-11 所示调整曲线的形状。

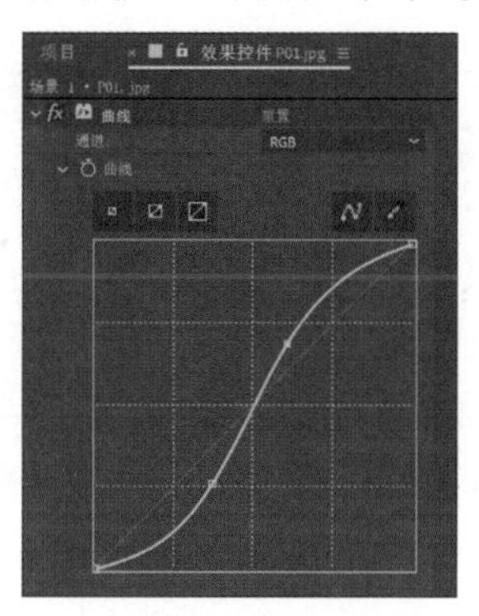

图 34-10 调整曲线形状

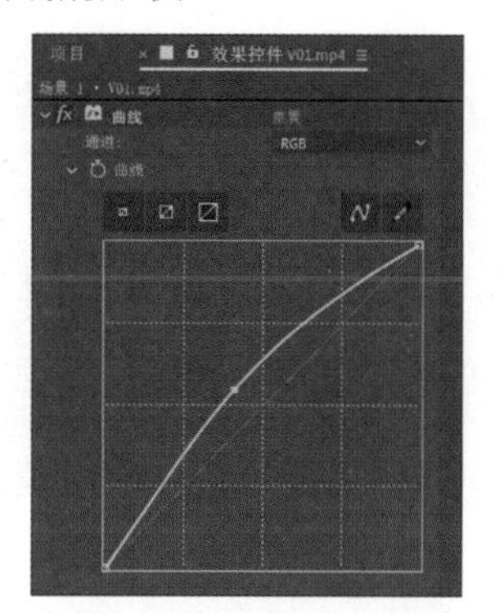

图 34-11 调整曲线形状

4 将"项目"面板上的"V02.mp4"图像拖动到"时间轴"面板上，设置图层混合模式为"相加"；将"项目"面板上的"V03.mp4"图像拖动到"时间轴"面板上，设置图层混合模式为"屏幕"。如图 34-12 所示。

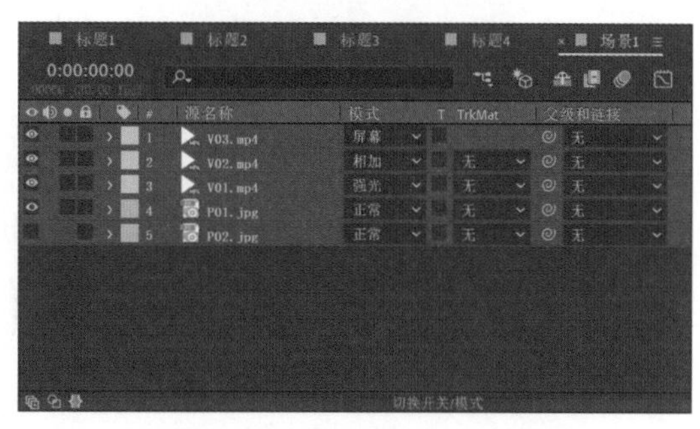

图 34-12 添加图像和视频素材

5 选择"图层→新建→调整图层"命令，选择"效果→模糊和锐化→摄像机镜头模糊"命令，设置"模糊半径"参数为 20，在"形状"下拉列表框中选择"九边形"，在"图层"下拉列表框中选择"12.P02.jpg"，设置"增益"和"阈值"参数均为 100，勾选"重复边缘像素"和"反转模糊图"复选框，如图 34-13 所示。

6 将"项目"面板上的"标题 1"合成拖动到"时间轴"面板上。按 Ctrl+D 组合键复制调整图层，将复制的图层拖动到第 1 层。选中第 1 层，在"效果控件"面板上设置"模糊半径"参数为 5，"增益"参数为 10，如图 34-14 所示。当前设置完成后的背景和标题效果如图 34-15 所示。

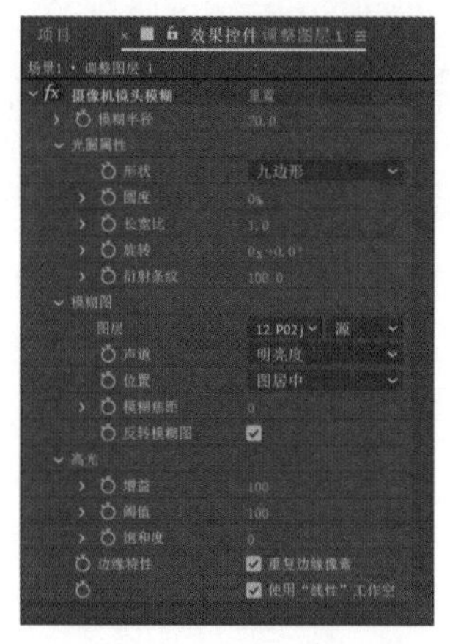

图 34-13 设置"摄像机镜头模糊"参数

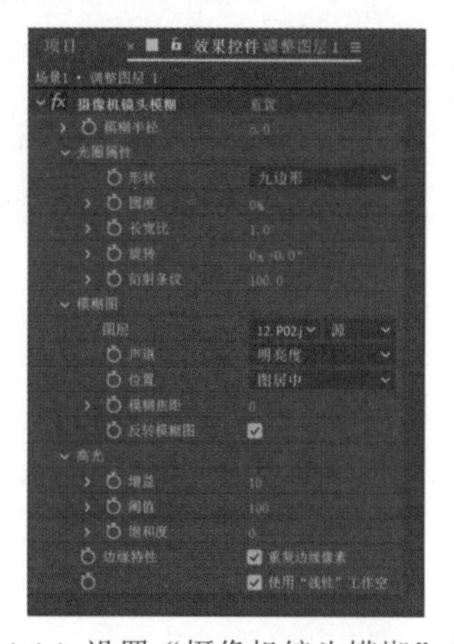

图 34-14 设置"摄像机镜头模糊"参数

7 选择"图层→新建→摄像机"命令，弹出"摄像机设置"对话框。在"预设"下拉列表框中选择"50 毫米"，单击"确定"按钮生成摄像机图层。

8 选择“图层→新建→调整图层”命令，在“摄像机 1”图层的“父级和链接”下拉列表框中选择“1. 调整图层 2”，开启除隐藏图层外其余所有图层的“3D 图层”开关，如图 34-16 所示。

图 34-15 背景和标题效果

图 34-16 链接摄像机目标图层

9 展开第 1 层的“变换”选项，在 0 帧处设置“位置”参数为（960, 540, 3000）后创建关键帧，在 25 帧处设置“位置”参数为（960, 540, 200），在 3 秒 29 帧处设置“位置”参数为（960, 540, 0），如图 34-17 所示。

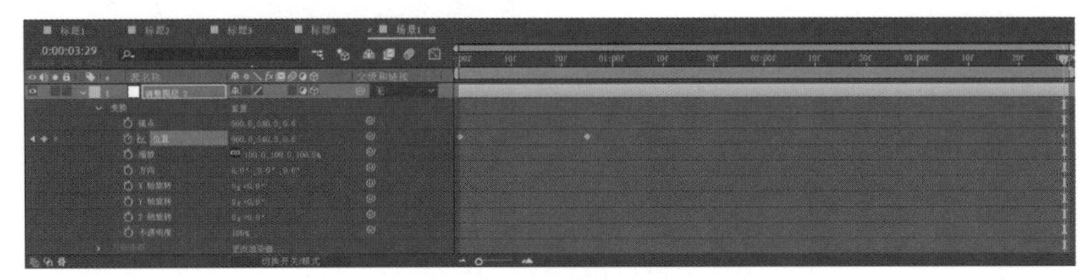

图 34-17 设置摄像机动画

10 选择“图层→新建→纯色”命令，弹出“纯色设置”对话框，设置“颜色”为黑色。展开“变换”选项，在 10 帧处为“不透明度”参数创建关键帧，在 1 秒处设置“不透明度”参数为 0%，在 3 秒处为“不透明度”参数添加一个关键帧，在 3 秒 20 帧处设置“不透明度”参数为 100%，如图 34-18 所示。

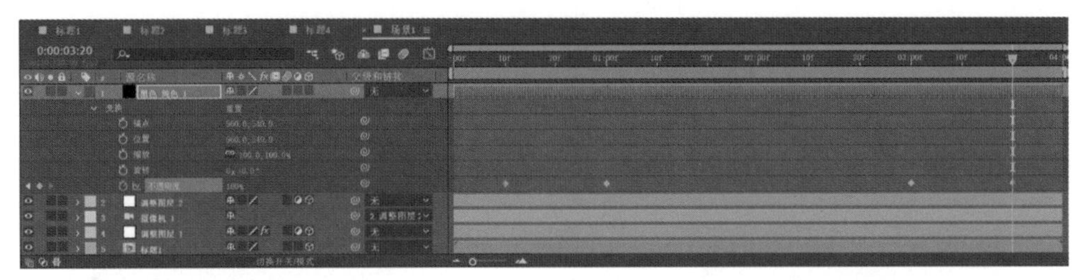

图 34-18 设置黑场动画

11 选择“图层→新建→调整图层”命令，继续选择“效果→颜色校正→ Lumetri 颜色”命令，在“基本校正”选项中设置“色温”参数为 -30，“色调”参数为 -10，如图 34-19 所示。

12 展开“创意”选项，在“Look”下拉列表框中选择“Kodak 5205 Fuji 3510”，设置“强度”参数为 50，如图 34-20 所示。

13 展开“晕影”选项，设置“数量”参数为 -5，“中点”参数为 40，如图 34-21 所示。

14 在“项目”面板中按 Ctrl+D 组合键复制三个“场景 1”合成，将“场景 2”合成中的“标题 1”图层替换为“标题 2”，将“场景 3”合成中的“标题 1”图层替换为“标题 3”，将“场景 4”合成中的“标题 1”图层替换为“标题 4”，制作完成的背景和标题效果如图 34-22 所示。

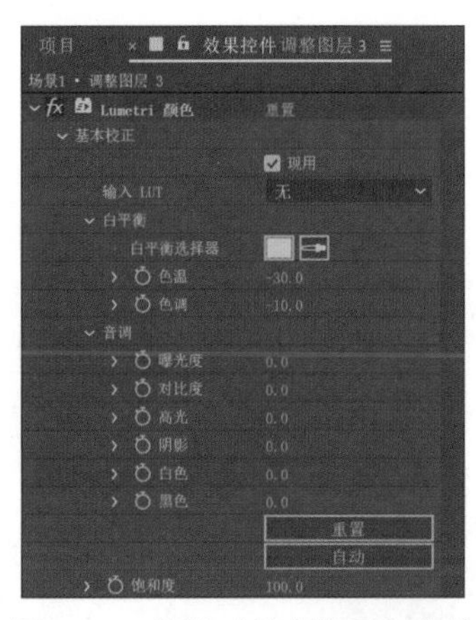
图 34-19　设置“基本校正”参数

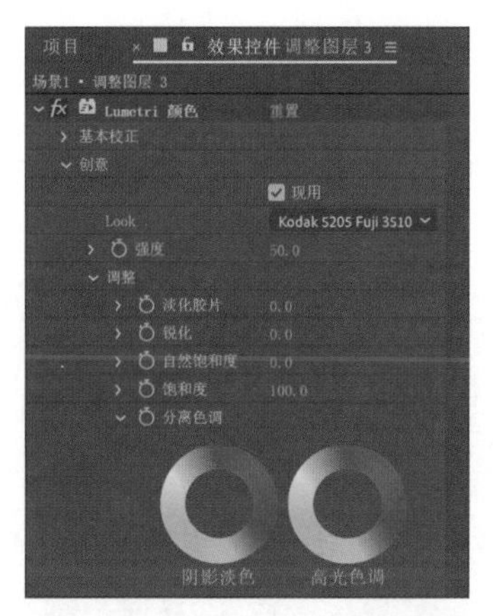
图 34-20　设置“创意”参数

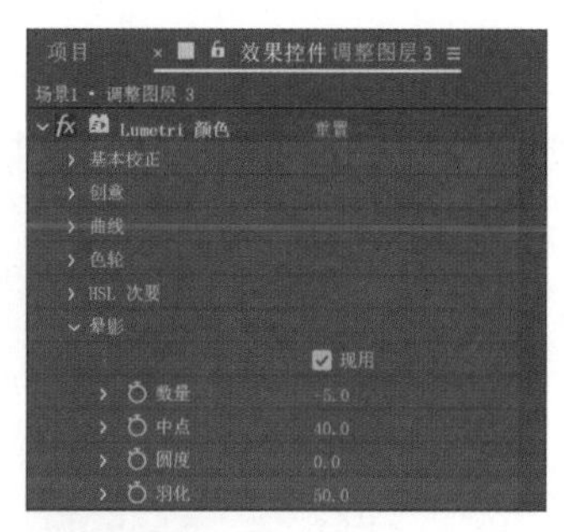
图 34-21　设置“晕影”参数

图 34-22　背景和标题效果

完成场景的合成

1 选择“合成→新建合成”命令，弹出“合成设置”对话框，设置“合成名称”为“完成”，“持续时间”为 28 秒，单击“确定”按钮生成合成。

2 将“项目”面板上所有的“场景”合成拖动到“时间轴”面板上，将“项目”面板上的“V04.mp4”拖动到“时间轴”面板的第 2 层。

3 展开“V04.mp4”图层的“变换”选项，在 2 秒处为“不透明度”参数创建关键帧，在 10 帧处设置“不透明度”参数为 0%，在 3 秒 20 帧处设置“不透明度”参数为 0%。选中三个关键帧，按 F9 键将关键帧插值设置为贝塞尔曲线，如图 34-23 所示。

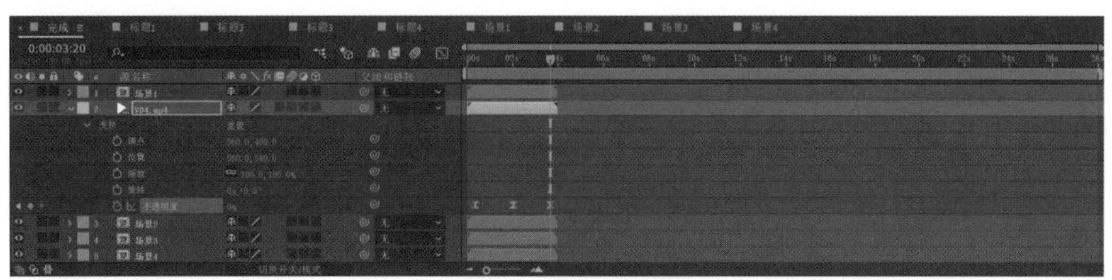
图 34-23　设置黑场动画

4 按 Ctrl+D 组合键复制两个“V04.mp4”图层，将复制的图层拖动到第 4 层和第 6 层。用“项目”面板上的“V05.mp4”替换第 4 层，用“V06.mp4”替换第 6 层。

5 选中所有图层，选择“动画→关键帧辅助→序列图层”命令，弹出“序列图层”对话框，单击“确定”按钮排列图层，结果如图 34-24 所示。

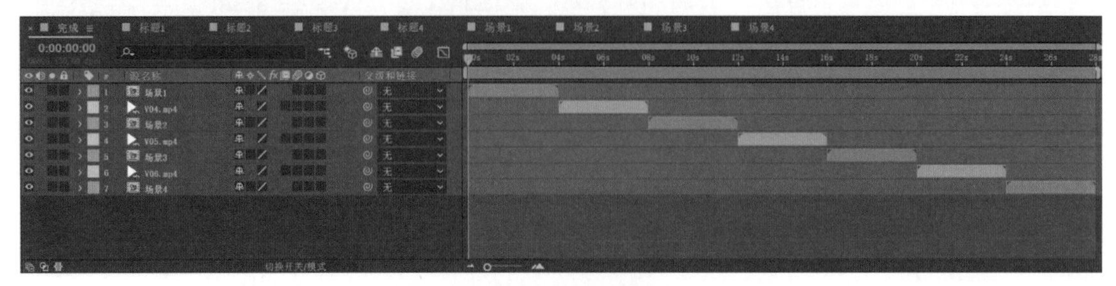

图 34-24 排列图层

6 选择“图层→新建→纯色”命令，弹出“纯色设置”对话框，设置“颜色”为黑色。继续选择“图层→蒙版→新建蒙版”命令，展开“蒙版→蒙版 1”选项，勾选“反转”复选框。

7 单击“形状”按钮打开“蒙版形状”对话框，设置“顶部”参数为 140，“底部”参数为 940，单击“确定”按钮完成设置，如图 34-25 所示。

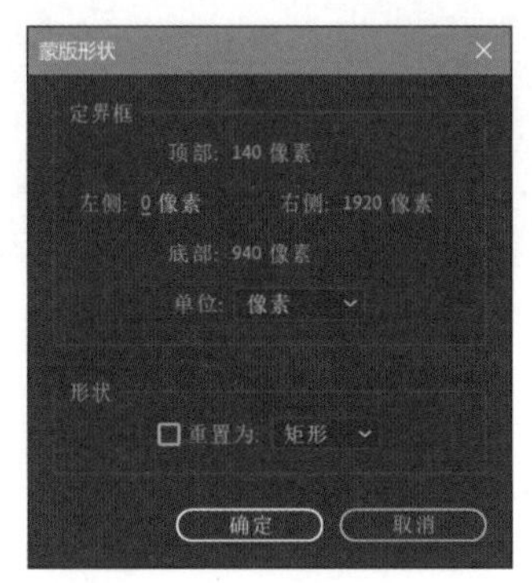

图 34-25 设置“蒙版形状”参数

8 整个案例制作完成，最终效果如图 34-1 所示。

案例 35 回忆电子相册

本案例制作的电子相册视频可以分为两个场景，第一个场景制作照片不断下落叠加的效果，第二个场景制作照片在空间中漂浮旋转的效果，两个场景之间利用覆叠图层添加炫光转场。最终效果如图 35-1 所示。

图 35-1 最终效果

★★★★★

技法分析

（1）利用纯色图层和文本图层制作照片的边框。

（2）制作照片位移和摄像机动画，产生照片下落和漂浮效果。

（3）利用覆叠素材制作炫光转场。

素材文件路径：源文件 \ 案例 35 回忆电子相册

完成项目文件：源文件 \ 案例 35 回忆电子相册 \ 完成项目 \ 完成项目 .aep

完成项目效果：源文件 \ 案例 35 回忆电子相册 \ 完成项目 \ 案例效果 .mp4

视频教学文件：演示文件 \ 案例 35 回忆电子相册 .mp4

照片的合成

1 运行 After Effects CC 2020，在“主页”窗口中单击“新建项目”按钮进入工作界面。在“项目”面板的空白处双击，弹出“导入文件”对话框，导入素材路径中的所有文件。

2 单击“合成”面板中的“新建合成”按钮，弹出“合成设置”对话框，设置“合成名称”为“照片01”，合成尺寸为 1920×1080，“帧速率”为 30，“持续时间”为 8 秒 15 帧，其他沿用系统默认值，单击“确定”按钮生成合成，如图 35-2 所示。

3 将“项目”面板上的“P01.jpg”拖动到“时间轴”面板上，选择“图层→新建→纯色”命令，弹出“纯色设置”对话框，设置“颜色”为白色。

4 选择“图层→蒙版→新建蒙版”命令，展开“蒙版→蒙版 1”选项，勾选“反转”复选框，单击“形状”按钮打开“蒙版形状”对话框。设置“顶部”和“左侧”参数均为 40，“底部”参数为 1040，“右侧”参数为 1880，单击“确定”按钮完成设置，如图 35-3 所示。

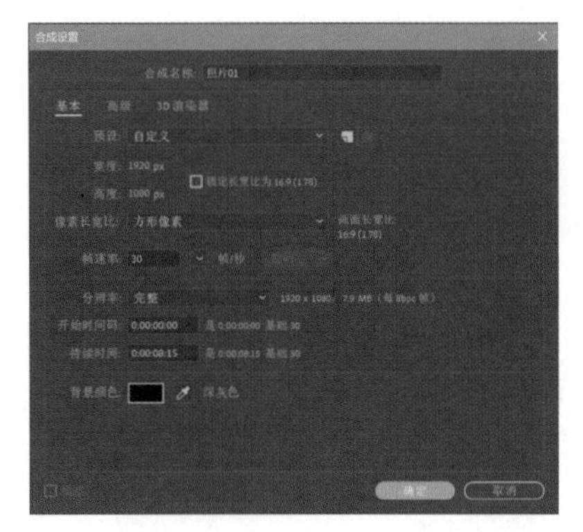

图 35-2 “合成设置”对话框

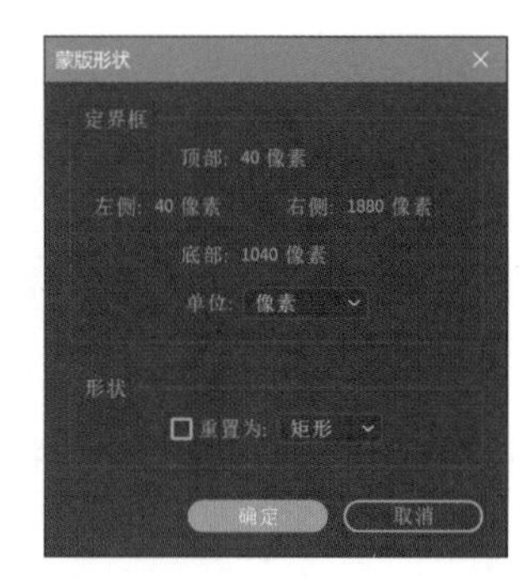

图 35-3 设置“蒙版形状”参数

5 选择“图层→图层样式→阴影”命令，展开“阴影”选项，设置“不透明度”参数为 50%，“距离”参数为 0，“大小”参数为 10，如图 35-4 所示。

6 在“字符”面板中将字体设置为“ArialBold”，字体颜色为 #2D2D2D，字体大小为 24，字符间距为 100。单击工具栏上的 T 按钮，在“合成”面板上输入文本“PHOTOSHOP”。

7 展开文本图层的“变换”选项，设置“位置”参数为（1600, 1069），如图 35-5 所示。

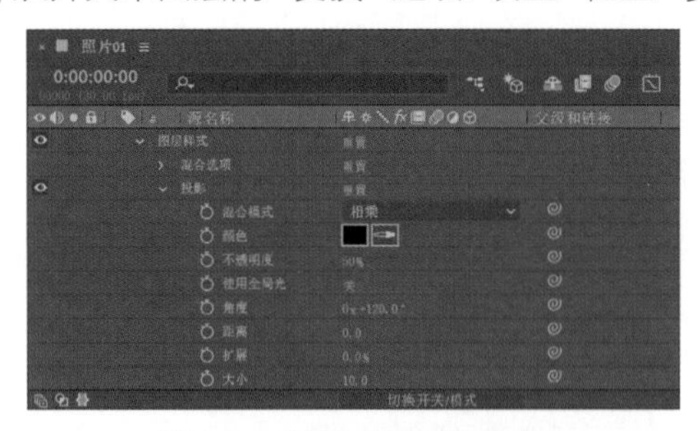

图 35-4 设置“投影”参数

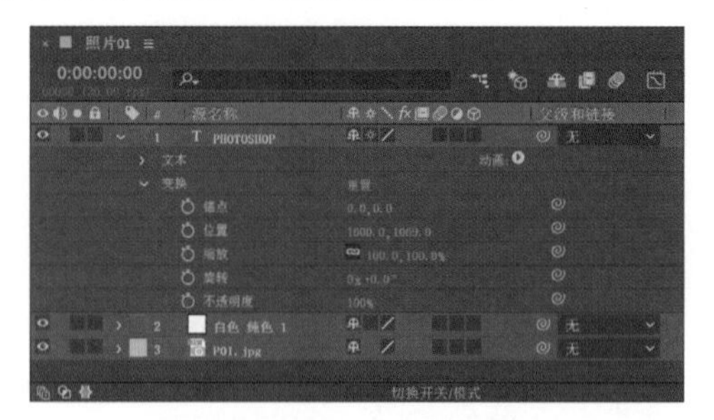

图 35-5 设置“位置”参数

8 按 Ctrl+D 组合键在“项目”面板上复制 10 个“照片”合成。在“项目”面板的空白位置右击，在弹出的快捷菜单中选择“新建文件夹”，设置文件夹的名称为“照片合成”，将所有照片合成拖动到新建的文件夹中，如图 35-6 所示。

9 依次双击打开照片合成，按住 Alt 键，按照编号逐个替换图像素材。制作完成的照片效果如图 35-7 所示。

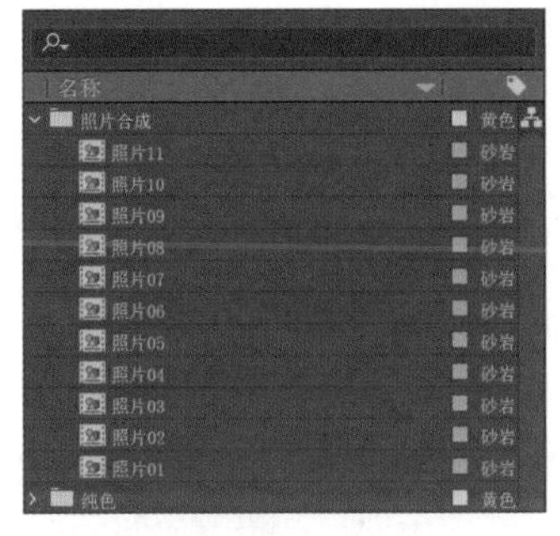

图 35-6 整理文件夹

图 35-7 照片效果

场景 1 的合成

1 选择“合成→新建合成”命令，弹出“合成设置”对话框，设置“合成名称”为“场景 1”，单击“确定”按钮生成合成。

2 将“项目”面板上的“照片 01”合成拖动到“时间轴”面板上，开启“运动模糊”和“3D 图层”开关；展开“照片 01”图层的“变换”选项，设置“缩放”参数为（50, 50, 50）；在 1 秒处为“位置”参数创建关键帧，在 0 帧处设置“位置”参数为（960, 540, -1500）。如图 35-8 所示。

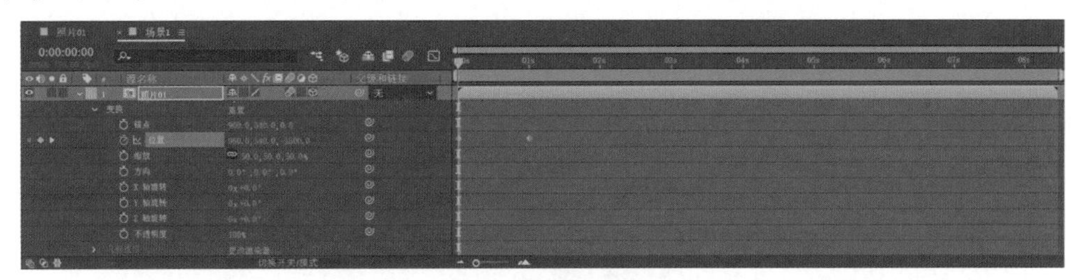

图 35-8 设置位移动画

3 选择“图层→图层样式→阴影”命令，展开“阴影”选项，设置“不透明度”参数为 50%，“距离”参数为 25，“大小”参数为 50，如图 35-9 所示。

4 按 Ctrl+D 组合键复制“照片 01”图层，选中第 1 层，将入点拖动到 23 帧处。按住 Alt 键将“项目”面板上的“照片 02”合成拖动到选中的图层上进行替换；展开“变换”选项，设置“锚点”参数为（2130, 950, 0），“Z 轴旋转”参数为 0x+10°，如图 35-10 所示。

图 35-9 设置“投影”参数

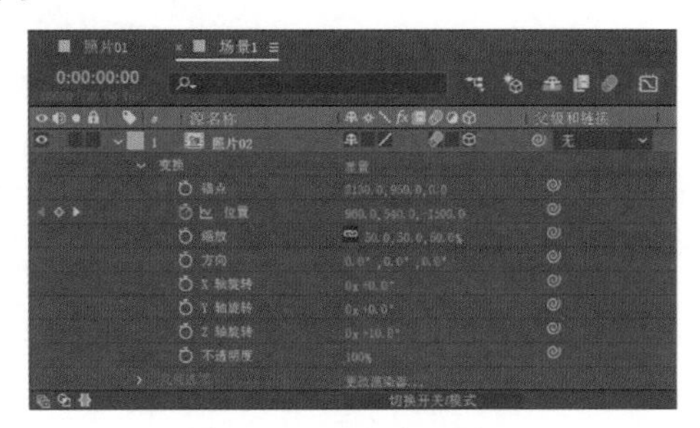

图 35-10 设置位移动画

5 重复上一步骤，创建其余 8 个图层，然后逐个图层地调整“锚点”和“Z 轴旋转”参数，让照片的方向和位置富于变化，如图 35-11 所示。

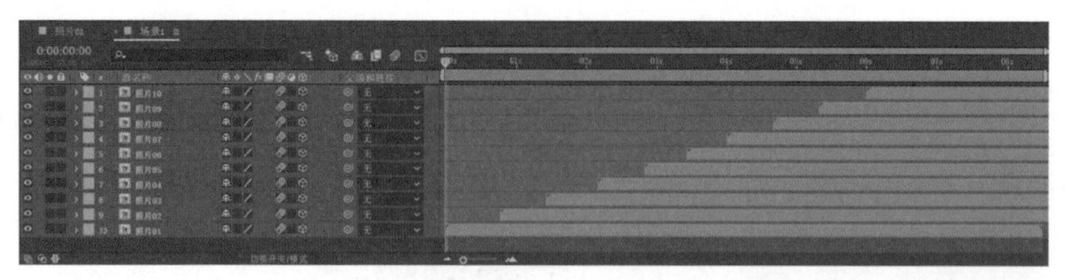

图 35-11 调整照片的入场时间和角度

6 选择“图层→新建→摄像机”命令，弹出“摄像机设置”对话框。在“预设”下拉列表框中选择“50 毫米”，单击“确定”按钮生成摄像机图层。

7 选择“图层→新建→调整图层”命令，在“摄像机 1”图层的“父级和链接”下拉列表框中选择“1. 调整图层 1”，开启调整图层的“3D 图层”开关，如图 35-12 所示。

图 35-12 链接摄像机目标图层

8 展开摄像机图层的“摄像机选项”，设置“光圈”参数为 900，在“光圈形状”下拉列表框中选择“九边形”。

9 展开调整图层的“变换”选项，在 8 秒处为“缩放”和“Z 轴旋转”参数创建关键帧，在 0 帧处设置“缩放”参数为（75, 75, 75），“Z 轴旋转”参数为 0x+8°；选中所有关键帧，按 F9 键将关键帧插值设置为贝塞尔曲线。如图 35-13 所示。制作完成的场景 1 效果如图 35-14 所示。

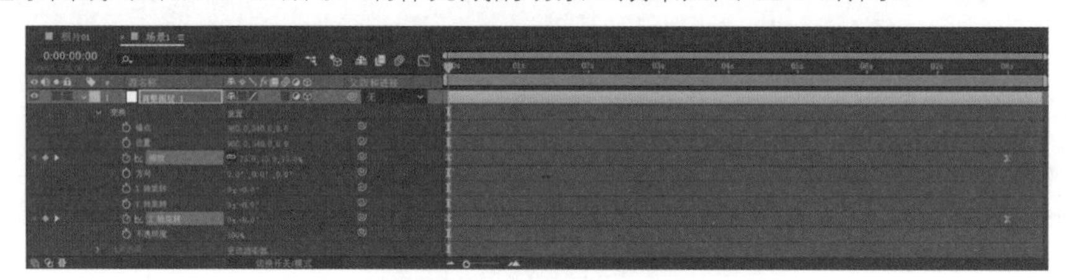

图 35-13 设置摄像机动画

图 35-14 场景 1 效果

场景 2 的合成

1 选择“合成→新建合成”命令，弹出“合成设置”对话框，设置“合成名称”为“场景 2”，“持续时间”为 5 秒 15 帧，单击“确定”按钮生成合成。

2 依次将“项目”面板上的“照片 08”“照片 02”“照片 11”“照片 04”和“照片 07”合成拖动到“时间轴”面板上，开启“运动模糊”和“3D 图层”开关，如图 35-15 所示。

3 展开第 1 层的“变换”选项，设置“位置”参数为（410, 950, -620），“缩放”参数为（50, 50, 50），“Z 轴旋转”参数为 0x+2°。

4 展开第 2 层的“变换”选项，设置“位置”参数为（1600, 225, -840），“缩放”参数为（50, 50, 50），“Z 轴旋转”参数为 0x+6°，如图 35-16 所示。

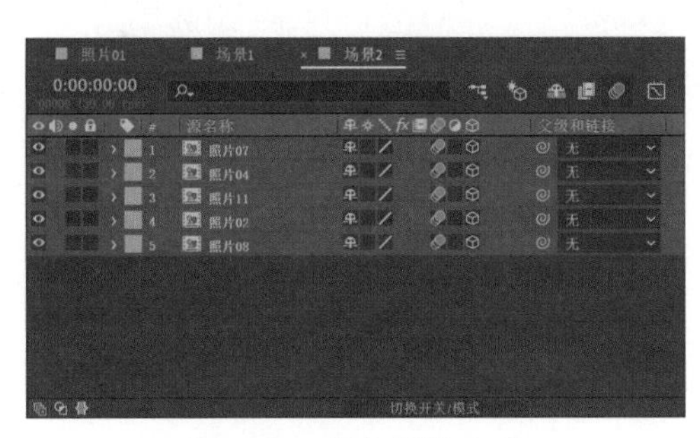

图 35-15 添加照片合成

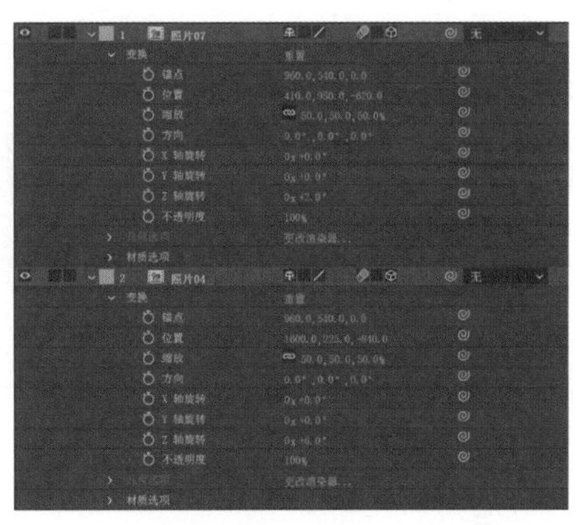

图 35-16 设置“变换”参数

5 展开第 3 层的“变换”选项，设置“缩放”参数为（50, 50, 50）。

6 展开第 4 层的“变换”选项，设置“位置”参数为（1530, 980, 880），“缩放”参数为（50, 50, 50），“Z 轴旋转”参数为 0x-4°。

7 展开第 5 层的“变换”选项，设置“位置”参数为（ 270, 140, 1120），“缩放”参数为（50, 50, 50），“Z 轴旋转”参数为 0x+7°，如图 35-17 所示。

8 选择“图层→新建→摄像机”命令，弹出“摄像机设置”对话框。在“预设”下拉列表框中选择“50 毫米”，单击“确定”按钮生成摄像机图层。

9 选择“图层→新建→调整图层”命令，在“摄像机 1”图层的“父级和链接”下拉列表框中选择“1. 调整图层 2”，开启调整图层的“3D 图层”开关，如图 35-18 所示。

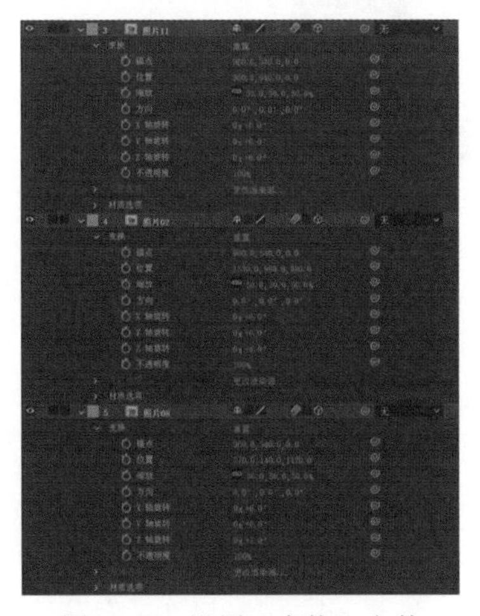

图 35-17 设置“变换”参数

图 35-18 链接摄像机目标图层

10 展开摄像机图层的“摄像机选项”，设置“光圈”参数为900，在“光圈形状”下拉列表框中选择“九边形”。

11 展开调整图层的“变换”选项，在0秒处设置“缩放”参数为（20, 20, 20）、“Z轴旋转”参数为0x+85°后，为这两个参数创建关键帧；在1秒处设置“缩放”参数为（85, 85, 85），“Z轴旋转”参数为0x+5°；在5秒14帧处设置“缩放”参数为（90, 90, 90），“Z轴旋转”参数为0x-5°；选中所有关键帧，按F9键将关键帧插值设置为贝塞尔曲线。如图35-19所示。

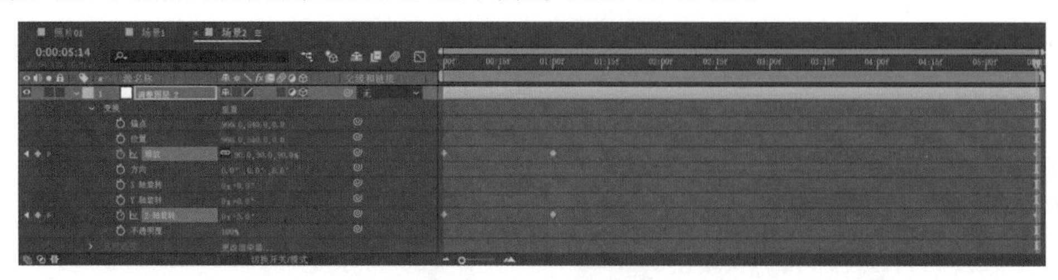

图35-19 设置摄像机动画

12 选择“图层→新建→调整图层”命令，继续选择“效果→模糊和锐化→径向模糊”命令，在0帧处为“数量”参数创建关键帧，在25帧处设置“数量”参数为0，如图35-20所示。制作完成的场景2效果如图35-21所示。

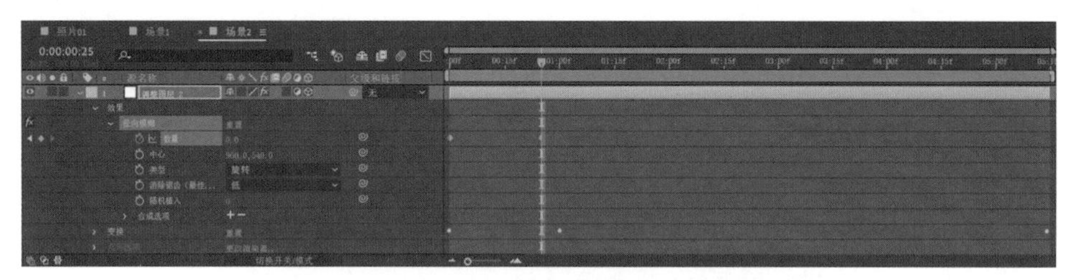

图35-20 设置模糊动画

图35-21 场景2效果

完成场景的合成

1 选择“合成→新建合成”命令，弹出“合成设置”对话框，设置“合成名称”为“完成”，“持续时间”为13秒30帧，单击“确定”按钮生成合成。

2 选择“图层→新建→纯色”命令，弹出“纯色设置”对话框，设置“颜色”为白色。将“项目”面板上的“场景2”和“场景1”合成拖动到“时间轴”面板上，将“场景2”图层的入点拖动到8秒15帧处，如图35-22所示。

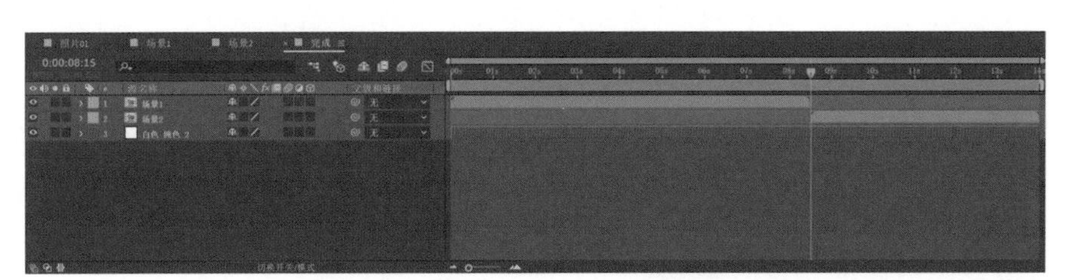

图 35-22 添加场景合成并调整时间轴

3 将“项目”面板上的“V04.mp4”拖动到“时间轴”面板上，将入点拖动到 7 秒 20 帧处，设置图层混合模式为“屏幕”；依次将“项目”面板上的“V03.mp4”和“V02.mp4”拖动到“时间轴”面板上，设置图层混合模式为“屏幕”。如图 35-23 所示。

4 展开第 1 层的“变换”选项，设置“不透明度”参数为 30%。展开第 2 层的“变换”选项，设置“不透明度”参数为 60%。

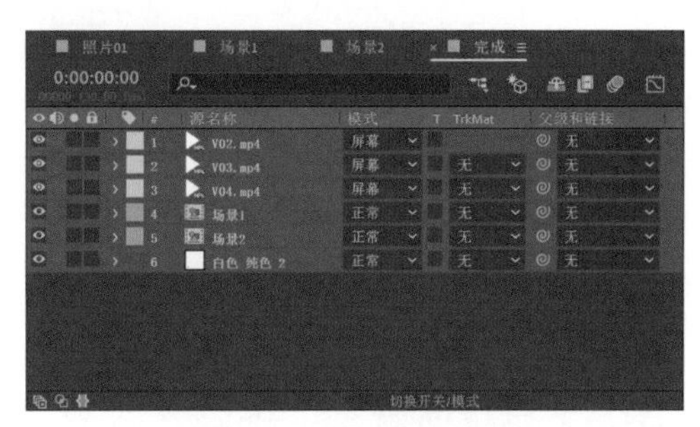

图 35-23 添加覆叠素材

5 选择“图层→新建→纯色”命令，弹出“纯色设置”对话框，设置“颜色”为黑色。展开“变换”选项，在 0 帧处为“不透明度”参数创建关键帧，在 15 帧处设置“不透明度”参数为 0%，在 13 秒 15 帧处为“不透明度”参数添加一个关键帧，在 13 秒 29 帧处设置“不透明度”参数为 100%，如图 35-24 所示。

图 35-24 设置淡入淡出黑场

6 选择“图层→新建→调整图层”命令，继续选择“效果→颜色校正→ Lumetri 颜色”命令，在“基本校正”选项中设置“色温”参数为 15，如图 35-25 所示。

7 展开“创意”选项，在“Look”下拉列表框中选择“Kodak 5218 Kodak 2383”，设置“强度”参数为 50，“锐化”参数为 5，“自然饱和度”参数为 -10，如图 35-26 所示。

8 展开“晕影”选项，设置“数量”参数为 -3，“羽化”参数为 65，如图 35-27 所示。

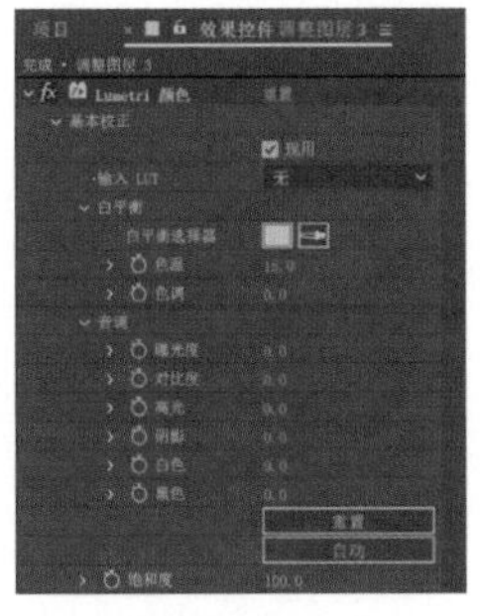

图 35-25 设置“基本校正”参数

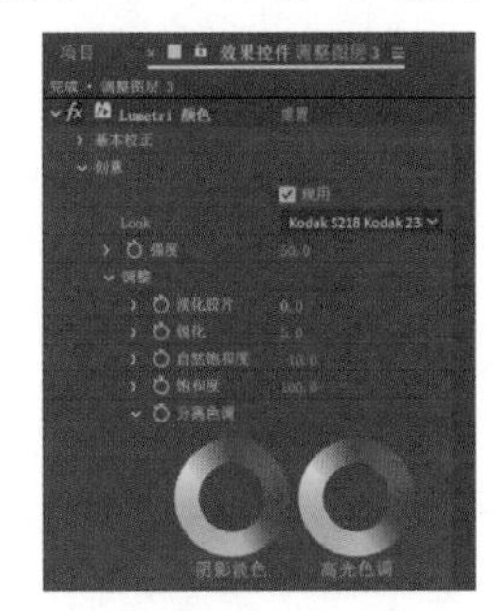

图 35-26 设置“创意”参数

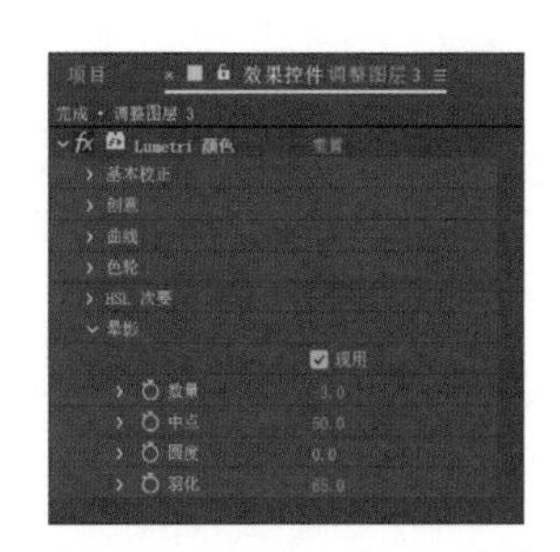

图 35-27 设置“晕影”参数

9 整个案例制作完成，最终效果如图 35-1 所示。

案例 36　旅游宣传视频

本案例制作城市旅游宣传片，制作过程中主要应用了水墨滴落特效和摄像机动画，再利用 Adobe Media Encoder 软件桥接输出影片。Adobe Media Encoder 是一款音视频编码软件，支持所有当前主流的编码格式，输出的影片可以直接在各种设备上播放。最终效果如图 36-1 所示。

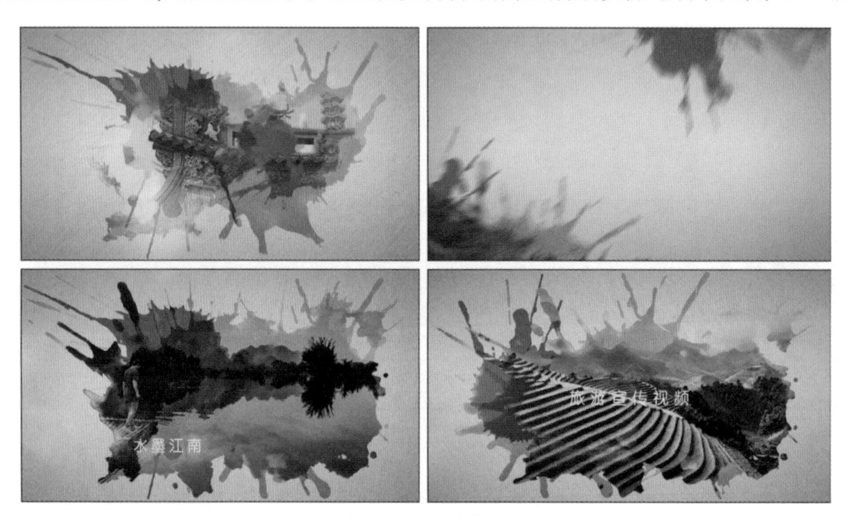

图 36-1　最终效果

★★★★★

技法分析

（1）利用轨道遮罩制作不同颜色的水墨。

（2）利用形状图层和图层链接制作摄像机目标跟踪动画。

（3）使用 Adobe Media Encoder 软件编码输出视频。

素材文件路径：源文件 \ 案例 36 旅游宣传视频

完成项目文件：源文件 \ 案例 36 旅游宣传视频 \ 完成项目 \ 完成项目 .aep

完成项目效果：源文件 \ 案例 36 旅游宣传视频 \ 完成项目 \ 案例效果 .mp4

视频教学文件：演示文件 \ 案例 36 旅游宣传视频 .mp4

水墨场景的合成

1 运行 After Effects CC 2020，在“主页”窗口中单击“新建项目”按钮进入工作界面。在“项目”面板的空白处双击，弹出“导入文件”对话框，导入素材路径中的所有文件。

2 单击“合成”面板中的“新建合成”按钮，弹出“合成设置”对话框，设置“合成名称”为“水墨 1”，合成尺寸为 1920×1080，“帧速率”为 30，“持续时间”为 6 秒，其他沿用系统默认值，单击“确定”按钮生成合成，如图 36-2 所示。

3 切换到“高级”选项，设置“每帧样本”参数为 64，“自适应采样限制”参数为 256，如图 36-3 所示。

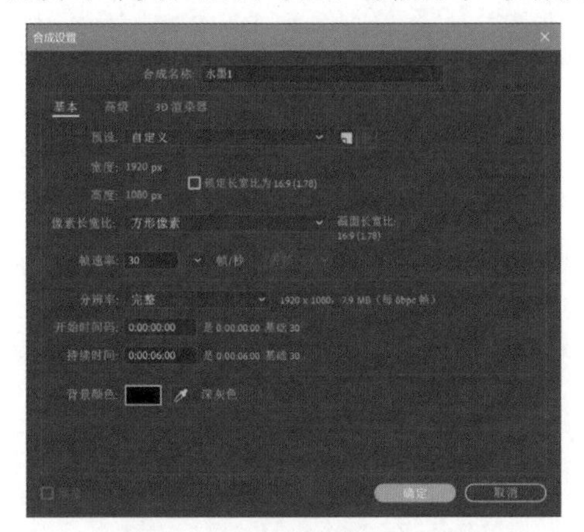

图 36-2 “合成设置”对话框

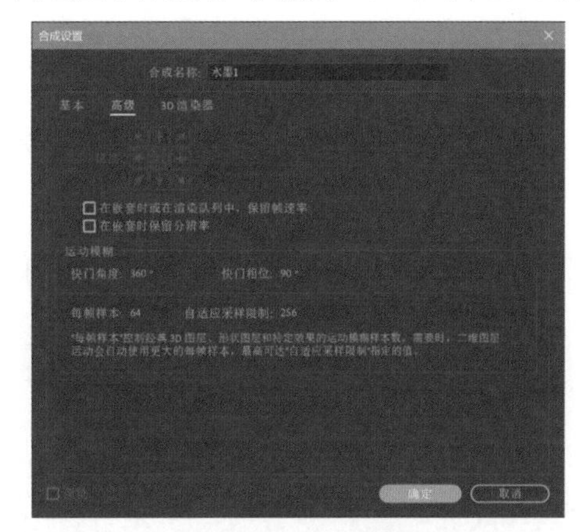

图 36-3 设置运动模糊质量

4 选择“图层→新建→纯色”命令，弹出“纯色设置”对话框，设置“颜色”为 #B55656，单击“确定”按钮生成图层。将“项目”面板上的“V01.mp4”拖动到时间轴面板上，在纯色图层的“TrKMat”下拉列表框中选择“亮度遮罩”，如图 36-4 所示。当前设置完成后的彩色水墨效果如图 36-5 所示。

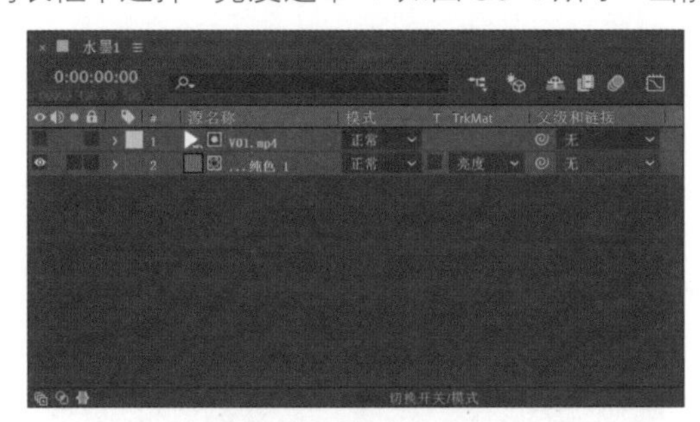

图 36-4 设置轨道遮罩

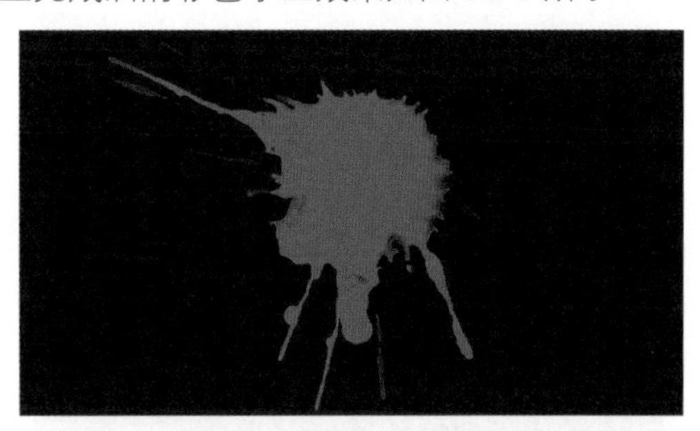

图 36-5 彩色水墨效果

5 按 Ctrl+D 组合键在“项目”面板上复制 5 个“水墨 1”合成。依次双击打开复制的合成，修改纯色图层的颜色就能改变水墨的色彩，如图 36-6 所示。

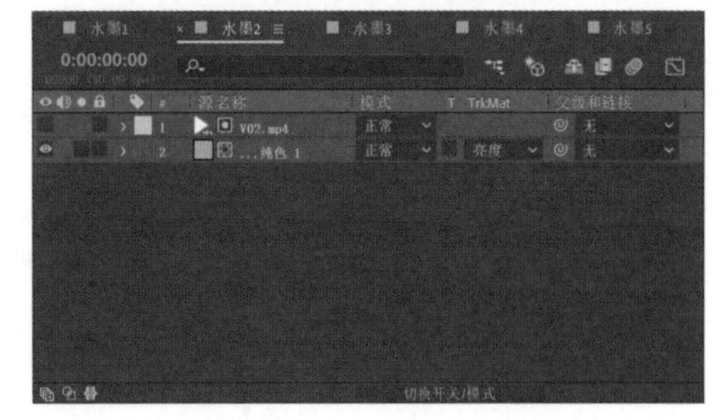

图 36-6 替换水墨素材和颜色

场景 1 的合成

1 选择“合成→新建合成”命令，弹出“合成设置”对话框，设置“合成名称”为“场景 1”，单击“确定”按钮生成合成。

2 将“项目”面板上的“水墨 1”～“水墨 4”拖动到“时间轴”面板上。在“合成”面板上拖动锚点调整墨滴的位置，结果如图 36-7 所示。

3 将“水墨 3”和“水墨 4”图层的图层混合模式设置为“相乘”，如图 36-8 所示。

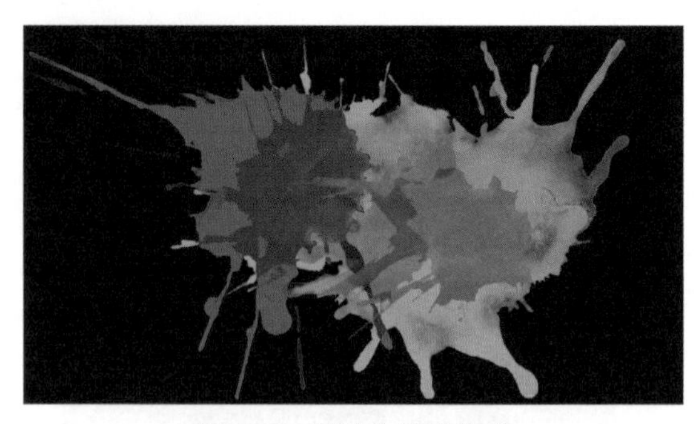

图 36-7 调整水墨的位置

4 依次将“项目”面板上的“P01.jpg”和“水墨 5”拖动到“时间轴”面板上，在“P01.jpg”图层的“TrKMat”下拉列表框中选择“Alpha 遮罩”，如图 36-9 所示。

图 36-8 设置图层混合模式

图 36-9 设置轨道遮罩

5 依次将“项目”面板上的“P01.jpg”和“水墨 6”拖动到“时间轴”面板上，在“P01.jpg”图层的“TrKMat”下拉列表框中选择“Alpha 遮罩”，如图 36-10 所示。当前设置完成后的水墨覆叠效果如图 36-11 所示。

图 36-10 设置轨道遮罩

图 36-11 水墨覆叠效果

6 在“时间轴”面板中将“水墨 2”图层的入点拖动到 6 帧处，将“水墨 3”图层的入点拖动到 12 帧处，将“水墨 4”图层的入点拖动到 19 帧处，将第 4 层的“P01.jpg”和“水墨 5”图层的入点拖动到 26 帧处，将第 2 层的“P01.jpg”和“水墨 6”图层的入点拖动到 1 秒 3 帧处，如图 36-12 所示。

7 单击工具栏上的**T**按钮，在“合成”面板上单击，输入文本“精品古建”。在“字符”面板中设置字体为“幼圆”，字体大小为 70，字体颜色为白色，字符间距为 200，单击**T**按钮使用仿粗体。

8 将文本图层的入点拖动到 1 秒 20 帧处，展开“变换”选项，设置“位置”参数为（543, 838）；在 2 秒 10 帧处为“不透明度”参数创建关键帧，在 1 秒 20 帧处设置“不透明度”参数为 0%，如图 36-13 所示。

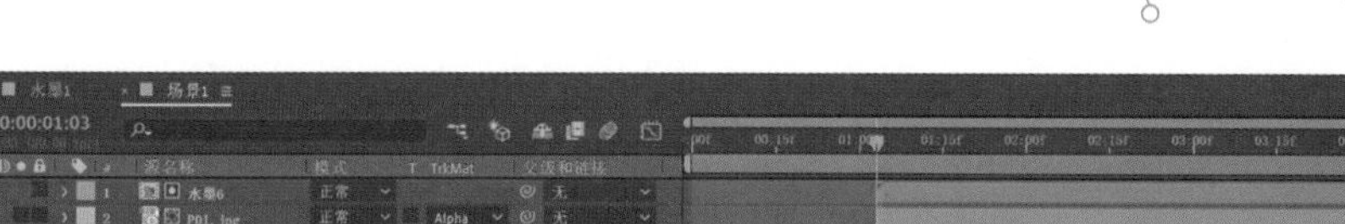

图 36-12 调整图层的入点

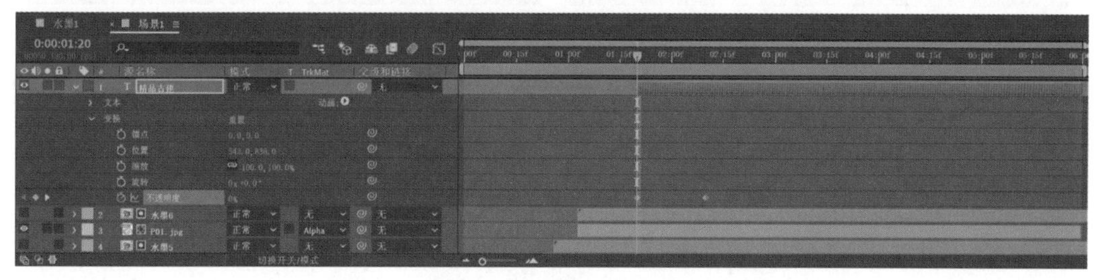

图 36-13 设置文本动画

其他场景的合成

1 按 Ctrl+D 组合键，在“项目”面板上复制 2 个“场景 1”合成。双击打开“场景 2”合成，将文本内容修改为“壮美长城”，展开“变换”选项，设置“位置”参数为（1206, 838），如图 36-14 所示。

图 36-14 调整文本图层

2 按住 Ctrl 键同时选中两个“P01.jpg”图层，按住 Alt 键将“项目”面板上的“P02.jpg”拖动到选中的图层上进行替换，调整各水墨图层的位置和图层顺序，让水墨滴落的效果富有变化，如图 36-15 所示。制作完成的场景 2 效果如图 36-16 所示。

图 36-15 替换图像并调整水墨的顺序

图 36-16 场景 2 效果

3 双击打开“场景 3”合成，将文本内容修改为“水墨江南”。按住 Ctrl 键同时选中两个“P01.jpg”图层，按住 Alt 键将“项目”面板上的“P03.jpg”拖动到选中的图层上进行替换，如图 36-17 所示。制作完成的场景 3 效果如图 36-18 所示。

图 36-17 修改文本并替换图像

图 36-18 场景 3 效果

4 按 Ctrl+D 组合键在"项目"面板上复制"场景 2"合成。双击打开"场景 4"合成，将文本内容修改为"旅游宣传视频"，展开"变换"选项，设置"位置"参数为（672, 618）。

5 单击"文本"选项中的 ◐ 按钮，在弹出的快捷菜单中选择"缩放"，在 3 秒处为"缩放"参数创建关键帧，在 1 秒 20 帧处设置"缩放"参数为（0, 0），如图 36-19 所示。

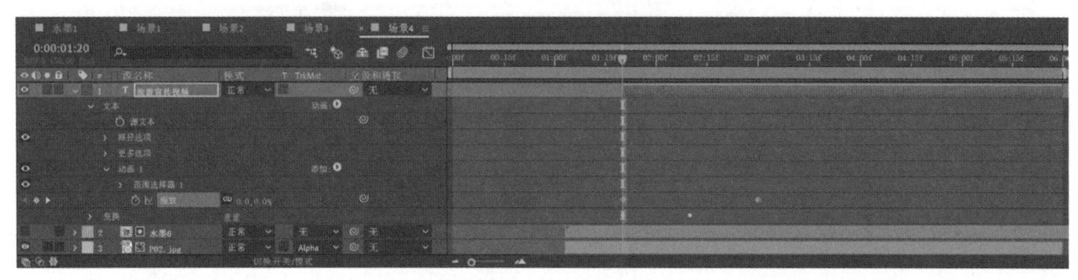

图 36-19 设置文本动画

6 按住 Ctrl 键同时选中两个"P02.jpg"图层，按住 Alt 键将"项目"面板上的"P04.jpg"拖动到选中的图层上进行替换。制作完成的场景 4 效果如图 36-20 所示。

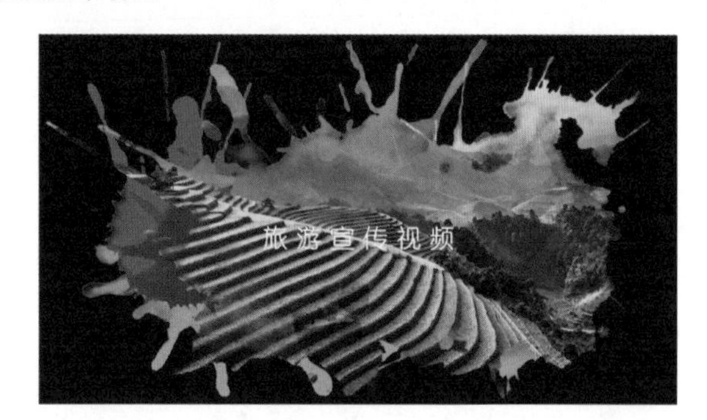

图 36-20 场景 4 效果

完成场景的合成

1 选择"合成→新建合成"命令，弹出"合成设置"对话框，设置"合成名称"为"完成"，"持续时间"为 15 秒，单击"确定"按钮生成合成。

2 选择"图层→新建→纯色"命令，设置"颜色"为白色，单击"确定"按钮生成图层。将"项目"面板上的"P05.jpg"拖动到"时间轴"面板上，设置图层混合模式为"相乘"。展开"变换"选项，设置"不透明度"参数为 50%，如图 36-21 所示。

3 选择"效果→风格化→动态拼贴"命令，在"效果控件"面板中设置"输出宽度"和"输出高度"参数均为 500，如图 36-22 所示。

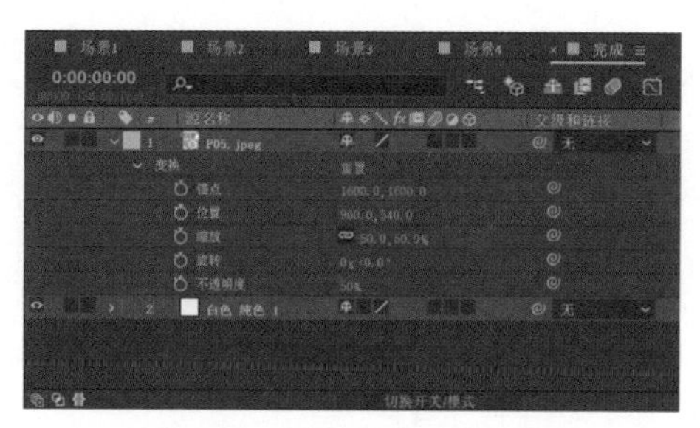

图 36-21 设置图像不透明度

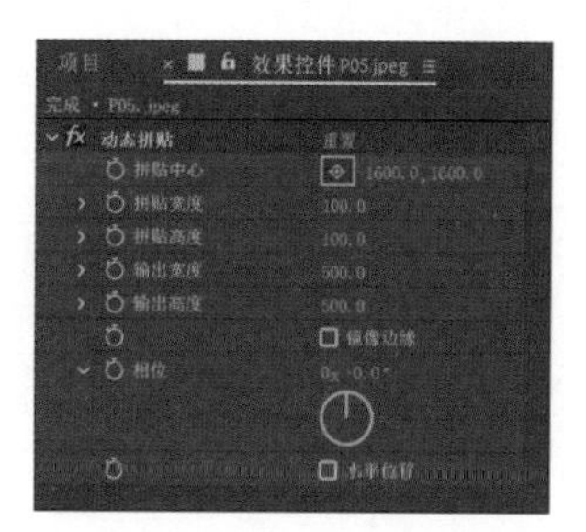

图 36-22 设置“动态拼贴”参数

4 将“项目”面板中的“场景 1”~“场景 4”拖动到“时间轴”面板上，将“场景 2”图层的入点拖动到 3 秒处，将“场景 3”图层的入点拖动到 6 秒处，将“场景 4”图层的入点拖动到 9 秒处，如图 36-23 所示。

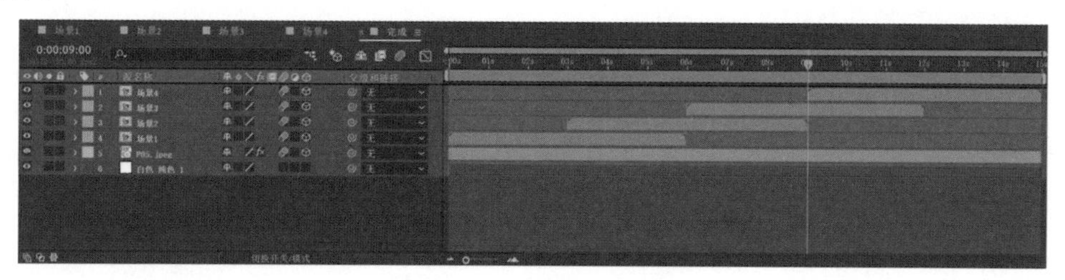

图 36-23 调整图层入点

5 选择“图层→新建→摄像机”命令，打开“摄像机设置”对话框，在“预设”下拉列表框中选择“50 毫米”，单击“确定”按钮生成图层；开启除了纯色图层以外其余图层的“运动模糊”和“3D 图层”的开关，如图 36-24 所示。

6 单击工具栏上的按钮，在“合成”面板上绘制如图 36-25 所示的线段。在摄像机图层的“父级和链接”下拉列表框中选择“形状图层”。

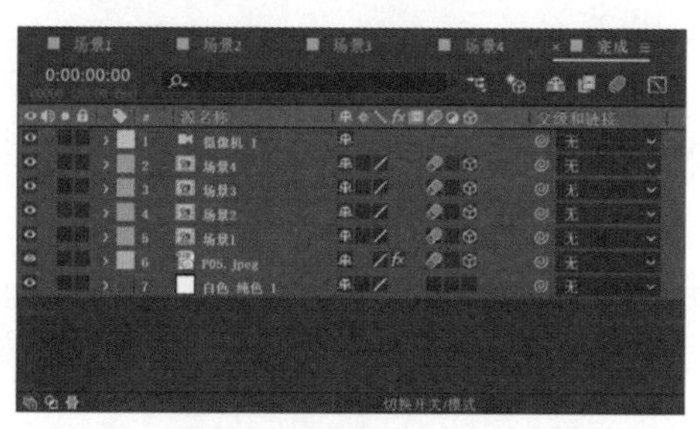

图 36-24 创建摄像机

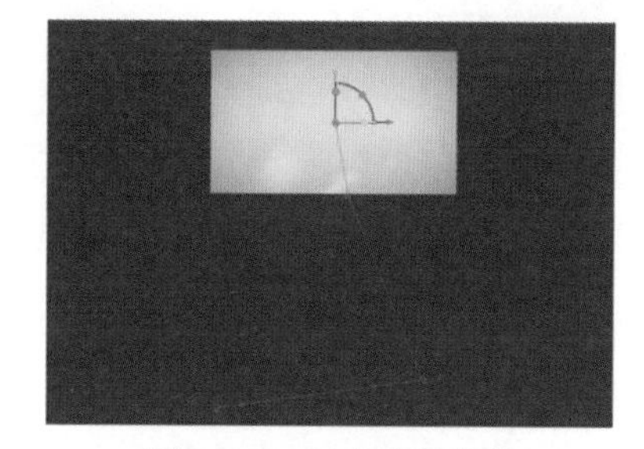

图 36-25 创建路径线段

7 展开形状图层的“变换”选项，在 0 帧处设置“位置”参数为（1048, −22, 0），“Z 轴旋转”参数为 0x+20° 后为这两个参数创建关键帧；在 1 秒 15 帧处设置“位置”参数为（960, 540），“Z 轴旋转”参数为 0x+0°；在 3 秒处为“位置”和“Z 轴旋转”参数添加关键帧；在 4 秒 15 帧处设置“位置”参数为（1038, 2040, 0），“Z 轴旋转”参数为 0x−90°；在 6 秒处为“位置”和“Z 轴旋转”参数添加关键帧；在 7 秒 15 帧处设置“位置”参数为（−540, 1700, 0），“Z 轴旋转”参数为 0x−145°；在 9 秒处为“位置”和“Z 轴旋转”参数添加关键帧；在 10 秒 15 帧处设置“位置”参数为（−510, −430, 0），“Z 轴旋转”参数为 0x−100°。选中所有关键帧，按 F9 键将关键帧插值设置为贝塞尔曲线，如图 36-26 所示。

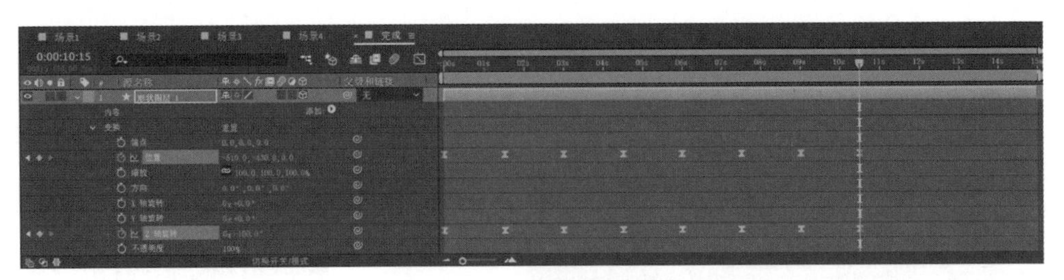

图 36-26 设置路径动画

8 展开“场景 2”图层的“变换”选项，设置“位置”参数为（1040, 2040, 0），“方向”参数为（0°，0°，270°）。展开“场景 3”图层的“变换”选项，设置“位置”参数为（-540, 1700, 0），“方向”参数为（0°，0°，215°）。展开“场景 4”图层的“变换”选项，设置“位置”参数为（-510, -430, 0），“方向”参数为（0°，0°，260°）。

9 选择“图层→新建→调整图层”命令，继续选择“效果→颜色校正→ Lumetri 颜色”命令。在“效果控件”面板中展开“基本校正”选项，设置“色温”参数为 5，如图 36-27 所示。

10 展开“创意”选项，在“Look”下拉列表框中选择“FujiF 125 Kodak 2393”，设置“强度”参数为 50，如图 36-28 所示。

11 展开“晕影”选项，设置“数量”参数为 -3，“羽化”参数为 100，如图 36-29 所示。

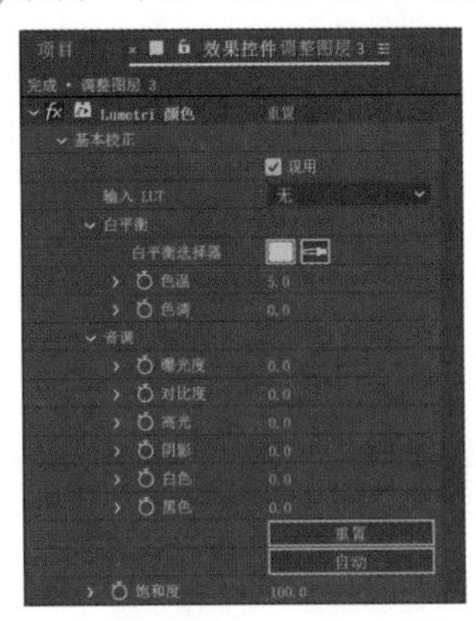

图 36-27 设置“基本校正”参数

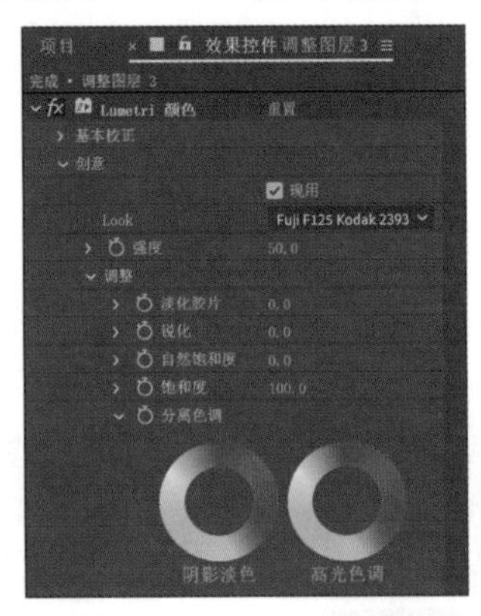

图 36-28 设置“创意”参数

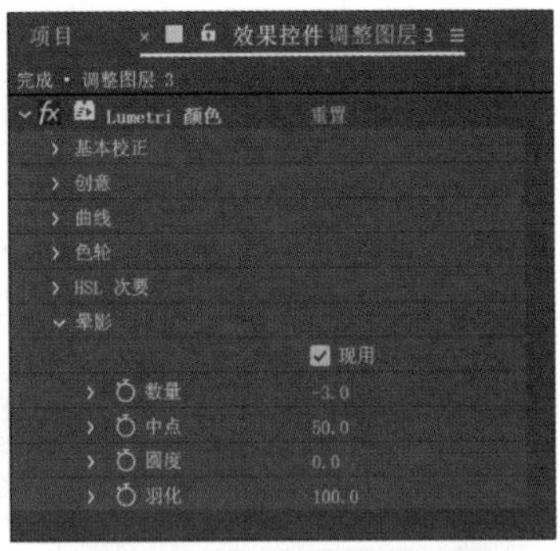

图 36-29 设置“晕影”参数

12 将“项目”面板上的“V07.mp4”视频拖动到“时间轴”面板上，设置图层混合模式为“屏幕”。展开“变换”选项，设置“不透明度”参数为 60%，如图 36-30 所示。

图 36-30 添加覆盖视频

桥接输出视频

1 选择“合成→添加到 Adobe Media Encoder 队列”命令，运行 Adobe Media Encoder。在“队列”

面板的“格式”下拉列表框中选择“H.264”，在“预设”下拉列表框中选择“匹配源 - 高比特率”，单击“输出文件”路径选择视频文件的保存路径，如图 36-31 所示。

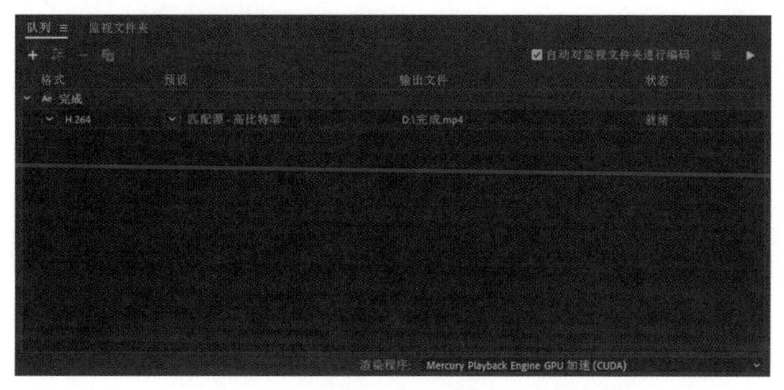

图 36-31 设置输出格式和保存路径

2 单击“匹配源 - 高比特率”，弹出“导出设置”对话框，展开“视频”选项，在“比特率设置”选项中通过“目标比特率”参数设置视频的品质，如图 36-32 所示。单击“确定”按钮完成设置。

图 36-32 设置视频品质

3 单击“队列”面板右上角的 ▶ 按钮开始渲染输出视频，如图 36-33 所示。

图 36-33 渲染输出视频

4 整个案例制作完成，最终效果如图 36-1 所示。

案例 37 健身机构广告

本案例制作一段拳击健身机构的宣传广告视频。这类视频通常需要表现出力量感和爆发性，因此在制作过程中使用了带有镜头畸变效果的动态模糊转场，并且结合了画面分割、色彩叠加和摄像机抖动等特效。最终效果如图 37-1 所示。

图 37-1 最终效果

★★★★★

技法分析

(1) 利用“径向模糊”和“光学补偿”效果制作动感模糊转场。

(2) 利用形状路径动画制作分割画面效果。

(3) 使用纯色图层和图层混合模式制作色彩叠加效果。

素材文件路径：源文件 \ 案例 37 健身机构广告

完成项目文件：源文件 \ 案例 37 健身机构广告 \ 完成项目 \ 完成项目 .aep

完成项目效果：源文件 \ 案例 37 健身机构广告 \ 完成项目 \ 案例效果 .mp4

视频教学文件：演示文件 \ 案例 37 健身机构广告 .mp4

过渡场景的合成

1 运行 After Effects CC 2020，在“主页”窗口中单击“新建项目”按钮进入工作界面。在“项目”面板的空白处双击，弹出“导入文件”对话框，导入素材路径中的所有文件。

2 单击“合成”面板中的“新建合成”按钮，弹出“合成设置”对话框，设置“合成名称”为“过渡”，合成尺寸为 1920×1080，“帧速率”为 30，“持续时间”为 1 秒，其他沿用系统默认值，单击“确定”按钮生成合成，如图 37-2 所示。

3 切换到“高级”选项，设置“快门角度”参数为 720°，“快门相位”参数为 360°，“每帧样本”参数为 64，“自适应采样限制”参数为 256，如图 37-3 所示。

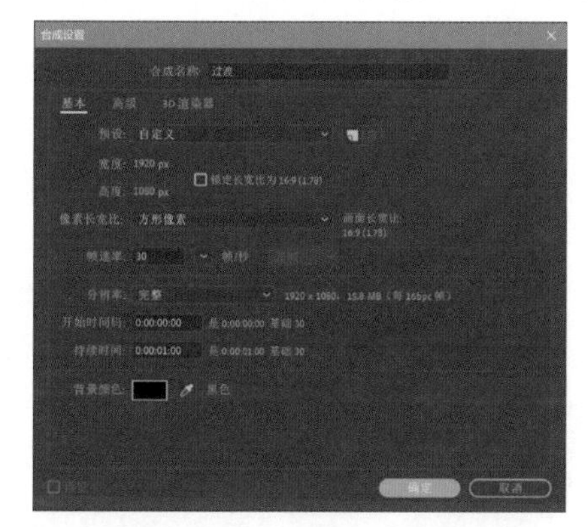

图 37-2 “合成设置”对话框

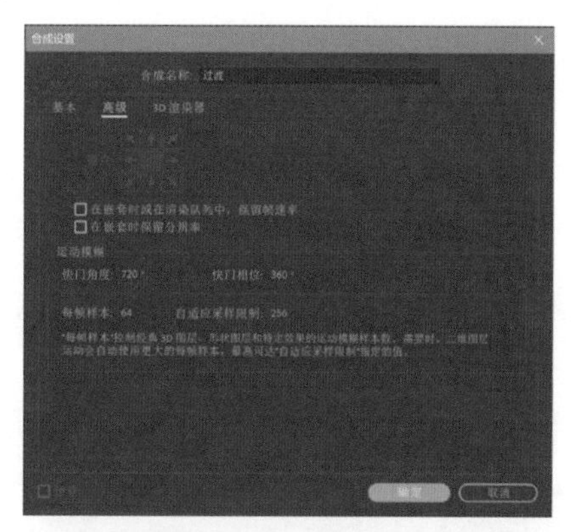

图 37-3 设置运动模糊质量

4 选择“图层→新建→纯色”命令，弹出“纯色设置”对话框，设置“颜色”为黑色，单击“确定”按钮生成图层；开启“调整图层”开关，如图 37-4 所示。

5 选择“效果→模糊和锐化→径向模糊”命令，在“类型”下拉列表框中选择“缩放”，在“消除锯齿（最佳品质）”下拉列表框中选择“高”。在 0 帧处设置“数量”参数为 0 后创建关键帧，在 15 帧处设置“数量”参数为 50，在 29 帧处设置“数量”参数为 0，如图 37-5 所示。

图 37-4 添加纯色图层

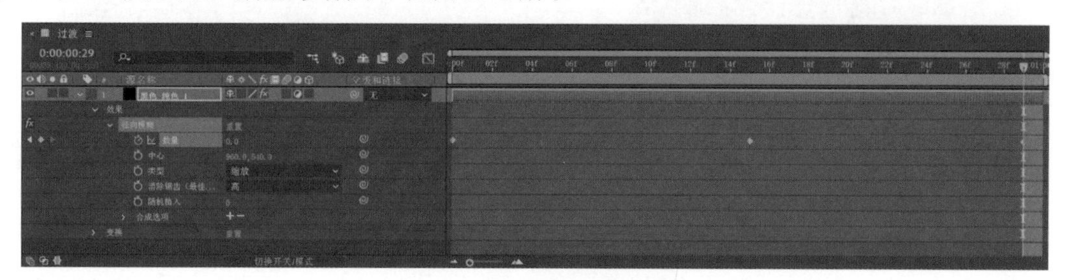

图 37-5 设置径向模糊动画

6 选择“效果→扭曲→光学补偿”命令，在“效果控件”面板中勾选“反转镜头扭曲”复选框。在 0 帧处为“视场（FOV）”参数创建关键帧，在 15 帧处设置“视场（FOV）”参数为 150，在 29 帧处设置“视场（FOV）”参数为 0，如图 37-6 所示。

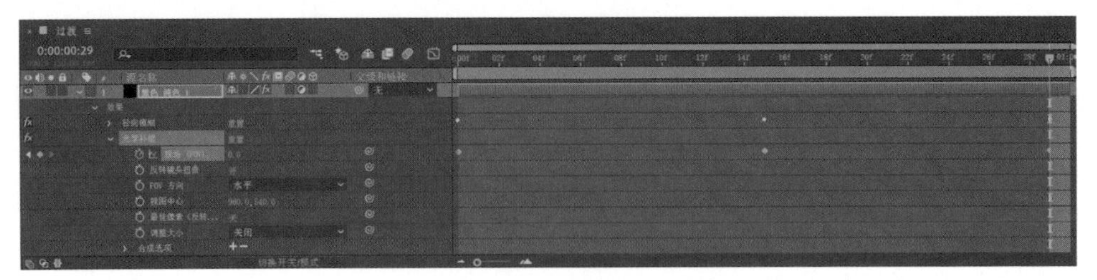

图 37-6 设置视场变化动画

场景 1 的合成

1 选择“合成→新建合成”命令，弹出“合成设置”对话框，设置“合成名称”为“场景 1”，时间长度为 10 秒，单击“确定”按钮生成合成。

2 选择“图层→新建→纯色”命令，弹出“纯色设置”对话框，设置“颜色”为黑色后单击“确定”按钮生成图层，将纯色图层的出点拖动到 1 秒处。

3 依次将“项目”面板上的“P01.jpg”“P02.jpg”和“P03.jpg”拖动到“时间轴”面板上，将三个图层的出点均拖动到 3 秒处，如图 37-7 所示。

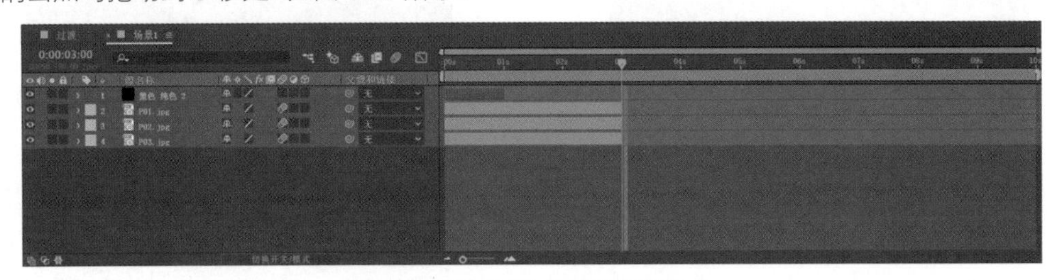

图 37-7 添加图像素材并调整出点

4 选中所有图层，选择“动画→关键帧辅助→序列图层”命令，在“序列图层”对话框中单击“确定”按钮，结果如图 37-8 所示。

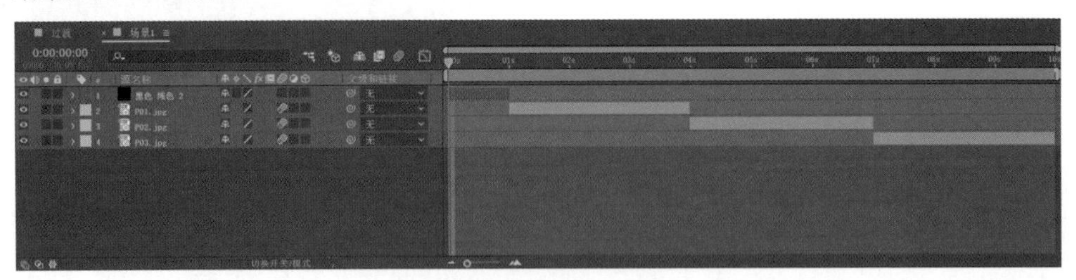

图 37-8 自动排列图层

5 开启“P01.jpg”、“P02.jpg”和“P03.jpg”图层的“运动模糊”开关。展开“P01.jpg”图层的“变换”选项，在 4 秒处为“缩放”参数创建关键帧，在 1 秒 15 帧处设置“缩放”参数为（120, 120），在 1 秒处设置“缩放”参数为（300, 300）。选中所有关键帧，按 F9 键将关键帧插值设置为贝塞尔曲线，如图 37-9 所示。

6 选中“变换”选项，按 Ctrl+C 组合键复制参数，选中“P02.jpg”图层，在 4 秒处按 Ctrl+V 组合键粘贴参数；选中“P03.jpg”图层，在 7 秒处按 Ctrl+V 组合键粘贴参数，如图 37-10 所示。

图 37-9 设置图片缩小动画

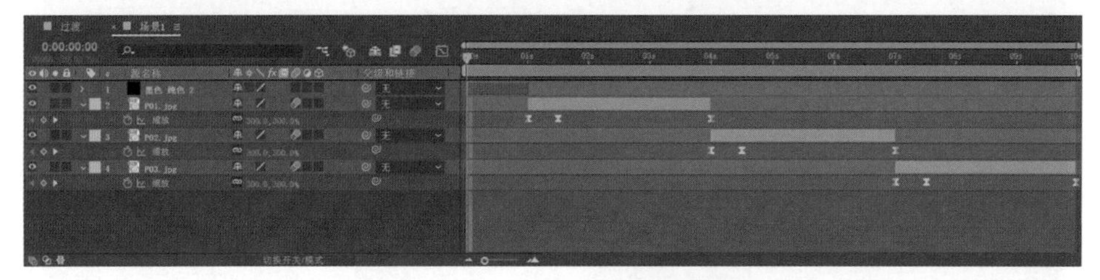

图 37-10 将动画复制到其余图层上

7 单击工具栏上的 T 按钮，在“合成”面板上输入文本“全拳出击”。在“字符”面板中设置字体为“阿里汉仪智能黑体”，字体大小为 240，字体颜色为白色，字符间距为 50。

8 按 Ctrl+Alt+Home 组合键居中放置锚点，单击“对齐”面板上的 和 按钮居中对齐文本，如图 37-11 所示。

图 37-11 输入文本标题

9 在“时间轴”面板上将文本图层拖动到第 2 层，将图层入点和出点与“P01.jpg”图层对齐，如图 37-12 所示。

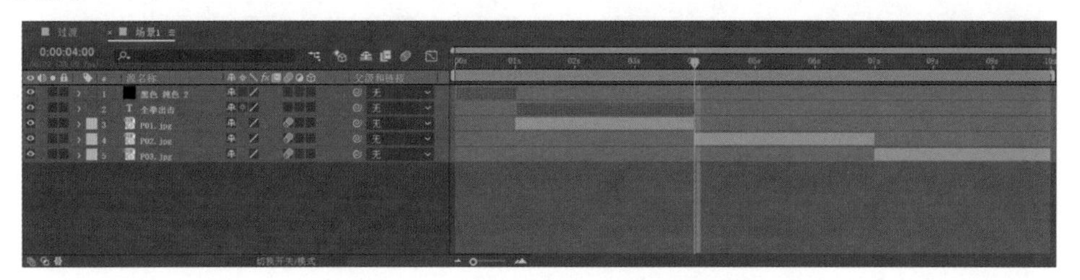

图 37-12 添加文本图层并调整时间轴

10 单击“文本”选项中的 按钮，在弹出的快捷菜单中选择“行锚点”，再次单击 按钮，在弹出的快捷菜单中选择“字符间距”。在 4 秒处为“字符间距大小”参数创建关键帧，在 1 秒 15 帧处设置“字符间距大小”参数为 50，如图 37-13 所示。

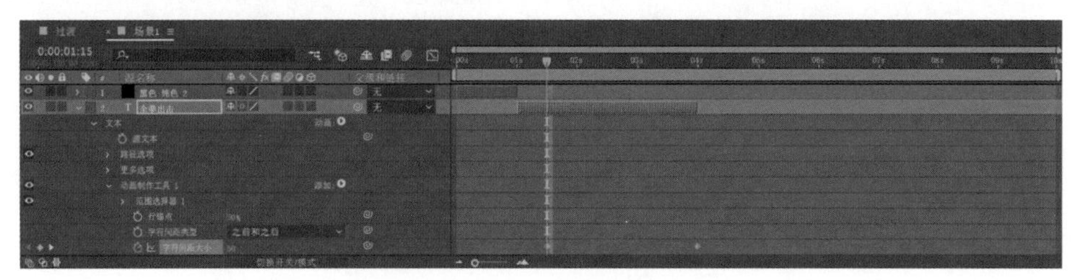

图 37-13 设置文本间距缩小动画

11 展开“变换”选项，在 4 秒处为“缩放”参数创建关键帧，在 1 秒 15 帧处设置“缩放”参数为（120，120），在 1 秒处设置“缩放”参数为（300，300）；选中所有关键帧，按 F9 键将关键帧插值设置为贝塞尔曲线，如图 37-14 所示。

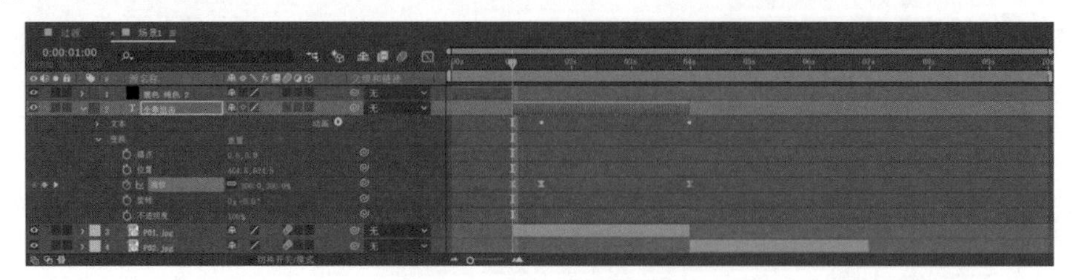

图 37-14 设置文本缩小动画

12 按 Ctrl+D 组合键复制文本图层，将复制的图层拖动到第 4 层，双击复制的文本图层，将文本内容修改为“永不止步”，将图层的入点和出点与“P02.jpg”图层对齐，如图 37-15 所示。

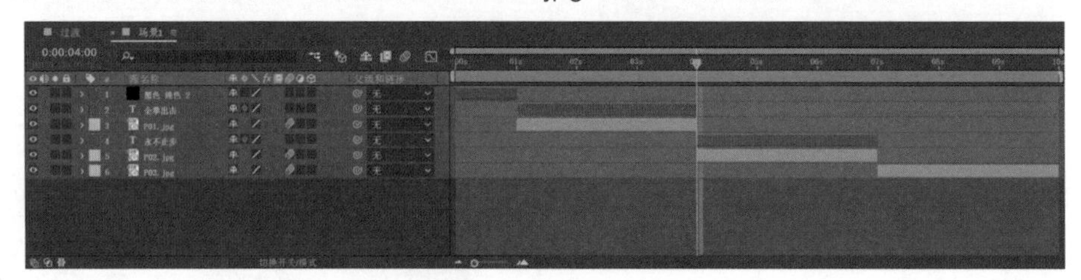

图 37-15 添加文本图层并调整时间轴

13 再次按 Ctrl+D 组合键复制文本图层，将复制的图层拖动到第 6 层，双击复制的文本图层，将文本内容修改为“为梦而战”，将图层的入点和出点与“P03.jpg”图层对齐。

14 开启三个文本图层的“运动模糊”开关，如图 37-16 所示。

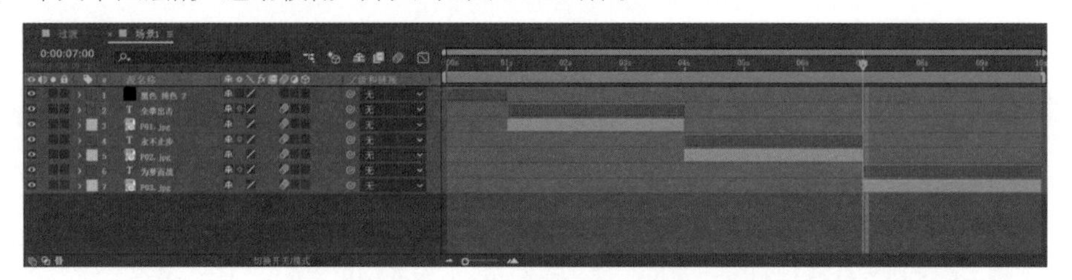

图 37-16 开启文本图层的“运动模糊”开关

15 将“项目”面板中的“过渡”拖动到“时间轴”面板的第 1 层，将图层的入点拖动到 15 帧处，开启“折叠变换”开关，如图 37-17 所示。

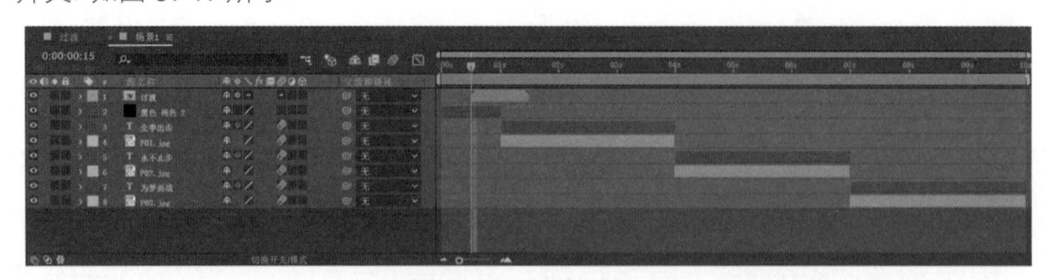

图 37-17 添加转场合成

16 按 Ctrl+D 组合键复制两个“过渡”图层，分别将复制的两个图层拖动到第 3 层和第 6 层，设置入点为 3 秒 15 帧和 6 秒 15 帧，如图 37-18 所示。

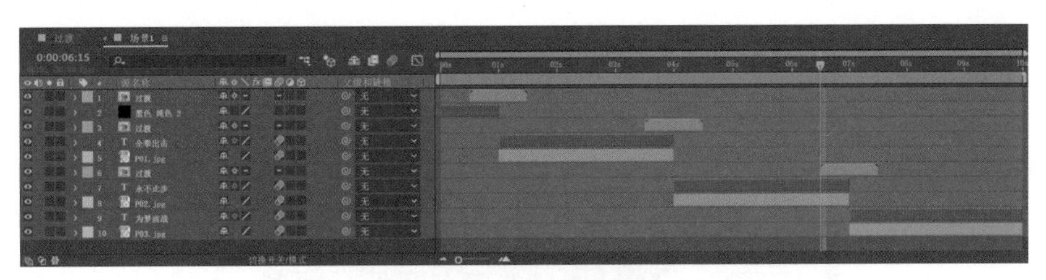

图 37-18 添加转场合成

17 选择“图层→新建→形状图层”命令新建图层，单击工具栏上的按钮，按住 Shift 键在合成面板上绘制一条线段，如图 37-19 所示。

图 37-19 在合成面板上绘制一条线段

18 按 Ctrl+Alt+Home 组合键居中放置锚点，展开“变换”选项，设置“位置”参数为（960，540），“旋转”参数为 0x+45°。

19 展开“内容→形状 1”选项，展开“描边 1”选项，设置“描边宽度”参数为 4。单击“内容”选项右侧的按钮，在弹出的快捷菜单中选择“中继器”。展开“中继器 1”选项，设置“副本”参数为 2，展开“变换：中继器 1”选项，设置“旋转”参数为 0x+90°，如图 37-20 所示。

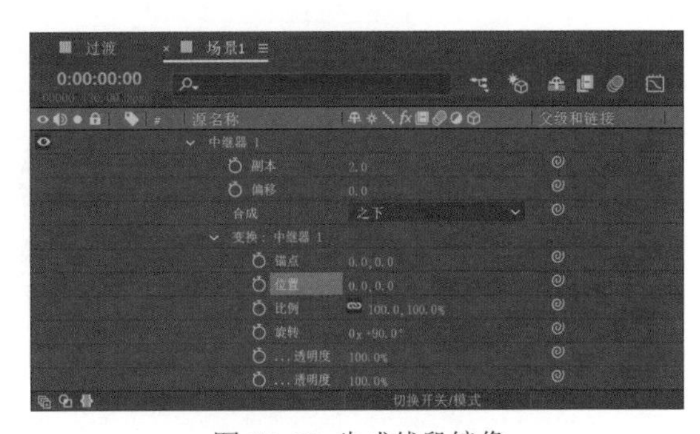

图 37-20 生成线段镜像

20 单击“内容”选项右侧的按钮，在弹出的快捷菜单中选择“修剪路径”。展开“修剪路径 1”选项，在 9 秒 16 帧处为“开始”参数创建关键帧；在 9 秒 23 帧处设置“开始”参数为 100%；在 9 秒 23 帧处设置“结束”参数为 0% 后创建关键帧；在 9 秒 29 帧处设置“结束”参数为 100%；选中所有关键帧，按 F9 键将关键帧插值设置为贝塞尔曲线，如图 37-21 所示。制作完成后的利用修剪线段分割画面效果如图 37-22 所示。

图 37-21 制作路径动画

图 37-22 分割画面效果

场景 2 的合成

1 选择“合成→新建合成”命令，弹出“合成设置”对话框，设置“合成名称”为“场景 2”，时间长度为 6 秒，单击“确定”按钮生成合成。

2 将“项目”面板中的“V01.mp4”拖动到“时间轴”面板上，展开“变换”选项，在 2 秒 20 帧处为“不透明度”参数创建关键帧，在 3 秒处设置“不透明度”参数为 0%，如图 37-23 所示。选中“变换”选项，按 Ctrl+C 组合键复制参数。

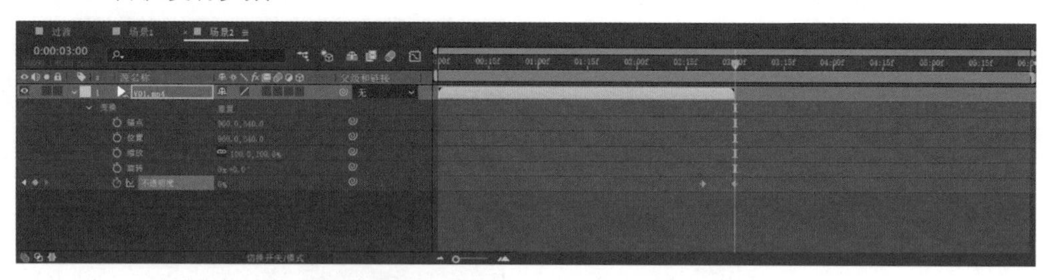

图 37-23 设置不透明度动画

3 选择“图层→新建→纯色”命令，弹出“纯色设置”对话框，设置“颜色”为 #C80A0A，单击“确定”按钮生成图层。将纯色图层的出点拖动到 3 秒处，设置图层混合模式为“变暗”。展开“变换”选项，在 2 秒 20 帧处按 Ctrl+V 组合键粘贴参数，如图 37-24 所示。

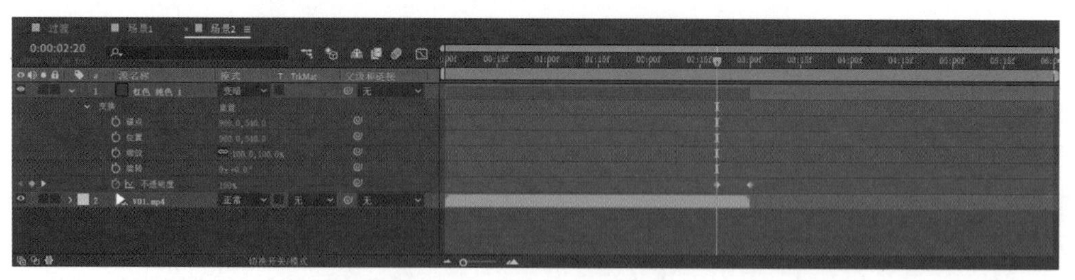

图 37-24 添加色彩叠加图层

4 选择“图层→新建→纯色”命令，弹出“纯色设置”对话框，设置“颜色”为黑色，单击“确定”按钮生成图层。将黑色图层的出点拖动到 3 秒处。

5 切换到“场景 1”合成，选中“形状图层 1”后按 Ctrl+C 组合键复制图层；切换到“场景 2”合成，按 Ctrl+V 组合键粘贴图层，将形状图层的出点拖动到 3 秒处，如图 37-25 所示。

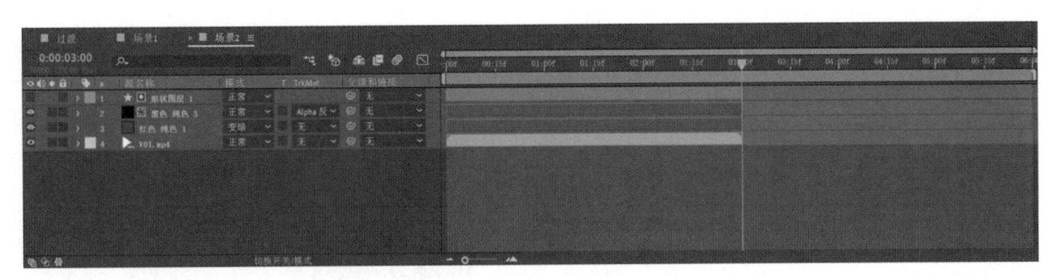

图 37-25 复制形状动画

6 展开“内容”选项，将“修剪路径 1”选项删除。展开“形状 1 →描边 1”选项，在 0 帧处设置“描边宽度”参数为 5 后创建关键帧，在 1 秒 10 帧处设置“描边宽度”参数为 130，在 2 秒处设置“描边宽度”参数为 1400。选中所有关键帧，按 F9 键将关键帧插值设置为贝塞尔曲线，如图 37-26 所示。

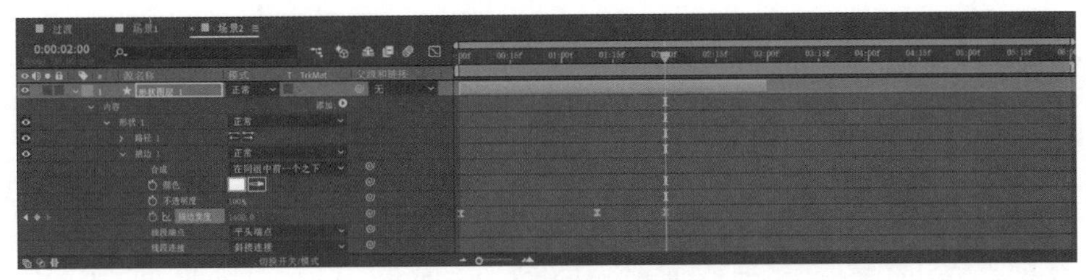

图 37-26 设置描边动画

7 在黑色图层的“TrKMat”下拉列表框中选择“Alpha 反转遮罩”，当前设置完成后的染色遮罩效果如图 37-27 所示。

8 单击工具栏上的T按钮，在“合成”面板上输入文本“南海拳击俱乐部”。在“字符”面板中设置字体大小为 160，字符间距为 0。按 Ctrl+Alt+Home 组合键居中放置锚点，展开“变换”选项，设置“位置”参数为（960, 465），结果如图 37-28 所示。

图 37-27 染色遮罩效果

图 37-28 创建标题文本

9 在 2 秒 15 帧处设置“缩放”参数为（500, 500）、“旋转”参数为 0x+45° 后为这两个参数创建关键帧，在 3 秒 5 帧处设置“缩放”参数为（100, 100），“旋转”参数为 0x+0°。选中所有关键帧，按 F9 键将关键帧插值设置为贝塞尔曲线，如图 37-29 所示。

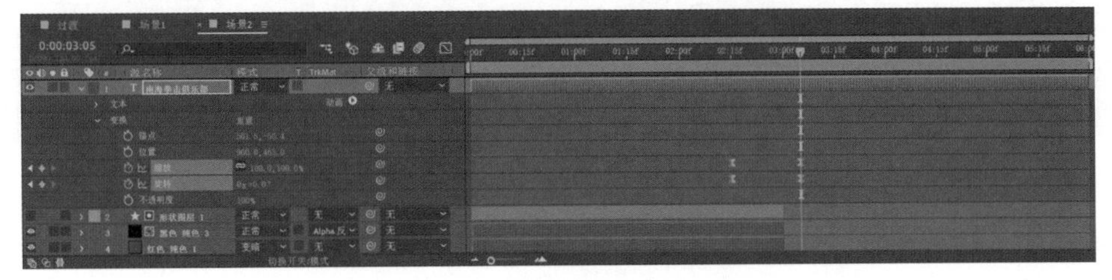

图 37-29 设置缩放和旋转动画

10 单击工具栏上的T按钮，在“合成”面板上输入文本“WBC授权拳击训练基地”。在“字符”面板中设置字体为“阿里巴巴普惠体 Medium”，字体大小为60。

11 按Ctrl+Alt+Home组合键居中放置锚点，展开“变换”选项，设置“位置”参数为（1125, 640），如图37-30所示。

图37-30 添加副标题

12 单击“文本”选项中的按钮，在弹出的快捷菜单中选择“不透明度”，设置“不透明度”参数为0%。展开“范围选择器1”选项，在3秒5帧处为“起始”参数创建关键帧，在4秒20帧处设置“起始”参数为100%，如图37-31所示。

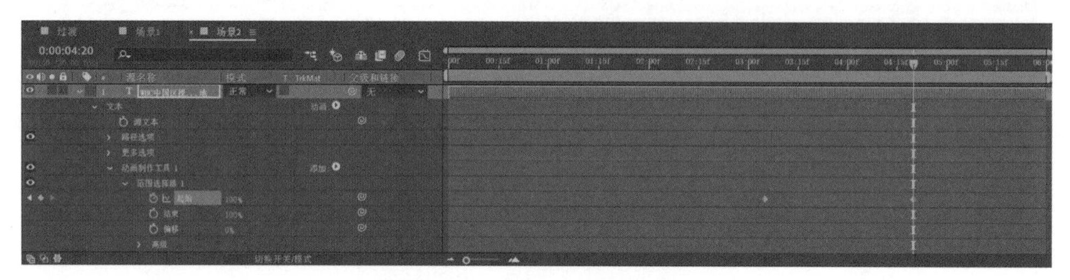

图37-31 设置不透明度动画

13 将两个文本图层拖动到底层，开启“运动模糊”开关，将两个图层的入点均拖动到2秒15帧处，如图37-32所示。

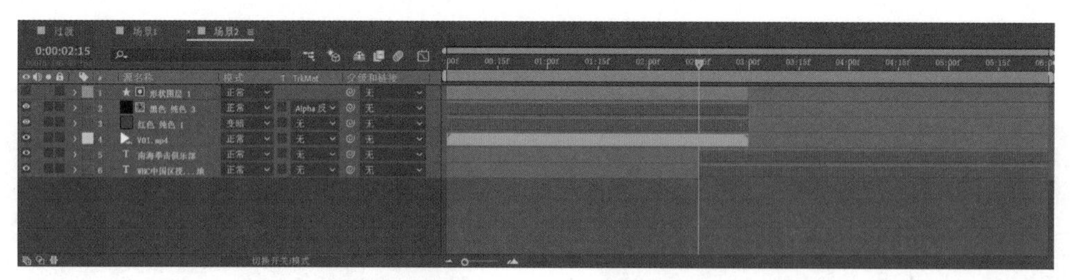

图37-32 调整文本图层的顺序和入点

14 选择“图层→新建→摄像机”命令，打开“摄像机设置”对话框，在“预设”下拉列表框中选择“50毫米”，单击“确定”按钮生成图层。开启所有图层的“3D图层”开关和两个文本图层的“运动模糊”开关，如图37-33所示。

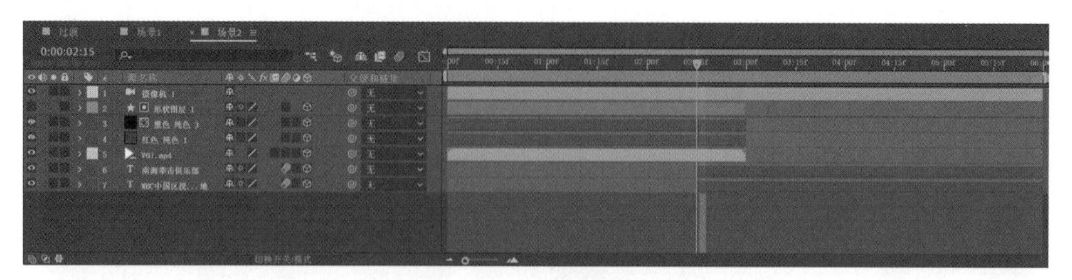

图37-33 创建摄像机图层

15 展开“摄像机1→变换”选项，在1秒3帧处为“目标点”参数创建关键帧，在1秒13帧处添加一个关键帧。

16 选中两个关键帧，选择“窗口→摇摆器”命令，在“摇摆器”面板的“杂色类型”下拉列表框中选择“成锯齿状”，设置“频率”参数为12、“数量级”参数为60后单击“应用”按钮，如图37-34所示。生成的关键帧如图37-35所示。

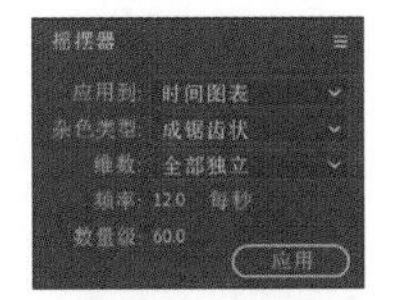

图37-34 设置“摇摆器”参数

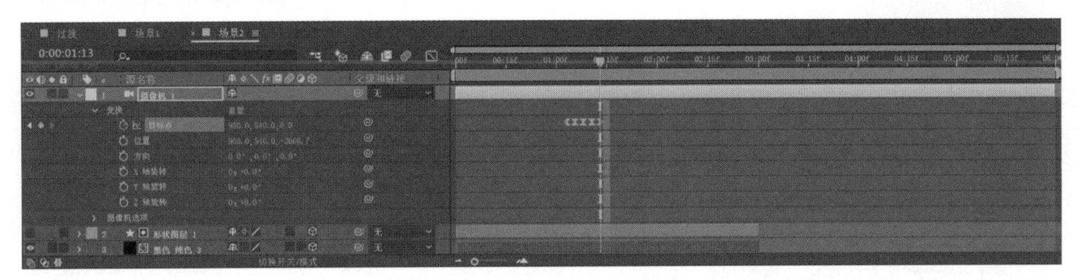

图37-35 摄像机抖动动画

完成场景的合成

1 选择“合成→新建合成”命令，弹出“合成设置”对话框，设置“合成名称”为“完成”，时间长度为16秒，单击“确定”按钮生成合成。

2 依次将“项目”面板中的“场景2”“场景1”和“V02.mp4”拖动到“时间轴”面板上，设置“V02.mp4”图层的图层混合模式为“叠加”，将“场景2”图层的入点拖动到10秒处，如图37-36所示。

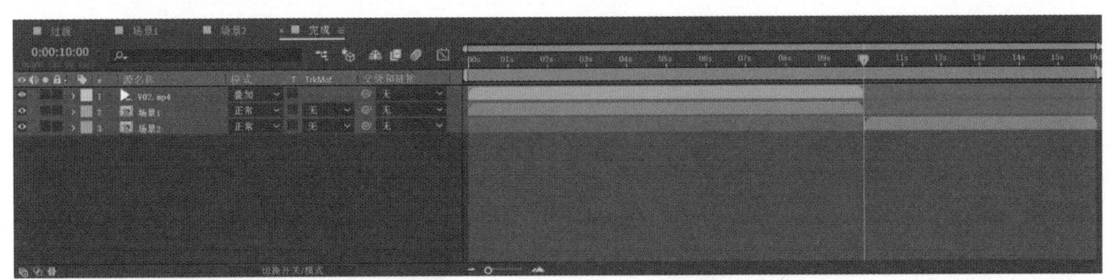

图37-36 在合成中添加素材

3 选择“图层→新建→调整图层”命令，继续选择“效果→颜色校正→Lumetri颜色”命令。在“效果控件”面板中展开“基本校正”选项，设置“色温”参数为20，“黑色”参数为10，如图37-37所示。展开“创意”选项，在“Look”下拉列表框中选择“Fuji ETERNA 250D Kodak 2395”，设置“强度”参数为70，如图37-38所示。

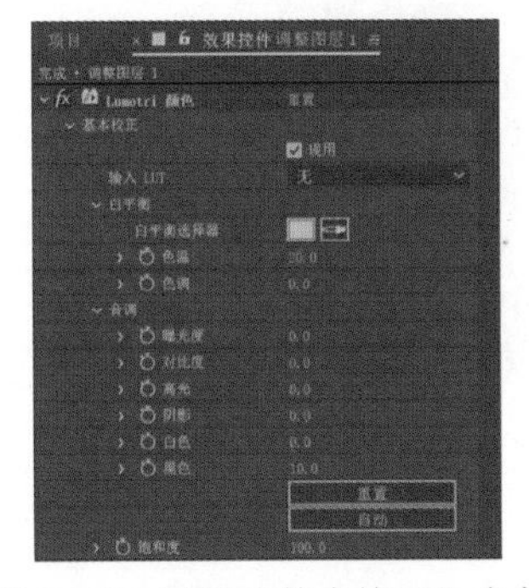

图37-37 设置“基本校正”参数

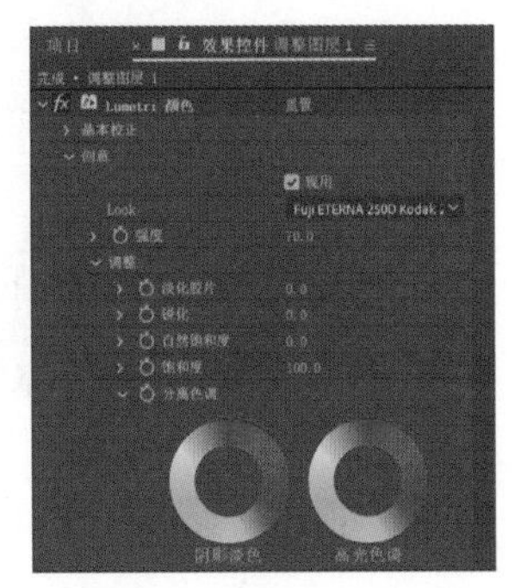

图37-38 设置“创意”参数

4 选择“效果→扭曲→光学补偿”命令，设置“视场（FOV）”参数为 30，勾选“反转镜头扭曲”复选框，如图 37-39 所示。

5 选择“效果→沉浸式视频→ VR 数字故障”命令，设置“主振幅”参数为 3，如图 37-40 所示。当前设置完成后的扭曲和故障效果如图 37-41 所示。

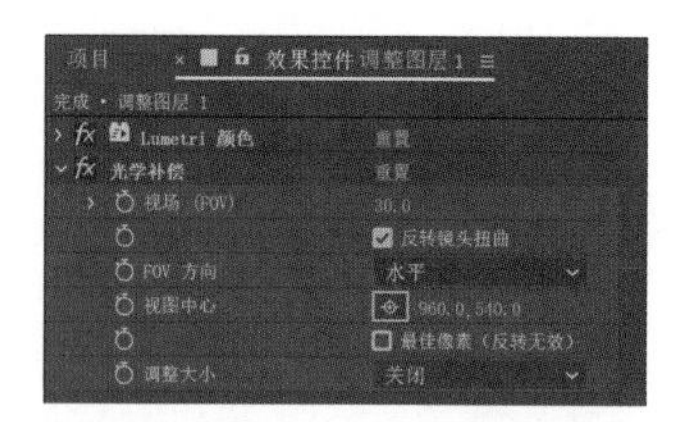

图 37-39 设置“光学补偿”参数

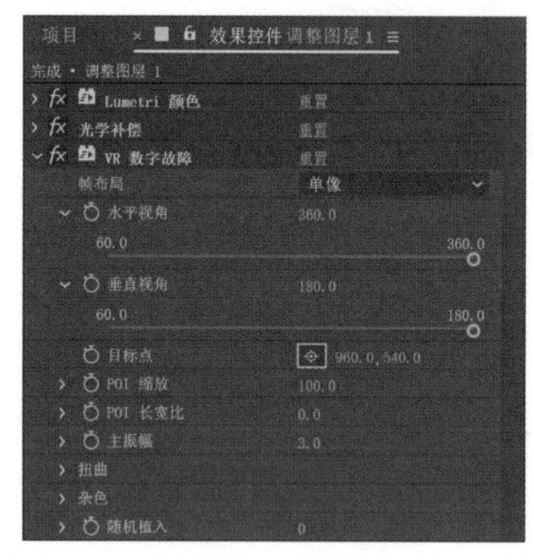

图 37-40 设置“VR 数字故障”参数

图 37-41 扭曲和故障效果

6 再次选择“图层→新建→调整图层”命令，继续选择“效果→过渡→百叶窗”命令。在“效果控件”面板中设置“过渡完成”参数为 25%，“方向”参数为 0x+90°，“宽度”参数为 3，如图 37-42 所示。

7 选择“效果→杂色和颗粒→杂色”命令，设置“杂色数量”参数为 30%，如图 37-43 所示。

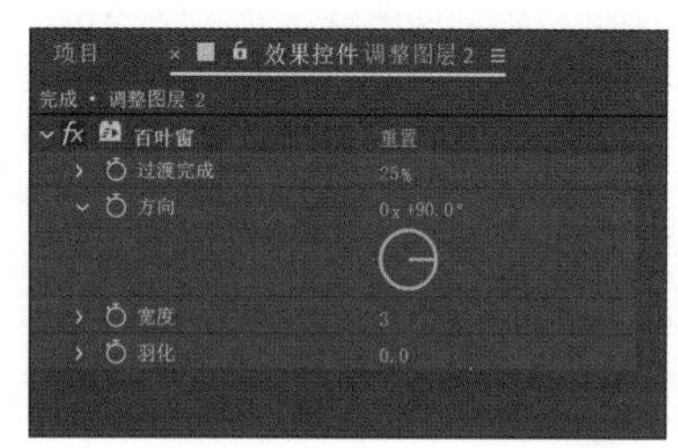

图 37-42 设置“百叶窗”参数

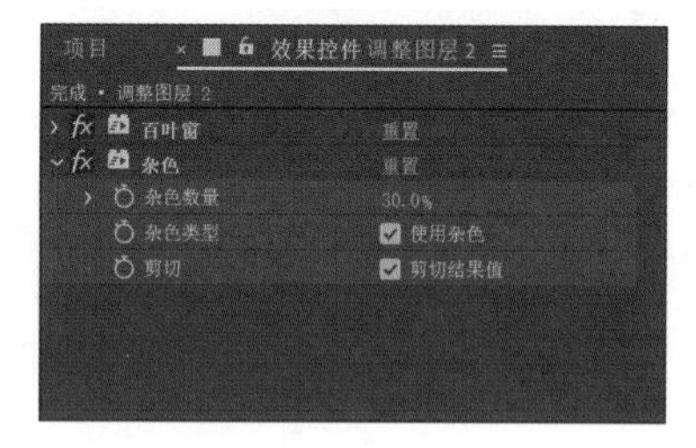

图 37-43 设置“杂色”参数

8 展开第 1 层的“变换”选项，设置“不透明度”参数为 15%，如图 37-44 所示。

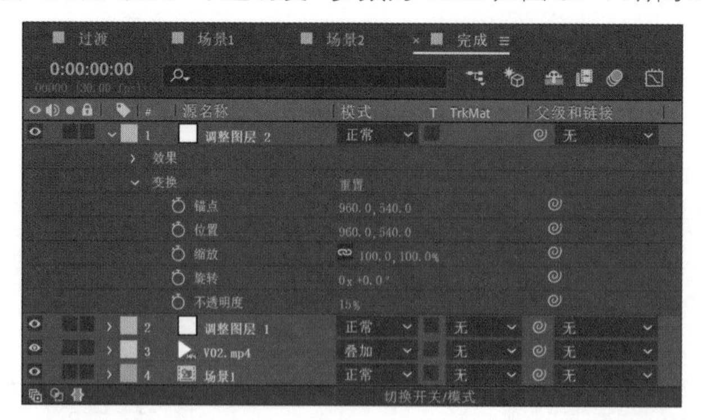

图 37-44 调整效果的强度

9 整个案例制作完成，最终效果如图 37-1 所示。

案例 38　手机竖屏商品海报

本案例制作在手机上播放的竖屏动态商品促销海报。需要注意的是制作竖屏视频不仅仅是改变画面纵横比，素材的选取、文字的排版等都要针对手机用户的习惯进行调整。最终效果如图 38-1 所示。

图 38-1　最终效果

★★★★★

（1）利用图片素材、形状和文本制作海报排版动画。
（2）利用形状配合轨道遮罩制作镂空图片动画。
（3）使用 Adobe Media Encoder 软件桥接输出竖屏视频。

素材文件路径：源文件 \ 案例 38 手机竖屏商品海报
完成项目文件：源文件 \ 案例 38 手机竖屏商品海报 \ 完成项目 \ 完成项目 .aep
完成项目效果：源文件 \ 案例 38 手机竖屏商品海报 \ 完成项目 \ 案例效果 .mp4
视频教学文件：演示文件 \ 案例 38 手机竖屏商品海报 .mp4

场景 1 的合成

1 运行 After Effects CC 2020，在“主页”窗口中单击“新建项目”按钮进入工作界面。在“项目”面板的空白处双击，弹出“导入文件”对话框，导入素材路径中的所有文件。

2 单击“合成”面板中的“新建合成”按钮，弹出“合成设置”对话框，设置“合成名称”为“场景 1”，合成尺寸为 1080×1920，“帧速率”为 30，“持续时间”为 6 秒，其他沿用系统默认值，单击“确定”按钮生成合成，如图 38-2 所示。

3 依次将“项目”面板中的“P01.jpg”“P02.jpg”和“P04.jpg”拖动到“时间轴”面板上，如图 38-3 所示。

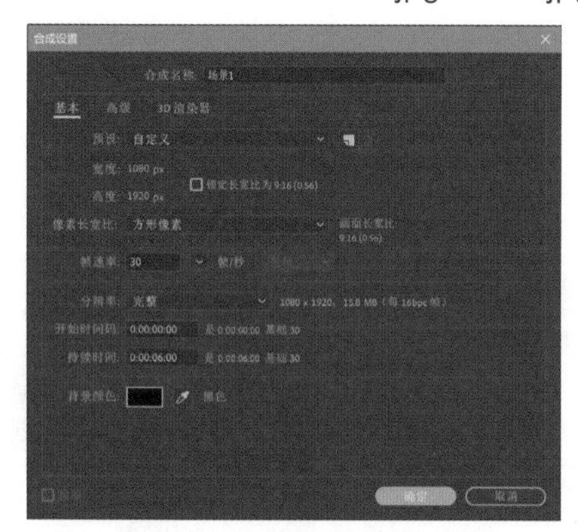

图 38-2 “合成设置”对话框

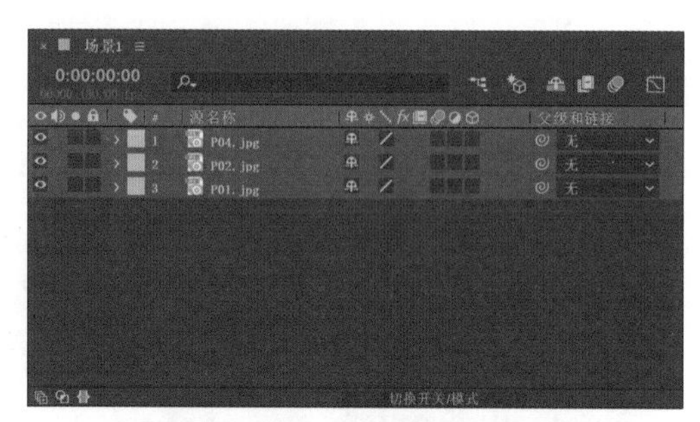

图 38-3 在合成中添加素材

4 展开“P01.jpg”图层的“变换”选项，在 15 帧处为“缩放”参数创建关键帧，在 0 帧处设置“缩放”参数为 200；在 3 秒处为“位置”参数创建关键帧，在 3 秒 20 帧处设置“位置”参数为（-540, 960）；选中所有关键帧，按 F9 键将关键帧插值设置为贝塞尔曲线，如图 38-4 所示。

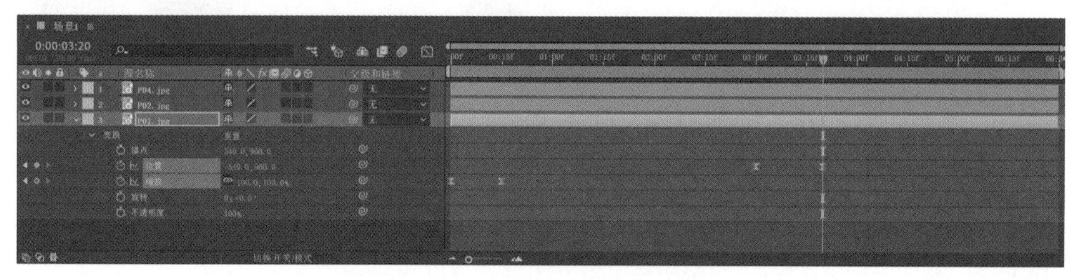

图 38-4 设置位移和缩放动画

5 展开“P02.jpg”图层的“变换”选项，在 3 秒 20 帧处为“位置”参数创建关键帧，在 3 秒处设置“位置”参数为（1620, 960）。选中“位置”参数的两个关键帧，按 F9 键将关键帧插值设置为贝塞尔曲线，如图 38-5 所示。

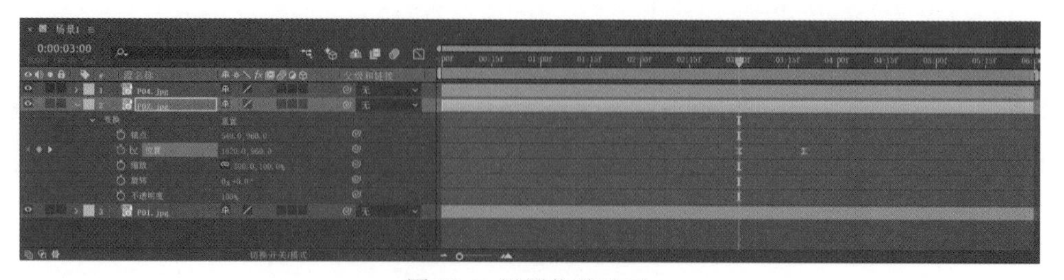

图 38-5 设置位移动画

6 展开“P04.jpg”图层的“变换”选项，设置“不透明度”参数为 85%；在 15 帧处设置“位置”参数为（540, 2880）后创建关键帧，在 1 秒处设置“位置”参数为（540, 2080）；选中“位置”参数的两个关键帧，按 F9 键将关键帧插值设置为贝塞尔曲线，如图 38-6 所示。

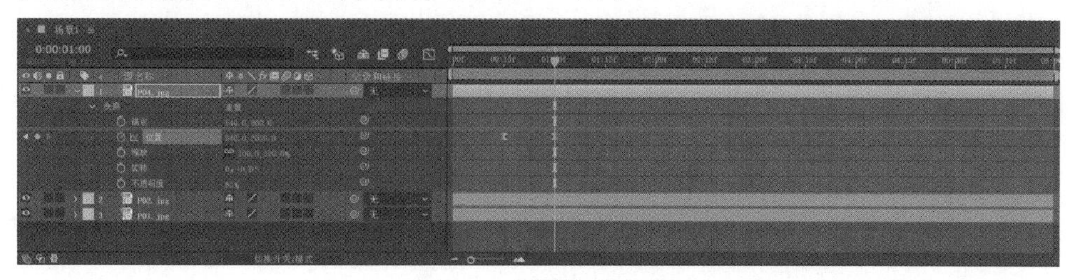

图 38-6 设置位移动画

7 选择“图层→新建→形状图层”命令。展开“形状图层 1”选项，单击 ◐ 按钮，在弹出的快捷菜单中选择“矩形”，再次单击 ◐ 按钮，在弹出的快捷菜单中选择“填充”。

8 展开“内容→填充 1”选项，设置“颜色”为 #3C3C3C。展开“矩形路径 1”选项，单击“大小”参数前面的 ∞ 按钮，在 1 秒处设置“大小”参数为（0, 140）后创建关键帧，在 1 秒 15 帧处设置“大小”参数为（490, 140）；选中“大小”参数的两个关键帧，按 F9 键将关键帧插值设置为贝塞尔曲线，如图 38-7 所示。

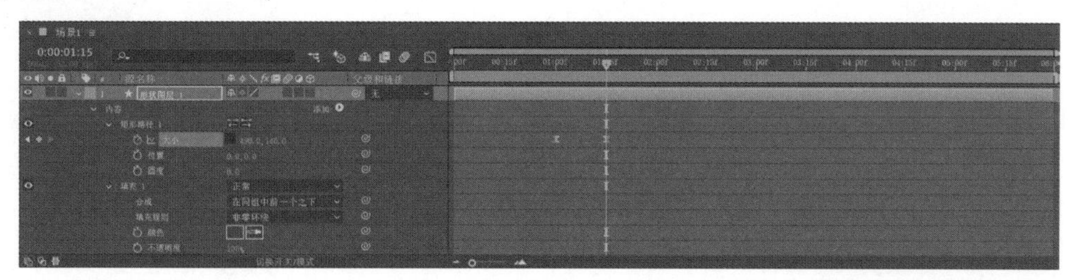

图 38-7 设置矩形拉伸动画

9 展开“变换”选项，设置“位置”参数为（540, 1120）。当前设置完成后的场景效果如图 38-8 所示。

图 38-8 场景效果

10 单击工具栏上的 T 按钮，在“合成”面板上输入文本“中华传统美食”。在“字符”面板中设置字体为“等线 Light”，字体大小为 60，字体颜色为 #DBDBDB，字符间距为 50，单击 T 按钮使用仿粗体，按 Ctrl+Alt+Home 组合键居中放置锚点。

11 展开“变换”选项，设置“位置”参数为（540, 1120）。在 1 秒 10 帧处为“不透明度”参数创建关键帧，在 1 秒 5 帧处设置“不透明度”参数为 0%，如图 38-9 所示。

12 单击“文本”选项中的 ◐ 按钮，在弹出的快捷菜单中选择“缩放”，再次单击 ◐ 按钮，依次选择“行锚点”和“字符间距”。在 1 秒处设置“缩放”参数为（0, 100）、“字符间距大小”参数为 −65 后为这两个参数创建关键帧；在 1 秒 15 帧处设置“缩放”参数为（100, 100），“字符间距大小”参数为 0；选中所有关键帧后按 F9 键将关键帧插值设置为贝塞尔曲线，如图 38-10 所示。

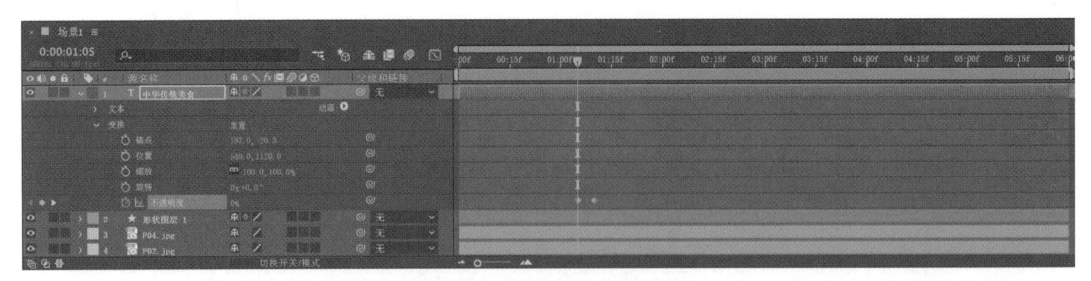

图 38-9 设置不透明度动画

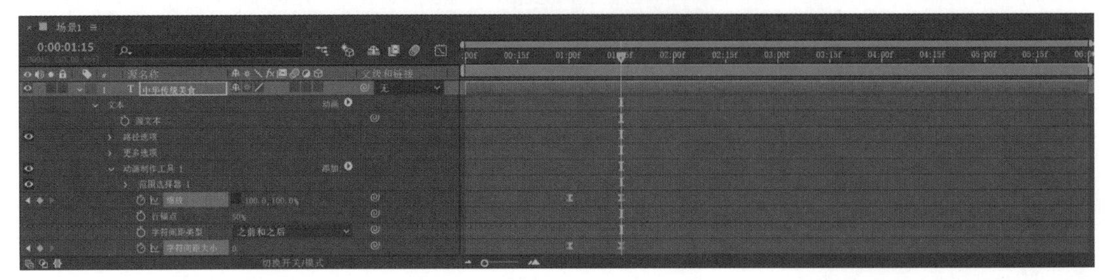

图 38-10 设置文本放大动画

13 单击工具栏上的T按钮，在“合成”面板上输入第一行文本“金黄酥脆 香酥可口”、第二行文本“柔软香嫩 清香扑鼻 传统风味 回味无穷”。在“字符”面板中设置字体大小为90，字体颜色为#3C3C3C，字符间距为0，行距为120。

14 选中第二行文本，设置字体大小为45；选中文本“香酥可口”，将字体颜色设置为#CB1562；选中所有文本，按Ctrl+Alt+Home组合键居中放置锚点。展开“变换”选项，设置“位置”参数为（540, 1450），如图38-11所示。

图 38-11 创建文本

15 单击“文本”选项中的按钮，在弹出的快捷菜单中选择“缩放”，再次单击按钮，选择“不透明度”和“模糊”。设置“缩放”参数为（500, 500），“不透明度”参数为0%，“模糊”参数为（180, 280）。

16 展开“范围选择器1”选项，在20帧处设置“偏移”参数为-50后创建关键帧，在3秒20帧处设置“偏移”参数为100%，如图38-12所示。

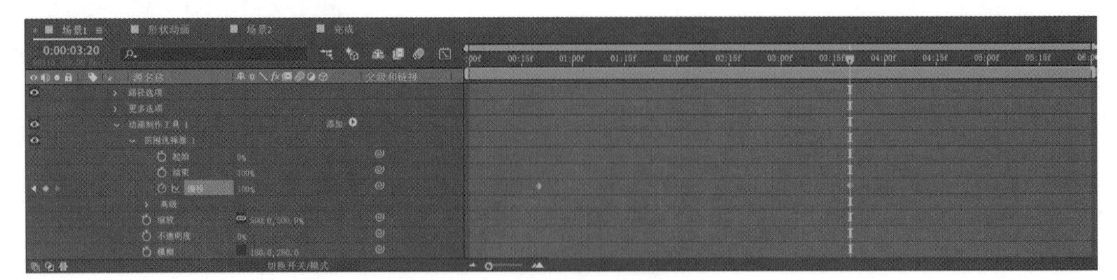

图 38-12 设置文本偏移动画

17 展开“高级”选项，在“形状”下拉列表框中选择“上斜坡”，将“随即顺序”设置为“开”，如图38-13所示。

18 将“项目”面板中的“P05.png”拖动到“时间轴”面板上，展开“变换”选项，设置“位置”参数为（540, 1760），“缩放”参数为（48, 48），“不透明度”参数为 0%。

19 在 2 秒处为“不透明度”参数创建关键帧，在 2 秒 20 帧处设置“不透明度”参数为 65。在 3 秒 17 帧处为“位置”参数创建关键帧，在 3 秒 20 帧处设置“位置”参数为（540, 1720），在 3 秒 23 帧处设置“位置”参数为（540, 1760），如图 38-14 所示。

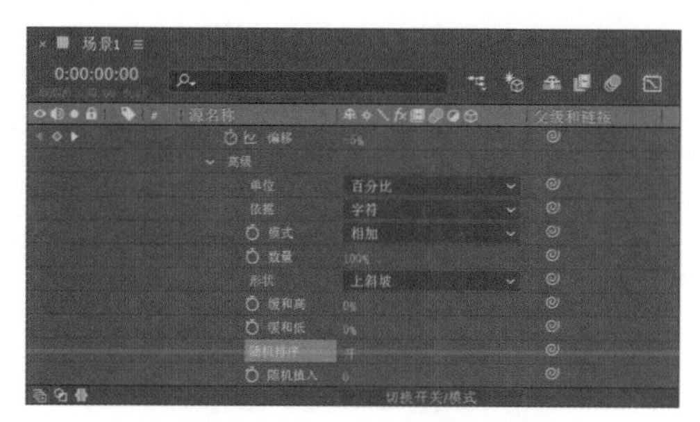

图 38-13 让文本随机下降

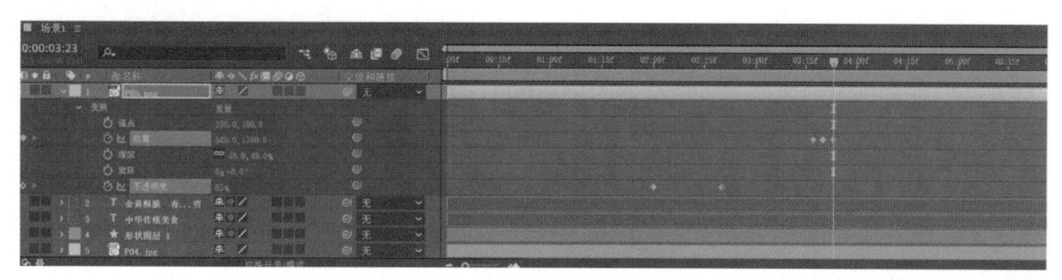

图 38-14 设置不透明度和位置动画

20 选中“位置”参数的三个关键帧，选择“窗口→摇摆器”命令，在“摇摆器”面板中设置“频率”参数为 5 后单击“应用”按钮，如图 38-15 所示。

21 按 Ctrl+C 组合键复制选中的关键帧，在 4 秒 17 帧处按 Ctrl+V 组合键粘贴关键帧，如图 38-16 所示。制作完成的场景 1 效果如图 38-17 所示。

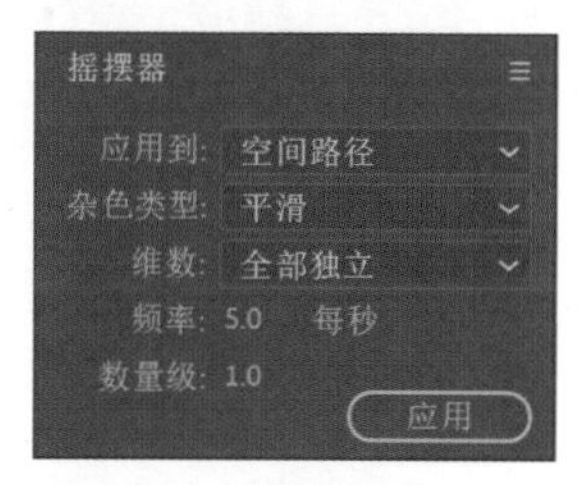

图 38-15 “摇摆器”面板

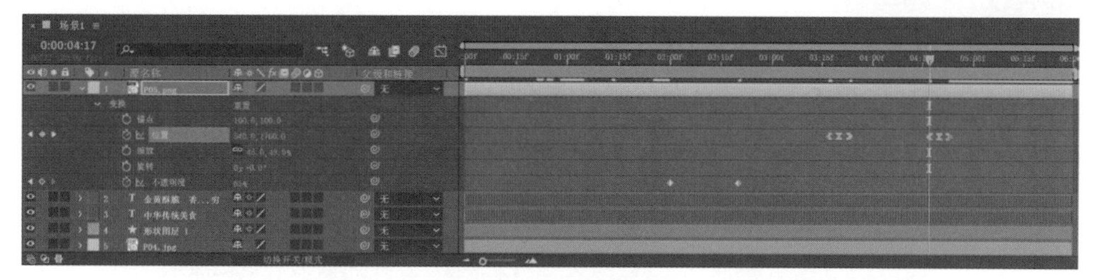

图 38-16 重复抖动动画

图 38-17 场景 1 效果

形状动画场景的合成

1 选择“合成→新建合成”命令，弹出“合成设置”对话框，设置“合成名称”为“形状动画”，时间长度为 6 秒，单击“确定”按钮生成合成。

2 选择“图层→新建→形状图层”命令。展开“形状图层 1”选项，单击⊙按钮，在弹出的快捷菜单中选择“矩形”，再次单击⊙按钮，在弹出的快捷菜单中选择“填充”。

3 展开“矩形路径 1”选项，设置“大小”参数为（190, 1400），“圆度”参数为 95；展开“内容→填充 1”选项，设置“颜色”为白色，如图 38-18 所示。

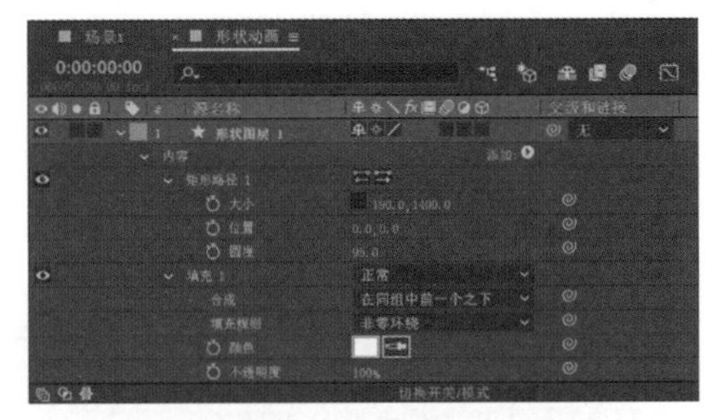

图 38-18 设置矩形的尺寸和颜色

4 按 P 键显示“位置”选项，在 10 帧处设置“位置”参数为（540, -950）后创建关键帧，在 1 秒 25 帧处设置“位置”参数为（540, 960），如图 38-19 所示。

图 38-19 设置位置动画

5 按 Ctrl+D 组合键复制形状图层，展开“矩形路径 1”选项，设置“大小”参数为（190, 1020）。选中“位置”参数的两个关键帧，将第一个关键帧拖动到 0 帧处，修改第一个关键帧的“位置”参数为（330, 2620）；修改第二个关键帧的“位置”参数为（330, 960）。

6 按 Ctrl+D 组合键复制形状图层，“变换”选项按 P 键显示“位置”选项，选中“位置”参数的两个关键帧，将第一个关键帧拖动到 5 帧处，修改第一个关键帧的“位置”参数为（120, -950），修改第二个关键帧的“位置”参数为（120, 1210），如图 38-20 所示。

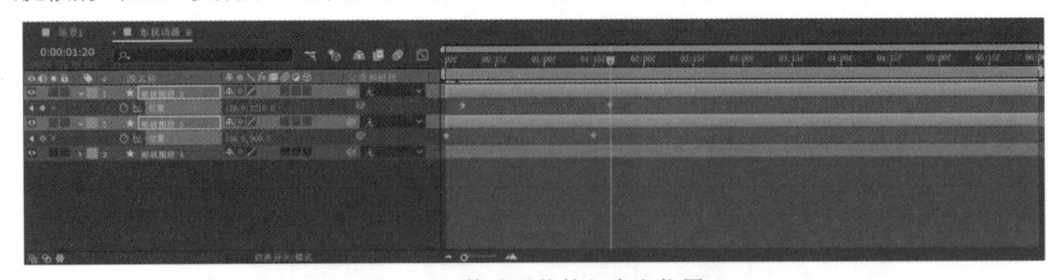

图 38-20 修改形状的入点和位置

7 按 Ctrl+D 组合键复制形状图层，展开“矩形路径 1”选项，设置“大小”参数为（190, 750）。按 P 键显示“位置”选项，选中“位置”参数的两个关键帧，将第一个关键帧拖动到 10 帧处，修改第一个关键帧的“位置”参数为（750, 2410）；修改第二个关键帧的“位置”参数为（750, 1150）。

8 按 Ctrl+D 组合键复制形状图层，展开“矩形路径 1”选项，设置“大小”参数为（190, 900）。

按 P 键显示“位置”选项，选中“位置”参数的两个关键帧，将第一个关键帧拖动到 5 帧处，修改第一个关键帧的“位置”参数为（960, -620）；修改第二个关键帧的“位置”参数为（960, 848），如图 38-21 所示。制作完成的形状动画场景效果如图 38-22 所示。

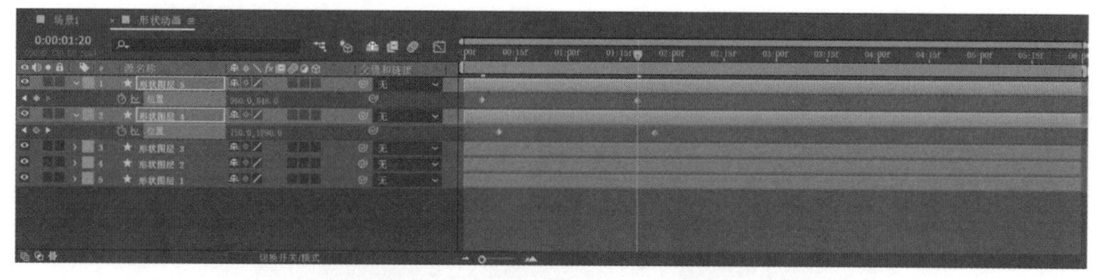

图 38-21 修改形状的入点和位置

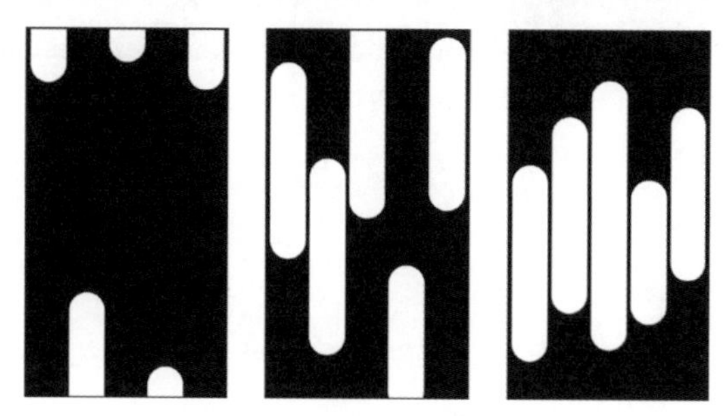

图 38-22 形状动画场景效果

场景 2 的合成

1 选择“合成→新建合成”命令，弹出“合成设置”对话框，设置“合成名称”为“场景 2”，时间长度为 6 秒，单击“确定”按钮生成合成。

2 依次将“项目”面板中的“P04.jpg”、“形状动画”、“P03.jpg”和“形状动画”拖动到“时间轴”面板上，在“P03.jpg”图层的“TrkMat”下拉列表框中选择“Alpha 遮罩”，如图 38-23 所示。

3 展开第 1 层和第 3 层的“变换”选项，均设置“旋转”参数为 0x+45°，“缩放”参数为（160, 160）。选中第 3 层，选择“图层→图层样式→投影”命令，展开“图层样式→投影”选项，设置“不透明度”参数为 50%，“大小”参数为 50，“距离”参数为 10，如图 38-24 所示。

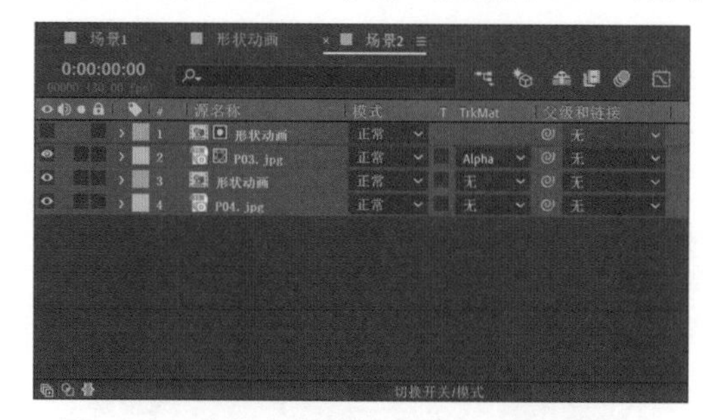

图 38-23 在合成中添加素材并设置轨道遮罩

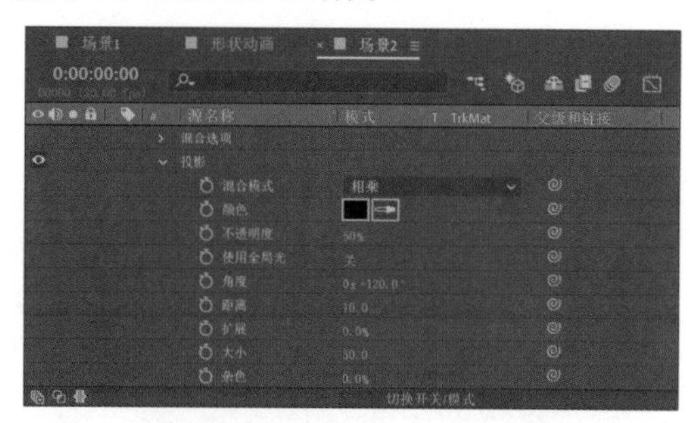

图 38-24 设置“投影”参数

4 选择“图层→新建→形状图层”命令。展开“形状图层 1”选项，单击 ● 按钮，在弹出的快捷菜单中选择“椭圆”，再次单击 ● 按钮，在弹出的快捷菜单中选择“填充”。

5 展开“内容→填充 1”选项，设置“颜色”为 #DCDCDC，“不透明度”参数为 95%。展开“椭圆路径 1”选项，设置“大小”参数为（980, 980）。

6 展开“变换”选项，设置“位置”参数为（540, 800）；在 2 秒 5 帧为“缩放”参数处创建关键帧，在 1 秒 15 帧处设置“缩放”参数为 0%；选中“缩放”参数的两个关键帧，按 F9 键将关键帧插值设置为贝塞尔曲线，如图 38-25 所示。

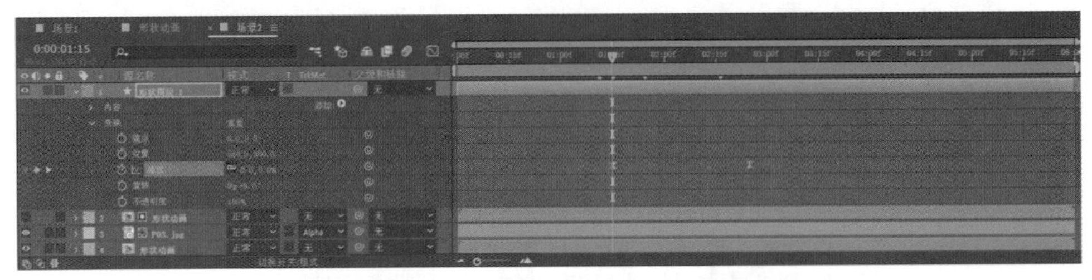

图 38-25 设置圆形放大动画

7 取消所有图层的选择，单击工具栏上的按钮，按住 Shift 键在圆形内绘制一条线段，按 Ctrl+Alt+Home 组合键居中放置锚点。展开“变换”选项，设置“位置”参数为（465, 715），“旋转”参数为 0x+135°，如图 38-26 所示。

8 展开“内容→形状 1”选项，选中“填充 1”选项后按 Delete 键删除。展开“描边 1”选项，设置“描边宽度”参数为 10，设置“颜色”为 #3C3C3C，在“线段端点”下拉列表框中选择“圆头端点”，如图 38-27 所示。

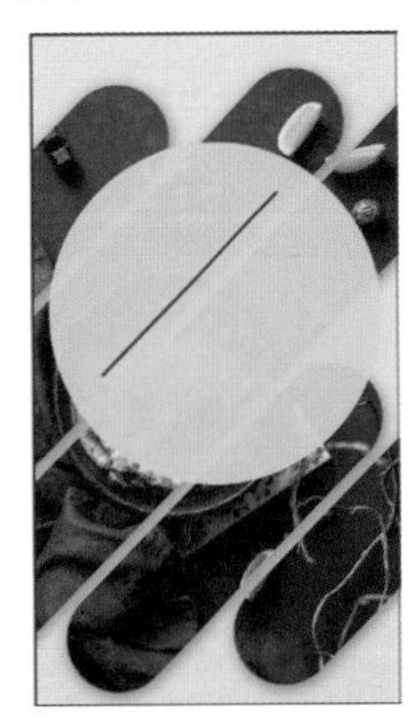

图 38-26 创建线段

图 38-27 设置“描边”参数

9 单击“内容”选项右侧的按钮，在弹出的快捷菜单中选择“修剪路径”。在 2 秒处设置“结束”参数为 0% 后创建关键帧，在 2 秒 20 帧处修改“结束”参数为 100%；选中“结束”参数的两个关键帧，按 F9 键将关键帧插值设置为贝塞尔曲线，如图 38-28 所示。

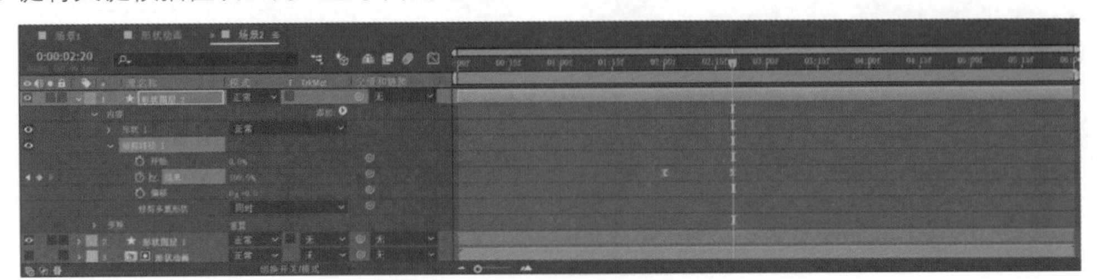

图 38-28 设置路径动画

10 单击工具栏上的T按钮，在“合成”面板上输入文本“全场”。在“字符”面板中设置字体为“等线 Bold”，字体大小为 150，字体颜色为 #3C3C3C。

11 展开“变换”选项，设置“位置”参数为（234, 580）。单击“文本”选项中的按钮，在弹出的快捷菜单中选择“行锚点”，再次单击按钮，在弹出的快捷菜单中选择“缩放”。在 2 秒 20 帧处为“缩放”参数创建关键帧，在 2 秒处设置“缩放”参数为 0%，如图 38-29 所示。

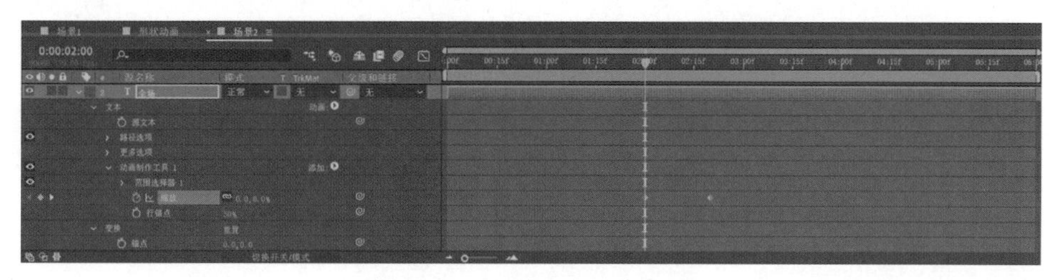

图 38-29 设置文本放大动画

12 单击工具栏上的T按钮，在“合成”面板上输入文本“5 折”。在“字符”面板中设置字体颜色为 #AF0000，字符间距为 50。选中文本“5”，设置字体大小为 500，单击 *T* 按钮使用仿斜体，结果如图 38-30 所示。

图 38-30 创建文本

13 展开“变换”选项，设置“位置”参数为（414, 1070）。单击“文本”选项中的按钮，在弹出的快捷菜单中选择“位置”，设置“位置”参数为（680, 0）。

14 展开“范围选择器 1”选项，在 2 秒 10 帧处为“起始”参数创建关键帧，在 2 秒 20 帧处设置“起始”参数为 100%，如图 38-31 所示。

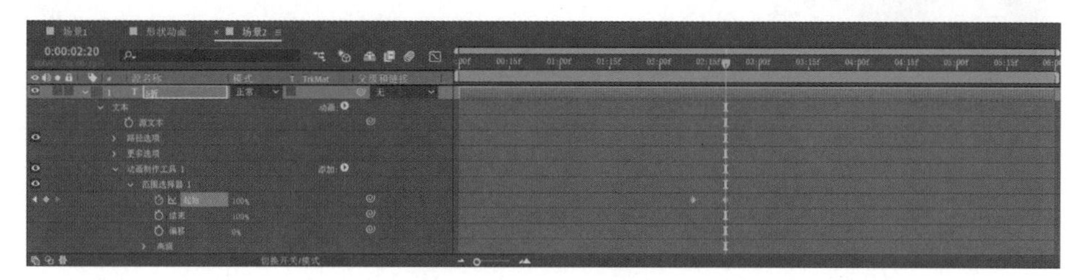

图 38-31 设置文本位移动画

15 展开“高级”选项，在“依据”下拉列表框中选择“词”。选中文本图层，单击“文本”选项中的按钮，在弹出的快捷菜单中选择“字符位移”。在 2 秒 20 帧处设置“字符位移”参数为 -17 后创建关键帧，在 3 秒 10 帧处设置“字符位移”参数为 0。

16 展开“范围选择器 1”选项，设置“结束”参数为 50%，如图 38-32 所示。

17 选择“图层→新建→形状图层”命令。展开“形状图层 1”选项，单击按钮，在弹出的快捷菜单中选择“矩形”，再次单击按钮，在弹出的快捷菜单中选择“填充”和“描边”。

18 展开“内容→矩形路径 1”选项，设置“大小”参数为（0, 140），“圆度”参数为 70；在 3 秒处为“大小”参数创建关键帧，在 3 秒 20 帧处设置“大小”参数为（520, 140）。选中“大小”参数的两个关键帧，按 F9 键将关键帧插值设置为贝塞尔曲线，如图 38-33 所示。

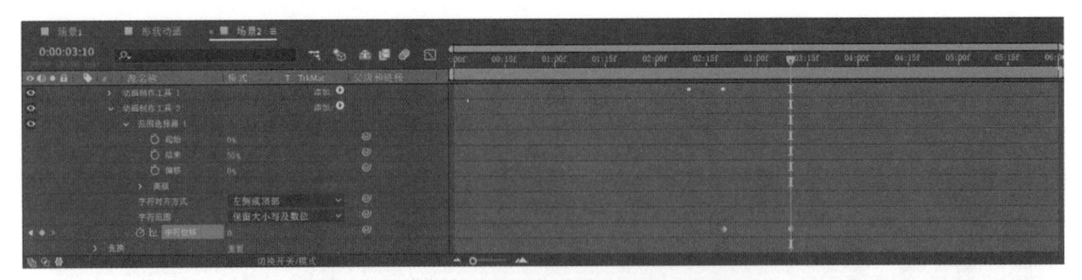

图 38-32 设置数字随机变化动画

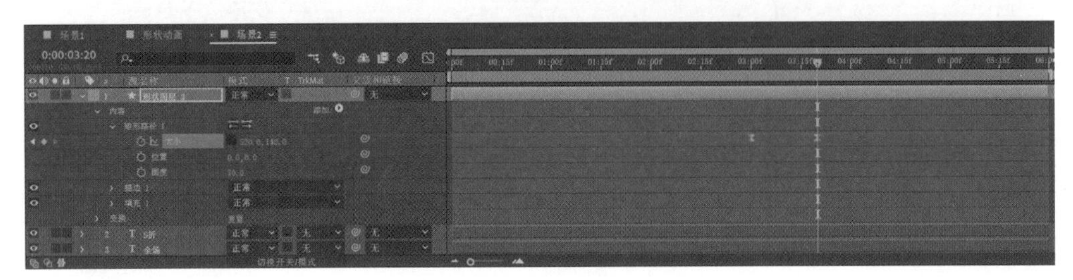

图 38-33 设置矩形拉伸动画

19 展开“内容→填充 1”选项，设置“颜色”为 #AD2626。展开“描边 1”选项，设置“不透明度”参数为 65%，“描边宽度”参数为 0。在 3 秒 10 帧处为“描边宽度”参数创建关键帧，在 3 秒 11 帧处设置“描边宽度”参数为 8，如图 38-34 所示。

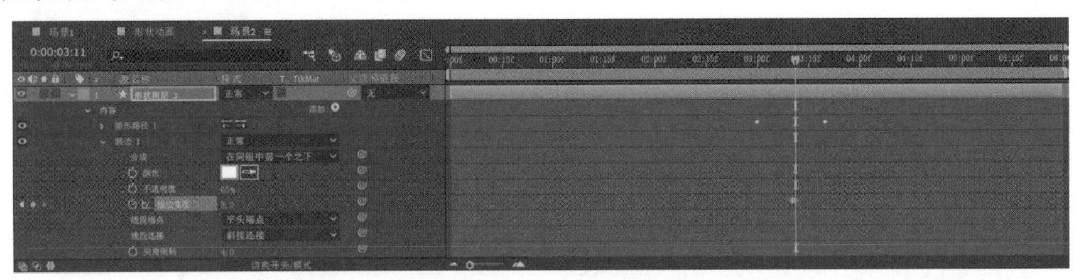

图 38-34 设置描边动画

20 展开“变换”选项，在 4 秒 12 帧处设置“位置”参数为（540, 1550）后创建关键帧，在 4 秒 15 帧处设置“位置”参数为（540, 1520），在 4 秒 18 帧处设置“位置”参数为（540, 1550）。

21 选中“位置”参数的三个关键帧，在“摇摆器”面板中单击“应用”按钮。

22 按Ctrl+C组合键复制选中的关键帧，分别在4秒27帧和5秒12帧处按Ctrl+V组合键粘贴关键帧，结果如图 38-35 所示。

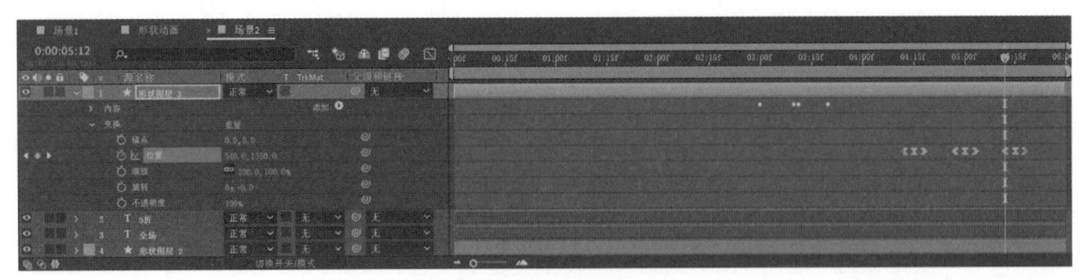

图 38-35 重复抖动动画

23 单击工具栏上的**T**按钮，在“合成”面板上输入文本“立即订购”。在“字符”面板中设置字体大小为 80，字体颜色为白色。

24 展开“变换”选项，设置“位置”参数为（374, 1570），“不透明度”参数为 90%。单击“文本”选项中的 按钮，在弹出的快捷菜单中选择“缩放”，设置“缩放”参数为（0, 0）。在 3 秒 10 帧处为“缩放”参数创建关键帧，在 3 秒 20 帧处设置“缩放”参数为（100, 100），如图 38-36 所示。

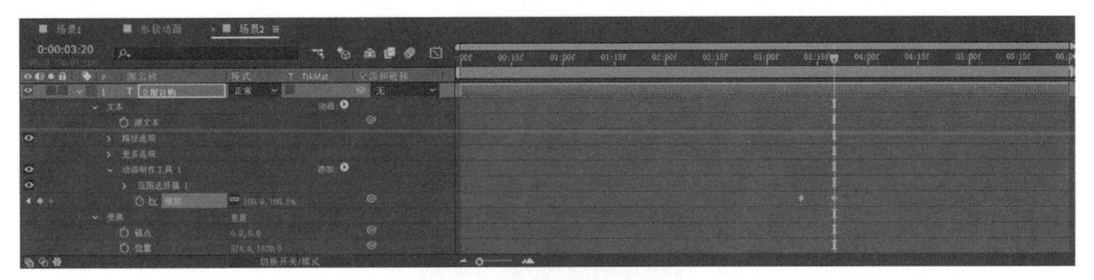

图 38-36 设置文本放大动画

25 按住第 1 层的父级关联器按钮，将按钮拖动到第 2 层上进行链接。制作完成的场景 2 效果如图 38-37 所示。

图 38-37 场景 2 效果

完成场景的合成

1 选择“合成→新建合成”命令，弹出“合成设置”对话框，设置“合成名称”为“完成”，时间长度为 11 秒，单击“确定”按钮生成合成。

2 将“项目”面板中的“场景 1”和“场景 2”拖动到“时间轴”面板上，将“场景 2”图层的入点拖动到 5 秒处。展开第 1 层的“变换”选项，在 5 秒处为“位置”参数创建关键帧，在 6 秒处设置“位置”参数为（540, -960），如图 38-38 所示。

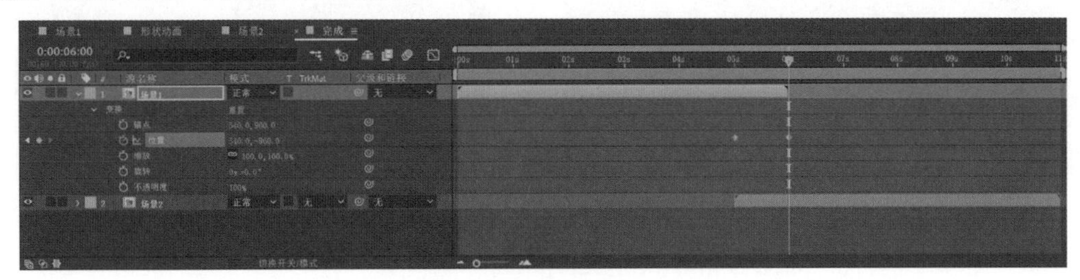

图 38-38 设置位移动画

3 选择“图层→新建→纯色”命令，弹出“纯色设置”对话框，设置“颜色”为白色。

4 选择“图层→蒙版→新建蒙版”命令，连按两下M键展开“蒙版1”选项，勾选“反转”复选框。单击“形状”按钮，弹出“蒙版形状”对话框，设置“顶部”和“左侧”参数均为20，“右侧”参数为1060，“底部”参数为1900，单击“确定”按钮完成设置，如图38-39所示。

5 选择“图层→新建→调整图层”命令，继续选择“效果→颜色校正→ Lumetri 颜色”命令。在“效果控件”面板中展开“创意”选项，在“Look”下拉列表框中选择“SL BIG”，设置“强度”参数为60，如图38-40所示。

6 展开“晕影”选项，设置“数量”参数为-1，“羽化”参数为100，如图38-41所示。

图 38-39 “蒙版形状”对话框

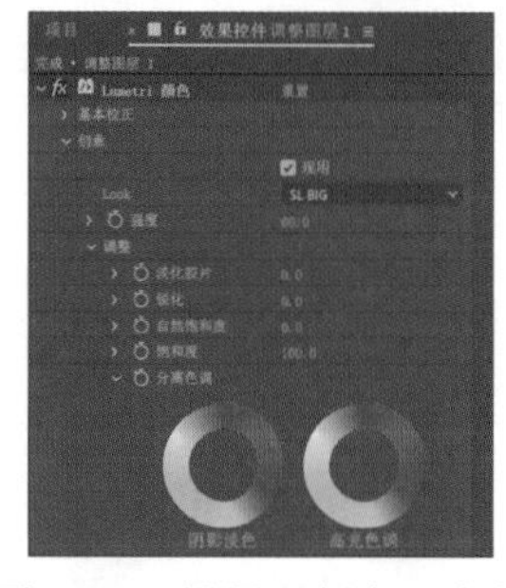

图 38-40 设置“创意”参数

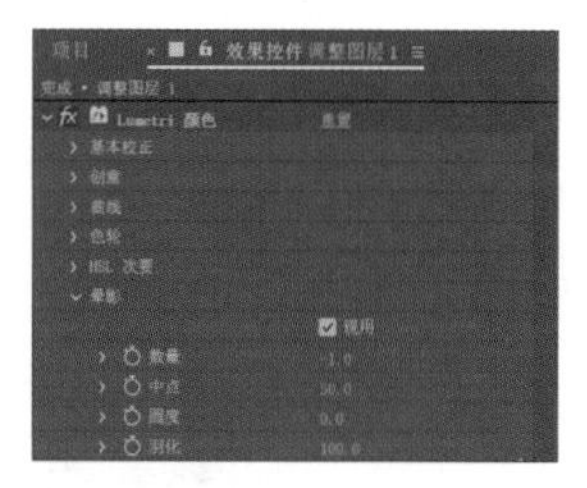

图 38-41 设置“晕影”参数

桥接输出视频

1 选择“合成→添加到 Adobe Media Encoder 队列”命令，运行 Adobe Media Encoder。在“队列”面板的“格式”下拉列表框中选择“H.264”，在“预设”下拉列表框中选择“匹配源 - 高比特率”，单击“输出文件”路径选择视频文件的保存路径，如图38-42所示。

2 单击“匹配源 - 高比特率”，弹出“导出设置”对话框，切换到“视频”选项，在“比特率设置”选项中通过“目标比特率”参数设置视频的品质，如图38-43所示。

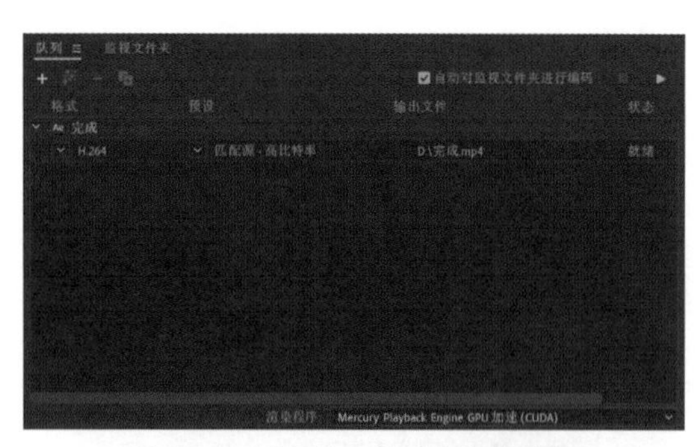

图 38-42 设置输出格式和保存路径

图 38-43 设置视频品质

3 单击“导出设置”面板上的按钮弹出“选择名称”对话框，输入预设名称后单击“确定”按钮。单击“队列”面板右上角的▶按钮开始渲染输出视频。

4 整个案例制作完成，最终效果如图38-1所示。

案例 39 自媒体 LOGO 片头

本案例主要利用形状对象来制作竖屏 LOGO 演绎动画。这种扁平风格的小动画趣味性强，特别适用于自媒体栏目或手机视频作品的片头，既能凸显栏目特色，又能加深观众印象。最终效果如图 39-1 所示。

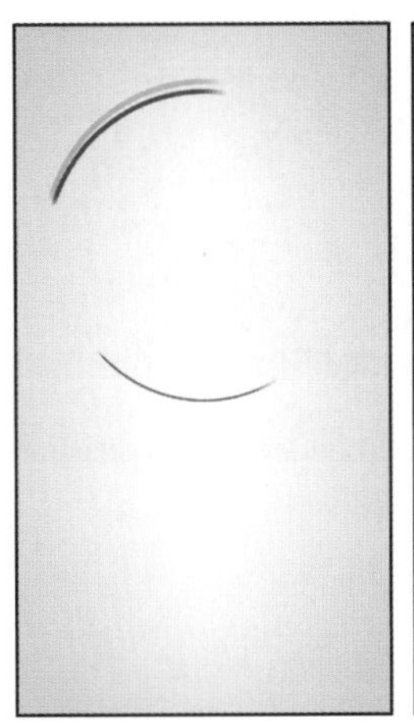
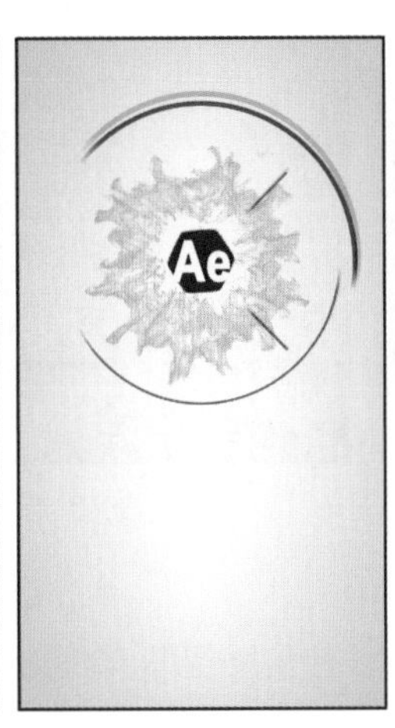

图 39-1 最终效果

★★★★★

技法分析

（1）使用“修剪路径”功能制作形状路径动画。

（2）利用轨道遮罩制作镂空文字。

（3）使用图层混合模式配合“设置通道”效果制作色彩重叠特效。

素材文件路径：源文件 \ 案例 39 自媒体 LOGO 片头

完成项目文件：源文件 \ 案例 39 自媒体 LOGO 片头 \ 完成项目 \ 完成项目 .aep

完成项目效果：源文件 \ 案例 39 自媒体 LOGO 片头 \ 完成项目 \ 案例效果 .mp4

视频教学文件：演示文件 \ 案例 39 自媒体 LOGO 片头 .mp4

场景 1 的合成

1 运行 After Effects CC 2020，在“主页”窗口中单击“新建项目”按钮进入工作界面。在“项目”面板的空白处双击，弹出“导入文件”对话框，导入素材路径中的所有文件。

2 单击“合成”面板中的“新建合成”按钮，弹出“合成设置”对话框，设置“合成名称”为“场景 1”，合成尺寸为 1080×1920，“帧速率”为 30，“持续时间”为 5 秒，其他沿用系统默认值，单击“确定”按钮生成合成，如图 39-2 所示。

3 切换到“高级”选项，设置“每帧样本”参数为 64，“自适应采样限制”参数为 256，单击“确定”按钮生成合成，如图 39-3 所示。

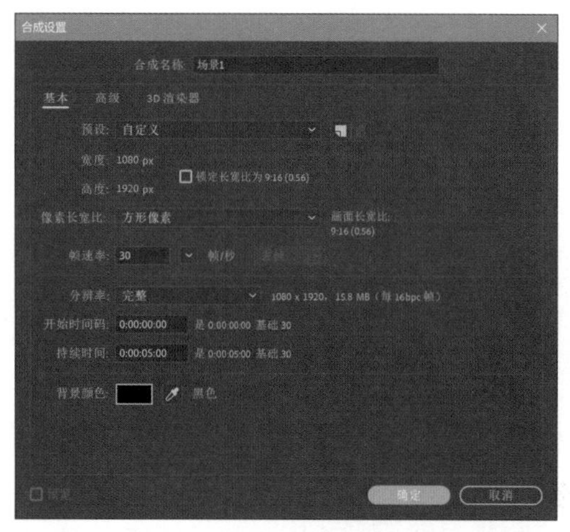

图 39-2 “合成设置”对话框

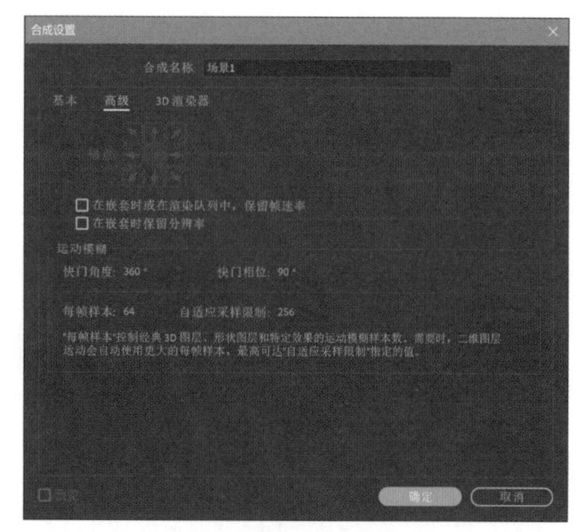

图 39-3 设置运动模糊质量

4 选择“图层→新建→形状图层”命令。展开“形状图层 1”选项，单击 ◐ 按钮，在弹出的快捷菜单中选择“椭圆”。再次单击 ◐ 按钮，依次选择“描边”和“修剪路径”，如图 39-4 所示。

5 展开“椭圆路径 1”选项，设置“大小”参数为 (900, 900)。展开“描边 1”选项，设置“颜色”为 #3E083F，“描边宽度”参数为 14，在“线段端点”下拉列表框中选择“圆头端点”，如图 39-5 所示。

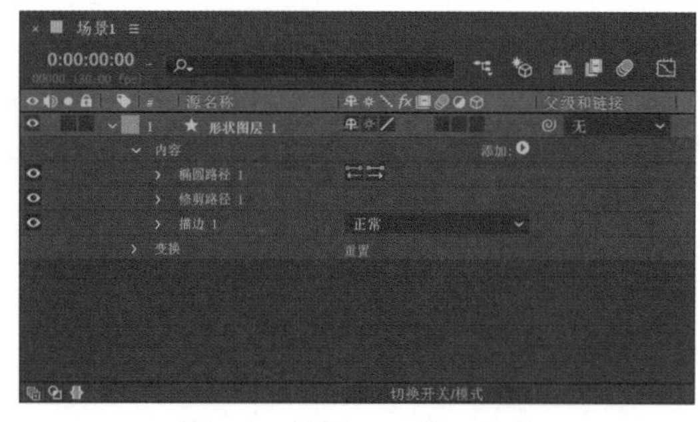

图 39-4 设置“形状”参数

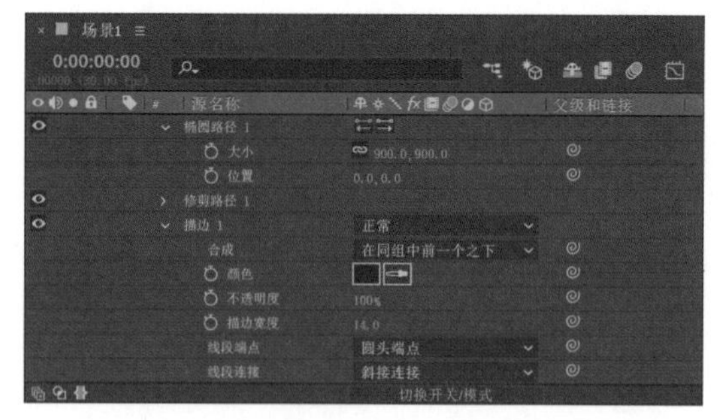

图 39-5 设置“形状大小”和“描边”参数

6 展开“修剪路径 1”选项，设置“结束”参数为 0%；在 0 帧处为“结束”和“偏移”参数创建关键帧；在 15 帧处为“开始”参数创建关键帧；在 1 秒 25 帧处设置“结束”参数为 100%；在 2 秒 15 帧处设置“开始”参数为 100%，“偏移”参数为 0x+310°；选中所有关键帧，按 F9 键将关键帧插值设置为贝塞尔曲线，如图 39-6 所示。

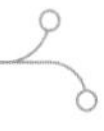

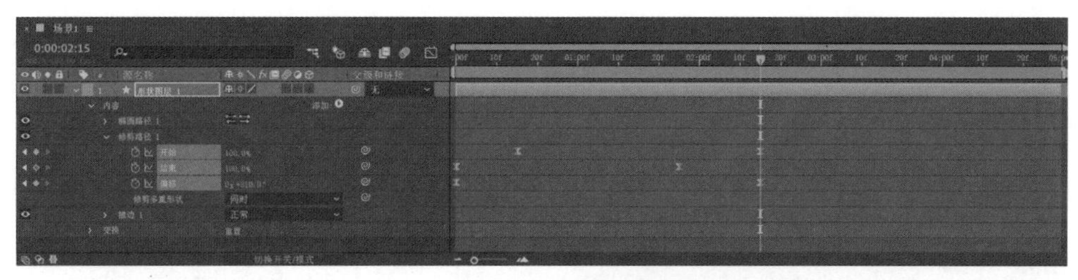

图 39-6 设置路径动画

7 展开“变换”选项，设置“位置”参数为（540, 640），“旋转”参数为 0x-105°。

8 按 Ctrl+D 组合键复制形状图层。展开“形状图层 2 →内容→描边 1”选项，设置“描边宽度”参数为 8，“颜色”为 #AA5EAA，如图 39-7 所示。展开“变换”选项，设置“缩放”参数为（90, 90）。

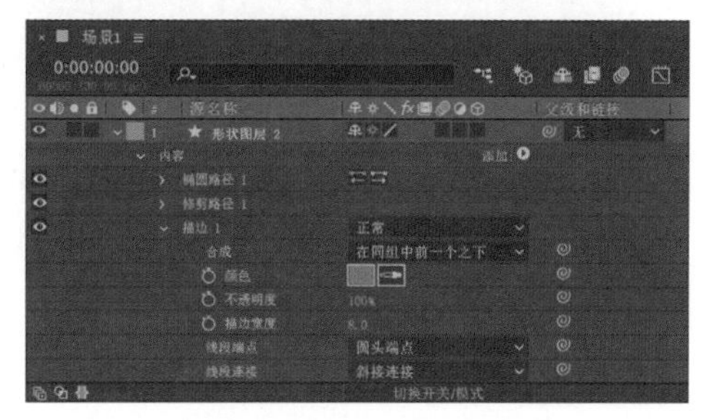

图 39-7 修改“描边”参数

9 展开“修剪路径 1”选项，将“开始”参数的第一个关键帧拖动到 0 帧处，修改数值为 100%，将第二个关键帧拖动到 1 秒 25 帧处，修改数值为 0%；将“结束”参数的第一个关键帧拖动到 15 帧处，修改数值为 100%，将第二个关键帧拖动到 2 秒 15 帧处，修改数值为 0%；选中“偏移”参数的第二个关键帧，修改数值为 0x-250°，如图 39-8 所示。

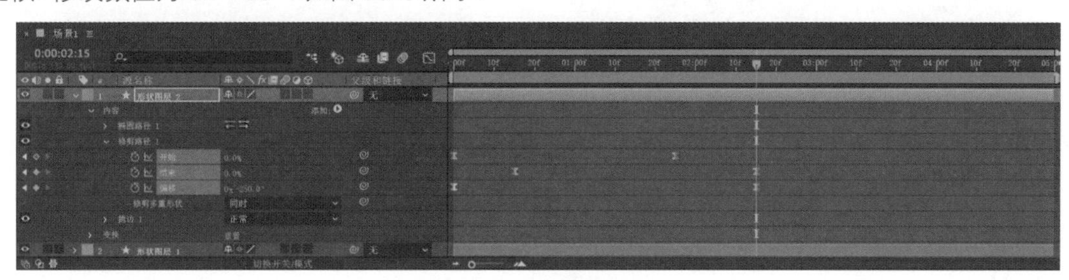

图 39-8 设置路径动画

10 选择“图层→新建→形状图层”命令新建图层，单击工具栏上的按钮，按住 Shift 键在圆形内绘制一条线段，按 Ctrl+Alt+Home 组合键居中放置锚点，如图 39-9 所示。

11 展开“变换”选项，设置“位置”参数为（540, 640），“旋转”参数为 0x+45°，如图 39-10 所示。

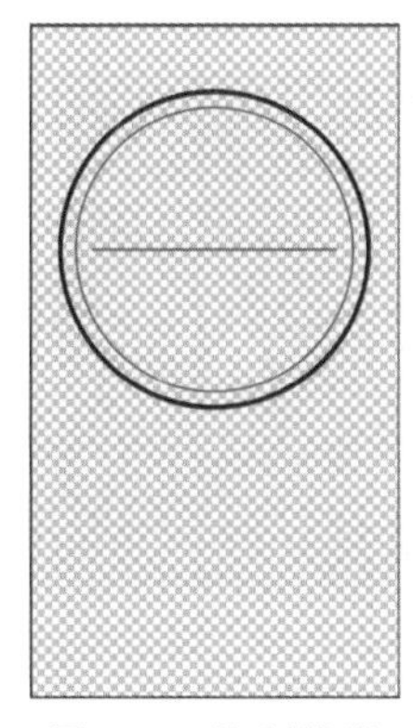

图 39-9 绘制线段

图 39-10 设置形状的位置和角度

12 展开“形状图层3→内容→形状1”选项，选中“填充1”选项后按Delete键删除。展开“描边1”选项，设置“描边宽度”参数为8，“颜色”为#AA5EAA，在“线段端点”下拉列表框中选择“圆头端点”。

13 单击“内容”选项右侧的◐按钮，在弹出的快捷菜单中选择“修剪路径”。在1秒处为“开始”参数创建关键帧，在1秒25帧处修改数值为100%；在20帧处设置“结束”参数为0%后创建关键帧，在1秒15帧处修改数值为100%，如图39-11所示。

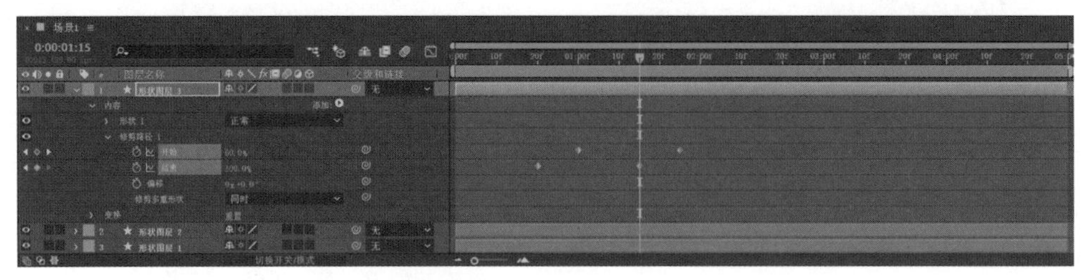

图39-11 设置路径动画

14 同时选中“开始”和“结束”参数的第一个关键帧，在任意一个关键帧上单击鼠标右键，在弹出的快捷菜单中选择“关键帧辅助→缓出”命令。同时选中“开始”和“结束”参数的第二个关键帧，在任意一个关键帧上右击，在弹出的快捷菜单中选择“关键帧辅助→缓入”命令，如图39-12所示。

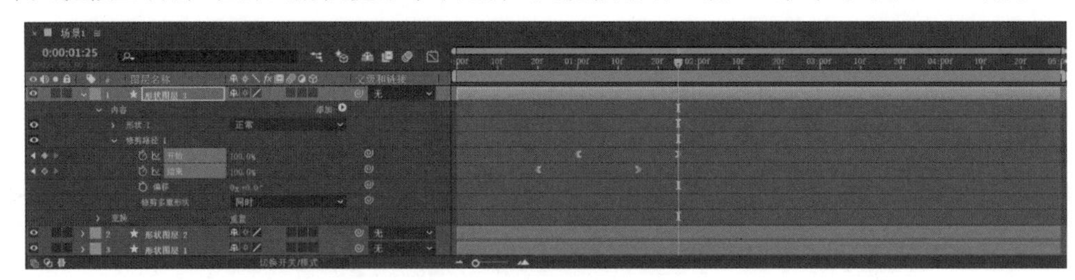

图39-12 修改关键帧插值类型

15 按Ctrl+D组合键复制“形状图层3”图层，展开“形状图层4”选项，选择“变换”选项，设置“旋转”参数为0x-45°。

16 选择“图层→新建→形状图层”命令新建图层，展开“形状图层5”选项，单击◐按钮，在弹出的快捷菜单中依次选择“多边星形”和“填充”。展开“填充1”选项，设置“颜色”为#1E0242，如图39-13所示。

17 展开“多边星形路径1”选项，在“类型”下拉列表框中选择“多边形”，设置“点”参数为6，“旋转”参数为0x+30°，“外径”参数为210，“外圆度”参数为30%，如图39-14所示。

图39-13 设置“填充”参数

图39-14 设置“多边星形”参数

18 展开“变换”选项，设置“位置”参数为(540, 640)，“缩放”参数为(0, 0)，“旋转”参数为-1x-180°。

在 15 帧处为“缩放”和“旋转”参数创建关键帧；在 2 秒 25 帧处设置“缩放”参数为（100, 100）；在 3 秒处为“缩放”参数添加关键帧，设置“旋转”参数为 0x+0。在 3 秒 20 帧处设置“缩放”参数为（740, 740），“旋转”参数为 0x+90°。选中所有关键帧，按 F9 键将关键帧插值设置为贝塞尔曲线，如图 39-15 所示。

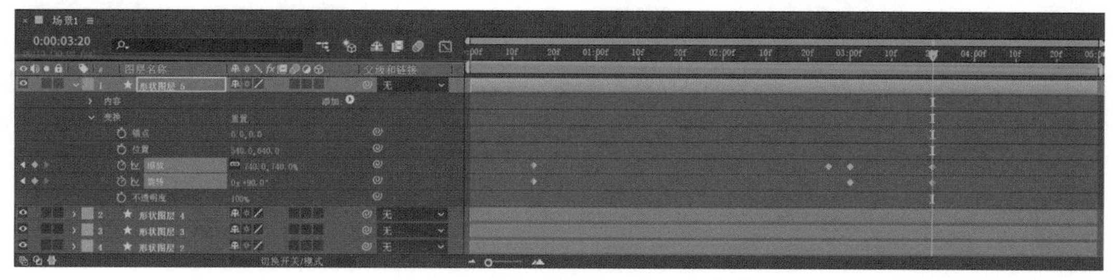

图 39-15 设置缩放和旋转动画

19 选择“图层→蒙版→新建蒙版”命令，连按两下 M 键显示“蒙版 1”选项，单击“形状”打开“蒙版形状”对话框。设置“顶部”和“左侧”参数均为 −190，“底部”和“右侧”参数均为 190，勾选“重置为”复选框，在下拉列表框中选择“椭圆”，单击“确定”按钮完成设置，如图 39-16 所示。

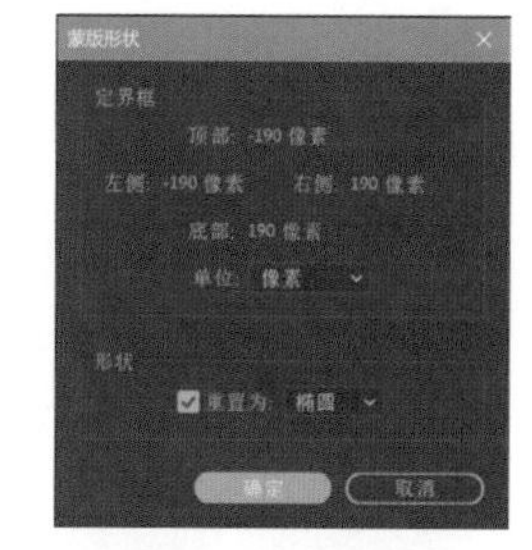

图 39-16 重置蒙版形状

20 在 3 秒 20 帧处设置“蒙版扩展”参数为 100 后创建关键帧，在 4 秒 29 帧处设置“蒙版扩展”参数为 −190，选中两个关键帧，按 F9 键将关键帧插值设置为贝塞尔曲线，如图 39-17 所示。

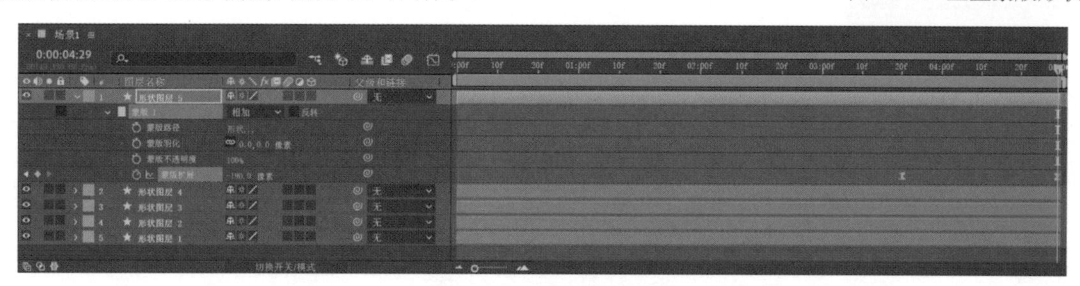

图 39-17 设置蒙版动画

21 单击工具栏上的 **T** 按钮，在“合成”面板上输入文本“Ae”。在“字符”面板中设置字体为“Arial Narrow Bold”，字体大小为 160，单击 **T** 按钮使用仿粗体，按 Ctrl+Alt+Home 组合键居中放置锚点。

22 展开“变换”选项，设置“位置”参数为（540, 640）。在 3 秒处为“不透明度”参数创建关键帧，在 4 秒 20 帧处设置“不透明度”参数为 0%；选中两个关键帧，按 F9 键将关键帧插值设置为贝塞尔曲线，如图 39-18 所示。

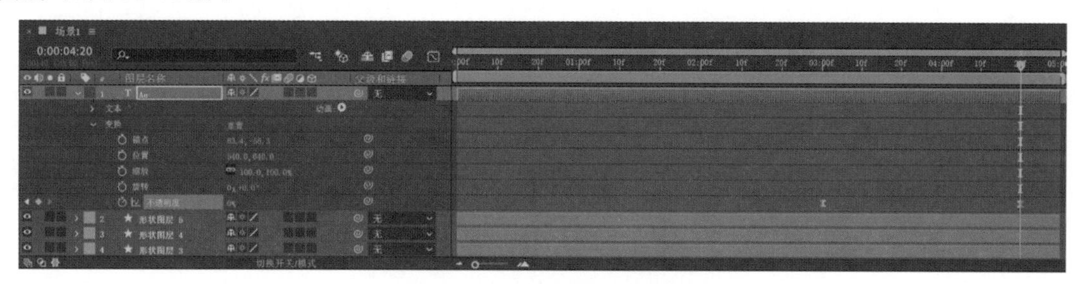

图 39-18 设置不透明度动画

23 开启所有图层的“运动模糊”开关，在“形状图层 5”的“TrkMat”下拉列表框中选择“Alpha 反转遮罩”，如图 39-19 所示。制作完成的场景 1 效果，如图 39-20 所示。

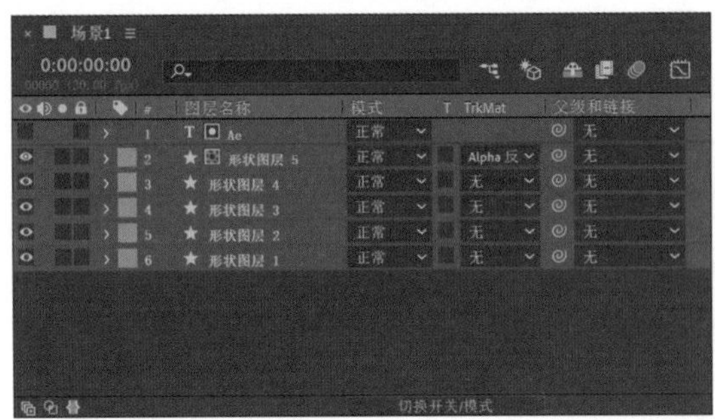

图 39-19 开启轨道遮罩

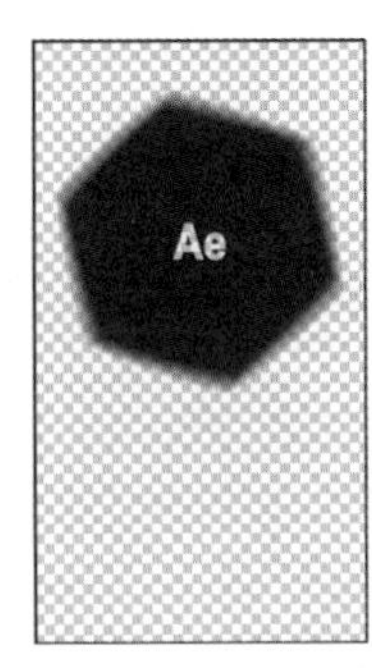

图 39-20 场景 1 效果

场景 2 的合成

1 选择“合成→新建合成”命令，弹出“合成设置”对话框，设置“合成名称”为“场景 2”，时间长度为 2 秒 15 帧，单击“确定”按钮生成合成。

2 将“项目”面板中的“LOGO.png”图像拖动到“时间轴”面板上。展开“变换”选项，设置“位置”参数为（540, 640），“缩放”参数为（25, 25），“旋转”参数为 -1x+0°。

3 在 0 帧处为“缩放”和“旋转”参数创建关键帧，在 1 秒 15 帧处设置“缩放”参数为（85, 85），“旋转”参数为 0x+0°。选中所有关键帧，按 F9 键将关键帧插值设置为贝塞尔曲线，如图 39-21 所示。

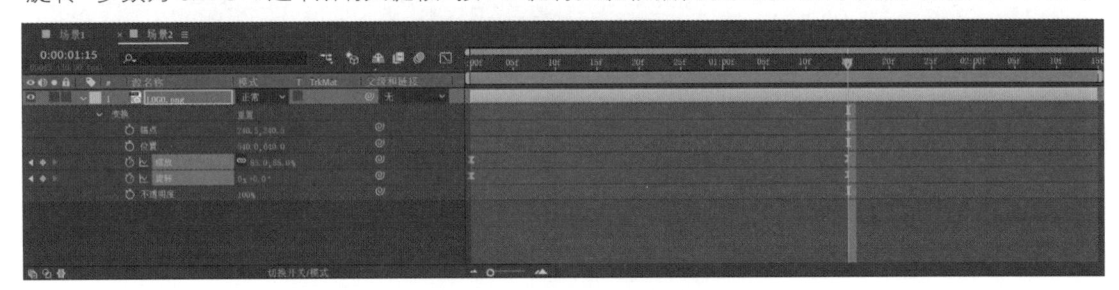

图 39-21 设置旋转和缩放动画

4 单击工具栏上的**T**按钮，在“合成”面板上输入文本“青鱼后期课堂”。在“字符”面板中设置字体为“阿里巴巴普惠体 Bold”，字体大小为 150，字体颜色为 #12ACA2，按 Ctrl+Alt+Home 组合键居中放置锚点。

5 展开“变换”选项，设置“位置”参数为（540, 1050），如图 39-22 所示。

6 单击“文本”选项中的◐按钮，在弹出的快捷菜单中选择“缩放”。单击“动画制作工具 1”选项中的◐按钮，在弹出的快捷菜单中依次选择“属性→不透明度”和“属性→模糊”，设置“缩放”参数为（0, 500），“不透明度”参数为 0%，“模糊”参数为（50, 0），如图 39-23 所示。

7 展开“范围选择器 1”选项，在 10 帧处设置“偏移”参数为 0% 后创建关键帧，在 2 秒 10 帧处设置“偏移”参数为 100%，如图 39-24 所示。

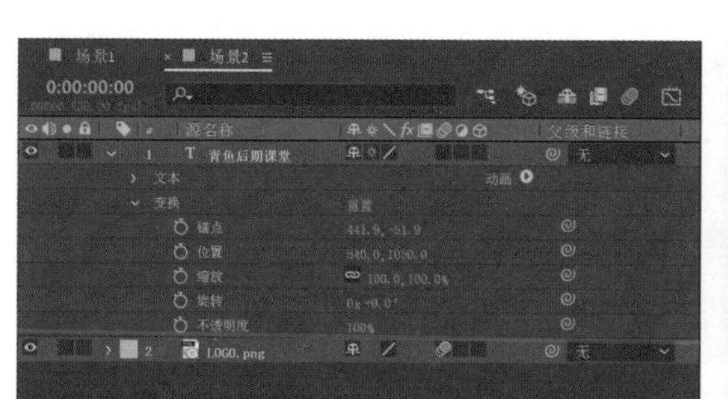

图 39-22 调整文本的位置

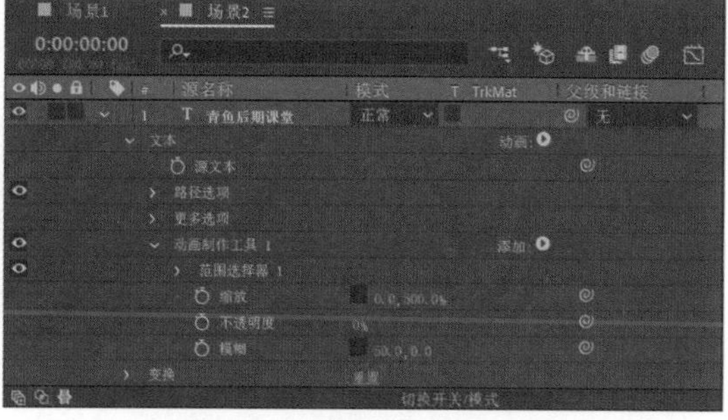

图 39-23 添加动画制作工具

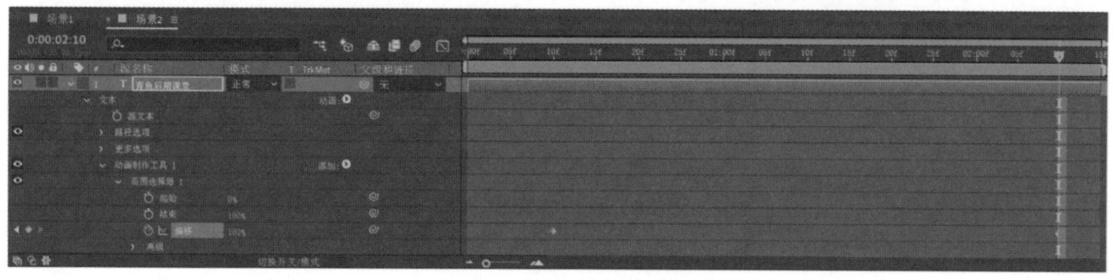

图 39-24 设置文本偏移动画

8 开启“LOGO.png”图层的“运动模糊”开关，制作完成的场景 2 效果如图 39-25 所示。

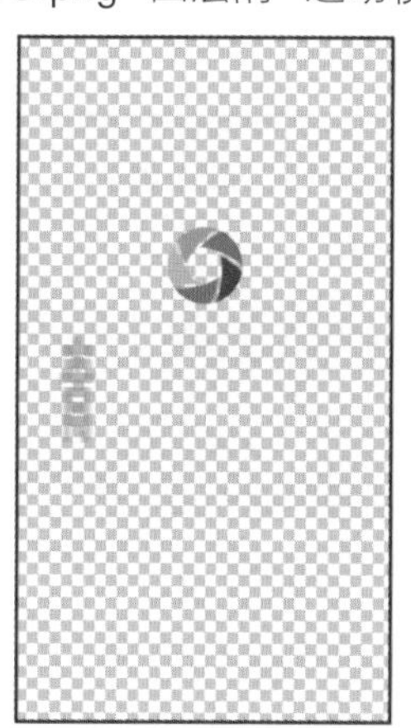

图 39-25 场景 2 效果

场景 3 的合成

1 选择“合成→新建合成”命令，弹出“合成设置”对话框，设置“合成名称”为“场景 3”，时间长度为 7 秒，单击“确定”按钮生成合成。

2 选择“图层→新建→纯色”命令，弹出“纯色设置”对话框，设置“颜色”为白色，单击“确定”按钮生成图层。

3 将“项目”面板中的“场景 1”和“场景 2”拖动到“时间轴”面板上，将“场景 2”图层的入点拖动到 4 秒 15 帧处，如图 39-26 所示。

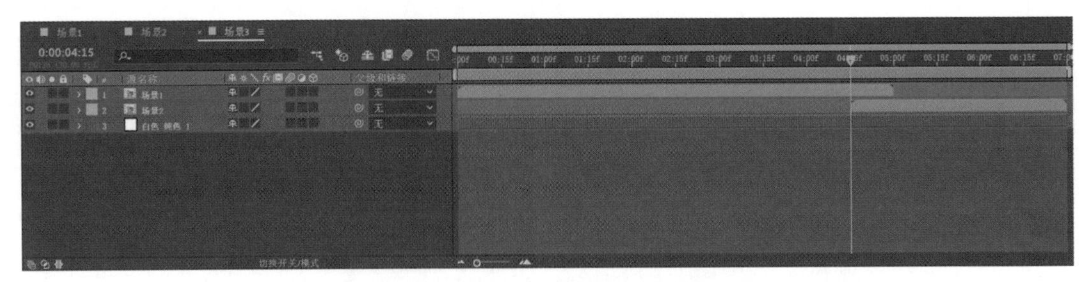

图 39-26 在合成中添加场景并调整入点

完成场景的合成

1 选择“合成→新建合成”命令，弹出“合成设置”对话框，设置“合成名称”为“完成”，时间长度为 7 秒，单击“确定”按钮生成合成。

2 将“项目”面板中的“场景 3”拖动到“时间轴”面板上，选择“效果→通道→设置通道”命令，在“效果控件”面板的“将源 2 设置为绿色”和“将源 3 设置为蓝色”下拉列表框中选择“关闭”，如图 39-27 所示。

3 按 Ctrl+D 组合键复制两个“场景 3”图层，将第 1 层和第 2 层的图层混合模式设置为“屏幕”，如图 39-28 所示。

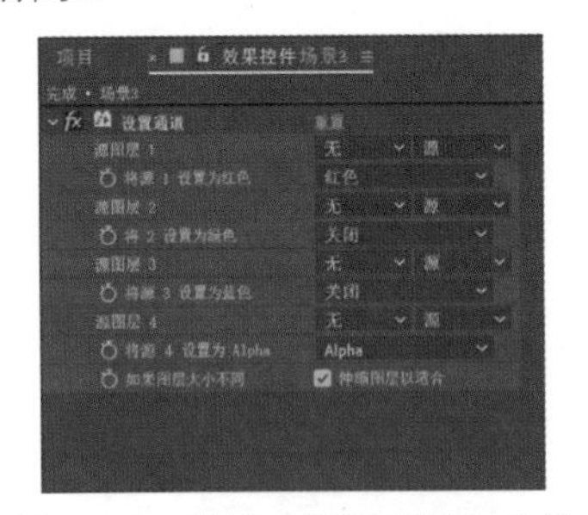

图 39-27 设置“设置通道”参数

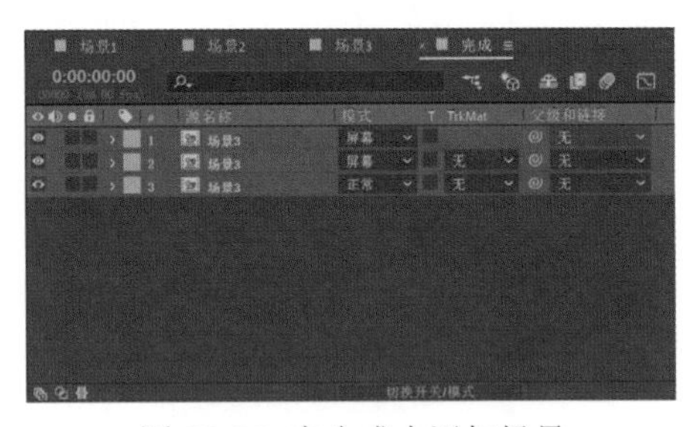

图 39-28 在合成中添加场景

4 选中第 1 层，在“效果控件”面板的“将源 1 设置为红色”下拉列表框中选择“关闭”，在“将源 3 设置为蓝色”下拉列表框中选择“蓝色”，如图 39-29 所示。

5 选中第 2 层，在“效果控件”面板的“将源 1 设置为红色”下拉列表框中选择“关闭”，在“将源 2 设置为绿色”下拉列表框中选择“绿色”，如图 39-30 所示。

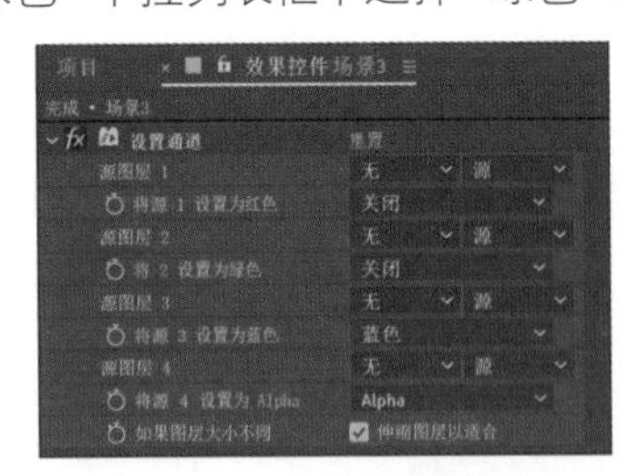

图 39-29 设置“设置通道”参数

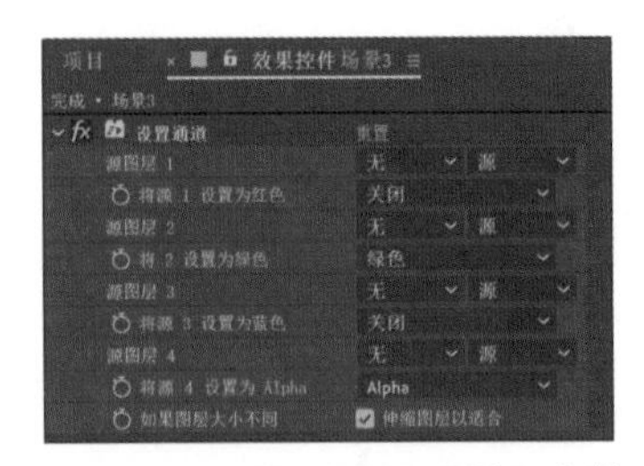

图 39-30 设置“设置通道”参数

6 选择“图层→新建→纯色”命令，弹出“纯色设置”对话框，设置“颜色”为黑，单击“确定”按钮生成图层。将纯色图层拖动到第 3 层，开启“调整图层”开关，如图 39-31 所示。

7 选中纯色图层，选择“效果→扭曲→ CC Lens”命令，在“效果控件”面板中设置“Size”参数为 250，“Convergence”参数为 50，如图 39-32 所示。

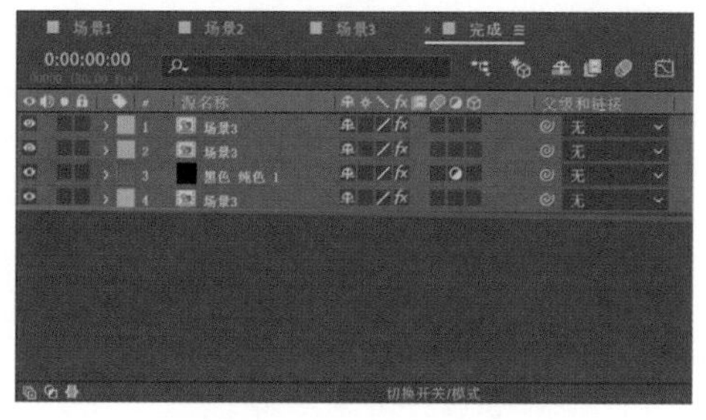

图 39-31 创建纯色图层

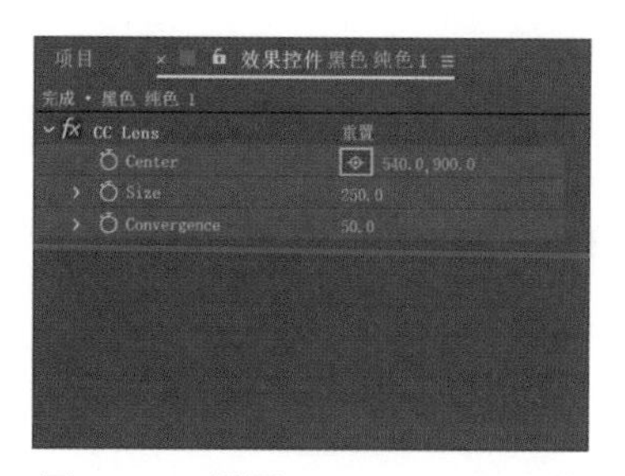

图 39-32 设置“CC Lens”参数

8 将“项目”面板中的“V01.mp4”拖动到“时间轴”面板的第 2 层，将入点拖动到 1 秒 5 帧处，设置图层混合模式为“插值”，如图 39-33 所示。

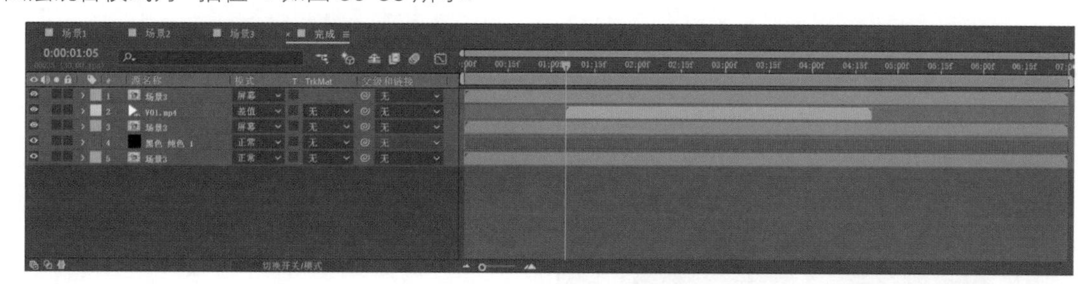

图 39-33 添加烟雾素材

9 展开“变换”选项，设置“位置”参数为（540, 640），设置“不透明度”参数为 30%，如图 39-34 所示。

10 选择“图层→新建→调整图层”命令，继续选择“效果→颜色校正→ Lumetri 颜色”命令。

11 在“效果控件”面板中展开“创意”选项，在“Look”下拉列表框中选择“Fuji F125 Kodak 2393”，设置“强度”参数为 50，如图 39-35 所示。

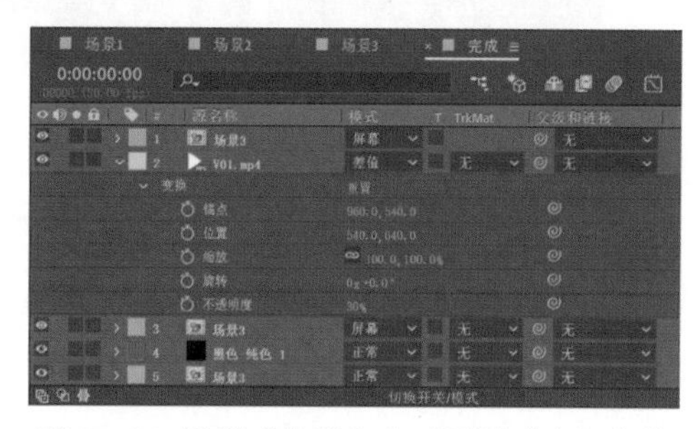

图 39-34 设置“位置”和“不透明度”参数

12 展开“晕影”选项，设置“数量”参数为 -2，“羽化”参数为 100，如图 39-36 所示。

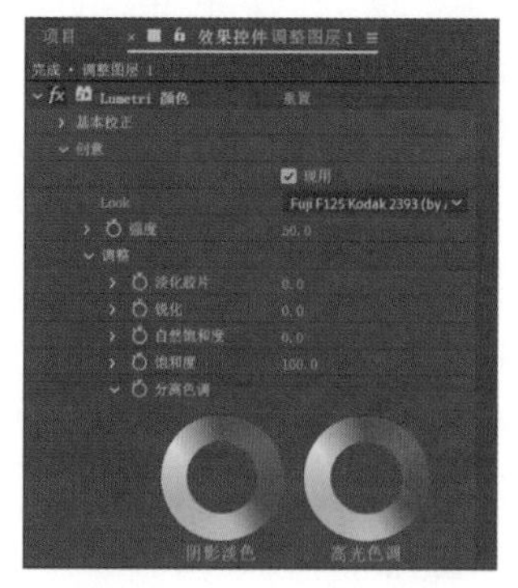

图 39-35 设置“创意”参数

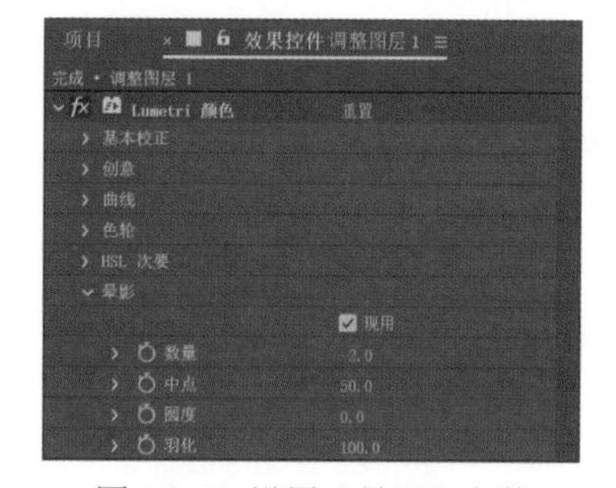

图 39-36 设置“晕影”参数

13 整个案例制作完成，最终效果如图 39-1 所示。

案例 40 快手账号推广视频

本案例制作竖屏的快手账号宣传推广视频。制作思路是利用旋转、位移、不透明度等关键帧动画配合文本动画，将静态的快手账号主页用动画的形式展示出来，以此来吸引更多的短视频用户的关注。最终效果如图 40-1 所示。

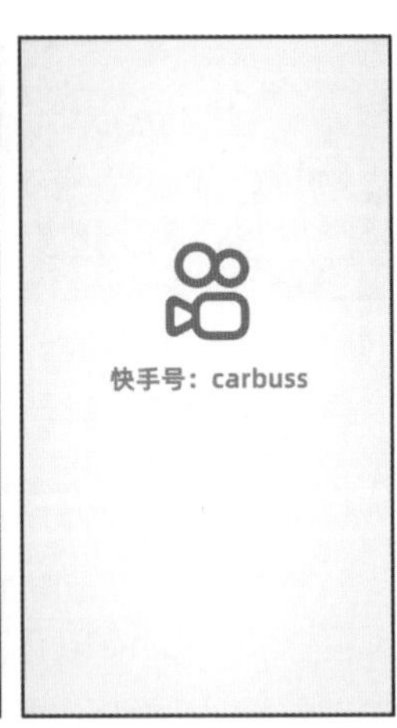

图 40-1 最终效果

★★★★★

（1）将文本动画和位移动画结合起来，制作 LOGO 开场和主页的动态展示效果。
（2）利用多个纯色图层的入点时间差，制作带拖影效果的滑屏转场。
（3）使用“编号”特效制作粉丝和关注数字不断增加的动画。

素材文件路径：源文件 \ 案例 40 快手账号推广视频
完成项目文件：源文件 \ 案例 40 快手账号推广视频 \ 完成项目 \ 完成项目 .aep
完成项目效果：源文件 \ 案例 40 快手账号推广视频 \ 完成项目 \ 案例效果 .mp4
视频教学文件：演示文件 \ 案例 40 快手账号推广视频 .mp4

场景 1 的合成

1 运行 After Effects CC 2020，在“主页”窗口中单击“新建项目”按钮进入工作界面。在“项目”面板的空白处双击，弹出“导入文件”对话框，导入素材路径中的所有文件。

2 单击“合成”面板中的“新建合成”按钮，弹出“合成设置”对话框，设置“合成名称”为“场景 1”，合成尺寸为 1080×1920，“帧速率”为 30，“持续时间”为 4 秒，其他沿用系统默认值，单击“确定”按钮生成合成，如图 40-2 所示。

3 切换到“高级”选项，设置“每帧样本”参数为 64，“自适应采样限制”参数为 256，单击“确定”按钮生成合成，如图 40-3 所示。

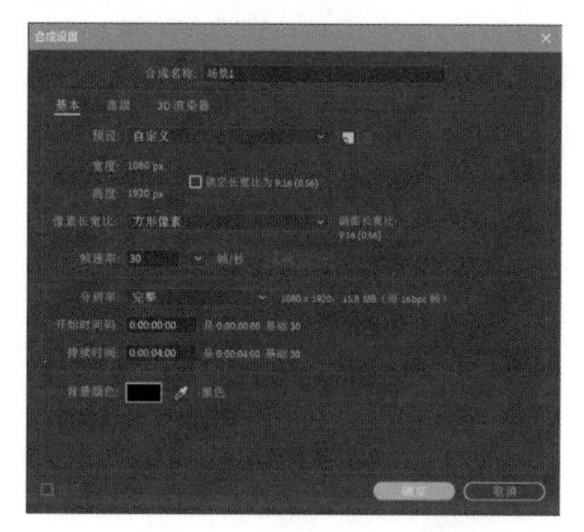

图 40-2 “合成设置”对话框

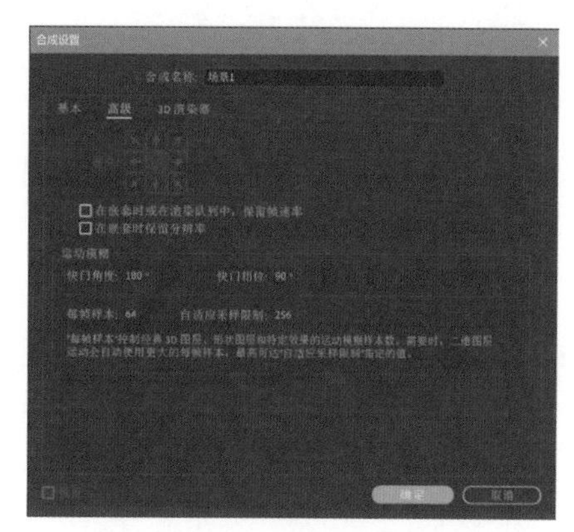

图 40-3 设置运动模糊质量

4 选择“图层→新建→纯色”命令，弹出“纯色设置”对话框，设置“颜色”为 #FE3666，单击“确定”按钮生成图层。按 P 键显示“位置”选项，在 2 秒 10 帧处创建关键帧，在 3 秒 10 帧处设置“位置”参数为（540, -960），如图 40-4 所示。

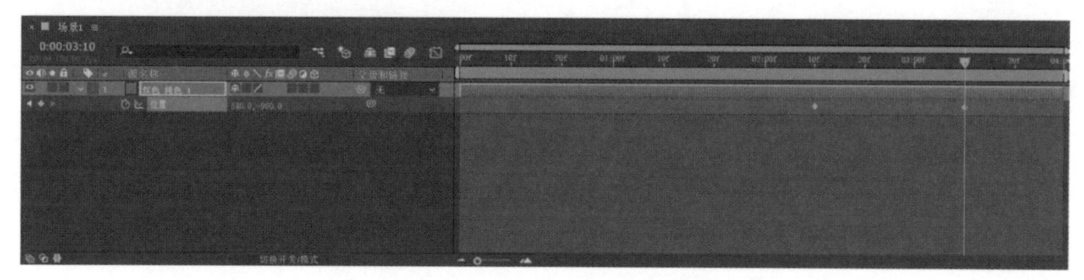

图 40-4 设置纯色图层位移动画

5 按 Ctrl+D 组合键复制两个纯色图层。选中第 2 层，选择“图层→纯色设置”命令，将“颜色”修改为 #FF6F00。按 P 键显示“位置”选项，将两个关键帧向右移动 3 帧。

6 选中第 3 层，选择“图层→纯色设置”命令，将“颜色”修改为 #FFA600。按 P 键显示“位置”选项，将两个关键帧向右移动 6 帧，如图 40-5 所示。

7 将“项目”面板中的“Logo.png”图像拖动到“时间轴”面板上。展开“变换”选项，在 25 帧处为“位置”“缩放”和“旋转”参数创建关键帧，设置“缩放”参数为（0, 0），“旋转”参数为 0x+60°；在 1 秒 10 帧处设置“位置”参数为（540, 720），“缩放”参数为（45, 45），“旋转”参数为 0x+0°；在 2 秒 10 帧处为“位置”参数添加关键帧；在 3 秒 10 帧处设置“位置”参数为（540, -850），如图 40-6 所示。

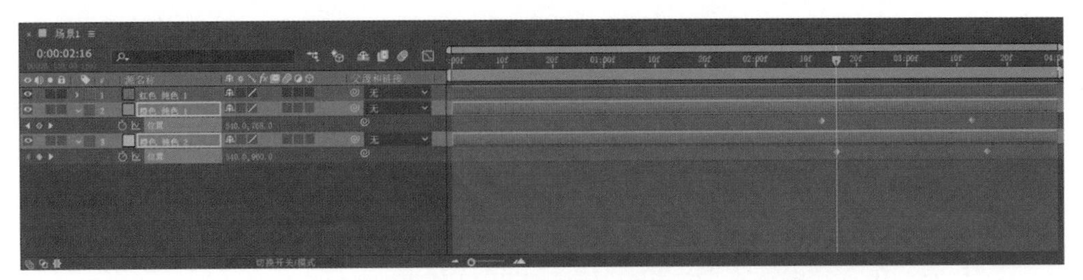

图 40-5 调整图层入场时间

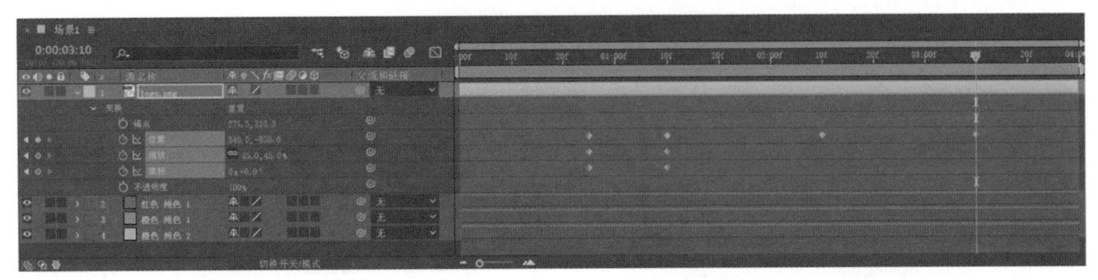

图 40-6 设置 LOGO 动画

8 在“字符”面板中设置字体为“黑体”，字体颜色为白色，字体大小为 120，字符间距为 100，单击 **T** 按钮使用仿粗体。单击工具栏上的 **T** 按钮，在“合成”面板上单击，输入文本“快手”，按 Ctrl+Alt+Home 组合键居中放置锚点。

9 按 P 键显示文本图层的“位置”选项，在 2 秒 10 帧处设置“位置”参数为（540, 980）后创建关键帧，在 3 秒 10 帧处设置“位置”参数为（540, -550），如图 40-7 所示。

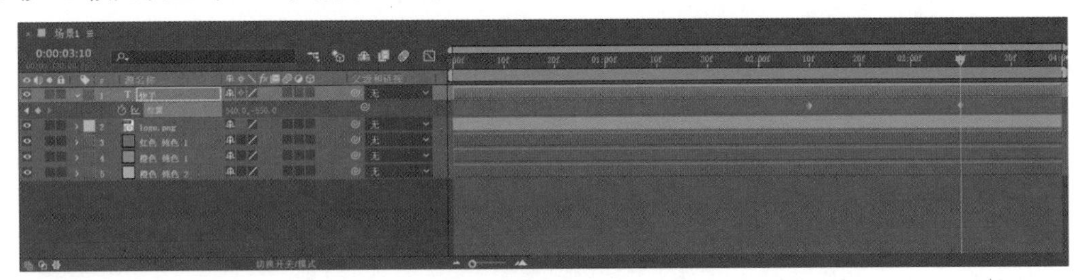

图 40-7 设置文本位移动画

10 单击“文本”选项中的 ◐ 按钮，在弹出的快捷菜单中选择“位置”，在“动画制作工具 1”选项中设置“位置”参数为（0, 200）。展开“范围选择器 1”选项，在 0 帧处为“偏移”参数创建关键帧，在 25 帧处设置“偏移”参数为 100%，如图 40-8 所示。

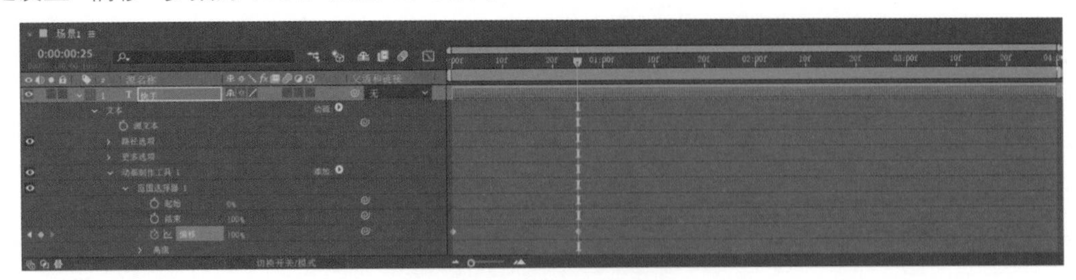

图 40-8 设置文本上升动画

11 选中文本图层，单击“文本”选项中的 ◐ 按钮，在弹出的快捷菜单中选择“行锚点”。单击“添加”右侧的 ◐ 按钮，在弹出的快捷菜单中选择“属性→字符间距”，设置“字符间距大小”参数为 100。

12 展开“动画制作工具 2→范围选择器 1”选项，在 25 帧处为“偏移”参数创建关键帧，在 1 秒 5 帧处设置“偏移”参数为 100%，如图 40-9 所示。

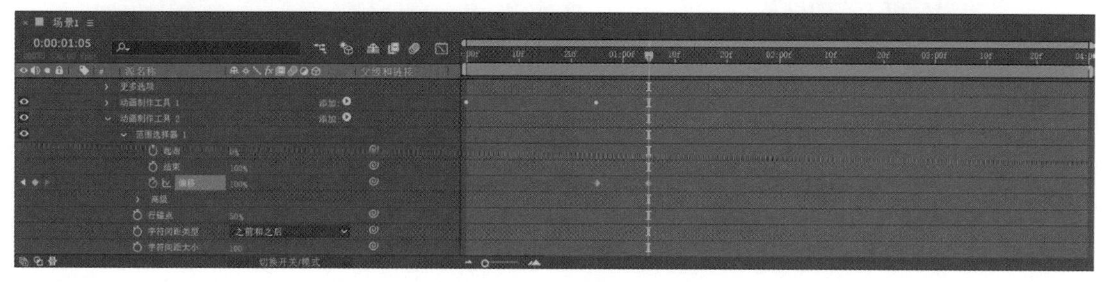

图 40-9 设置文本缩小间距动画

13 选择“图层→蒙版→新建蒙版”命令，连按两下 M 键显示“蒙版 1”选项，勾选“反转”复选框。选择“动画→显示关键帧的属性”命令，框选所有关键帧，按 F9 键将关键帧插值设置为贝塞尔曲线。

14 开启所有图层的“运动模糊”开关，如图 40-10 所示。制作完成的场景 1 效果如图 40-11 所示。

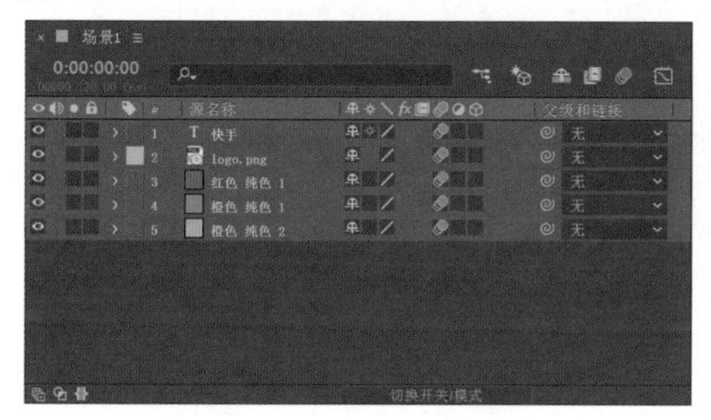

图 40-10 开启“运动模糊”开关

图 40-11 场景 1 效果

场景 2 的合成

1 选择“合成→新建合成”命令，弹出“合成设置”对话框，设置“合成名称”为“场景 2”，时间长度为 7 秒，单击“确定”按钮生成合成。

2 选择“图层→新建→纯色”命令，弹出“纯色设置”对话框，设置“颜色”为白色，单击“确定”按钮生成图层。将“项目”面板中的“P01.jpg”～“P08.jpg”图像拖动到“时间轴”面板上，如图 40-12 所示。

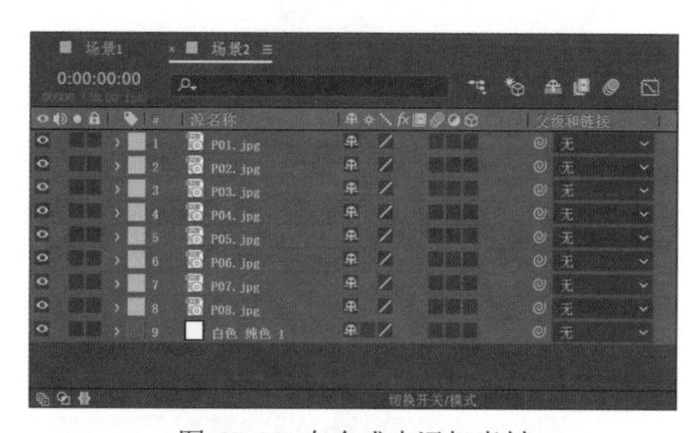

图 40-12 在合成中添加素材

3 选中“P01.jpg”图层，选择“图层→蒙版→新建蒙版”命令。连按两下 M 键显示“蒙版 1”选项，单击“形状”按钮打开“蒙版形状”对话框，勾选“重置为”复选框，在下拉列表框中选择“椭圆”后单击“确定”按钮，如图 40-13 所示。

4 选择“图层→图层样式→描边”命令，展开“描边”选项，设置“颜色”为白色，“大小”参数为 8，如图 40-14 所示。

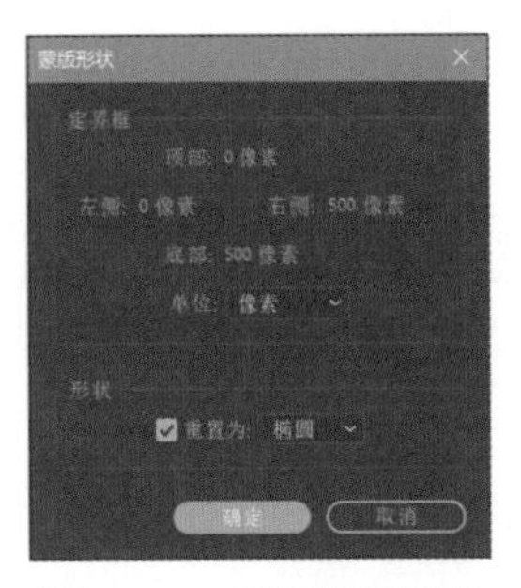

图 40-13 重置蒙版形状

图 40-14 设置“描边”参数

5 展开“变换”选项，设置“缩放”参数为（48, 48）；在 25 帧处为“位置”和“不透明度”参数创建关键帧，设置“位置”参数为（173, 640），“不透明度”参数为 0%；在 1 秒 10 帧处设置“位置”参数为（173, 414），“不透明度”参数为 100%，如图 40-15 所示。

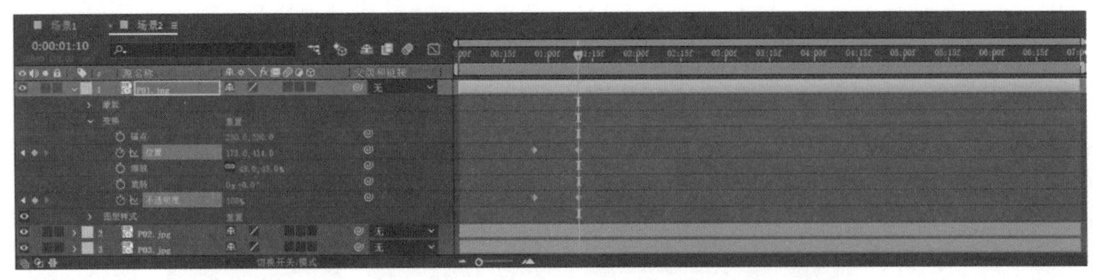

图 40-15 设置“P01.jpg”图层的位移和不透明度动画

6 展开“P02.jpg”图层的“变换”选项，在 25 帧处为“位置”和“不透明度”参数创建关键帧，设置“位置”参数为（540, -157），“不透明度”参数为 0%；在 1 秒 10 帧处设置“位置”参数为（540, 157），“不透明度”参数为 100%，如图 40-16 所示。

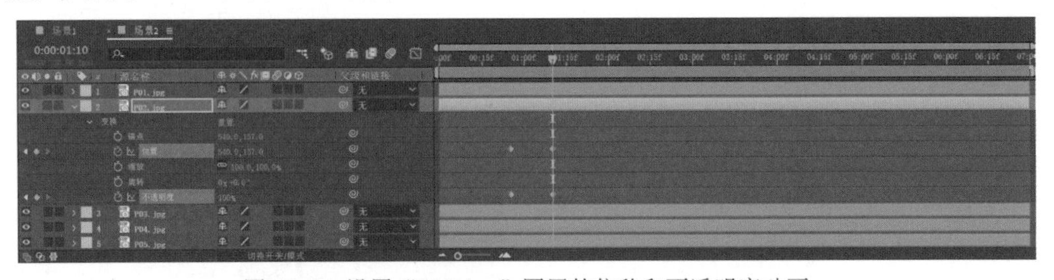

图 40-16 设置“P02.jpg”图层的位移和不透明度动画

7 展开“P03.jpg”图层的“变换”选项，设置“缩放”参数为（35.8, 35.8）；在 2 秒 20 帧处为“位置”和“不透明度”参数创建关键帧，设置“位置”参数为（179, 1500），“不透明度”参数为 0%；在 3 秒 20 帧处设置“位置”参数为（179, 1200），“不透明度”参数为 100%，如图 40-17 所示。

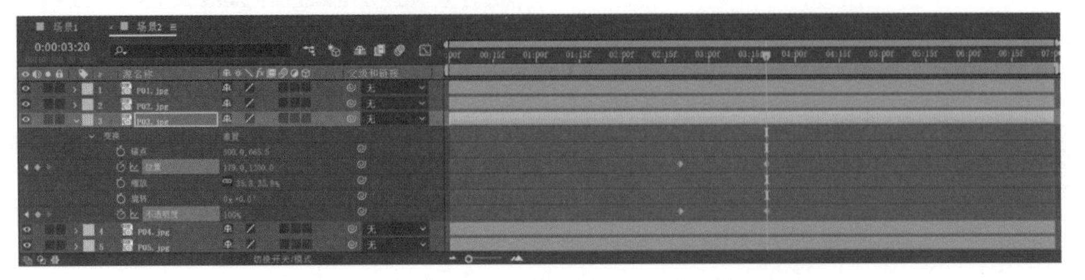

图 40-17 设置“P03.jpg”图层的位移和不透明度动画

8 选中“变换”选项，按 Ctrl+C 组合键复制参数，选中“P04.jpg”图层，在 2 秒 25 帧处按 Ctrl+V 组合键粘贴参数。展开“变换”选项，设置“位置”参数为（540, 1500），在 3 秒 25 帧处修改“位置”参数为（540, 1200），如图 40-18 所示。

图 40-18 设置“P04.jpg”图层的位移和不透明度动画

9 选中“P05.jpg”图层，在 3 秒处按 Ctrl+V 组合键粘贴参数。展开“变换”选项，设置“位置”参数为（901, 1500），在 4 秒处修改“位置”参数为（901, 1200），如图 40-19 所示。

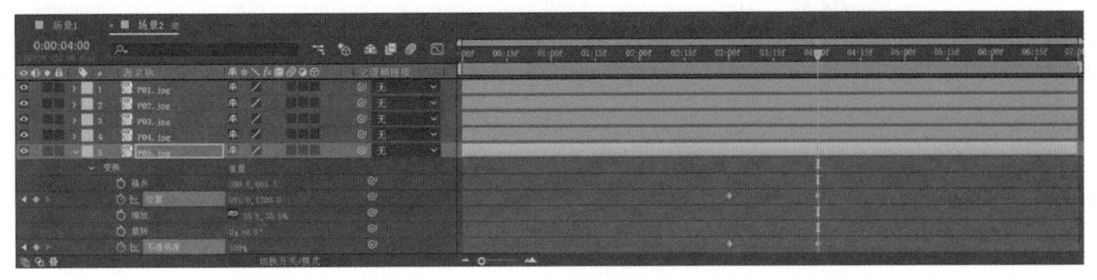

图 40-19 设置“P05.jpg”图层的位移和不透明度动画

10 选中“P06.jpg”图层，在 3 秒 5 帧处按 Ctrl+V 组合键粘贴参数。展开“变换”选项，设置“位置”参数为（179, 1982），在 4 秒 5 帧处修改“位置”参数为（179, 1682），如图 40-20 所示。

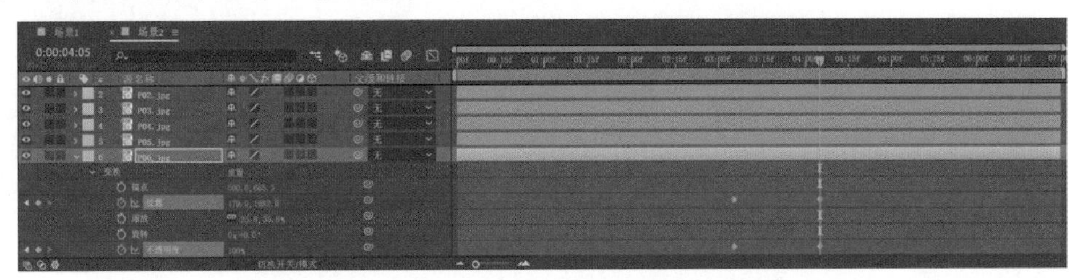

图 40-20 设置“P06.jpg”图层的位移和不透明度动画

11 选中“P07.jpg”图层，在 3 秒 10 帧处按 Ctrl+V 组合键粘贴参数。展开“变换”选项，设置“位置”参数为（540, 1982），在 4 秒 10 帧处修改“位置”参数为（540, 1682），如图 40-21 所示。

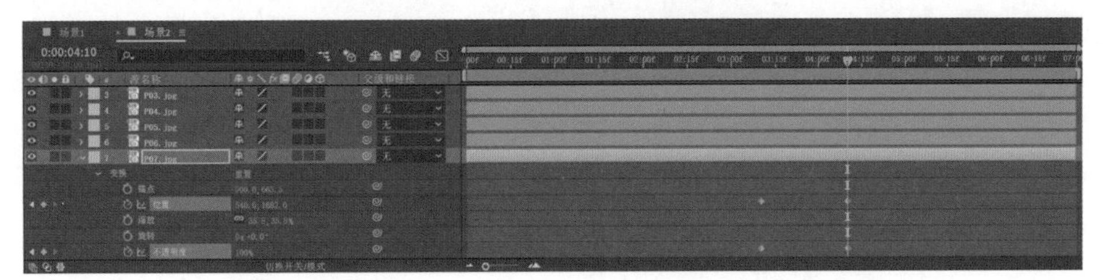

图 40-21 设置“P07.jpg”图层的位移和不透明度动画

12 选中“P08.jpg”图层，在 3 秒 15 帧处按 Ctrl+V 组合键粘贴参数。展开“变换”选项，设置“位置”参数为（901, 1982），在 4 秒 5 帧处修改“位置”参数为（901, 1682），如图 40-22 所示。

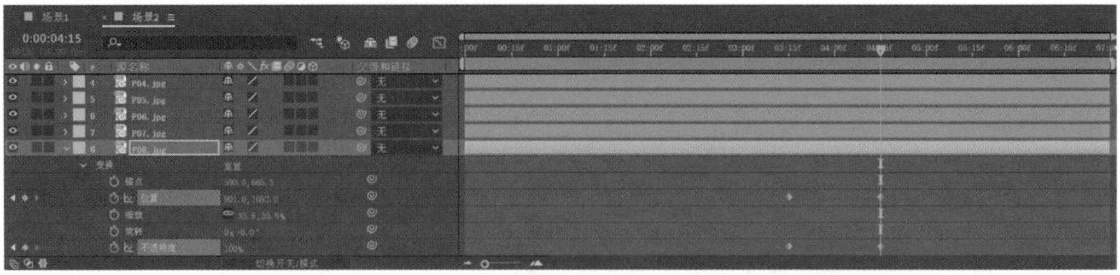

图 40-22 设置“P08.jpg”图层的位移和不透明度动画

13 选择“图层→新建→形状图层”命令，展开“形状图层 1”选项，单击 ◉ 按钮，在弹出的快捷菜单中选择“矩形”。展开“矩形路径 1”选项，设置“大小”参数为（0, 110），“圆度”参数为 55。在 1 秒 15 帧处为“大小”参数创建关键帧，在 2 秒 20 帧处设置“大小”参数为（450, 110），如图 40-23 所示。

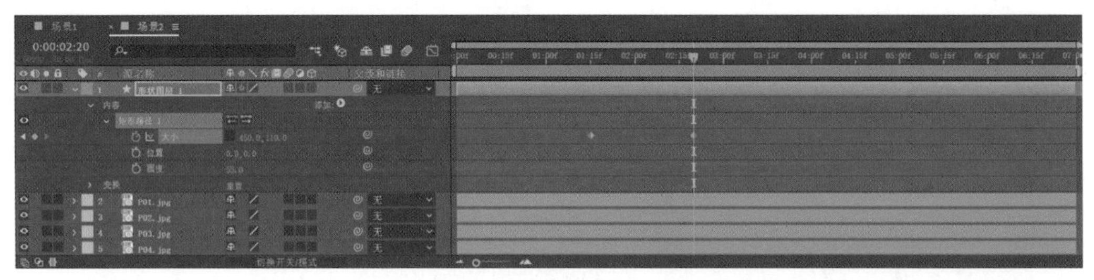

图 40-23 设置形状缩放动画

14 单击“添加”右侧的 ◉ 按钮，在弹出的快捷菜单中选择“渐变填充”，展开“渐变填充 1”选项，单击“编辑渐变”，打开“渐变编辑器”对话框。设置第一个色标的颜色为 #FE3666，设置第二个色标的颜色为 #FF6F00，单击“确定”按钮完成设置，如图 40-24 所示。

15 展开“变换”选项，设置“位置”参数为（586, 489），在 2 秒 20 帧处为“不透明度”参数创建关键帧，在 1 秒 15 帧处设置“不透明度”参数为 0%，如图 40-25 所示。当前设置完成的场景效果如图 40-26 所示。

图 40-24 设置“渐变”参数

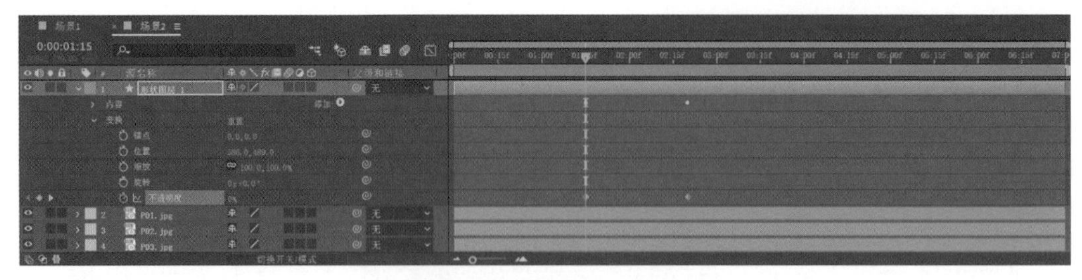

图 40-25 设置形状不透明度动画

16 单击工具栏上的 T 按钮，在“合成”面板上输入文本“+ 关注”。在“字符”面板中设置字体为“阿里巴巴普惠体 Bold”，字体大小为 34，字符间距为 0。选中“+”，在“字符”面板中设置字体为“阿里巴巴普惠体 Light”，字体大小为 68，设置“基线偏移参数”为 -8。

17 展开文本图层的“变换”选项，设置“位置”参数为（531, 501），如图 40-27 所示。

图 40-26 场景效果

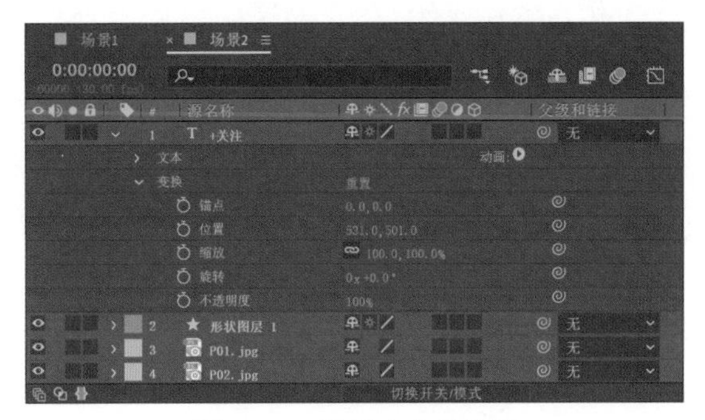

图 40-27 设置文本的位置

18 单击工具栏上的**T**按钮，在“合成”面板上输入文本“车迷驴友”。在“字符”面板中设置字体为“阿里巴巴普惠体 Regular”，字体颜色为黑色，字体大小为 55。展开“变换”选项，设置“位置”参数为（55，635）。

19 单击“文本”选项中的⊙按钮，在弹出的快捷菜单中选择“不透明度”，设置“不透明度”参数为 0%。展开“范围选择器 1”选项，在 1 秒 10 帧处为“起始”参数创建关键帧，在 2 秒 25 帧处设置“起始”参数为 100%，如图 40-28 所示。

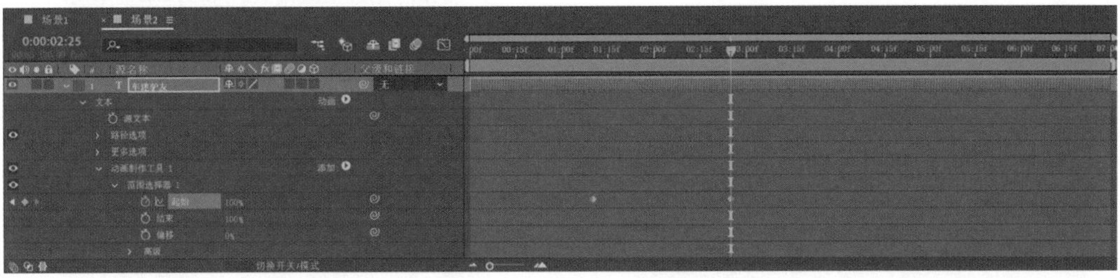

图 40-28 设置文本淡入动画

20 单击工具栏上的**T**按钮，输入文本“作品 89 直播 33 动态 36”。在“字符”面板中设置字体大小为 42。展开“变换”选项，设置“位置”参数为（111，925）；在 4 秒 5 帧处为“不透明度”参数创建关键帧，在 3 秒 10 帧处设置“不透明度”参数为 0%，如图 40-29 所示。

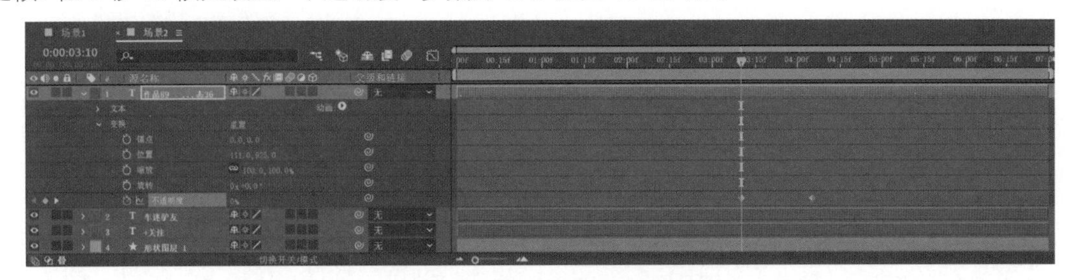

图 40-29 设置文本不透明度动画

21 按 Ctrl+D 组合键复制文本图层，将文本内容修改为“粉丝关注”。在“字符”面板中设置字体为“阿里巴巴普惠体 Light”，字体颜色为 #606060，字体大小为 39。

22 展开“变换”选项，设置“位置”参数为（493.5, 394.5），将“不透明”参数的第一个关键帧拖动到 2 秒 10 帧处，将第二个关键帧拖动到 2 秒 25 帧处，如图 40-30 所示。

图 40-30 设置文本不透明度动画

23 单击工具栏上的T按钮，在“合成”面板上输入文本“28”。展开“变换”选项，在 2 秒 25 帧处为“不透明度”参数创建关键帧，在 2 秒 10 帧处设置“不透明度”参数为 0%。

24 选择“效果→文本→编号”命令，弹出“编号”对话框，在“字体”下拉列表框中选择“Alibaba PuHuiTi”，单击“确定”按钮完成设置，如图 40-31 所示。

25 在“效果控件”面板中设置“填充颜色”为黑色，“大小”参数为 50，“小数位数”参数为 0，“位置”参数为（686.5, 376），如图 40-32 所示。在 2 秒 10 帧处为“数值 / 位移 / 随即最大”参数创建关键帧，在 6 秒处设置“数值 / 位移 / 随即最大”参数为 960。

图 40-31 “编号”对话框

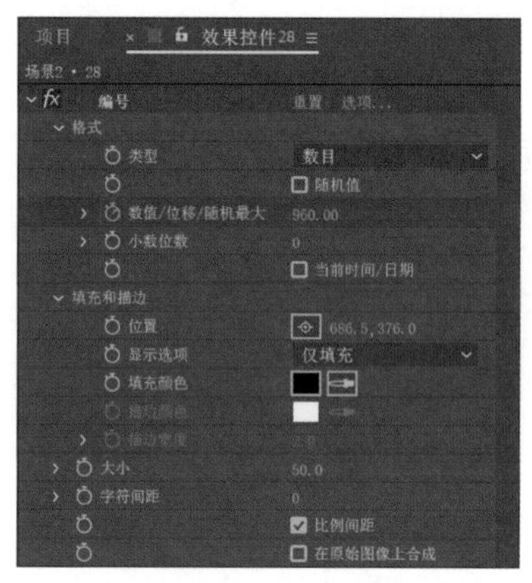

图 40-32 设置“编号”参数

26 按 Ctrl+D 组合键复制第 1 层，在“效果控件”面板中设置“编号”效果的“位置”参数为（478, 376）。在 6 秒处设置“数值 / 位移 / 随即最大”参数为 7800，如图 40-33 所示。制作完成的场景 2 效果如图 40-34 所示。

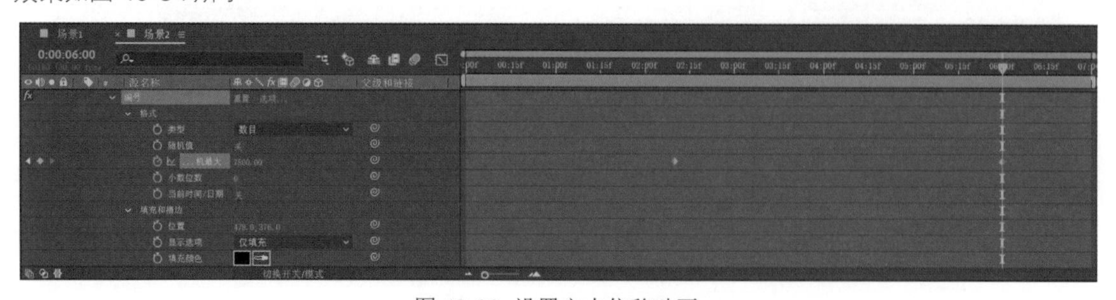

图 40-33 设置文本位移动画

图 40-34 场景 2 效果

场景 3 的合成

1 选择"合成→新建合成"命令，弹出"合成设置"对话框，设置"合成名称"为"场景 3"，时间长度为 7 秒，单击"确定"按钮生成合成。

2 切换到"场景 1"，同时选中第 4 层和第 5 层后按 Ctrl+C 组合键复制图层，切换到"场景 3"，按 Ctrl+V 组合键粘贴图层。将两个图层的出点均拖动到 7 秒，按 P 键显示"位置"选项，同时选中第 1 层的两个关键帧，将第一个关键帧拖动到 5 秒 13 帧处。同时选中第 2 层的两个关键帧，将第一个关键帧拖动到 5 秒 16 帧处，如图 40-35 所示。

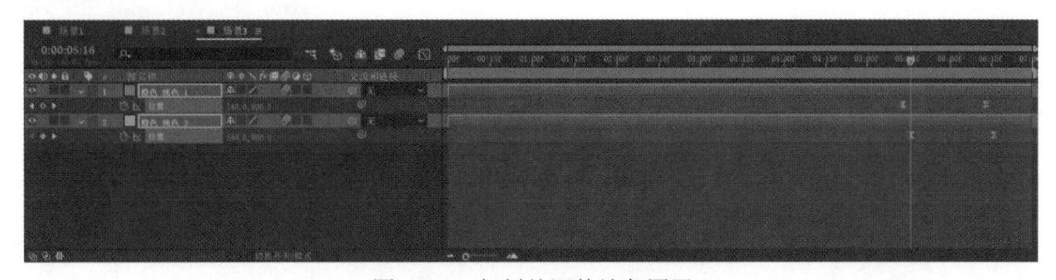

图 40-35 复制并调整纯色图层

3 将"项目"面板中的"场景 2"拖动到"时间轴"面板上，开启"运动模糊"开关。按 P 键显示"位置"选项，在 5 秒 10 帧处为"位置"参数创建关键帧，在 6 秒 10 帧处设置"位置"参数为（540，-960）；选中"位置"参数的两个关键帧，按 F9 键将关键帧插值设置为贝塞尔曲线，如图 40-36 所示。制作完成的场景 3 效果如图 40-37 所示。

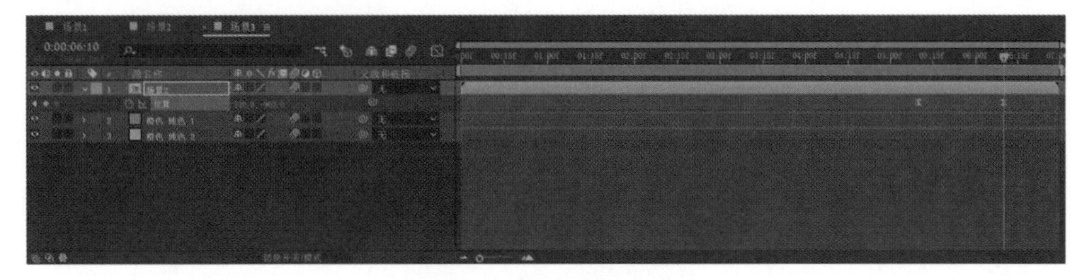

图 40-36 设置图层位移动画

图 40-37 场景 3 效果

场景 4 的合成

1 选择“合成→新建合成”命令，弹出“合成设置”对话框，设置“合成名称”为“场景 4”，时间长度为 4 秒，单击“确定”按钮生成合成。

2 选择“图层→新建→纯色”命令，弹出“纯色设置”对话框，设置“颜色”为白色，单击“确定”按钮生成图层。

3 切换到“场景 1”，选中第 2 层后按 Ctrl+C 组合键复制图层，切换到“场景 4”，按 Ctrl+V 组合键粘贴图层。选择“效果→生成→填充”命令，在“效果控件”面板中设置“颜色”为 #FE3666，如图 40-38 所示。

图 40-38 设置“填充”参数

4 展开“变换”选项，删除“位置”参数的后两个关键帧；选中所有关键帧，将第一个关键帧拖动到 20 帧处，修改“旋转”参数为 0x-60°，如图 40-39 所示。

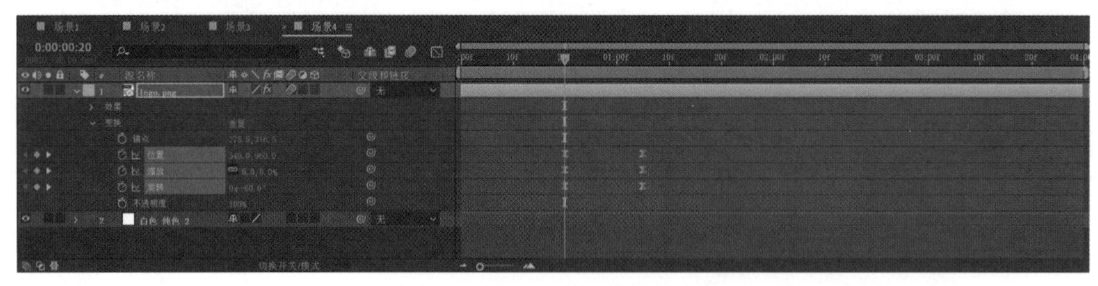

图 40-39 修改 LOGO 的旋转方向

5 单击工具栏上的**T**按钮，在“合成”面板上输入文本“快手号：carbuss”。在“字符”面板中设置字体为“阿里巴巴普惠体 Medium”，字体颜色为 #737373，字体大小为 72。展开“变换”选项，设置“位置”参数为（256, 990）。

6 单击“文本”选项中的 ● 按钮，在弹出的快捷菜单中选择“位置”，在“动画制作工具 1”选项中设置“位置”参数为（0, 200）。展开“范围选择器 1”选项，在 20 帧处为“偏移”参数创建关键帧，在 2 秒 15 帧处设置“偏移”参数为 100%，如图 40-40 所示。

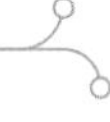

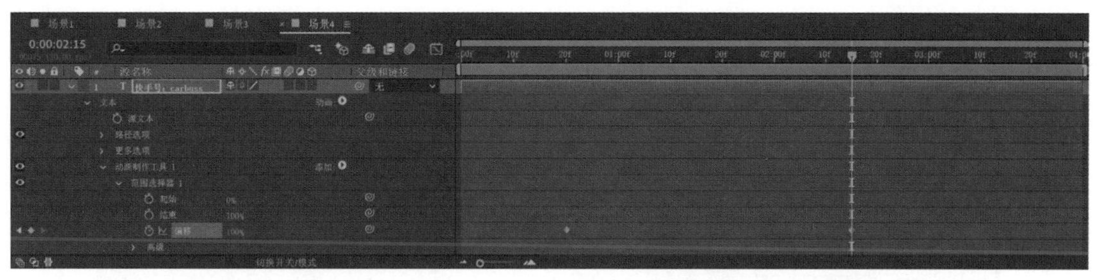

图 40-40 设置文本上升动画

7 开启文本图层的“运动模糊”开关。在 0 帧处选择“图层→蒙版→新建蒙版”命令，连按两下 M 键显示“蒙版 1”选项，勾选“反转”复选框。制作完成的场景 4 效果如图 40-41 所示。

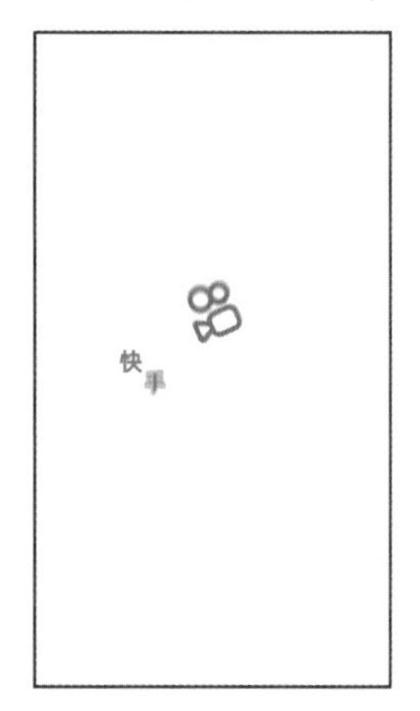

图 40-41 场景 4 效果

完成场景的合成

1 选择“合成→新建合成”命令，弹出“合成设置”对话框，设置“合成名称”为“完成”，时间长度为 12 秒，单击“确定”按钮生成合成。

2 将“项目”面板中的“场景 1”“场景 3”和“场景 4”拖动到“时间轴”面板上。将“场景 3”图层的入点拖动到 2 秒 15 帧处，将“场景 4”图层的入点拖动到 8 秒处，如图 40-42 所示。

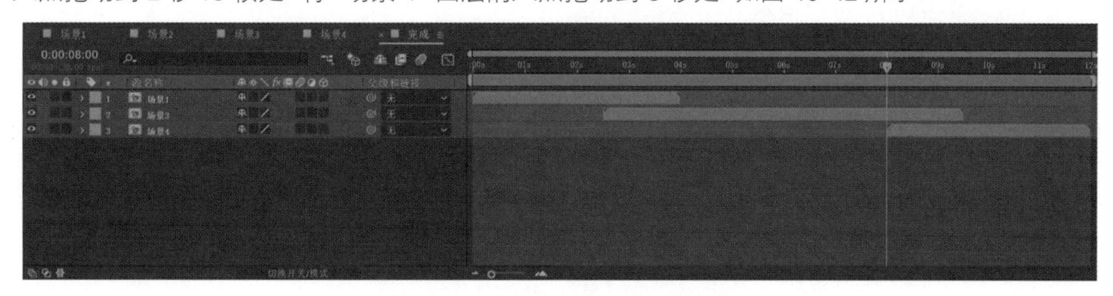

图 40-42 添加场景合成并调整入点

3 选择“图层→新建→调整图层”命令，继续选择“效果→颜色校正→ Lumetri 颜色”命令。在“效果控件”面板中展开“基本校正”选项，设置“阴影”参数为 50，如图 40-43 所示。

4 展开“创意”选项，在“Look”下拉列表框中选择“Fuji ETERNA 250D Fuji 3510”，设置“强度”参数为30，如图40-44所示。

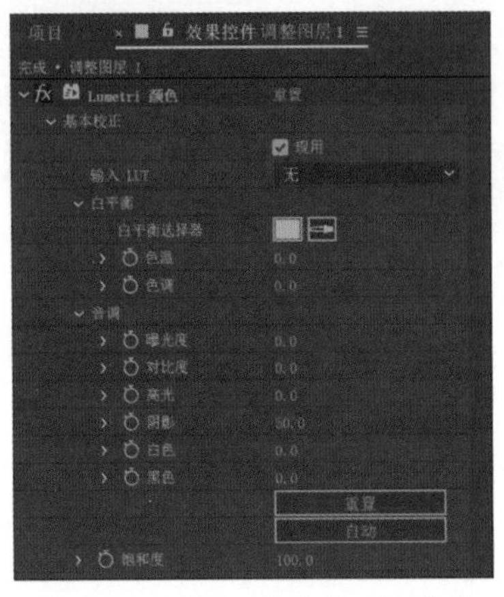

图40-43 设置“基本校正”参数

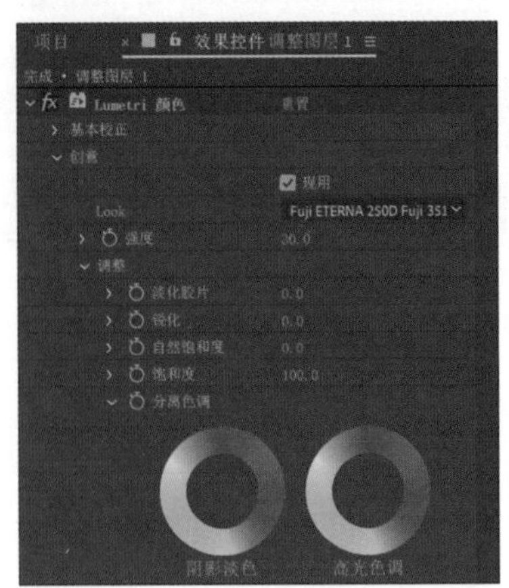

图40-44 设置“创意”参数

5 展开“晕影”选项，设置“数量”参数为 -1，“羽化”参数为100，如图40-45所示。

6 选择“效果→杂色和颗粒→添加颗粒”命令。在“效果控件”面板的“查看模式”下拉列表框中选择“最终输出”，在“预设”下拉列表框中选择“Kodak SFX 200T”，设置“强度”参数为0.4，如图40-46所示。

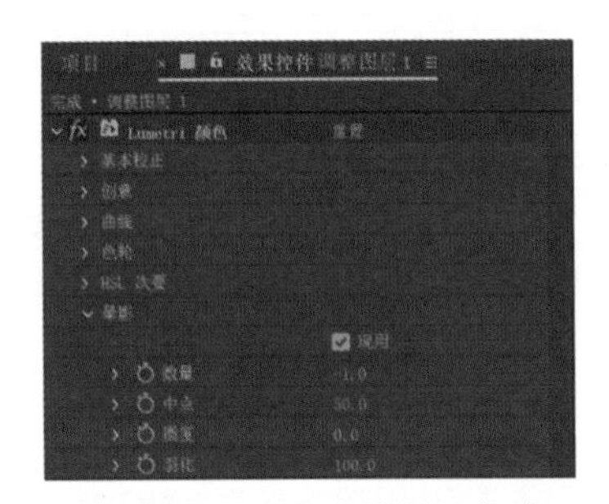

图40-45 设置“晕影”参数

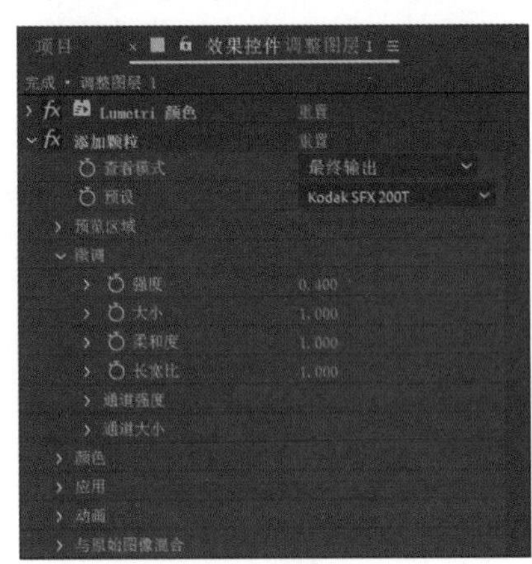

图40-46 设置“添加颗粒”参数

7 整个案例制作完成，最终效果如图40-1所示。